クラウドFinOps 第2版

協調的でリアルタイムなクラウド価値の意思決定

J.R. Storment、Mike Fuller 著
松沢 敏志、風間 勇志、新井 俊悟、福田 遥、門畑 顕博、小原 誠 訳

SECOND EDITION

Cloud FinOps

Collaborative, Real-Time Cloud Value Decision Making

J.R. Storment and Mike Fuller

Beijing • Boston • Farnham • Sebastopol • Tokyo

『Cloud FinOps』への推薦の言葉

セキュリティはジョブ0、FinOpsはジョブ0.5です。セキュリティが皆の仕事であるように、FinOpsもまた皆の仕事です。『Cloud FinOps』の第2版は、FinOpsの成功に向けたレシピを提供します。

——Marit Hughes, Deloitte

FinOpsは、ビジネス、財務、エンジニアリングを一体化させ、クラウド支出管理の透明性と説明責任の文化を促進します。Google CloudとFinOps Foundationは、さらなる透明性とクラウドのビジネス価値の加速のため、オープンな課金標準を開拓すべく協力しています。本書は、そうした共同作業の成果をまとめたものです。

——Mich Razon, VP & GM, Head of Commerce Platforms at Google Cloud

クラウド移行や消費型モデルへの移行を成功させるためには、コストの最適化は不可欠です。クラウド最適化は、企業が焦点を当てるべき重要な分野です。FinOpsに関する本書は、クラウドを大規模に活用している企業において、テクノロジー、財務、事業部門横断で必要とされる文化的変革をどのように推進するのか、そのロードマップを明らかにします。

——Fred Delombaerde, VP Core Commerce at Microsoft

今日、パブリッククラウドのコスト管理は、個々のベンダーの枠を超えています。大企業は、エンジニアリング、ビジネス、財務におけるデータ駆動型の意思決定を可能にするために、さまざまなベンダーのコストと使用状況データを標準化し、単一のビューに統合する必要があります。FinOps FoundationはFinOpsフレームワークを継続的に改良するとともに、ベンダーがコストと使用状況データを一貫して提示できるように、オープンスタンダードの作成を促進することが、FinOpsの実践者の作業を可能にするために不可欠です。

——Udam Dewaraja, Head of Cloud Financial Management at Citi

クラウドコストの最適化を目指す企業は、まず本書『Cloud FinOps』に目を向け、次にFinOps Foundationの資料とコミュニティに目を向けるべきです。これらのリソースを組み合わせることで、Target CorporationのFinOps実践の成功の礎を築くことができました。私たちは、リーダーやエンジニア向けのツールを構築するために、FinOpsのドメインとケイパビリティを活用しています。『Cloud FinOps』の第2版に含まれる7つの新しい章には、「エンジニアの通り道にデータを置く」ことや、「FinOpsのユーザーインターフェース」を活用するといった重要な概念が含まれており、私たちは、FinOpsの実践とパブリックおよびプライベートクラウド利用における採用を成熟させていきます。

——Kim Wier, Director of Engineering, Target Corporation

理論としてのFinOpsは、一部の経営層にとって理解しにくいかもしれません。リーダーシップは、すでに実証され定量化された成功を示している取り組みを支持する可能性がはるかに高いです。価値を証明すれば、求める支援が得られるでしょう。本書の新たな章、例えば「FinOpsのユーザーインターフェース（UI）」（8章）や「FinOpsの導入」（6章）は、コスト効率に関するエンジニアリングの行動を促進し、経営層の支持を得る方法について貴重な洞察を与えてくれます。

——Jason Rhoades, Intuit

FinOpsの採用には、経営層と現場の両方の支持を必要とします。このFinOpsの決定版ガイドは、エンジニアリングチームとのパートナーシップの構築方法、支出を正確に予測する方法、他のフレームワークのデータを使用して意思決定に影響を与える方法、そして文化的転換が最終的には義務に取って代わる方法について、その道筋を示します。

——Beth Marki, Executive Director of Cloud Financial Management at JPMorgan Chase

FinOpsは、財務チームと技術チームがどのように連携するのか、その未来を定義する新たなモデルとして登場しました。本書『Cloud FinOps』は、技術チームの行動やイノベーションを遅らせることなく、クラウド支出を管理し最適化する方法を進化させたいと考えている組織に、ロードマップを提供します。本書は財務チームと技術チームの両方にとって、クラウド財務管理の世界における役割を理解するための必読書です！

——Keith Jarrett, Cloud Financial Management Leader

私たちの家族へ

二度目も辛抱強く支えてくれた3人組のJessicaとOliverへ。
そして、日々その影響を感じているWileyへ。
——J.R.

Lesley、Harrison、そしてClaire、あなた方の愛と助けがなければ、
この本を完成させることは決してできませんでした。
——Mike

日本語版への序文

本書の著者のJ.R. StormentとMike Fullerです。

本書の日本語版をお届けすることを、非常に喜ばしく、また光栄に思います。クラウドFinOpsの旅路、つまりクラウドコンピューティングの変動費モデルに財務的な説明責任をもたらす、というこの発展中の分野は、これまで以上に特別な存在になっています。本書が革新性と完璧さを追求し、綿密なアプローチで知られる日本の読者に受け入れられていることは、FinOpsが世界的に成長する中で、重要な節目と言えます。

なぜ本書の日本語版が必要だったのでしょうか？ J.R.は2024年に東京を訪れた際に、まだ産声を上げたばかりのFinOps実践者のコミュニティを知り、FinOpsをこの地域で発展させたいという高揚感や情熱、そして強い願いを肌で感じることができました。この訪問中に、J.R.は、銀行、小売業者、コンサルタント、政府、Eコマースなど、さまざまな分野の方々と出会い、他の地域の組織と同じようにチャレンジに直面しながらFinOpsを実践していることを知りました。

FinOpsの核心は、日本の自動車メーカーによって開拓され、今や世界中で受け入れられている継続的改善（カイゼン）の原則に深く根ざしています。この原則は、段階的な進歩、部門横断の共同作業、そして効率性への絶え間ない注力を強調するものであり、FinOpsの理念と完全に一致しています。クラウド財務管理にカイゼンを適用することで、組織はプロセスを絶えず洗練し、無駄を減らし、常に進化し続けるデジタル環境でより高いアジリティ（俊敏性）を達成できます。

この日本語版は、FinOpsの原則が普遍的に適用できることを示すと同時に、日本企業が直面する独自の課題にも触れています。私たちが協力して築き上げた世界的なFinOpsコミュニティ（世界中で60,000人以上が参加）は、協力と学びの共有により繁栄しています。私たちは、日本のFinOps実践者や組織がこの成長分野に貢献し、その独自の洞察と経験で、この分野を豊かにしてくれることを期待しています。

本書を読み進めながら、実践的なガイダンスだけでなく、革新、協力、そして持続可能な成長を促進するクラウドFinOpsの力を活用するためのロードマップとなるような新たな発想も得ていただければ幸いです。ともにこの分野の未来をつくることで、世界中の組織に新たな可能性をもたらすことができるでしょう。

謝辞

本書に貢献してくださったすべての方々、翻訳者、技術レビュアー、丁寧にテキストを改編いただいた編集者の方々、すでにこのアプローチの力を証明している日本のFinOpsの開拓者の方々に、心からの感謝を捧げます。皆さんのご尽力により、文化と業界をつなぐ架け橋が築かれ、クラウドにおける財務の透明性と運用の卓越性という共通のビジョンが推進されています。

Linux Foundation Japanの福安徳晃さん、中村雄一さん、オライリー・ジャパンの関口伸子さん、この本を実現していただきありがとうございます。

松沢敏志さん、風間勇志さん、新井俊悟さん、福田遥さん、門畑顕博さん、小原誠さん、書籍の翻訳とレビューにおいてご協力いただき、心より感謝申し上げます。

東京ミートアップの主催者およびFinOps Japan Chapterの皆さん、新井俊悟さん、風間勇志さん、上村航平さん、小原誠さん、佐藤憲明さん、中島洋平さん、中村開耶さん、パク ジンスさん、平野航さん、福田遥さん、松沢敏志さん、宮原裕也さん、宮村明帆さん、山口玲子さん、吉富翔太さん、コミュニティへの取り組みに感謝申し上げます。

2025年1月

J.R. Storment & Mike Fuller

はじめに

親愛なる読者の皆さんへ。

J.R.とMikeです。私たちは、2022年初頭からこの本の第2版に取り組みはじめました。2022年は、この本の第1版を書いた2019年とは全く異なる状況でした。COVIDによってクラウドへの移行が急速に加速し、クラウド支出の成長に関する従来のすべての予測が崩れ去りました。私たちがこの第2版を書きはじめた後、世界的な経済不況が組織（主要なクラウドサービス事業者を含む）にクラウド支出効率の重要性を取締役会レベルまで議論するよう促すようになったのです。このとき、AmazonのCFOは顧客のクラウド請求を削減する支援を約束し、MicrosoftのCEOは「より少ないリソースでより多くのことを成し遂げる」ことが最優先事項であると述べました。

一変した世界

FinOpsという概念は、ほとんど知られていなかった用語から、ビジネスにとって不可欠なものへと変わりました。2020年以前のカンファレンスでは、「FinOpsって何だ？」という声を頻繁に耳にしていましたが、2023年には、クラウドサービスを利用している組織の80%が専任のFinOps機能を確立すると予測されています（https://oreil.ly/uoyks）。FinOps Foundationは、瞬く間にあらゆる主要産業やFortune 500、FTSE 100、ASX 250の大多数を代表する約10,000人の実践者を擁する世界的な勢力となりました。アナリストによるとFinOpsは親しみのなかった用語から、検索トラフィックが10倍以上にもなるまでに増加し、Amazon Web Servicesのような大手クラウドが「クラウド財務管理（Cloud Financial Management：CFM）」という名称に言及するようになったのです。

従量課金制モデル（別名：可変支出モデル）は、エンジニアが迅速にインフラストラクチャにアクセスし、イノベーションを進めることを可能にします。しかし、私たちがよく耳にする話は異なります。エンジニアリングチームは依然としてクラウド内でコスト効率を十分に優先せずにリソースを消費しており、その結果、財務チームは各チームの支出を把握し、クラウド投資を適切に配分することに苦労しています。経営陣も、どのレバーを引けばクラウド支出に関するガイダンスを強化し、FinOpsによる変革を実現できるのかを理解していません。

そして、この問題は過去3年間でさらに複雑化しています。クラウド事業者は、何千もの新機能と数十万の新しい製品在庫管理単位（SKU）を追加しています。本書出版前の数か月間に、Google CloudとAzureは、それぞれAzure Savings Plansとフレキシブル確約利用割引（フレキシブルCUD）という全く新しい確約利用割引を提供し、再び状況を大きく変えました。

この10年間の私たちのキャリアにおいて、FinOps実践者や経営者の双方から、クラウドの価値に関する教育と知識不足というテーマを一貫して耳にしてきました。Mikeは、Atlassianの大規模なクラウド導入時にクラウドコスト最適化を担当しているときに、J.R.は、2011年から2020年までCloudabilityのクラウド支出管理プラットフォーム（2019年にApptioに買収）の共同創設者として世界最大のクラウド利用者を指導し、後にLinux Foundationの一員としてFinOps Foundationのエグゼクティブディレクターを務める中でそのテーマについて耳にしてきました。

これらの需要に応え、私たち全員が学ぶためのリソースを提供する必要があったこと、そして誰かがFinOpsを正式に定義する必要があったことから、2019年初頭に業界の26人の専門家とFinOps実践者が力を合わせてFinOps Foundationを設立しました*1。

現在、FinOps Foundationには約10,000人のFinOps実践者が参加しており、この本で取り上げる多くのベストプラクティスは彼らから提供されています。彼らが実際に経験し、コミュニティのさまざまなフォーラムで共有した苦労話や体験談をもとにした数多くの事例を紹介しています。また、各コンテンツには、彼らの実際のFinOpsの考え方や意見を結び付けるために引用を織り交ぜています。

本書の想定読者

パブリッククラウドを運用している企業で働くエンジニア、財務担当者、調達担当者、プロダクトオーナー、またはリーダーシップの役割を持つ人々は、この本から恩恵を受けることができるでしょう。組織がFinOpsのペルソナ（役割）を理解することで、彼らをビジネス全体の中から関連するチームにアサインすることができるようになります。

エンジニアは通常、日々の関心事としてコストを考えることに慣れていないかもしれません。クラウド以前の時代には、主にハードウェアに関連するパフォーマンスが重視されていました。調達するのには制約があり、必要なときにサーバーを追加することができないので、エンジニアは事前に候補となるインフラのコストと、それがビジネスに与える影響を考慮し計画しなければいけませ

*1 訳注：2024年11月、日本国内におけるFinOpsの普及と発展を目的に、FinOps Foundation Japan Chapterが設立されました。FinOps Foundationのメンバー企業およびFinOpsを実践するユーザー企業らが運営し、ミートアップイベントの開催や各種マテリアルの日本語化などに取り組んでいます。
https://www.linuxfoundation.jp/blog/2024/11/launch-of-finops-foundation-japan-chapter-jp/

んでした。クラウド以前の時代に慣れているエンジニアにとって、製品や機能のリリースに集中するという彼らの主な目的と相反しており、はじめは違和感を覚えるかもしれません。しかし、時間が経つにつれて、エンジニアたちはコストをビジネスにプラスの影響を与えるために調整可能な効率性指標の1つとして取り入れるようになります。

> 多くのエンジニアは、問題を解決するために単にハードウェアを増やすことが多いですが、FinOpsではエンジニアにコストと利益率を考慮することが求められます。
>
> ――John Stuart, VP, DevOps, Security & IT at Jobvite

従来、**財務部門**は設定された予算に基づき、月次または四半期ごとの遡及的な報告に焦点を当てていましたが、これはすでに時代遅れです。今では、ビジネスが継続的に前進できるよう支援し、エンジニアリングチームや技術チームの良きパートナーとして、彼ら（コストを考慮することに慣れていない）の活動を考慮した支出予測を行うことが求められています。要するに、財務部門は、不透明で固定的な**資本的支出（CapEx）**の報告から、透明で流動的な**事業運営費（OpEx）**の予測へとシフトしているのです。財務部門の役割の1つは、数千のSKUの中からクラウド支出を増加させている要因を理解することができる、エンジニアリングチームの良きパートナーになることです。彼らは、財務機能を根本的に再構築するだけでなく、経営陣や投資家に対して、クラウド技術の活用によって生じた支出の報告方法を再検討します。

調達部門は、厳密に支出を管理すること、慎重に価格交渉を行うこと、ベンダーと取り交わした注文書の効力を行使することに慣れています。現在、調達チームは戦略的に調達を行うようになっています。彼らはクラウドサービス事業者とのエンタープライズ契約のために支出に関する情報をまとめ、エンジニアがすでに価値を提供するために使用しているものに対して最良の料金を確保します。

> クラウド事業者への支払いを数セント削減することに注力するのではなく、顧客に価値を提供することに焦点を当てることが重要です。
>
> ――Alex Landis, Autodesk

製品の価格設定と利益率に責任を持つ**プロダクトオーナー**にとって、クラウド導入前の時代にサービスを提供したり商用製品を運営するためのコストを把握することは非常に困難でした。クラウドを活用することで、デジタル価値を提供するためのコストをより深く理解できるようになり、新しい機能の提供や顧客の異なるユースケースによって、アプリケーションのコストがどのように変動するかを把握できるようになりました。これにより、プロダクトチームはエンジニアリングチームとより密に連携して製品を開発できるようになり、収益と利益率をより正確に予測し、顧客の需要を効率的かつ的確に捉えることが可能になります。

リーダー層やCレベルの幹部、VP、ディレクター、あるいはチームの予算を管理するテクノロジーリーダーたちは、多くの場合、クラウド支出のコントロールができず、チームごとに定められた予算の範囲で運営することに依存せざるを得なくなります。テクノロジー幹部たちは、事前に大規模な購入決定を計画することはなくなり、代わりに、すでに発生している支出をどのように予測し管理するかに重きを置くようになりました。議論は、適切なサービスの容量を確保することよりも、その業務に対して発生している支出が適切かどうかということにシフトしています。彼らは、支出をコントロールし、その支出を通じてさらに戦略的に影響を与える能力を求めています。

この本は、共通の用語集とベストプラクティスを提示することで、これらの異なるペルソナ（役割）の間にある壁を取り除くことを目指しています。

本書について

次章以降では、FinOpsを正式に定義していきます。私たちが定義したFinOpsは、年間数億ドル（場合によっては数十億ドル）ものクラウド支出を管理している、世界で最も経験豊富なクラウド財務管理チームの意見をもとにしています。彼らがクラウドで成功を収めるために実践している共通の方法や、課題をどのように解決したのかを取りまとめました。効果的なFinOpsとは何か、そしてあなたの組織でFinOpsによる変革をどのように始めるべきかを説明していきます。

これまで、これらの知識を得るための方法は、専門家たちがアイデアを発表するイベントに参加することしかありませんでした。本書とFinOps Foundation（https://www.finops.org/）は、その環境を変えるために、活気あるコミュニティ、詳細なトレーニングリソース、そして標準化されたベストプラクティスを提供します。

本書を読み終えた後、スキルやキャリアをさらに磨くために、FinOps Foundationのさまざまなプログラムに参加することをお勧めします。Foundationのミッションは、クラウドの価値を高めるすべての個人を成長させることです。コミュニティはあなたのためにあります。本書にある戦略、プロセス、そしてストーリーが、皆さんがクラウド支出をより効率的に管理するための手助けとなることを願っています。そしてその過程で、私たちの組織やキャリアがより競争力の高いものになることを願っています。

本書を読み進めるうえで知っておくべきこと

本書の執筆時点で、読者が3つの主要なパブリッククラウド事業者のうち少なくとも1つ（Amazon Web Services［AWS］、Azure、Google Cloud Platform［GCP］）に関する基本的な知識を持っていることを前提としています。読者はクラウドの仕組みやリソースに対する料金体系を理解し、コンピューティングやストレージといった主要なリソースタイプや、マネージドデータベース、キュー、オブジェクトストレージなどの上位サービスに慣れている必要があります。

AWSの知識レベルとしては、「AWS Business Professionalトレーニング」や、さらに適している

「AWS Cloud Practitioner認定資格」を取得していることが良い出発点となるでしょう。どちらのコースもAWSの基本操作を網羅しています。Google Cloudの場合は、「GCP Cloud Digital Leaderコース」、Azureは「Azure Fundamentals学習パス」を確認してみるとよいでしょう。これらは、1日のワークショップやオンライン研修を受講することで取得可能です。

他にも、クラウドコンピューティングの基本的な仕組み、クラウド事業者の主要サービスとその一般的な使用例、そして従量課金制消費モデルの請求と価格設定の仕組みを理解している必要があります。

例えば、AWSユーザーであれば、EC2（Elastic Compute Cloud）とRDS（Relational Database Service）の違いを理解しているべきですし、リソースの支払い方法には、オンデマンド、リザーブドインスタンス（RI）、Savings Plans（SP）、スポットなど、さまざまなオプションがあることを理解している必要があります。RIやSPの仕組みや購入戦略の詳細は本書で説明するため、詳しく知る必要はありませんが、RIやSPがコンピューティングリソースの支出削減に活用されることは理解しておく必要があります。

FinOpsは常に進化しています

ここ数年でFinOpsは大きく発展しましたが、今後も進化し続けるでしょう。クラウドサービス事業者が新しいサービスを次々に提供し、プラットフォームを多様化しながら最適化を進める中で、FinOpsもそれに対応していきます。本書で取り上げているクラウドサービス事業者の提供内容については、常に最新の情報を確認することをお勧めします。また、本書に関する訂正、異なるご意見、批評などがございましたら、ぜひご連絡ください。従来のやり方に異議を唱え、挑戦した勇敢な人々の支えがあってこそ、今の洗練されたFinOpsが生まれたのです。

本書の表記法

本書では、以下の表記法を使用します。

太字（Bold）

新しい用語、強調したい用語を示します。

このアイコンはヒントや提案を示します。

このアイコンは一般的な解釈を示します。

このアイコンは警告や注意を示します。

問い合わせ先

本書に関するご意見、ご質問などは、オライリー・ジャパンまでお寄せください。連絡先は以下のとおりです。

株式会社オライリー・ジャパン
電子メール　japan@oreilly.co.jp

この本のウェブページには、正誤表やコード例などの追加情報が掲載されています。次のURLを参照してください。

https://learning.oreilly.com/library/view/cloud-finops-2nd/9781492098348/（原書）
https://www.oreilly.co.jp/books/9784814401086/（和書）

この本に関する技術的な質問や意見は、次の宛先に電子メール（英文）を送ってください。

bookquestions@oreilly.com

オライリーに関するその他の情報については、次のウェブサイトを参照してください。

https://www.oreilly.co.jp/
https://www.oreilly.com/（英語）

オライリー学習プラットフォーム

オライリーはフォーチュン100のうち60社以上から信頼されています。オライリー学習プラットフォームには、6万冊以上の書籍と3万時間以上の動画が用意されています。さらに、業界エキスパートによるライブイベント、インタラクティブなシナリオとサンドボックスを使った実践的な学習、公式認定試験対策資料など、多様なコンテンツを提供しています。

https://www.oreilly.co.jp/online-learning/

また以下のページでは、オライリー学習プラットフォームに関するよくある質問とその回答を紹介しています。

https://www.oreilly.co.jp/online-learning/learning-platform-faq.html

謝辞

まず、私たちの家族（Lesley、Jessica、Harrison、Oliver、そしてClaire）に感謝の言葉を述べたい。私たちが最初にこの本を書き上げるときも、そして第2版の執筆の際にも、多くの夜や週末を犠牲にしてまで支えてくれ、私たちがFinOpsの話題だけを話し続けた日々に耐えてくれました。本当にありがとう。

O'Reillyのチーム（Corbin Collins、John Devins、Kate Galloway、Kristen Brownそして、Sara Hunter）にも感謝を申し上げます。皆さんの努力がなければ、この本を完成させることはできませんでした。

Rob Martinからは、私たちでは考えられないほど思慮深い（そしてしばしば冗長な！）変更の提案やコメントをもらいました。ありがとう。

継続的なフィードバックとレビューをいただいたAmazon Web Services、Google Cloud、Microsoft Azureのチームにも、感謝を申し上げます。

技術レビューをしてくださったJason RhoadesとJoshua Baumanには、ほぼ最終稿に近い状態の原稿へのコメントや修正、提案の嵐を素早く処理いただき、本当に感謝しています。

そして、FinOps Foundationのすべてのメンバーにも感謝を申し上げます。FinOps Foundationを設立して以来、多くの企業や実践者が参加してくれたこと、また、創設メンバーがFinOpsの定義を公式化するために尽力してくれたことに感謝しています。

FinOps FoundationのスタッフであるAndrew Nhem、Ashley Hromatko、Ben de Mora、Joe Daly、Kevin Emamy、Kyle McLaughlin、Natalie Bergman、Rob Martin、Ruben Vander Stockt、Samantha White、Stacy Case、Steven Melton、Steven Trask、Suha Shim、Thomas Sharpe、そして、Vasilio

Markanastasakisに感謝の言葉を伝えさせてください。本書の構成に尽力していただいた皆様に深く感謝申し上げます。

Mikeは、自身のAtlassianでのFinOpsチームに感謝の意を表します。Daniel Farrugia、Diana Mileva、Florence Timso、Letian Wang、Sara Gadallah、Teresa Meade、そしてTom Cutajar。

また、自社のクラウドに関する課題やその解決方法を共有してくれた、これまでともに働いてきた多くの人々にも感謝しています。名前を挙げるには多すぎますが、ここに感謝の意を表します。

最後に、この本が今日の形になるまでに支えてくださったすべての方々に感謝いたします。皆さんのご尽力がなければ、この本はここまで完成しなかったでしょう。Aaron Edell、Abuna Demoz、Adam Heher、Alex Hullah、Alex Kadavil、Alex Landis、Alex Sung、Alexander Price、Alison McIntyre、Alison Pumma、Ally Anderson、Amelia Blevins、Anders Hagman、Andrew Midgley、Andrew Thornberry、Anthony Tambasco、Antoine Lagier、Ben Kwan、Benjamin Coles、Bhupendra Hirani、Bindu Sharma、Bob Nemeth、Brad Payne、Casey Doran、Dana Martin、Darek Gajewski、David Andrews、David Angot、David Arnold、David Shurtliff、David Sterz、David Vale、Dean Layton-James、Dieter Matzion、Elliot Borst、Elliott Spira、Ephraim Baron、Erik Onnen、Gavin Cahill、Geoffrey Anderson、Ilja Summala、James Jackson、Jason Fuller、Jerome Hess、Jess Belliveau、John McLoughlin、John Merritt、John Stuart、Jon Collins、Justin Kean、Keith Jarrett、Ken Boynton、Lindbergh Matillano、Manish Dalwadi、Mark Butcher、Mark Richter、Marsha Shoemaker、Martin Bleakley、Mat Ellis、Matt Finlayson、Matt Leonard、Michael Flanakin、Michele Allesandrini、Nabil Zakaria、Naveen Chand、Pedro Silva、Phillip Coletti、Renaud Brosse、Rich Hoyer、Rick Ochs、Sarah Grey、Sascha Curth、Shane Anderson、Stephanie Gooch、Stephen Elliot、Tom Cross、Tom March、Tom Marrs、Tony Curry、Umang Sehgal、Virginia Wilson、Webb Brown、Wendy Smith、William Bryant.

本書での引用を許可してくださった皆様に深く感謝申し上げます。

目次

第1部
FinOpsの紹介

本書の冒頭では、FinOpsとはなにか、チームはどのように活動するか、FinOpsの共通言語、クラウドサービスの課金方法、FinOps Foundationフレームワークに沿って独自のFinOpsの旅路を歩み始めるためのロードマップなど、多くの基礎的な事柄を取り上げます。

1章 FinOpsとは何か?

簡潔に言うならば、FinOpsはクラウドの変動する支出に対する財務上の責任をもたらします。しかし、その説明は結果のほんの一端を示唆しているにすぎません。クラウド運用による文化的変化によって、技術と財務に関わる当事者意識が末端の組織まで広がり、調達、エンジニアリング、アーキテクチャ、プロダクトチームに至るまで、さまざまな部門が関与するようになります。これにより、技術の専門家だけでなく、財務・ビジネスの専門家に至るまで、より効率的な方法で協力し合うことになります。

準備ができているかどうかにかかわらず、クラウドへの移行の動きは世界中でますます加速しています。メインフレームからクライアントサーバー、ウェブ、モバイルへの移行のように、クラウドへの移行は、技術に関わるコストの構成・要求・管理に対して従来のビジネスに求められるものとは大きな変化をもたらします。

FinOpsは、旧来のインフラ管理方法では単に非効果的であるだけでなく、急騰するクラウドコストがビジネスに大きなインパクトを及ぼす可能性があることの認識を要求します。従来のインフラ管理方法論は将来も自社のインフラには必要とされますが、これらの方法論はクラウドの可変的な支出をうまく扱うことができず、FinOpsの導入なしには組織がクラウドを効果的に管理することはできません。

1.1 FinOpsの定義

2023年初頭の時点で、FinOps FoundationはFinOpsを次のように定義しています[*1]。

---

*1 訳注：原書第2版刊行（2023年1月）のあと、FinOps Foundationの技術諮問会での投票（同年12月）を経て、2024年2月にFinOpsの定義に変更が加えられた旨の発表がありました。変更の要点は、以下のリンク先記事で解説されています。
https://www.finops.org/insights/changes-to-finops-definition/

> FinOpsは、エンジニアリング、財務、技術、ビジネスチームがデータ駆動型な支出決定の協力をし合うことで、組織が最大のビジネス価値を得られるように支援する、進化し続けるクラウド財務管理の規律および文化的な実践です。

FinOpsの核は、文化的な実践です。チームがクラウドコストを管理するためには、ベストプラクティスを保有するグループに支えられながら、全員が自身のクラウド使用量の当事者意識を持つことです。エンジニアリング、財務、プロダクト、調達などの部門横断チームが協力し合うことで、財務上の制御と予測の確度を高めながら、より迅速なプロダクトの提供を可能にします。

FinOpsは、「Finance」と「DevOps」の言葉を組み合わせた言葉であり、ビジネスとエンジニアリングチームのコミュニケーションと協力が重要です。クラウドFinOpsはときどき「クラウド財務運用」と誤った解釈をされますが、それは財務部門に存在する従来の「財務運用」の役割との曖昧さがあるためあまり良くありません。クラウドFinOpsは他に「クラウド財務管理」、「クラウド財務エンジニアリング」、「クラウドコスト管理」、または「クラウド最適化」と呼ばれることもあります。どのような呼び方であっても、FinOpsはクラウド支出から最大のビジネス価値を得る実践です。

本章では、FinOpsの基本原則と、それに関連する文化的変革がどのように始まり、なぜあらゆる組織がクラウド利用による成功のためにこの規律を受け入れる必要があるのか、説明していきます。まずFinOpsを定義するために、個々の実践者の典型的な物語から始めましょう。

1.2 FinOpsヒーローの旅

FinOpsを牽引する者は、従来のITや仮想サーバーの管理、計画、会計の組織から現れることがよくあります。私たちが長年聞いてきた典型的な話があります。あなたは似たような状況か、もしくはすでにその途中にいるか、すでにその一部を完了しているかもしれません。この物語の主人公の名前はFinnです。

> Finnにとってやることは単純でした。時代遅れの財務報告は四半期ごとに行われています。プロダクト需要の変化に応えるために、次の数四半期に組織が必要とする生産量の使用傾向から推測していました。今まで支出に対してあまり驚くことはありませんでした。
>
> Finnは購買注文されていないAWSやGoogle Cloudの支払いが増加していることに気づきました。クラウドに精通した同僚のAnaは、クラウドの非常に可変的な性質と、オンプレミスのデータセンターの性質とが異なるものであること、クラウドを管理するための全く新しい方法と新しい専門的規律が必要であることを説明しました。
>
> FinnはAnaの言葉を慎重に考えました。それは興味深く魅力的に聞こえました。しかしその後、Finnは組織における8,000台のオンプレミスサーバーに対して彼が実施していたプロセ

スがうまく機能していることを思い出しました。クラウドがそんなに違うはずがありません。既存のプロセスをもっときちんと適用すれば、クラウドコストも管理できるはずです。

次の四半期には、予期せずクラウドの支出が倍増し、Finnはうなだれながら Anaのもとに戻りました。彼は支払額をより頻繁に確認し、支払いの発生元となるエンジニアリングチームとのコミュニケーションを増やす新しい一連のプロセスに取り組むことを決意しました。

以前はクラウド支出を気にかけなかった財務リーダーが、Finnに四半期ごとの報告に戻るよう圧力をかけ始め、彼がとっていたリアルタイムアプローチは会社の他のプロセスに合致しないと言いました。技術リーダーはコストを意識しながらプロダクトの納期を守ることはできないと反論しました。Finnの経営陣はトップダウンの方法論を推奨しました。Finnは再びAnaに助けを求め、彼女はFinOps Foundationのメンバーたちを紹介しました。Finnは彼らの失敗や成功から学び、会社のプロセスを一からやり直し、より野心的に、文化的変革を行う計画を立て始めました。

いよいよ行動のときがきました。Finnは新しいクラウド支出の割り当て戦略、タグ付けガイドライン、適切なサイジング基準（つまり、ワークロード要件により適切に合わせるためのクラウドリソースのサイズ変更)、およびクラウド事業者への利用のコミットメントによる料金最適化を実施しました。ついに、クラウド支出を説明できるようになり、彼らのチームが必要とする技術を軋轢なく取得できる道が見えてきました。そしてクラウド移行が急速に進み始めました。

物事がうまく進んでいるように見えたちょうどそのとき、新しいCFOが登場し、規模の割にはクラウドが高すぎると言い、データセンターへの広範囲な戻りを提唱しました。Finnにとって最大の試練のときが訪れました。クラウドに精通した同僚と協力して、クラウドがコストセンター以上のものであることを示さなければなりませんでした。彼らは、クラウドがオンプレミスのデータセンターでは不可能な方法で革新と速度を促進し、会社に競争優位性を提供できることを示さなければなりませんでした。CEOはより大きな将来構想を確認・同意し、クラウドファースト戦略の道を開きました。

新たな自信を持って、Finnは前進し、チーム間の壁を取り壊し、組織内で実質的な変化を推進しました。しかし、彼は最後の試練に直面しました。クラウド支出が実際に大きな影響を及ぼすレベルに達し、最終的な利益に影響を与えていました。CFOが介入し、組織の利益率に影響を与えないように、あらゆる手段をもってクラウド支出の上昇傾向を止めました。Finnはクラウド支出を単一次元のみで確認することから、支出をビジネス価値に結び付けるユニットエコノミクスの検討に移行し、クラウド支出が正しいことを明確に示せるような意味や背景を与えられるようになりました。

最終的に、Finnはこの FinOpsの検討がただの始まりにすぎないことを認識しました。クラウドは常に進化しており、それとともにFinOpsも進化しています。FinnとAnaは、自分たちのFinOpsの遍歴をコミュニティに共有し、ベストプラクティス策定を支援することで、この新しい分野で最も影響力を持つことになるでしょう。

このFinOpsの遍歴のいくつかの側面はあなたに響くかもしれませんし、他の側面はあなたの前途の一部かもしれません。典型的な話を紹介したところで、FinOpsがどこから来たのかを確認してみましょう。

1.3 FinOpsはどこからきたのか?

2012年にサンフランシスコのベイエリアにおいて、AdobeやIntuitのようなパブリッククラウドの初期の利用者が、FinOpsなるものを実践しているのを著者は初めて垣間見ることができました。2010年代半ばには、パブリッククラウドの初期の利用者は、GEやNikeのような大企業と交流し、クラウド使用量の急速な拡大に対してFinOpsを開始しました。数年後、Mikeは自身のAtlassianや、Qantas、Tabcorpなどの先進的な企業がオーストラリアで同様の実践を始めるのを確認しました。著者のJ.R.が2017年から2019年におけるロンドンでの2年間の任務中、彼はBP、HSBC、Sainsburyなどの企業が自社の企業文化全体にわたってこの新しいアプローチを開発しているのを直接目の当たりにしました。FinOpsは、世界中のさまざまな業界や地域が大規模にクラウド採用をし始めるにつれて、またあらゆる場所で財務と説明責任の課題が顕在化されるとともに、ゆっくりとそして同時に誕生しました。図1-1は用語の普及率の増加を示しています。

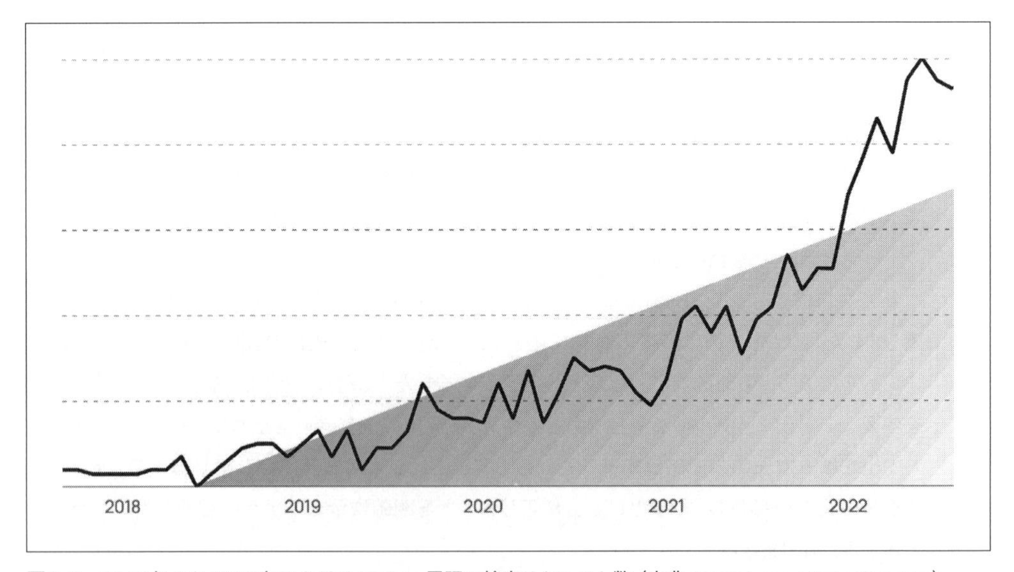

図1-1 2018年から2022年におけるFinOps用語の検索リクエスト数（出典：speakeasystrategies.com）

「FinOps」は後発の用語です。初期に企業は単にその実践を「クラウドコスト管理」と呼んでいました。その後、「クラウドコスト最適化」が広がり始めましたが、クラウドコストを割り当てることには言及していませんでした。AWSおよび他のクラウド事業者は「クラウド財務管理」というフレーズを使用し始めました。この包括的な名称は、数字で参照されている検索やアナリストの言及に基づいて、「FinOps」に置き換えられることが増えています。小売業のTargetのように、彼らの社内の実践を「エンジニアリング効率」と呼ぶ企業もいます。図1-2は、業界アナリストによる「FinOps」という名前の言及の増加を示しています。

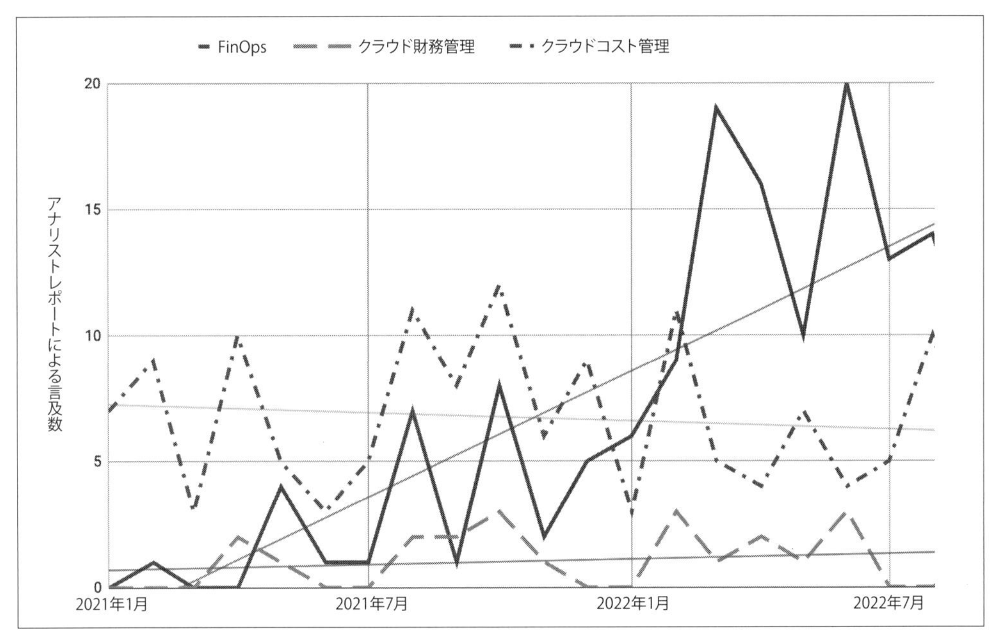

図1-2 アナリスト記事におけるFinOpsと異なる名称での言及（出典：speakeasystrategies.com）

図1-2において、認知度として「クラウド財務管理」のような古い用語が減っているのに対して、「FinOps」という用語はクラウドに関わるアナリストの記事で増加しています。意図的にDevOpsを反映したこの複合用語を選択することで、部門横断的かつアジャイルな側面が最前面に浮かび上がります。

そして今、FinOpsは世界中で独立した専門職になりつつあります。図1-3は、LinkedInのメンバーによってリストされているスキルであるFinOpsの成長を示しています。2022年のState of FinOpsのデータ（https://data.finops.org/）によると、金融サービスから小売まで、製造業を超えて、ほぼすべての主要産業が現在FinOpsの実践をしていることを示しています。

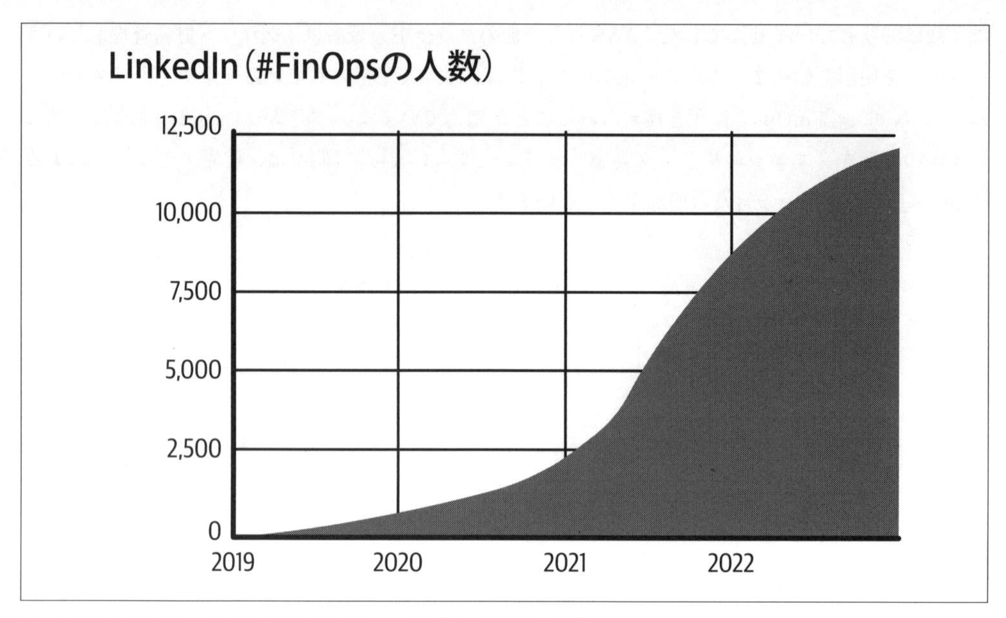

図1-3　LinkedInでFinOpsをスキルセットとして挙げている人の数

2021年のState of FinOpsによるデータによると、この分野で働く人の95%がそれを自分のキャリアパスとして見ていることを示しています。

AppleからDisney、CVS Health、Nikeに至るまでのFortune 500企業のFinOps実践者のための公開求人リストが、LinkedInやFinOps Foundationのサイトで頻繁に登場しています（https://jobs.finops.org/）。

昨今の課題は、FinOpsにおいて仕事を見つけることよりも、企業が自社の期待する役割を果たすのに十分なスキルを持った候補者を見つけることです。これは、FinOpsの認定と関連スキルを求める人々の爆発的な増加を引き起こしています。

雲の上から（J.R.）

私が初めてFinOpsの概念について話したのは、2016年6月にワシントンDCで開催されたAWS Public Sector SummitでのDevSecOpsトークのときです[*2]。私たちは『The Phoenix

*2　Emil Lerch and J.R. Storment, “Leveraging Cloud Transformation to Build a DevOps Culture,” AWS Public Sector Summit, June 20, 2016, https://oreil.ly/DCqfg.

Project』の著者である、尊敬するGene KimによるDevOpsの定義から始めました。

> 「DevOps」という用語は、一般的に開発とIT運用の間の協力的な作業関係を提唱する新興の運動を指します。その結果、計画された作業の高速な流れ（すなわち、高いデプロイ率）と同時に、本番環境における信頼性、安定性、回復力、セキュリティを向上させます。

僭越ながら、私はKimに基づいたFinOpsの定義を作成しました。

> 「FinOps」という用語は一般的に、**DevOpsと財務**間の協力的な作業関係を提唱する、新興の運動を指します。その結果、**反復的でデータ駆動型のインフラ支出管理**（すなわち、**クラウドのユニットエコノミクスを下げる**）を行い、同時に**コスト効率と、究極的にはクラウド環境の利益性**を向上させます。

以来、FinOpsの定義は進化し拡大しましたが、チーム間の協力的な関係を推進し、データ駆動型の洞察に基づいて反復的な変更を行い、ユニットエコノミクスを改善するという、すべてにおいて重要な原則を保持しています。

1.4　データ駆動型の意思決定

FinOpsでは、各運用チーム（ワークロード、サービス、プロダクトオーナー）が、必要な準リアルタイムのデータにアクセスします。支出に影響を与え、スピード／性能およびサービスの品質／可用性とのバランスをとった効率的なクラウドコストになるように、データ駆動型の意思決定を行います。

> 市場投入までの時間と俊敏性で競合他社を凌駕し、検証をすることができなければ、競争に負けてしまいます。機能を市場に迅速に投入しテストを迅速にできるほど、それだけより良い状態になります。なお、資本を利用した分、事業により早く貢献することができるため、より早く稼ぎを得ることを意味します。
>
> ——*Gene Kim, The Phoenix Project: A Novel About IT, DevOps, and Helping Your Business Win*（IT Revolution Press, 2013）[*3]

FinOpsが**費用を節約すること**のように思えるなら、もう一度考えてみてください。FinOpsは**稼ぐこと**に関わっています。クラウド支出はより多くの収益を生み出すことができ、顧客基盤の成長を示します。また、より多くの製品と機能のリリースの速度を速め、またはデータセンターを閉鎖

*3　訳注：邦訳は『The DevOps 逆転だ!』（ジーン・キム、ケビン・ベア、ジョージ・スパッフォード著／榊原彰 監修／長尾高弘 訳、日経BP刊、2014年）。

するのを助けることさえあります。

FinOpsはさまざまな障壁を取り除きます。つまりエンジニアリングチームがより優れた機能、アプリケーション、移行についてより速く提供できるようにし、いつ、どこに投資すべきかについての部門横断的な会話を可能にします。ビジネスチームはときには引き締めの決定を行い、ときにはより多くの投資判断をします。FinOpsにより、今ではエンジニアリングチームは、それらの決定が下された理由を理解しています。

1.5 リアルタイムでのフィードバック（いわゆる「プリウス効果」）

成功するFinOps実践には3つの部分があります。

リアルタイムでの報告 ＋ ジャストインタイムのプロセス ＋ チーム協業 ＝ FinOps

第二、第三の部分についてはこの本の後半で触れます。では第一の部分を見てみましょう。

リアルタイムでの報告によるフィードバックループは、人間の行動に強力な影響を与えます。私たちの経験では、行動を起こす直前に、その行動に対する影響のフィードバックをエンジニアに提供すべきです。これは、より良い行動の変更を自動的に引き起こすでしょう。

電気自動車を運転したことがある人なら、おそらく**プリウス効果**を経験しているでしょう。ペダルを強く踏み込むと、電気自動車のディスプレイはバッテリーからエンジンへとエネルギーが流れ出ていることを示します。足を上げると、エネルギーがバッテリーに戻ります。フィードバックループは明白で即時的です。その瞬間にあなたが選択している行動が、過去には意識されなかったかもしれませんが、使用しているエネルギーの量にどのように影響しているかを確認することができます。

明示的な推奨や指導がなくとも、リアルタイムのフィードバックループは即座に運転行動に影響を与えます。

これらの視覚的手がかりは通常、即効性をもたらします。あなたはもう少し賢明に運転し始め、アクセルを少し控えめに踏みます。あなたはそんなに速く加速する必要はないと気づき始めます。あるいは、遅れそうな場合は、余分なエネルギーを消費しても、アクセルを強く踏むほうが価値があると判断します。いずれの場合も、運用している環境を考慮して目的地に到達するために適切なエネルギー量を使用することを、情報に基づきながら決定できます。

> 自問してください：チームがより良い決定を下すために必要な情報をどのように提供できるでしょうか？
>
> ——Ron Cuirle, Senior Engineering Manager at Target[*4]

このリアルタイムのデータ駆動型な意思決定の実現こそが、FinOpsの真髄です。データセンターの世界では、エンジニアは、長期にわたるハードウェアの購入とそれに伴う減価償却のスケジュールに従って、会社への財務的影響を簡単に追跡することができない個別の行動をとります。

雲の上から（J.R.）

以前、世界で最も大きなクラウドの支出をする企業の1つを訪れた際、年間数億ドルのクラウド支出があるにもかかわらず、誰もそのコストの発生源であるエンジニアチームとコスト情報を共有していないことを知りました。最終的にそれらのコストがエンジニアリングチームに明らかにされるのは、30～60日後のコストレビューの最中でした。彼らは生データを持っていましたが、FinOpsの文化を採用していなかったため、どれだけのクラウドを使用するかについて意思決定を行う人々に直接フィードバックループを実装していませんでした。

FinOpsを採用すると、結果は即座に劇的に変わりました。費用の可視化が提供されたチームは、全く必要としない開発環境の実行に月額20万ドル以上を費やしていたことを発見しました。わずか3時間のエンジニアリング作業で、彼らはそれらの不要なリソースをシャットダウンし、追加のエンジニアを雇うのに十分なお金を節約しました。

この新しい可視性によって提供される説明責任は、非常に興味深いことを明らかにしました。誰も変更を行うための特定の指示や推奨を出しませんでした。エンジニアリングマネージャーが個々の環境のコストを見ることができるようになると、チームが追加の開発環境なしで開発できるという情報に基づいた意思決定を下すことができました。これまで十分な情報がなく、環境を稼働させ続けることが最終的に事業へどれだけ大きな影響を与えるかを理解していなかったので、以前は行動を起こすことができませんでした。この初期のFinOpsプロセスは、エンジニアチームがコストを他のパフォーマンスや信頼性指標と並んで考慮すべき別の効率的な指標に変えました。エンジニアは通常、非効率を嫌い、適切なデータ（および24章で議論するリーダーシップのサポート）を一度与えられると、他の重要な指標と同様にコストを最適化する傾向があります。

FinOpsは、事業においてより速く、より良い意思決定をするのを助けます。高速化の源泉は、

＊4 Ron Cuirle, Senior Engineering Manager at TargetRon Cuirle and Rachel Shinn, “Better Insight: Measuring the Cost of an Application on GCP,” Google Cloud Next ’19, April 9, 2019, YouTube video, 43:55, https://oreil.ly/FJ1SP.

チーム間で促進される衝突が起きない会話です。

> これらのチームを素晴らしいものにしたのは、全員がお互いを信頼し合っていたことです。魔法のような原動力が存在するとき、強い力が生まれます。
>
> ——Gene Kim, "The Phoenix Project"

以前は異なる会話をし、お互い距離を置いていたチーム（例えば、エンジニアリングと財務チーム）が、今ではビジネスの最善のためにより協力的な関係を築いています。これがFinOpsの行動です。ベストプラクティスを設定し、4章で議論するようなクラウド支出に関する共通の語彙を定義することで、事業全体で生産的なトレードオフの会話を実現できるようにします。

1.6 FinOpsの基本原則

FinOpsの文化を自組織に効果的に導入している実践者と話をする中で、一連の共通の価値観または原則が明らかになりました。FinOpsの価値を定義し、すべてのプロセス、ツール、人々がFinOpsの核心原則に沿っていることを確認することで、成功へと導くことができます。これらの原則を採用するFinOpsチームは、コストの責任とビジネスの俊敏性の両方を促進する自律的でコストを意識した文化を組織内に確立し、クラウドの速度とイノベーションの利点を維持しながら、コストの管理と最適化を改善することができます。これらのFinOps価値は以下の通りです。

- 各チームは協力する必要がある
  - 財務と技術チームは、クラウドがリソースごと、秒単位で動作すると同時に、準リアルタイムで協力する。
  - チームは効率とイノベーションのために継続的に改善するよう協力する。
- 意思決定はクラウドの事業価値に基づいて行う
  - ユニットエコノミクスと価値基準の指標は、総支出よりも事業への影響をよりよく示す。
  - コスト、品質、速度の間で意識的なトレードオフの決定を下す。
  - クラウドをイノベーションの推進力と考える。
- すべての人が自分のクラウド使用量に当事者意識を持つ
  - 使用とコストの説明責任は最前面に押し出され、エンジニアがアーキテクチャ設計から継続的な運用までのコストの当事者意識を持つ。
  - 個々のプロダクトチームは、自分たちの予算に対してクラウド使用量を管理する権限を持つ。
  - コスト効率のよいアーキテクチャ、リソース使用量、および最適化周りの意思決定を分散させる。
  - 技術チームは、ソフトウェア開発ライフサイクルの初期段階から、コストを新たな効率指標として考慮し始める必要がある。

- FinOpsのレポートはアクセスしやすくタイムリーであるべき
  - 利用可能になったらすぐにコストのデータを処理し共有する。
  - リアルタイムの可視性は、自律的にクラウドの利用を改善する。
  - 高速なフィードバックループにより、より効率的な動作が得られる。
  - 全組織に対してクラウド支出の一貫した可視性を提供する。
  - リアルタイムで財務予測と計画を作成、監視、改善する。
  - 傾向と変数分析は、コストが増加した理由を説明するのに役立つ。
  - 社内におけるベンチマーキングは、ベストプラクティスを推進し、成功を導く。
  - 業界における同レベルのベンチマーキングは、あなたの会社のパフォーマンスを評価する。
- 組織横断の専門チームが中心となりFinOpsを推進する
  - 組織横断の専門チームは、責任共有モデルにおいて、ベストプラクティスの推進、普及、支援を行う。これは、セキュリティのように、組織横断の専門チームが存在しつつも、各自が自分の担当部分に対して責任を持つ形と同様である。
  - FinOpsおよびその実践とプロセスに対する経営層の賛同が必要である。
  - 利率、コミットメント、割引の最適化は、規模の経済を利用するために集中化される。
  - エンジニアと運用チームが交渉料金について考える必要をなくし、彼らが自身の環境の使用量の最適化に集中できるようにする。
- クラウドの変動費モデルを活用する
  - クラウドの変動費モデルをリスクではなく、より多くの価値を提供する機会として捉える。
  - ジャストインタイムでの予測、計画、および容量購入を受け入れる。
  - 静的な長期計画よりも、アジャイルな反復計画のほうが望ましい。
  - まれに事後対応でクリーンアップするのではなく、クラウドの最適化を継続的に調整する事前対応なシステム設計を採用する。

1.7 FinOpsをいつ始めるべきか?

FinOpsをいつ始めるかについての判断は、この本の初版以来、かなり変わりました。数年前、FinOpsの実践は通常、企業が思わぬ出費で予算を大幅に超えてしまったいわゆる**支出超過**のときに始まることが多くありました。今では、FinOpsを実践することがクラウド成熟ライフサイクルのかなり早い段階にシフトしています。クラウド採用の最初の段階でFinOpsの実践を始める企業を見ることが現在では一般的です。これは部分的にはクラウド請求が提起する課題をよりよく理解すること、また大手3つのクラウド事業者自身による大きなプッシュによるもので、顧客に対して早期にコストの問題に対処することを奨励しています。3つのクラウド事業者はまた、エンジニアやアーキテクトがクラウドを用いたソリューションを設計する際に、できるだけ早くコストを考慮できるようにするために、ツールとデータを積極的に提供しています。

残念ながら、多くの人はまだFinOpsが費用を節約すること、あるいは消費を単に削減することだけに関係していると考えています。公平を期すために言うと、これはあるレベルでは理にかなっています。例えば、クラウドに多額の費用を費やしている人は、すぐに多額の節約可能額を見つけることができます。ただし、クラウド支出に対する説明責任の確立と、コストを完全に配賦する能力は、高機能なFinOps実践の重要な要素ですが、遡及的なコスト削減は実現していないことがよくあります。

さらに、FinOpsがエンジニアリングチームと財務チームの両方に求める文化とスキルセットの変更は、実現に何年もかかる場合があります。組織が大きくなり、環境が複雑になればなるほど、早期にFinOpsの実践を開始することで複合的なメリットを得ることができます。

FinOpsの実践を成功させるには、大規模なクラウド導入や数百万ドルのクラウド請求は必要ありません。FinOpsを早期に開始すると、組織は運用が拡大し始めたばかりであっても、クラウド支出について十分な情報に基づいた意思決定がはるかに容易になります。したがって、FinOpsの成熟度を理解することが不可欠です。FinOpsを実践するための正しいアプローチは、組織が小規模なときから始めて、ビジネス価値が活動の成熟を保証するにつれて、規模、範囲、複雑さを拡大することです。

6章で学ぶように、これまでの専門知識に関係なく、完全に形成されたFinOpsの実践を最初から導入することは不可能です。エンジニアの働き方を変革し、クラウドの運用方法について財務担当者を教育し、クラウドを使用する正しい理由を経営幹部に理解してもらうには時間がかかります。これは働き方における文化的な変化であり、データ駆動型の説明責任と意思決定の能力は時間をかけて構築されなければなりません。

FinOpsは1つだけのチームが行うのではありません。中央のFinOpsチームは、クラウドのビジネス価値を管理するために連携する必要がある組織内の多くのさまざまなチームを教育するために働きます。さらに、大規模な組織全体のチームはFinOpsの旅路において、それぞれの組織がFinOpsを採用しそれが価値を生むまでの長い間は、成熟度のばらつきが生じる可能性があります。

本書籍は、チームがよくある落とし穴を回避しながら、組織を成功に導くことができます。しかしながら、FinOpsが立ち上がっていない組織から効率的なFinOpsを進めることができる組織はありません。すべての組織とチームは、時間をかけてお互いから学びながら、FinOpsプロセスを段階的に整備する必要があります。

以前のDevOpsのように、FinOpsは文化的転換であり、早期に始めれば始めるほど、組織は早く利益を受けるでしょう。

私たちの経験から言うと、初日からFinOpsを行うべきですが、スケールアップにつれてより多くのプロセスを関与させるべきです。年月を経て、FinOpsを採用し始める企業が通常選ぶ2つの典型的なタイミングを私たちは目にしてきました。

- 以前、最も一般的なアプローチは事態が手に負えなくなったときに実施することでした。このシナリオにおいては、支出が限界に達し、経営層がクラウドの成長を強制的に停止させ、新しい管理モデルの実装を要求します。これが一般的な動機ですが、これはFinOps採用のアプローチとして理想的な方法ではありません。この経営層による緊急措置中に、イノベーションと移行は遅くなったり、一時的に停止したりすることがあります。
- より賢明なアプローチは、クラウドがどのように展開するかを見てきた経営層がとるものであり、FinOps.org（http://finops.org/）のFinOps成熟度モデルに沿っています。FinOpsの実践は、企業のFinOps成熟度サイクル、および全体的にクラウドを使う会社の成熟に合わせたペースで発展する必要があります。初期には、クラウド事業者への利用費用のコミットメントを管理するために1人が割り当てられるかもしれません。彼らは初期のアカウント、ラベル、およびタグ付けの階層の実装から始めます。そこから、実践が大きくなるにつれて、プロセスの各部分をスケールアップできます。現在、ほとんどの新しい実践者はこの採用ストーリーでFinOps Foundationに参加しています。

しかし、企業がFinOpsの実装を決定する方法にかかわらず、最初の重要なステップは、適切なときに関連するチームにクラウド支出の可視性を提供し始めることです。そうすることで、何が起こっているのかを全員が理解し、コスト超過をどのように対処するかを決定できるようになります。成熟した実践では、コスト超過はそれが始まる前に慎重なアーキテクチャ設計によって防がれます。そのレベルの可視性が達成されると、FinOpsチームはより広範なビジネス関係者に教育を始めます。部門横断チームが連携することで、財務担当者はクラウドの言語をさらに学ぶようになり、エンジニアは関連する財務概念を理解し始め、ビジネス担当者はリソースをどこに投資するかについてより適切な決定を下せるようになります。

この文化的転換をできるだけ早く開始することの価値は、どれだけ強調してもしすぎることはありません。FinOps実践の利点はほぼ即座に感じられ、測定することが可能です。

1.8 目的を念頭において開始：データ駆動型の意思決定

FinOpsにおける最も重要な概念の1つは、**エンジニアリングチームによるデータ駆動型の意思決定を可能にするために、ユニットエコノミクスの指標を使用すること**です。その考え方は、ビジネスの成果や価値の指標に対してクラウド支出を測定し、そこから得られる洞察に基づいて行動を起こすことです。これは、行動におけるプリウス効果として前述したリアルタイムのフィードバックループです。

インフラストラクチャの各部分に使用する適切なビジネス指標を選択することは、26章で説明する複雑なプロセスです。現時点で覚えておくべき主なこととして、データ駆動型意思決定を可能にするためのユニットエコノミクス指標を提供することは、タグ付け、コスト割り当て、コスト最適化、他の財務フレームワーク、FinOpsの運用を含んだFinOpsのほぼすべての側面に依存しているということです。

ビジネス指標は重要です。なぜなら、それによって会話が、費用だけに関するものから、効率性とクラウド支出の価値に関するものに変わるからです。「Yドルの収益をもたらす顧客にサービスを提供するには、Xドルの費用がかかります」と言えると、XドルとYドルが組織にとって妥当な投資であるかどうかを判断するための背景や意味を与えることができます。その後、製品が進化したり、新しい機能が追加されて完全に変化したりすると、企業はこれらのビジネス指標を介してこれらの変化の影響を測定できるようになります。

その結果、クラウドへの適切な支出と不適切な支出の違いを判断し、それらの決定の傾向を長期にわたって把握できるようになります。ビジネス価値の指標は、本書全体を通して念頭に置いておく必要があります。また、組織内でFinOpsを実装する際にも同様です。

私たちが目指しているニルバーナ（悟りの境地）の状態は、組織がクラウド支出から得られる価値についてデータ駆動型のビジネス上の意思決定を継続的に行うことです。

雲の上から（Jason Fuller）

グローバルな地図サービスを提供する多国籍組織であるHERE Technologiesでクラウドを運営するJason Fullerは、FinOps Foundationの会議で、この点をよく説明する話を共有しました。

> 私たちのチームは予算を大幅に超えて、月に90億回のlambda関数を使用していました。私はそれに直接影響を与えることはできません。しかし、私にできることは、チームと一緒に座って、あなたがlambdaで書いているアルゴリズムの質を理解し、もっと厳密にできるかを判断することです。
> 提供しているサービスにおいて、ミリ秒の精度が必要でしょうか？ はい。事業はその価値があると判断しています。
> 次に、サービスを販売するための価格モデルを見てみましょう。私たちは、提供しているものにどのくらいの価値があると考えるか、また市場におけるプロダクトとして実際にどれだけの価値があると考えるか、これらに基づいてビジネス上の意思決定を行うことができます。
> その結果、私たちはインフラストラクチャについて争うことはなくなり、そのビジネス価値

について話し合うようになりました。

1.9 本章の結論

本章では、FinOpsを定義し、FinOps変革の長い旅路の中で成熟するにつれて、実践を開始する組織が確実に成功するよう導く中心的な原則と価値観について説明しました。

要約：

- FinOpsは、組織内のすべてのチーム間の協力を推進する文化的変化である。
- エンジニアから財務、調達、経営層まで、すべての人に役割があり、コスト意識を持つべきである。
- 支出に関するリアルタイムのフィードバックループは、支出効率の継続的な改善を促す。
- ユニットエコノミクスおよびビジネス価値指標を使用して、クラウドのコストについて話すだけでなく、クラウド投資に関するデータ駆動型の決定を下す。
- できるだけ早く組織にFinOpsを実装し、段階的に成長するように。

FinOpsとは何かについて基本的な理解ができたところで、クラウドによって組織内で何が可能になるのか、また、FinOps実践の成功を妨げるプロセスをどのように回避できるのかを見ていきましょう。

2章 なぜFinOpsが必要なのか?

組織がクラウドを利用する理由とクラウドによって得られる利益を考慮すると、FinOpsの重要性と必要性は明らかです。成功したFinOpsの実践は、クラウドによって可能になる事業利益を拡大し加速させます。クラウドは単なる基盤刷新の代替手段としてではなく、事業を加速させる手段として見なすべきです。同様に、FinOpsはコストの最適化のみではなく、価値の最大化を目的としています。

2.1 正当な理由でのクラウド利用

コスト削減は、しばしばクラウドの主要な利点として挙げられます。しかしながら、最も成功しているクラウドファーストの企業は、拡張性とイノベーションこそが真の利点であることを世界に示しています。

例えば、Spotifyは世界中の顧客に直接コンテンツを提供するためにクラウドの拡張性を利用しています。また、Flickrは大量の顧客データをクラウドに安全に保存し、安全で迅速なアクセスを提供しています。クラウドのおかげで、これらの企業は自社のデータセンターでは決してできなかった方法で競い合っています。クラウドを利用するうえで、価格は常に理由の1つですが、拡張性やグローバルな可用性に比べれば遠くおよばない3番目の理由です。

クラウドを使用することで、企業はより迅速に動き、収益を成長させることができます。金融サービス、航空会社、小売業など「非技術」分野の事業でさえ、競合他社との差別化を図るためにソフトウェアとデータに着目しています。実際、「2022年のState of FinOps」(http://data.finops.org/)のデータにおいて、最も代表的な業界は金融サービスと銀行でした。

ソフトウェアはビジネスと顧客をつなぎ、物理資産を最適化し、工場を監視するのに役立ちます。最新のポップソング、小売パッケージ、さらには人々を世界中に届けます。

私たちはもう航空会社ではありません。私たちは翼を持つソフトウェア会社です。

——Veresh Sita, CIO of Alaska Airlines[*1]

2023年初頭の時点で、Fortune 500企業の大多数はパブリッククラウドを大規模に導入しており、大手3社のクラウド事業者自体も、そのリストにおいてトップ15の最も価値のある企業としてランクインしています。Microsoft、Amazon、Alibaba、Tencentのような巨大なテック企業は、JPMorgan Chase、HSBC、Bank of Americaのような銀行のシンボルと並び、顧客との主要な接点としてクラウドを使用しています。そのリストに載っている伝統的な非技術企業であるExxonMobilやJohnson & Johnsonさえも、競合他社との差別化を図るためにデジタル変革を加速しています。

成功の鍵となる要素は、事業の俊敏性とイノベーションへの速さです。企業はクラウドを単なるコスト回避戦略として利用するのをやめ、イノベーションの主な推進力としてクラウドにますます注目するようになりました。XaaS（Anything as a Service）はより多くの技術をより迅速に試すことを可能にし、IaaS（Infrastructure as a Service）はかつてない速度と拡張性でコンピューティングリソースを提供します。

データセンターでサーバーをラックに収め、最初から「既に解決された問題」をエンジニアリングすることは、もはや差別化する方法ではありません。クラウドは、最新の技術（拡張可能なインフラ、機械学習、IoT）を、あらゆる規模のビジネスにオンデマンドで提供しました。オンプレミスのデータセンターを運営する取り組みは複雑化しており、従来型企業はインフラストラクチャの運営とそれをサポートする人材の獲得において、Google、AWS、Microsoftの技術規模との競争に苦戦しています。

成功する企業は、エンジニアがより優れた、より速いコードを書き、顧客に価値を提供できるように焦点を合わせています。そして、エンジニアはますます、必要なときに必要なものを手に入れることができます。クラウドは、彼らがより競争力のあるプロダクトを提供する能力を根本的に変えました。

FinOps認定プロフェッショナルコースのFinOps Foundationからの図2-1におけるクラウドのバリュープロポジションは、組織の事業成果を推進するフライホイール効果（弾み車効果）を概説しています。これは、IT機能が組織のデジタルな未来を推進する可能性があり、パブリッククラウドの採用がこのビジョンを実現するために重要だと感じている経営陣にとって魅力的なことです。

＊1 Derek E. Weeks, “All Day DevOps: Modern Infrastructure Automation,” DevOps.com, August 2, 2017, https://oreil.ly/K-G4k.

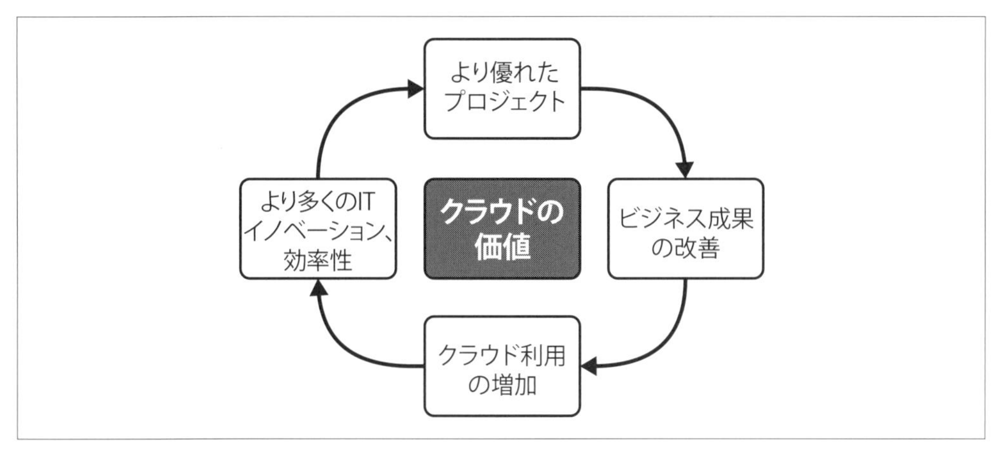

図2-1 FinOps認定プロフェッショナルコースにおけるクラウドのバリュープロポジション

クラウドサービス事業者は、あらゆる組織内でイノベーションを促進する真の存在であり、それはほぼ無限の可能性を秘めています。

2.2 クラウド支出の加速

本書の初版を書いたとき、クラウド支出は転換点を迎え始めていました。2019年、ガートナーは2022年のクラウド支出を約3600億ドルと予測していましたが、実際の2022年の支出は約5000億ドルに近かったとのことです。最新のガートナーの予測では、2025年までに企業のIT支出の半分以上がクラウドに移行すると予測しています（https://oreil.ly/K9IuB）。それは1.8兆ドル相当がクラウドへ移行する可能性を示しています。私たちの経験では、組織は慢性的に自らのクラウド支出を過小評価し、業界の予測は定期的に上方修正されています。クラウドは組織のIT予算の重要な部分になり、企業の損益計算書のトップラインとボトムラインの両方に影響を与えています。大企業は通常、年間9桁の支出領域にあり、年間のパブリッククラウドの請求額が10億ドルを超える企業もいくつかあります。

そのすべての成長に伴い、技術、財務、調達、事業部門間の長年の隔たりが問題になっています。その理由を理解するために、2011年にDave Nielsenが「Cloud Computing Is OSSM[*2]（クラウドコンピューティングはOSSM）」という講演で行った私たちのお気に入りのクラウドの定義を見てみましょう（https://oreil.ly/v40Nn）。Dave Nielsenによると、「クラウド」と呼ばれるためには、インフラストラクチャプロバイダーは「OSSM」でなければなりませんでした。

- オンデマンド（要求に応じた利用）

＊2 訳注：OSSMはOn-demand, Self service, Scalable, Measurableの略。

- セルフサービス（利用者が自由にサービス選択）
- スケーラブル（拡張可能）
- メジャラブル（測定可能）

パブリッククラウドで、OSSMにおける「OSS」は信じられないほどの革新を推進するものであり、同時にFinOpsのニーズを生み出します。オンデマンド、セルフサービス、スケーラブルであるため、エンジニアは従来の財務や調達のプロセスを経ることなく、ボタンをクリックしたりコードを1行書いたりするだけで、会社のお金を使うことができます。その結果、すべての人の役割が変化しました。

3年から5年のサイクルで大量の機器を事前購入する日々は過ぎ去りました。クラウドでは、非常に小さな単位のリソースを1時間いくらかで購入するというのが新しい常識であり、従来の調達や財務プロセスが非効率なものになっています。エンジニアは、クラウドリソースごとに中央の調達チームから承認を得ているわけではなく、細かい承認プロセスを導入しようとする考えは、クラウドの主な利点の1つであるイノベーションを遅らせる恐れがあります。

データセンターの従来のプロセスを振り返ってみましょう。

- 設備は意図的に大型化し、減価償却期間中の予期せぬ成長にも対応できるように余剰容量を組み込んでいた。
- あるサービスが合理的な範囲を超えて容量を使用していても、容量が不足していない限り問題ではなかった。
- リソース使用量を減らしても節約にはならず、サービスが余剰容量を使用したとしても追加費用はかからなかった。
- 容量管理は設備のライフサイクルにおける主要なコスト管理手法であった。容量不足が起きると、サービスリソースの配分を見直して調整していた。
- 機器のコストは前払いされ、データセンター料金、ソフトウェアライセンスなどのよく理解された月次コストが該当した。
- コストを月次または四半期ごとに報告し、確認した。容量不足が起きると、サービスリソースの配分を見直して調整していた。

それでは、クラウドと比較してみましょう。

- 前もって購入する設備はなく、余剰容量が常に利用可能である。通常、容量の事前購入は必要なく、企業は不要なときに容量の料金を支払わないことで節約できる。
- サービスが必要以上のリソースを使用すると、結果として運用コストが高くなる。サービスに割り当てられたリソースのサイズを縮小すると、コスト削減が実現できる。
- クラウドサービス事業者からの容量の可用性により、容量管理は主要な懸念事項ではない。

このプロセスを取り除くことで、サービスはもはやリソースの可用性に人為的な制限がかかることがなくなる。

- 繁忙期にはリソースを消費し、閑散期にはリソースを削除できる。この可変消費モデルにより、運用コストが低くなるが、コストの予測も難しくなる。
- リソースは個々に微小な金額で請求されるため、請求が簡単に理解しにくくなる。

四半期ごとあるいは月次でコストを確認すると、予期せぬ、あるいは忘れていたリソースの使用量が請求書に記載されるレベルまで増えており、ショックを受けることがよくあります。

固定費から変動費への劇的なシフトは、コストを報告する方法を変えます。一連の制約が取り払われ、良くも悪くも、企業がソフトウェアを構築し提供する方法が抜本的に変わりました。支出の変動を管理することは、かつてITが信頼できる固定費用に基づいてビジネスを運営していたときと比べると全く異なる仕事になりました。

2.3 FinOpsを導入しない場合の影響

データセンターでは、エンジニアリングチームが迅速にアクセスできる利用可能な容量に限界があります。コストの増加は、追加の支出を見直し、承認するための業務プロセスによって厳しく管理されます。これにより、コストが変化する速度と、チームが実験や革新を行える速度が制限されます。クラウドにより、利用可能なストレージとコンピューティングの制限がなくなり、エンジニアリングチームが必要なリソースに迅速にアクセスできるようになります。エンジニアリングチームが、データセンターに数百台の新しいサーバーをプロビジョニングするAPIを呼び出すことは不可能であり、その場合、料金を支払う必要があります。クラウドでは、エンジニアはこれを絶えず行っています。

スピードとイノベーションに焦点を当てると、クラウドの請求額は容易に急上昇します。それに対して、企業がクラウドを厳しく制限することがよくありますが、それによりイノベーションが遅くなり、その過程で競争力が低下する恐れがあります。

2020年9月に発表されたマッキンゼーの研究「How CIOs and CTOs Can Accelerate Digital Transformations Through Cloud Platforms（CIOとCTOがクラウドプラットフォームを通じてデジタル変革を加速する方法）」は、クラウドプラットフォームから価値を得る企業は、その導入を事業・技術変革として扱い、以下の3つのことを行うことで成功していると結論付けました（https://oreil.ly/faDQY）。

- クラウドによって収益の増加と利益率の向上が可能となる事業領域に投資を集中する。
- 事業戦略とリスク制約に合わせた技術と調達モデルを選択する。
- クラウドを中心に据えた運用モデルを開発し実施する。

しかし、クラウドエコノミクス、スキル、プロセス、必要な組織変更は、事業のさまざまな部分にまたがりすぎるため、インフラストラクチャ責任者が単独で管理するには複雑すぎます。その結果、大規模な組織の圧倒的多数が次のいずれかの失敗を経験しています。

試験的利用の停滞

初期のクラウドワークロードまたは移行の価値証明が不十分で、クラウド利用を拡大するための事業の成功を妨げている。

クラウドの行き詰まり

クラウドの取り組みが滞るのは、IT部門がパブリッククラウドを安全で、回復力があり、かつコンプライアンスに準拠するために必要な自動化やリファレンスアーキテクチャを構築できないからである。

「リフト＆シフト」[*3]からの価値不足

クラウドの最適化手段やクラウドネイティブな技術を活用しないことにより、移行後にクラウドに対するサポートが得られず、その結果、コストに対する十分な価値が得られない。

クラウドの混乱

リーダーからの指針がなく、エンジニアがクラウドサービスを構成する際に自己判断に任せることで、コスト、セキュリティ、コンプライアンスの問題が生じる。

マッキンゼーの調査によると、支出は急速に伸びているものの、データセンターからクラウドへの移行に成功した企業のワークロードは、10%から15%にすぎないと結論付けています。

FinOpsへの投資によって、FinOpsのケイパビリティを開発することができ、クラウドサービスの財務管理の向上につながります。これにより、クラウドに対する積極的な取り組みが測定可能な事業価値を提供し、価値駆動型の積極的な取り組みが、クラウド価値の弾み車にさらなる推進力を与えます。

FinOpsを加えることによって図2-1からクラウドのバリュープロポジションが拡張することを、図2-2が示しています。FinOpsへの投資を継続するには、クラウドの価値に対する測定可能な改善を示すことが不可欠です。FinOpsとクラウドの事業価値に対する自信を持てるまでは、小さくとも初期段階における成功実績が必要です。FinOpsの積極的な取り組みがビジネス価値の向上につながるたびに、クラウドとFinOpsに投資している関係者に伝えられるならば、クラウドとFinOpsの価値が弾み車のように両者がさらに推進されます。こうしたビジネス価値の向上が伝わらなければ、その価値は存在しないことになり、社内横断でクラウド導入が停滞する可能性があります。

---

*3 訳注：「リフト＆シフト」とは、クラウド移行戦略の考え方の1つです。既存のシステムやアプリケーションをクラウドに移行する際に、構成を変更せずにクラウドへ移行し（リフト）、移行後にクラウド環境に適合した構成に修正（シフト）する方式のことを指します。

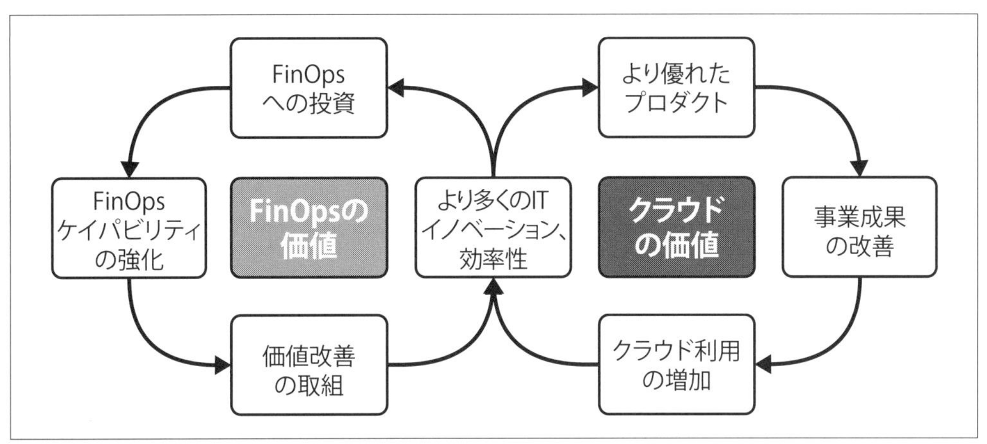

図2-2　組織は、クラウドによるビジネス価値の向上によって正当化される限り、FinOpsへの投資を継続すべき（FinOps認定プロフェッショナルコースより）

2.3.1　情報に基づく意図的な無視：なぜ今始めるのか？

FinOpsにおける**情報に基づく意図的な無視**について話す前に、単にFinOpsを**無視すること**について話しましょう。この、単に無視することは、支出の効率を計測していないときに起こります。あなた（またはリーダー）は、まだ**クラウド**コストに焦点を当てる必要がないと決定しました。懸念は、FinOpsの実践が物事を遅くするだろうということです。コストを気にせずに、とにかくクラウドへの移行を完了させるか、一連の機能をリリースしさえすればよいということです。

通常、次のようなシナリオで進行します。事業部門は移行を行うために大きな資金、例えば5千万ドルの予算を決定します。このような発言が飛び交います。「とにかくエンジニアにやらせて、コストのことはあとで考えよう」。ビジネスリーダーたちは、特に、月々の請求が5千ドル、25万ドル、100万ドルと増えていく初期段階では、クラウドにかかる費用がこれほど巨額になることはあり得ないと考えています。大企業の他のITコストと比較しても、それらはまだ少額です。

したがって、エンジニアは引き続き移行作業に取り組み、途中で多くの非効率なものが積み上がっていきます。いずれかの時点で、コストが利益を超え始め、事業の期待とかみ合わなくなるでしょう。このようなシナリオは、私たちが本書の初版を出版したときの状態です。多くの企業は支出の危機的状況に直面したときに初めてFinOpsを開始していました。

ありがたいことに、過去数年間で変化が見られ、クラウドへの移行と同時に、より情報に通じた実践者がFinOpsの運用を始めるようになっています。これらのシナリオでは、ますます**情報に基づく意図的な無視**のアプローチが見られます。FinOpsの実践者は最初からコストを理解することに焦点を当てて、包括的なコスト配賦戦略を確立し、大きなコスト要因の報告、異常の監視、コスト効率の向上の機会を探求していきます。しかし、この期間中に必ずしもコスト削減のための行動がとられるわけではなく、むしろ支出がビジネスの予想に沿ったものであることを確認するために、積極的な監視と予測を行っています。

反対に、単純な**無視**のアプローチをとる場合、請求を支払っているときを除いて、誰も支出に注意深く目を向けることはありません。**情報に基づく意図的な無視**のアプローチでは、事業は意識的にコストの増加を見ており、その成長を予測し、判断するための節約の機会を分析しています。第3部で論じられているように、その節約の機会の時期は、事業の好調度合いによって、使用量や使用率の最適化などのFinOpsのドメインを追加で実践をする時期となります。

重要なことは、全員が積極的にFinOpsを実行できるように準備するための作業が行われているということです。エンジニアがスピードを重視し続ける一方で、レポート作成と可視性が整備され、チーム間のコミュニケーション戦略が導入されます。これにより、クラウド支出の予測などの複雑なプロセスが洗練されていきます。ある時点の予測では、特定の日付までに許容される支出を超えることを示していますが、**情報に基づく意図的な無視**のアプローチでは、その日付は数か月先となります。クラウドの導入を最終的に妨げ、より大きな事業目標を狂わせる可能性があるクラウド支出に対して、積極的な引き締めを要求するのではなく、組織の方針を穏やかに変更する期間が残されています。

これはFinOpsのソフトなアプローチです。つまり、エンジニアに意識を持たせ、新たな複雑さに対処するために財務部門の能力を上げ、まだ時間があるうちに経営陣が情報に基づいた選択をできるようにするということです。この可視性があることで、エンジニアはインフラストラクチャを導入する際に、時間の経過とともにコストを考慮するようになります。彼らは、無駄が多くなりすぎると、最終的には事業部門から修正を求められることを認識するようになります。支出効率のフィードバックループが芽生え始めるということです。

図2-3では、Forrest Brazealが、リフト＆シフトによるクラウド移行の価値の減少と増大する危険性を巧みに示しています。リフト＆シフトによる移行で小さくとも初期段階における成功実績を得たものの、その後クラウドネイティブへの移行を進めなかった組織は、リフト＆シフトによって生み出されたプラスの価値がそのマイナスの副作用に圧倒されてしまい、クラウドの価値は時間の経過によって失われます。クラウド支出から得られる価値を測定し、それに基づいて意思決定を行うことは、組織がクラウド移行の危険性を軽減するために投資しながら、クラウドから得られる価値を維持するのに役立ちます。

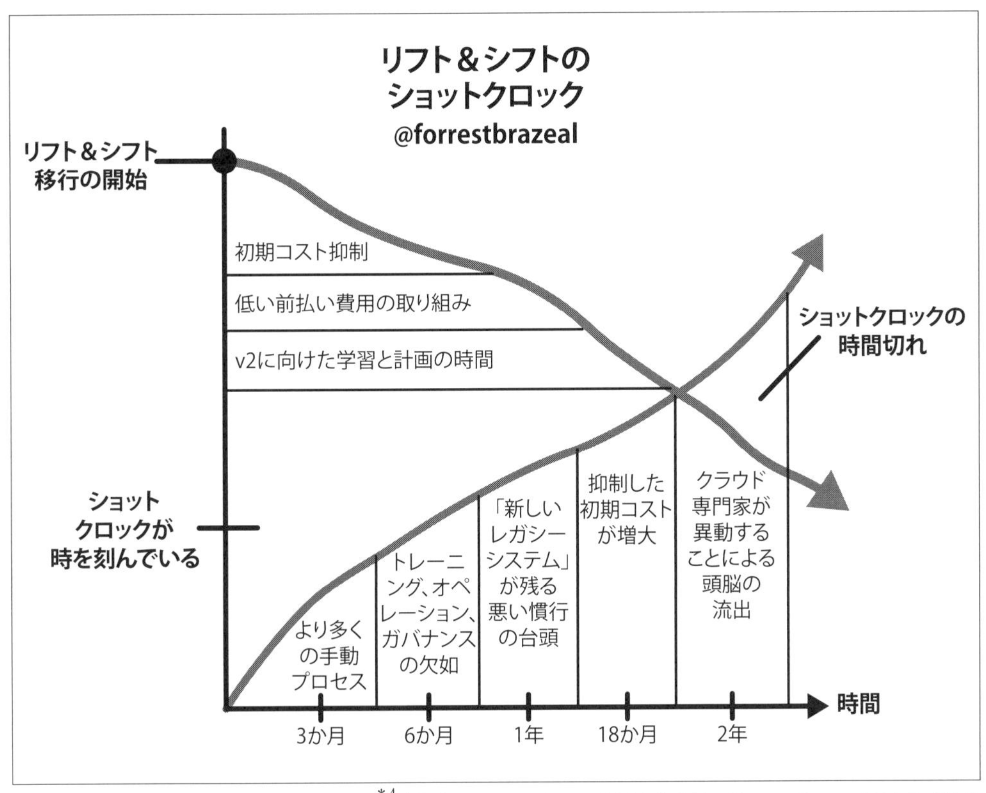

図2-3 リフト＆シフトのショットクロック[*4]（出典：ACloudGuru、2020年2月、Forrest Brazealによるイラスト）

コスト削減の機会を無視するという事業リーダーの決定は、一度だけではなく、クラウドでの取り組みが続くにつれて繰り返されます。支出レベルや削減機会の規模が重要になると、事業リーダーは決定を変更して無視し、FinOps活動に優先順位を付け始めるかもしれません。事業リーダーに対して支出額や削減の機会について最新情報を提供し続けなければ、支出は抑制されることなく増大し、期待と合わなくなり、やがて予期せぬ結果を招きます。

情報に基づく意図的な無視の中心的な概念は、組織がクラウド支出の削減に時間を費やさなくても構わないということです。しかし、企業内、特に財務や事業のリーダーの間で、それらを無視することを決定する認識が必要です。

最後に、決して無視すべきではない決定がいくつかあります。何百万ものデータが存在する場合、

＊4 訳注：「ショットクロック（shot clock）」は、主にバスケットボールで使用される時間制限のことを指し、ショットクロックがゼロになる前にシュートを放たなければ、攻撃権が相手チームに移ることになります。すなわち、ショットクロックがゼロになる前にクラウドからの価値を得られないと、競合他社が利するという比喩として使われています。

包括的なタグ付け、ラベル付け、アカウントの手法を遡ってリバースエンジニアリングするのは非常に困難です。これについては、本書の第2部で後ほど説明します。図2-4でわかるように、2022年のState of FinOpsのデータはコスト配賦が最も重要なFinOpsのケイパビリティであると考えられていることを示しています。基本的な配賦機能を利用すると、最終的にはそもそも情報に基づく意図的な無視を実行できるレポートを作成できなくなり、単純な無視が唯一の選択肢になります。

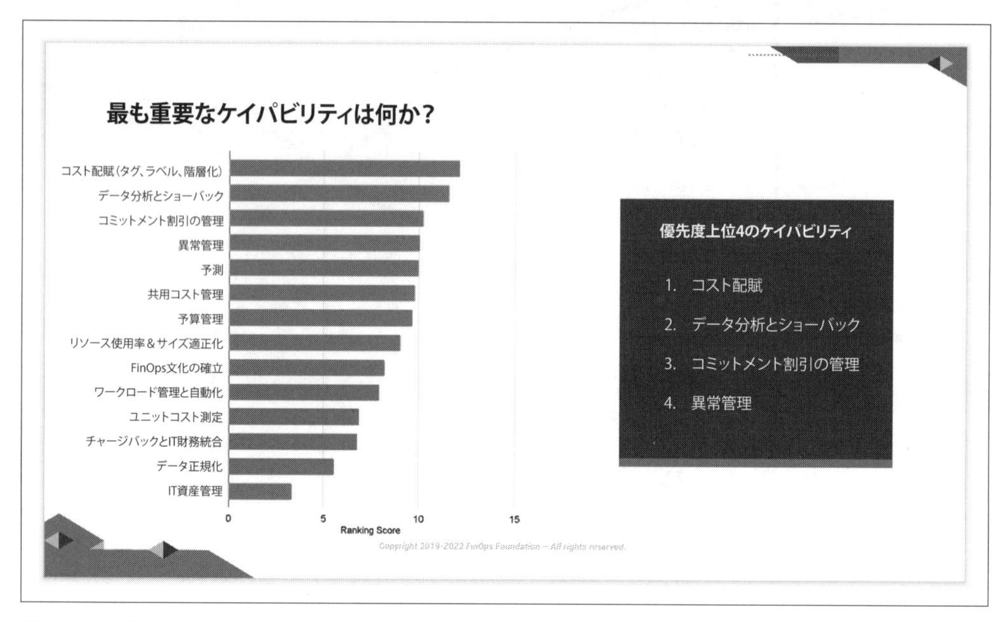

図2-4 FinOpsフレームワークの上位機能のスタックリストは、コスト配賦、データ分析とショーバックがFinOps実践の最も重要な部分であることを示している（出典：2022 State of FinOps report）
http://data.finops.org/

たとえ積極的なFinOpsの運用を実施する時間やリソースがなかったとしても、クラウド支出の割り当て、追跡、予測の実践を今すぐ始めて、必要なときに最適化できるようにしましょう。

2.4 本章の結論

クラウドの主要な利点は、コスト節約ではなく、デリバリーとイノベーションのスピードです。
要約：

- クラウド支出は、組織の貸借対照表に大きな影響を与える（または近い将来に与える）。
- 初期段階におけるFinOpsへの投資不足は、クラウド導入の障害や停滞を引き起こす可能性がある。
- 調達チームはもはや支出の管理ができなくなっている。クラウドでは、この権限をエンジニアに移管している。

- 従来の月次または四半期ごとの支出レビューに頼るのではなく、FinOpsを活用することで、クラウドの秒単位の運用により、予期せぬコストを回避できる。
- 活発的なFinOps実践のためにFinOpsのすべてのドメインを実行する準備が整う前に、**情報に基づく意図的な無視**のアプローチから始める。

FinOpsはほとんどの企業にとって全く新しいものであり、一度にすべてを行う必要はありませんが、成功するには最終的には組織全体に組み込まれ、採用される必要があります。次の章では、FinOpsの文化と、組織内でFinOps実践を成功させるために全員が果たさなければならない役割について説明します。

3章 文化的転換とFinOpsチーム

FinOpsは、技術的な解決策や、チームに渡されるチェックリスト以上のものです。FinOpsは、クラウドの価値を最大化する、実践的な方法です。たしかに技術は、最適化の推奨事項がないか監視したり、異常な支出を検出したりといった諸問題を解決するのに役立ちますが、こうした行動のビジネス価値について語ることはできません。

本章では、誰がFinOpsを推進するのか、その人材が組織のどこに配置される傾向にあるのかを見ていきます。FinOpsのペルソナと役割を見ていく理由は、FinOpsを機能させるのは最終的には人材だからです。

支出をめぐる企業文化は、組織内のツールやプロセスとともに進化させなければなりません。FinOpsの実践を成功させるには、多くの障壁や課題があります。それらは人々やチームによって引き起こされるか、解決されるかのいずれかです。最終的には、あなた次第です。あなたのチームは、FinOpsを成功に導く正しい原則と実践を発展させ、取り入れるでしょうか？

3.1 デミングのビジネス変革

この本の第2版に向けた下調べ中に、著名な工学・経営学の教授、W. Edwards Deming（デミング）によって1982年に発表された、ビジネス変革の管理に関する重要な原則に出会いました。FinOpsの重要な点の多くはデミングの原則を反映していることから、ここでDemingの重要な原則をいくつか見てみる価値があります。

デミングは目的の一貫性に焦点を当てています。彼の考えは、企業を長期的な成功へと導く最善の方法は、長期的な思考を育み、継続的な改善を一貫して行うことである、というものでした。

デミングはまた、変革に関与するすべてのチームが一丸となって活動し、組織全体が問題を早期に特定し、解決に向けて協力して取り組むために、部門間の壁を取り払うことの重要性を強調しています。このように、クラウドとFinOpsの変革を成功させるには、クラウドの管理に関わる各チームの全員が、変革を自分事として理解する必要があります。

デミングの原則では、リーダーシップと人材育成が大きく取り上げられています。彼は、リーダーシップは主に目標や数字によって管理するのではなく、スタッフが仕事に誇りを持って貢献できるように仕組みを管理することを推奨しました。24章では、「FinOpsに対するリーダーシップの支援は必要だが、目標達成を専制的に義務付けると最終的に失敗する」という関連する考え方について述べます。むしろリーダーシップは、クラウドのコストと提供価値のバランスを考慮した意思決定をチームが行えるようにする文化的転換を支援し、推進する必要があるのです。

デミングはまた、伝統を打ち破る勇気を植え付けるためには大規模なトレーニングが必要であること、そしてあらゆる活動や仕事がその過程の一部であるとも付け加えています。

40年後の今日でも、FinOpsによる組織変革はデミングの原則を忠実に反映しています。『Out of the Crisis』(MIT Press)*1に掲載されているデミングの14の原則すべてを読むことをお勧めします。FinOpsを組織に導入していくときに、デミングの業績を参考にすると役立つかもしれません。

3.2 誰がFinOpsを行うのか?

財務担当から運用担当、開発者、アーキテクト、そして経営層まで、組織の誰もが何らかの役割を担っています。本書を通して引用されているさまざまな職種を見れば、私たちが何をお伝えしたいのかがわかるでしょう。

> 企業のスピードアップに貢献するのは、全員の仕事です。アジャイルな世界では私たち全員がサーバントリーダーであり、エンジニアが取り組んでいることが実現できるように支援します。エンジニア以外の全員は、実現に向けた障壁を取り除くためにそこにいる必要があります。
>
> ――David Andrews, Senior Technology Manager, Just Eat

クラウドリソースをデプロイするスタッフが数人しかいない小規模企業であれ、数千人を擁する大規模企業であれ、それぞれにおける提供価値に応じて必要とされるツールやプロセスのレベル、取り組み頻度は異なるものの、FinOpsは組織全体で実践することができ、そうすべきです。

それでは、FinOpsチームが必要とするスキルと役割はどのようなものでしょうか? 本書の後半では、**Optimize(最適化)**フェーズを経て、例えばリソース構成の変更や、クラウドサービス事業者へのコミットメントなど、組織全体で考慮が必要な推奨事項をFinOpsチームが作成する方法について解説します。これらは間違いなく組織のコスト削減につながりますが、それらを実行するためには、プロダクト、財務、およびエンジニアリングのチーム間で信頼が必要です。

---

*1 訳注:邦訳は『危機からの脱出 I・II』(W・エドワーズ・デミング著/成沢俊子、漆嶋稔 訳、日経BP刊、2022年)。

この信頼をできるだけ早く築き上げるには、FinOpsチームがクラウドの専門知識を持たなければなりません。クラウドの専門知識がなければ、FinOpsチームからの推奨事項が大きく間違ったものになってしまったり、パフォーマンス改善のため必要とする修正をFinOpsチームに説明するために、エンジニアリングチームが貴重な開発時間を浪費してしまったりするかもしれません。クラウド分野の専門知識を持つFinOpsチームは、信用と信頼を築きます。

FinOpsは、経営層の支援を受けながら、ベストプラクティスを共有し、次章で説明するように、異なる専門領域をつなぐ共通の言語を使用する必要があります。このことは、FinOpsが企業にとって重要であるというメッセージを広めるのに役立つだけでなく、スタッフが必要な作業を行うために時間を確保することにもつながります。うまく行えば、FinOpsによって技術チームとビジネスチーム間の対立が激しくなることはありません。むしろ対立は取り除かれます。このことは、チームがビジネスゴールに沿った調整を行うのに役立つ共通言語を利用することで実現され、全員がその目標を理解し支持するようになります。

中央でFinOpsを推進するチームは、組織全体にわたりFinOpsの考え方を推進し、コストを考慮した開発計画を取り入れるためのベストプラクティスを広めていきます。FinOpsの実践者は、クラウド事業者に対するコミットメントベースの割引に関する管理と報告や、また全員が同じデータを確認できるようにするための一元化された報告など、いくつかの集中的なタスクをこなします。これにより、他のチームによる車輪の再発明を防ぐとともに、コミットメントベースの割引に関する規模の経済を活かすことができます。

しかし、多くのFinOpsベストプラクティスの実際の導入は、社内横断でさまざまなプロダクトチームやアプリケーションチーム内のエンジニアに分散させる必要があります。これの良い例はライトサイジング（サイズの適正化）と、未使用量の削減です。中央のFinOpsチームがデータ分析と目標設定を支援する一方で、さまざまなライン部門のエンジニアは事業価値と作業量を考慮しながら、インフラストラクチャに変更を加える時期について、データ駆動型の意思決定を行う必要があります。

> 支出の急増について、四半期後ではなく24時間以内に財務チームにアラートを提供できれば、大きな信用が得られるでしょう。予算超過の原因解明に数か月もかかるようでは、「技術担当は自分たちが何をやっているのかきちんと理解している」という信用を、財務担当から得られることはできないでしょう。
>
> ——Joe Daly, formerly Director of Cloud Optimization, Nationwide

集中型のFinOpsチームの別の重要な役割は、チーム間の対話を促進し、信頼を育むことです。財務チームは共有されたデータと報告を使用しながらエンジニアと協力し、誰もが対処が必要な状況を迅速に見つけて解決できるようにする必要があります。

FinOpsチームからの報告と請求に関する知見を得ることで、エンジニアはいつ、どこで、なぜ計画やコストが予算を超えたのか示すことができるようになります。このように知識を共有することで、信用、信頼を築き、効率が高まります。

FinOpsは、支出承認の一元化に重点を置くのではなく、適切な領域への支出の可視性を高め、説明責任を果たせるようにします。FinOpsチームのクラウドについての専門知識により、他のチームは、それぞれの請求項目がどのようにチャージバック、ショーバックに振り分けられるのか理解できるようになるのです。チャージバック、ショーバックとは、コストの提示方法や処理方法に関する用語です。詳細は11章で解説します。

3.3 なぜ集中型のチームなのか?

これまで、FinOpsチームと、FinOpsチームが実行する集中型の機能について説明してきました。ここで指摘しておきたいのは、本書では引き続き集中型のFinOpsチームについて説明するものの、機能するFinOpsチームの形はさまざまだということです。FinOpsチームがどのように構成されるかは、組織の種類や、FinOpsチームの社内横断的な調整機能をどのように実現するかに、大きく依存します。

FinOpsチームは、FinOpsのベストプラクティスを推進する一種の調整機関と解釈してください。どのような組織設計であれ、変革を可能な限り成功させるためには、FinOpsチームが組織全体で取り組むべきことがあることを理解してください。

ビジネスリーダー、エンジニアリングチーム、財務チームと連携する中立的な中央のチームが、客観的なベストプラクティスと推奨事項を共有していきます。このFinOpsチームのメンバーは、自分たちの利益のために特定の施策を押し付けるようなことは決して行わず、そのことが、FinOpsチームが提供する助言に対する信頼感を高めます。重要なのは、それぞれのクラウドワークロードのビジネス目標を取り入れるということです。

この中立的なFinOpsチームがコスト割り当てのルールを推進し、チームの活動状況について明快な情報発信を行うことで、全員が同じ基準で管理され、測定されているという安心感を与えることができます。もし予算を握っているチームの1つがこの役割を担うと(クラウド支出の大部分を特定のチームが負担している場合に起こり得ます)、そこから発信される情報の信憑性に疑いが生じかねません。一方でコスト割り当てが各チームで独立して行われると、必然的に、支出データの重複や乖離が生じてしまうことになります。どちらの場合も、疑念は膨らんでしまいます。そしてチームがデータへの信頼を失うと、説明責任を果たすことができなくなります。

個々のチームがそれぞれ独自にクラウドの報告プロセスを構築しようとすると、どのコストを誰が負担するのかについて意見の相違が生じることでしょう。組織全体にわたるFinOpsチームがこの問題を解決し、支出データが正しいデータであるという合意を醸成し、各コストを客観的に適切なエンジニアリンググループに割り当てます。

最後に、FinOpsチームは組織がビジネスの指標として使用するものを定義します。実際、これは

FinOpsチームにおける初期の重要なタスクです。クラウド支出に関して、1ドルはただの「1ドル」ではありません。コストを償却するかしないか、さらにカスタムレートを適用するかしないかを選択できます。他のサービスからのアプリケーションの共有コストが含まれる場合もあれば、含まれない場合もあります。チーム間で使用されるビジネスの指標が明確に定義されることで、全員が同じ言葉を利用して会話できるようになるのです。次の章では、FinOpsの共通言語についてさらに詳しく掘り下げます。

3.4 FinOpsチームがFinOpsを担うのではない

FinOpsの日常的な業務はFinOpsチームに割り当てられ、他の業務とは切り離されると考えがちです。しかし、FinOpsはFinOpsチームだけで取り組むものではありません。FinOpsチームは主に、インフラストラクチャに関して日々決定を下すためのデータを必要としているエンジニアリングチームを助けながら、非常に複雑なクラウドの請求データと価格モデル、一元化されたデータとレポート、コミットメント管理、そして関連機能に関する専門知識により他の組織を支援する、イネーブルメントチームです。FinOpsチームがインフラストラクチャの管理や最適化活動の大部分を担うことを期待すべきではありません。その責任は、自らのインフラストラクチャとビジネス目標を最も理解しているグループに委ねられます。FinOpsチームは、組織の隅々までFinOpsの実践を浸透させるため、繰り返し可能なパターンを組織全体に普及させることを目指します。

> 社内の他のチームからは、「FinOpsについて教えてほしい、どのようにして過剰支出から自分たちを守ってくれるのか説明してほしい」と頼まれます。そこで私はこう答えます。「いいえ、私たちは、あなた方が自分で自分の身を守るのを、助けるのです」と。
>
> ——Alison McIntyre, Cloud FinOps at Lloyds Banking Group on The FinOpsPod[*2], 2022

FinOpsチームは、組織のクラウド活用が成熟する初期段階では、組織の全員が新たな責任に慣れることができるように、作業の多くを行うでしょう。しかし時が経つにつれて各々のチームはより自立的になることから、FinOpsチームは定型的なタスクを減らし、クラウドの効率化に向けたより複雑な取り組みに集中できるようになります。

> なぜクラウドの請求についての専門知識が必要なのでしょうか？ 一例として、AWSのS3ストレージサービスを見ると、これには少なくとも6種類のコスト構成要素があります。ストレージの料金、リクエストとデータ取り出しの料金、データ転送とアクセラレーションの料金、データ管理と分析の料金、データレプリケーションの料金、そしてS3 Object Lambdaを利用したデータ処理の料金です。そしてさらに、標準から低頻度アクセス、GlacierからGlacier Deep

*2 訳注：FinOps Foundationによるポッドキャスト。https://www.finops.org/community/finops-podcast/

> Archiveまで、少なくとも8種類のストレージタイプがあります。つまり1つのサービスに対して48通りの料金体系の組み合わせがあるのです。Amazonは現在、それぞれ異なる料金体系を持つ、数百もの異なるサービスを提供しています。FinOpsチームの専門知識は、この複雑さを乗り越えるのに役立つでしょう。
>
> ——Ashley Hromatko, formerly Director of Cloud FinOps at Pearson

またFinOpsチームは、チームが成熟するにつれて、エンジニアリングチームの非効率性の結果ではない、本当に定型的なタスクの自動化について、より多くの責任を引き受けるようになるかもしれません。クラウドに移行するときには、一定の技術的負債が生じるものです。例えば必要以上に高価な階層のストレージを購入していたり、必要以上に上位のサービスを購入していたりするなどです。FinOpsチームが信用を得てエンジニアリングチームとの信頼関係を築くと、FinOpsチームが独自に問題を修正する権限を与えられるようになる可能性があります。

これは新しいことではありません。クラウドのセキュリティを考えてみてください。クラウドのセキュリティは責任共有モデルです。組織のセキュリティチームだけがセキュリティの責任を負うわけではないように、FinOpsチームだけがすべての最適化を担うわけではありません。FinOpsチームは、クラウドリソースのことを最もよく知るエンジニアが適切なタイミングで適切な最適化を決定したり、2章で述べた**情報に基づく意図的な無視**により最適化を行わないという決定をしたりできるように、リソースを提供するために存在します。

中央のFinOpsチームが行う作業は、組織がクラウドをより効果的に使用できるようにし、それを促進します。ただしこれは、他のエンジニアリングチームやビジネスリーダーが日常的に取り組まなければならない、独自のインフラストラクチャの継続的な最適化業務に取って代わるものではありません。

3.5　FinOpsにおける各チームの役割

図3-1は、FinOpsモデルが組織でどのように運営されるかを示しています。例えば、クラウドCoE（CCoE）のような部門横断的なチームは、クラウド戦略、ガバナンス、ベストプラクティスを管理し、クラウドの使い方を変革するためにビジネスの他部門と連携します。

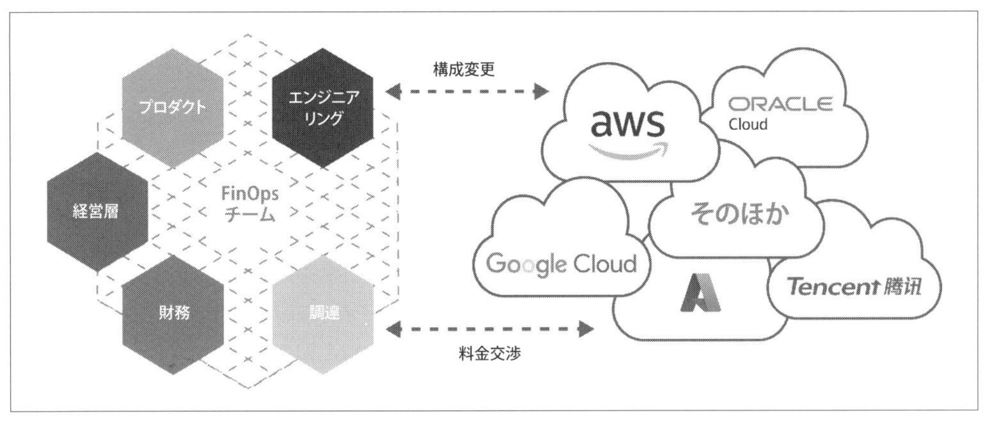

図3-1 FinOpsをめぐるチームの相互作用

組織内のあらゆる階層と領域の個人が、FinOpsの実践においてさまざまな役割を担っています。これには以下が含まれます。

3.5.1 経営層とリーダーシップ

経営層（例えば、VP／インフラストラクチャ部門の責任者、クラウドCoEの責任者、CTO、CIOなど）は、説明責任の推進と透明性の構築、各チームの活動の効率化と予算超過防止を重視しています。彼らはまた、24章で詳しく述べますが、エンジニアがコストを効率性の指標として考慮し始めるようにする文化的転換の推進者でもあります。

3.5.2 エンジニアと開発者

エンジニアと運用チームのメンバー、例えばリードソフトウェアエンジニア、プリンシパルシステムエンジニア、クラウドアーキテクト、サービスデリバリーマネージャー、エンジニアリングマネージャー、プラットフォームエンジニアリングのディレクターは、組織のためのサービスを構築し、サポートすることに焦点を当てています。他のパフォーマンスメトリクス（指標）が追跡、監視されているのと同様に、コストもメトリクスの1つとして導入されます。チームは、**ライトサイジング**（ワークロード要件により適合するようにクラウドリソースの大きさを調整するプロセス）、コンテナのコスト割り当て、未使用のストレージとコンピューティングリソースの検出、支出の異常が予想されるかどうかの特定など、リソースの効率的な設計と使用を検討します。

3.5.3 財務担当者

財務チームのメンバーは、FinOpsチームから提供された報告を、会計と予測のために使用します。彼らはFinOpsの実践者と密接に協力し、より正確なコストモデルを構築できるように、過去の請求データを理解します。そして、予測結果とFinOpsチームからの専門知識を使用して、クラウドサービス事業者との料金交渉を行います。

3.5.4 調達・契約担当者

調達と契約の担当者は、クラウドサービス事業者を含む、ベンダーとの取引関係を管理します。この取引関係は過去に企業が管理していた他のITサービスの取引関係とは大きく異なる可能性があり、管理がより多様で複雑になる可能性があります。彼らは、企業が各ベンダーに行うコミットメントからより大きな値引きを得ること、そしてベンダーに対する愛顧とコミットメントから得られる利益を長期にわたって確実に享受できるようにすることに関心があります。

3.5.5 プロダクトまたはビジネスチーム

プロダクトチームのメンバー、例えばプロダクトマネージャー、プロダクトオーナー、ポートフォリオオーナー、サービスオーナー、アプリケーションリードなどは、サービスやプロダクト、またはプロダクト系列を担当します。彼らはFinOpsチームと密接に協力し、多くの場合、データセンターを利用していた頃にはできなかったやり方で、プロダクトやアプリケーションの機能の実行に必要な総コストを理解します。プロダクトリーダーは顧客のニーズを解決する新機能に関心があり、FinOpsが提供するデータを活用することでプロダクトの収益性を把握し、コスト効率化の取り組みを支持し、新機能のリリースに基づくコストをより正確に予測できるようになります。

3.5.6 FinOpsプラクティショナー(実践者)

> 財務担当者は私を技術者として見ています。一方で技術者は私を財務担当者として見ています。
>
> ——Ally Anderson, Business Operations Manager, Neustar

FinOpsの実践者はまさに、FinOpsの実践における心臓部です。異なる視点を理解し、部門横断的な認識と専門知識を備えています。FinOpsの実践者は組織にベストプラクティスを浸透させ、必要とするすべてのレベルでクラウドの支出報告を提供し、そしてビジネスのさまざまな領域をつなぐ、中心的なチーム(または個人)です。彼らはクラウドに精通した財務リーダーや、コスト意識の高いエンジニアかもしれません。

雲の上から(門畑 顕博)

FinOpsを実践するためには、まずは組織の組成が必要となります。FinOpsは特にCloud Center of Excellence(CCoE)と呼ばれる、クラウドを推進し、利用部門に対してガバナンスを効かせるための組織横断の専門チームが推進するケースが多いでしょう。

さて、CCoEは日本においてはどのように組成されるのでしょうか。日本においては、①ITシステム／IT管理部門にて組成するケース、②IT部門に加えて事業部門やさまざまな部門から組成するケース、の2つが主に見受けられます。特に①のケースが日本の大企業では多く、FinOpsの推進に苦労をしている印象を受けています。理由としては、サイロ化された組織においては事業部門を巻き込むことの難易度が高く、そのためIT保守・運用の延長としてのFinOpsとなりがちです。FinOpsはただのコスト削減のための施策に陥りがちで、プロフィットセンターとしてのFinOps、クラウドコスト最適化の実施は限定的なものとなります。

FinOpsは経営層からの支持が得られること、また、FinOpsの重要性をIT部門だけではなく事業部門へ定期的に啓発・協業することが成功の勘所となります。そのためには、ビジネスの成功とクラウド投資を紐付ける先行指標の策定が重要となります。なぜなら、クラウドは従量課金が原則であり、従来のオンプレミスのような初期投資によるROIを評価できないためです。日本においては米国と比較するとクラウド人材が不足していることから、外部コンサルタントやSIerと協業し、先行指標を策定するために事業部門を巻き込むことが1つの方法となるでしょう。

3.6 新たな協働方法

ここまで説明した各機能は、かつてないほど統合する必要があります。エンジニアがもう少し財務担当者のように考えるべきだとか、財務担当者がエンジニアのように考え始めるべきだと言う人もいます。それは素晴らしいスタートではありますが、組織全体が集中型のコスト管理モデルから、責任共有型のモデルに移行する必要があります。そうして初めて中央のFinOpsチームは、組織が迅速に行動しイノベーションを起こす力を与えることができるようになります。

この文化的転換はまた、これまでにはない方法で、組織のリーダーシップが意思決定に意見を示すことができるようにします。各チームはリーダーシップの意見に基づきながら、革新性、デリバリーの速さ、あるいはサービスのコストのどれに焦点を合わせるのか、十分な情報に基づいた選択をします。チームによっては、コスト度外視で何が何でも成長するという考え方で、全力投球するかもしれません。やがてクラウドの請求額が高額になりすぎ、成長とコストについてともに考え始めることになるでしょう。例えば「迅速に行動するが、顧客取引あたりのコストを0.45ドル未満に抑えよう」のようにです。

3.7 FinOpsチームはどこに報告をするのか？

多くの場合、FinOpsチームは技術リーダーに報告するものの、財務やその他の部門に報告することもできます。「State of FinOps（FinOpsの現状）」調査は、自社のFinOpsチームが誰に報告をしているのかを尋ねています。図3-2の調査結果は、FinOpsチームはさまざまな組織内で多くの関係者に報告していることを示しています。ほとんどの場合、FinOpsチームは技術チーム内、または技術チームと横並びに配置されています。

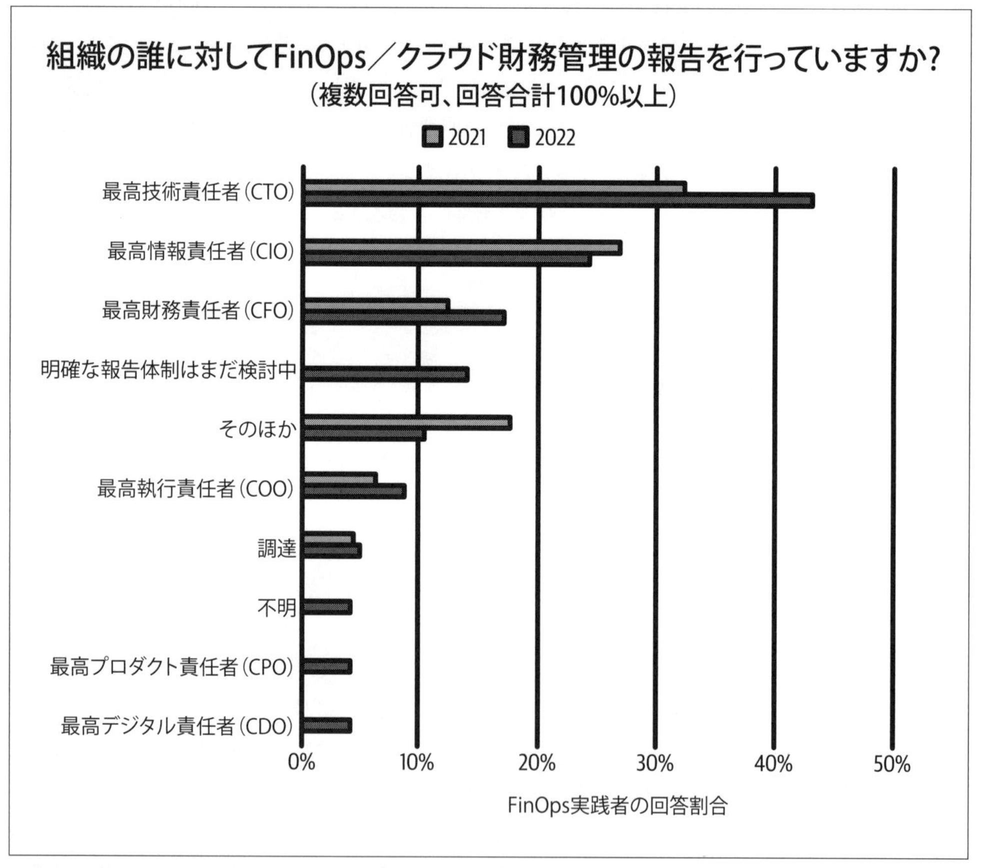

図3-2 FinOpsの報告先となる最も一般的な経営層（出典：2022 State of FinOps report）
http://data.finops.org/

つまり、FinOpsは通常、CTO（最高技術責任者）または技術部門の責任者の職務の一部として位置付けられています。一部の組織ではCIOの職務の一部として位置付けられていますが、これは時間の経過とともに減少しているようです。技術のリーダーシップが技術的な支出を監視することは、支出をしている当事者が監視もしていることになるため、キツネが鶏小屋を見張っていることに似ているかもしれません。それでもFinOpsチームを技術部門の中に位置付けることには多くの利点があります。FinOpsの立ち上げ当初は、エンジニアリングチームや技術運用チームは財務チームからの推奨事項を不審に思うかもしれず、技術部門からの推奨事項をより重視し信用するでしょう。最も重要なことは、技術チームはクラウドの複雑さを最もよく理解しており、変動性の高いクラウド支出を管理する実践を最も迅速に確立できるということです。財務主導のFinOpsは、既存の財務報告と予測の仕組みをいきなり適用しようとしがちです。既存の仕組みは、使用量や料金が毎日変動し、月々何百万件もの個別の課金を含む可能性のあるクラウドの請求書を想定して設計されていないでしょう。最近では、CTOの下に技術部門のCOO（最高執行責任者）やCFO（最高財務責任者）を配置する、組み合わせ型の構造も徐々に増えてきています。この構造を採用しているEquifaxの事例を、6章にて紹介します。

FinOpsチームがどこに配置されるかに関わらず、中央のFinOpsチームは財務チームやエンジニアリングチームと緊密に連携する必要があります。小規模な企業では、組織内に専任のFinOpsチームを配置できないかもしれません。そのような場合の一般的なパターンは、企業内でのFinOpsの実践と推進に、1人の担当者を割り当てたり、各人の時間の一部を割り当てるというものです。大規模で複雑な支出をしている企業では、中央のFinOpsチームに10人以上が所属する場合もあります。

3.8 動機の理解

> 信頼はいつも、他人の問題領域への共感から生まれます。
>
> ——Sascha Curth, Head of Cloud Economics and Governance at OLX

組織のさまざまな部門から優秀な人たちが集まった異能集団では、必ず何らかの摩擦が生じます。なぜならそれぞれが異なる長期目標、短期目標を持っているためです。財務チームはコスト効率と予算超過防止に注力し、運用チームはサービスの問題や停止を最小限に抑え高品質なサービスを提供し続けることを考えています。

それでは、FinOpsに関わるさまざまなペルソナ（人物）の動機を詳しく見ていきましょう。

3.8.1 エンジニア

- 有意義でやりがいのある、困難な問題に取り組みたい
- ソフトウェアをより迅速かつ確実に提供したい
- 非効率を嫌い、リソースを効果的に使いたい
- 常に最新技術を追いかけている
- 性能、稼働時間、そして耐障害性により評価される
- 機能を提供し、バグを修正し、性能を向上させたい

通常、エンジニアは財務面よりも、最新のソフトウェア機能やバグ修正を顧客に提供することに時間を使うように奨励されています。

FinOpsチームはエンジニアに、コストの把握、最適化余地のレビュー、コスト効率の判断などを依頼することに重点を置く傾向にあります。

HERE Technologiesのクラウド部門責任者、Jason Fullerは、エンジニアに対して次のようなアプローチをとっています。

> エンジニアに対してはこう言います。「私のチームとFinOpsチームにお任せください。ストレージライフサイクルポリシーを設定させてください。その設定をしておくべきだったことはエンジニアとして既にご存知かと思いますが、とはいえ100項目のリストの中で100番目のことです。だから、私がそれを引き受けます」と。エンジニアに対して最善の戦略は「お手伝いさせてください。私がすべて引き受けます。あなたがやらなくてもよいように、ストレージライフサイクルポリシーを標準化し、作成しておきます」というものです。

場合によっては、FinOpsの実践者がエンジニアと協力しながらこれら反復可能なタスクの実行に時間を費やし、エンジニアが最適化できる余地をデータから浮き彫りにし、そして集中型のFinOpsチームに一元化できるプロセスをエンジニアのタスクから取り除くことで（そして標準化することで）、エンジニアを支援します。ときとして、FinOpsチームはエンジニアに対して、可能な限り早いうちから最適化に取り組むように後押しする場合もありますが、またあるときには、技術的負債の自動クリーンアップの一部をエンジニアに代わって引き受ける場合もあります。

3.8.2 財務担当者

- 支出を正確に予想、予測したい
- 支出の100%を課金または／および配賦したい
- 担当チームに対してコストを適切に償却するように努める
- サポートや共有サービスなどの共有コストを分割したい
- コストを制御し削減しつつ、一方で品質とスピードは維持したい
- 経営層のクラウド戦略を支援したい
- 予算のリスクを事前に把握しておきたい

組織が初めてクラウドを採用したとき、財務担当者はひどく衝撃を受けるかもしれません。支出承認プロセスの変更、予測可能な減価償却計画からなる資本的支出（CapEx）から、高度に変動し予測しにくい事業運営費（OpEx）への移行、そしてコストと使用状況の圧倒的な情報量が、財務担当者を完全に惑わせてしまう可能性があります。財務チームは変化の早さに追いつけるかどうか不安であり、クラウド事業者からの請求データから得られる数字を信じてよいのかもわかりません。

したがって従来からの財務チームに、クラウドは彼らが既に理解している財務モデルに当てはまることを思い起こさせることが重要です。それは単に、電気やガスのように消費型のサービスです。たまたま10万ものSKUがあり、マイクロ秒単位で動作し、週末の間に支出が制御不能になる可能性があるだけです。もちろん調達のプロセスや粒度は異なりますが、それでも同じ財務モデルであることには変わりありません。それでもクラウドに慣れていない財務担当者は、簡単に怖気づいてしまうことでしょう。

3.8.3　経営層とリーダーシップ

- チームに連帯責任を根付かせたい
- デジタルビジネス変革を望んでいる
- 新サービスの市場投入時間（TTM：Time To Market）を短縮したい
- 競争上の優位性を追い求めている
- クラウドの成功戦略を打ち立てたい
- 主要業績評価指標（KPI：Key Performance Indicators）を定義し、管理したい
- 技術投資の価値を証明する必要がある

2章では、企業がソフトウェアとインターネットに接続された各種テクノロジーを使用して競合他社との差別化を図る方法を示しました。クラウドは、このデジタル変革を加速するための主要なツールの1つです。経営層は、クラウドファースト戦略を策定し、チームをクラウドに導いています。クラウド支出が組織内でより重要になるにつれて、経営層がエンジニアリングチームのコストを追跡しバランスを取ることの重要性を高めていくことが不可欠になります。経営層は、FinOpsの実践者たちが組織内で取り組んでいる文化的転移を後押しします。そしてトップダウンで、「良い」「早い」「安い」の優先順位のバランスを示します。FinOpsがうまく機能するためには、クラウドの目標とその使用を管理するために必要な統制について、リーダーと経営層が分野や組織階層を超えながら互いに連携する必要があります。

3.8.4　調達・契約担当者

- 伝統的に、交渉中に達成した値引き額に基づき評価される
- 支出がベンダー契約に沿っていることを確認したい
- ベンダーとの戦略的な協力関係を築きたい
- ベンダー契約を交渉し更新したい

調達担当者はもはやIT支出の門番ではありません。エンジニアがクラウドリソースを直接手配するため、調達は責任が分散された世界になりました。クラウド支出の可視性を維持し正確に予測す

ることが、ベンダーとの関係構築や契約交渉のために、一層重要になってきています。調達チームがFinOpsを採用する際、クラウド支出に細かな承認プロセスを強制する必要はありません。その代わりに調達チームは、組織がイノベーションのために必要なリソースを利用できるようにしつつ、説明責任を果たせるように支援します。

雲の上から（福田 遥）

クラウドコスト最適化を推進する中で、日本国内特有の事情として、内製で完結するケースが少なく、SIerやクラウド再販業者（以下、再販業者）の支援に頼ることが多いという特徴が見られます。しかし、ときに短期的な視点で利益や売上の向上に目が向いているSIerや再販業者が介在すると、自社の目標が優先され、コスト削減を含むコスト最適化が停滞してしまうことがあります。

また、SIerの内部でも、コスト最適化をめぐる利害の不一致が生じるケースも少なくありません。例えば、SIerには主に以下の2つの部門が存在します。

(A) 特定の業界や業種向けに、コンサルティングやSI（システムインテグレーション）サービスを提供し、そこで利益を上げている部門
(B) AWSやその他クラウドサービスの再販を通じて利益を上げている部門（製品主管）

コスト最適化の取り組みは、(A) の部門にとっては新たなビジネスチャンスを生み出し、コンサルティングやSIサービスを通じて営業利益を増加させることが可能です。しかし、(B) の部門にとっては、再販に伴うマージンが削減されるため、利益が減少するリスクがあります。この利害の不一致によって、社内で対立が生じることがあり、結果としてコスト最適化が十分に進まない状況が発生してしまうというケースを耳にすることがあります。

特に、短期的な利益に固執する部門や事業者が主導権を握っている場合、顧客にとって本当に有益な最適化が妨げられる傾向が強まります。このような状況を改善するには、次の2つの視点が重要です。これは、事業者側の視点で解決策として取り組むべきであると同時に、顧客側として注意を払うべきポイントでもあります。

1. 顧客価値を最優先にするビジネスモデルの構築。短期的な利益よりも、顧客の成功を支援する正しいKPIの策定が重要。
2. 社内の部門間連携の強化。連携を強化しシナジーを生み出せるソリューションや、顧客に対して価値提供できるモデルを考案すること。

クラウド市場が成熟する中で、顧客の期待は「単なる再販」から「価値を生むコンサルティ

ングや最適化支援」へと移行しています。この流れに適応し顧客への価値提供を最大化していくことが、これからのSIerや再販業者にとって成功の鍵となるでしょう。

3.9 組織全体にわたるFinOps

チームが自分たちの優先事項だけを考えることは、もはや受け入れられません。もし技術運用チームがクラウド支出の影響を考慮しなければ、財務担当者は組織のクラウド支出を予測して予算を立てるという課題を達成できなくなります。あるいは、財務担当者がクラウド支出を細かなところまですべて管理し、すべてのリソースについて承認を求めるようになると、組織は、従量課金型のリソースとオンデマンド型のインフラストラクチャが備える早さと俊敏性を活かすのに苦労するようになるでしょう。クラウドの利点はイノベーションのスピードであることを忘れないでください。

雲の上から（Rob Martin）

FinOps Foundationのラーニングディレクターを務めるRob Martinは、最近のFinOps認定プラクティショナー研修から、FinOpsのペルソナがどのように連携するのか、次のような匿名の物語を紹介しています。

> FinOpsの説明責任の文化が組織全体に定着すると、すべての領域がより緊密に連携し始めます。プロダクトマネージャーは新機能を見分けると、機能提供による収益や顧客への影響、そしてその実現に必要な余力をすぐに見極めることができます。プロダクトに関する損益計算書に責任を負うリーダーシップは、投資を承認し開発を担うチームの予算を柔軟に調整することができ、成功のパラメータ、想定コストと販売見込みを明確にします。これによりエンジニアリングのリーダーシップは、計画を立て、実用最小限の製品（MVP：Minimum Viable Product）を作るための作業予定をスプリントに組み込み、財務担当者が把握可能な、構築期間全般にわたるコスト曲線を見積もるための明確な方向性を得ることができます。計画が固まり、予算が調整され、リソースが要求され、リソースに識別用の適切なタグが付けられると、一周回ってまた出発点に戻ることができます。かつては、説明し、調整し、承認を得るために数か月もかかりました。しかし今では、数日から数週間でできます。

3.10 FinOpsのための人材採用

FinOpsの実践者を採用したり契約業者を招いたりするだけでは、FinOpsへの文化的転換を促進することはできないことに注意することが重要です。FinOpsでは、組織の全員が役割を担っています。経営層から財務、運用に至るすべての採用に、FinOpsの要件を加える必要があります。例えば、FinOps（より具体的にはクラウドから得られる価値の管理）をそれぞれの職務記述書に記載したり、新入社員の入社時手続きの一環として、FinOpsの研修を提供します。エンジニアには優れたサービス設計においてコストメトリクス（指標）がどのような役割を果たしているかを尋ね、財務担当者にはクラウドの変動支出が一般的な財務慣行をどのように変えるのかを尋ねます。FinOpsを理解した新たな人材の採用や、チームに参加する新たなメンバーに継続的な研修を行わなければ、せっかく築き上げたFinOpsの文化は、正しい動機を欠いた新たな人材によって徐々に蝕まれていくことでしょう。

FinOpsのニーズに合わせて役割は進化します。ビジネスの頭脳、財務的思考、技術的洞察力を持つ、多技能な従業員が現れるでしょう。IT担当者が財務を学ぶのと同じように、財務担当者もクラウドを学ぶことになります。

フルスタックエンジニアという概念が生まれたばかりの頃を思い返してください。今こそ、フルビジネスな人材について考え始めるときです。

FinOpsの実践を発展させていくために必要となる一般的なスキルセットを、いくつか紹介します。

ポリシーの管理

方針文書、基準、主要業績評価指標（KPI）および目標と成果指標（OKR：Objectives & Key Results）、そして組織のコスト割り当てとクラウド使用を導くガバナンスの枠組みを整備します。

技術文書の作成

FinOpsのプロセスに関する文書を作成し、標準化（タグ付け）を支援し、予算超過のアラートを送信します。

分析

コストの異常を掘り下げ、クラウドのコストモデルについて学び、それをエンジニアや財務に説明し、報告を作成して経営層に提供します。

エンジニアリング

アーキテクチャ上の意思決定においてコストを考慮し、請求データの自動化、最適化、予算と予測の報告、およびガバナンスを支援します。

自動化エンジニアリング

クラウドツールの自動化に重点を置き、予算超過のアラートやコミットメントなどのクラウド請求メカニズムの管理の自動化、あるいは最適化の推奨事項の自動化に取り組みます。

データエンジニアリング

未加工データを収集、管理し、データサイエンティストやビジネスアナリストが分析と報告に使える情報に正規化するシステムを構築します。データエンジニアは、データの信頼性と品質を向上させる方法を実装します。

研修

チームにとってFinOpsがどのような意味を持つのかチームが理解できるようにします。研修資料の提供と、自身のペースか対面かのコース管理が必要です。

エバンジェリズム／マーケティング

組織内でFinOpsが注目を浴びるようにします。FinOpsの提供価値を理解してもらうことで反対派を味方に引き入れながら、推進派を増やしていく努力が必要です。

これらのスキルセットは、初めのうちは1人の何でも屋で対応できるかもしれませんが、FinOpsの実践が成熟し、支出が増えるにつれて、より多くの専門家に分担されるようになるでしょう。6章はFinOpsの成熟度に応じた一般的なチーム規模について説明し、チーム構造の見本もいくつか示しています。

3.11　FinOps文化の実践

FinOps文化が、FinOpsの共通言語とともにどのように実践を可能にするか、その一例として、コンテナの導入がコストの可視性にどのような影響を与えるかを、見てみましょう。コンテナの導入により、運用チームは同じコンピューティングリソースにより多くのサービスを詰め込むことができるようになります。Kubernetesなどのサービスは運用チームに、かつてないほどの制御と自動化を提供します。運用チームにとって、コンテナの導入が素晴らしい機会であることは容易に理解できるでしょう。そしてコンテナ環境の大規模な導入は、業界全体に広がっています。

同じコンピューティングリソース上でより多くのサービスを利用するということは、よりコスト効率に優れると思われるかもしれません。しかしその利点は可視性の喪失という欠点を伴う可能性があります。クラウドの請求データには、コンテナの実行基盤となるコンピューティングインスタンスのコストが記載されていますが、各インスタンス上でどのアプリケーションがどのコンテナから稼働しているのかを財務担当者が把握するのに役立つ詳細情報はないかもしれません。

FinOps文化がなければ、この状況がどのようになるかを考えてみましょう。

当然のことながら財務チームは、コンテナを実行する実行基盤となるコンピューティングリソースのコストを、適切なビジネスユニットに割り当てる方法を知りたいでしょう。そこで財務担当者はエンジニアに助けを求めます。この要求により、エンジニアは自身が行っている作業を中断し、コストと財務データに焦点を移さなければなりません。このことは最終的には生産性の低下をもたらし（そのように財務チームは結論付けるかもしれません）、「コンテナ化は事業運営に悪影響を及ぼす」という考えを経営層に唱え始めるかもしれません。

しかし、FinOpsを適用しFinOpsの実践者を会話に加えると、結果はまた異なってきます。FinOpsの実践者は、クラウドサービス事業者の請求書を調べることでどのようなデータが得られるのか、あるいは得られないのかについての深い知識を持っています。財務チームは、コンテナ化の基本と、それがなぜビジネスに利益をもたらすのかを学び、理解します。その間に、運用チームはチャージバックとショーバックの重要性について学びます。

財務チームがコンピューティングインスタンスのクラスター上で実行されているコンテナのコスト内訳を尋ねたとき、FinOpsの実践者は、財務チームからはクラスターの全体コストしか把握できないということを理解するでしょう。一方エンジニアリングチームは、どのコンテナがクラスター内のどのインスタンスに割り当てられているか把握していますが、このデータをクラウドの請求書と簡単に紐付けることはできません。しかし、エンジニアリングチームがその割り当て情報を共有することで、FinOpsの実践者がコスト算出の負担を引き受けられるようになります。

FinOpsチームはこの割り当て情報を受け取り、請求データと組み合わせるために必要な分析を行います。これで財務は必要な報告を入手でき、多忙なエンジニアリングチームは作業を続けることができるようになります。このような部門横断的なアプローチにより、財務担当者はコンテナ化を効率化の阻害要因ではなく実現要因として捉えることができるようになるでしょう。

3.11.1 動機付けの難しさは今に始まったことではない

過去2年間、「State of FinOps（FinOpsの現状）」調査においてFinOpsの実践者が直面している最大の課題は、図3-3に示すように、エンジニアの行動意欲を高める動機付けにありました。

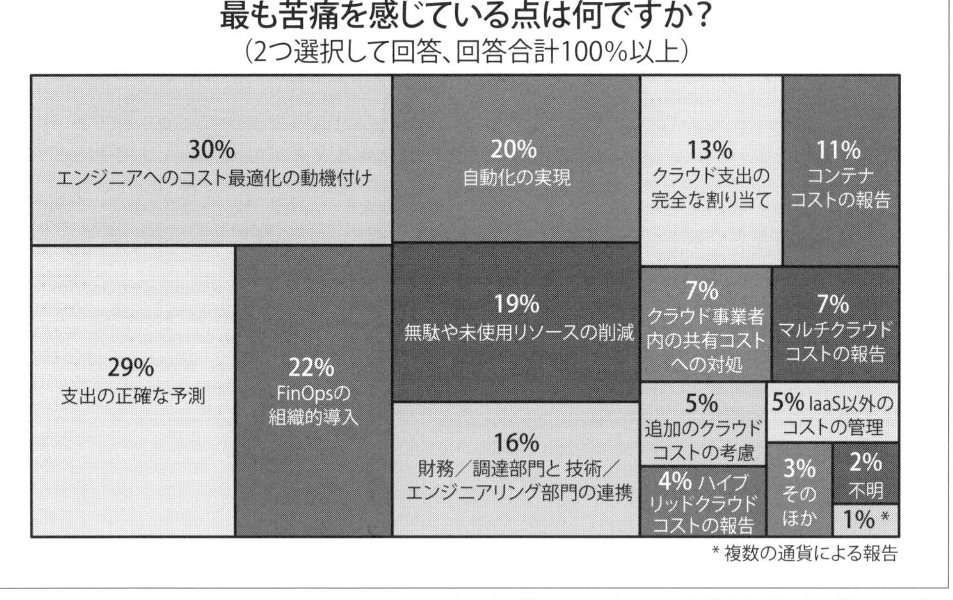

図3-3 FinOps Foundation State of FinOps 2022の調査回答：エンジニアの動機付けが最大の課題であることを示している

雲の上から（Mike）

私は大手テクノロジー企業のFinOpsチームと話をしたことがあります。チームメンバーの1人が私にある話をしてくれたとき、エンジニアが行動を起こす動機付けが、話題にあがりました。彼の父親はシリコンバレーで数十年間テクノロジー業界で働いています。彼は父親に、クラウドの設定をエンジニアに変更してもらうために職場で直面している課題について話していました。この会話の中で、彼の父親は笑いながら次のようなことを言いました。「君はクラウドの新たな問題を抱えているわけではない。君は、自分が望むことを他の人にやってもらうための動機付けという、古くからある問題を抱えているんだ」と。

この問題はクラウド特有のものだという考えに、簡単に陥りがちです。FinOpsの実践者として、最適化の機会を見極め、それをエンジニアリングチームに報告します。推奨事項をレビューし、クラウドリソースに対して必要な変更を加えるには、エンジニアが時間を費やす必要があります。個々の推奨事項には、さまざまなクラウドリソースの設定方法や課金方法、代わりの選択肢に関する詳細が記されています。この問題が個々のレベルでクラウドに特有の問題のように見えたり、エンジニアにフォローアップの機会を強調するというこのやり方が新しいものに見えたりするかもしれません。

しかしクラウドに特化した考え方から一歩引いて、本質的な問題に焦点を合わせることが重要です。つまり「変化を起こし業務の流れに新たなことを取り入れてもらうためには、他者をどのように動機付けすればよいか」ということです。課題を一般化するときには、達成しようとしていることを「推奨事項を行動に移すためには、エンジニアに時間を割いてもらう必要がある」のように、できるだけ単純に考えてみましょう。

図3-4に示すように、行動の天秤は、エンジニアが推奨事項を行動に移す可能性がどれだけあるか、そのバランスを可視化します。この天秤には、行動に向けて有利に働くか不利に働くかを左右する要因が、いくつかあります。

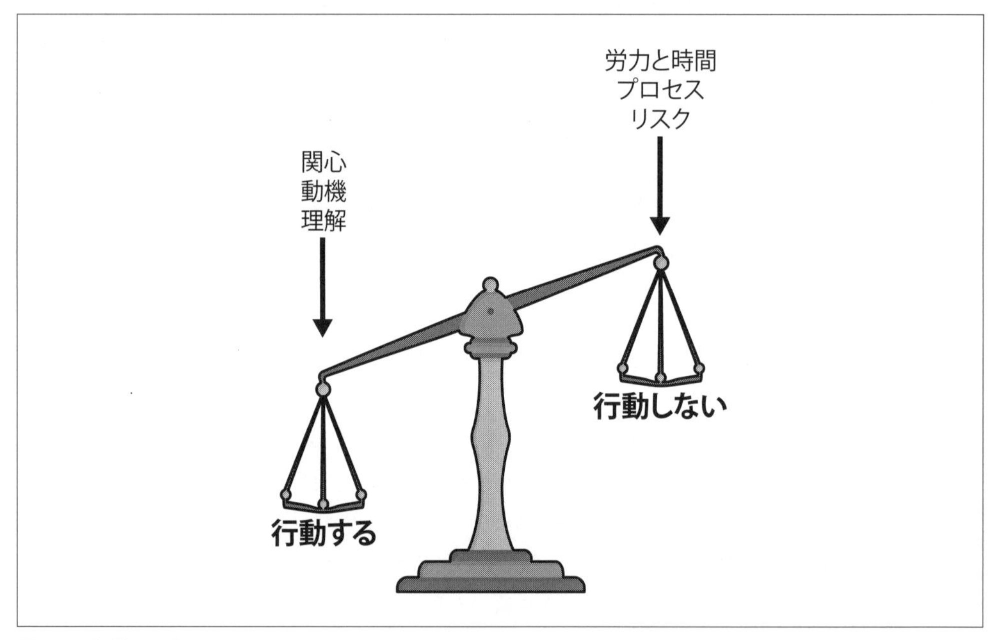

図3-4 行動の天秤

3.11.2 行動の促進要因

次のような要因が、エンジニアの行動を促進します。

関心

推奨事項に対して、エンジニアはどれだけ関心を持っているでしょうか？ エンジニアに推奨事項を示すとき、「この推奨事項を確認する必要があります」と伝えるのでなく、「この推奨事項の原因かもしれないものに心当たりはありますか？」と、伝え方を変えてみましょう。推奨事項への関心が動機付けにつながります。

動機

エンジニアが推奨事項に取り組む動機が多ければ多いほど（コストに関連する成果が評価されたり手当が支給されたりするという点で）、推奨事項のレビューと実装に時間を費やしてくれる可能性が高くなります。

理解

エンジニアが行動を起こすためには、推奨事項がどのように作成され、どのようにレビューする必要があるか、また必要な変更を完遂するには何が必要なのかを理解する必要があります。

3.11.3 行動の阻害要因

エンジニアリングチームの行動を促進する要因とは反対に、以下のような要因が行動を阻害します。

労力と時間

エンジニアには自由時間が潤沢にあるわけではありません。推奨事項の実装のためにエンジニアが費やさなければならない時間が増えれば増えるほど、行動を起こしてくれる可能性は低くなります。

プロセス

従う必要のあるプロセス、特に手作業の手順や承認が増えると、エンジニアリングチームのやる気は下がります。

リスク

推奨事項にはリスクがないわけではありません。クラウドリソースの構成変更には、予期しない結果が生じる可能性があります。エンジニアリングチームが問題を経験したり他のチームの失敗を聞いたりすることで、推奨事項への信頼に影響が生じます。

3.11.4 天秤を有利な方に傾ける

行動を推進するという課題に対して、2種類の方法で取り組むことができるでしょう。促進要因を引き上げるか、阻害要因と闘うかです。現実には、その両方を少しばかり行う必要があるでしょう。

やる気を高める

エンジニアと関わり、彼らが参加するためには何が必要かを尋ねてみてください。そして、取り組み方を指導します。ただしあまりに規範的すぎないようにして、取り組みをどのように進めるかについては裁量に任せるようにしましょう。各チームが取り組んだら、成果をすべてのエンジニアリングチームにも示して他のチームを鼓舞し、最後には感謝の気持ちを示して努力に報いるようにします。私たちは、社内ブログや対話集会・全社集会における講演を、成功や優れた手法を共有して祝う方法として活用しているチームを見てきました。研修を修了するとステッカーやTシャツを提供するのも、チームが取り組みについて学ぶ、良い動機付けになることでしょう。

チームを育てる

エンジニアに取り組んでもらいたいことをどのように説明するか、よく考えるようにしましょう。なぜそのタスクに取り組む必要があるのか、どの程度の時間枠で取り組むことが期待されているのかを、エンジニアが理解しているのか、確認します。エンジニアがタスクの完遂方法やその取り組みの利点を理解していない場合、その依頼は無視されてしまうでしょう。トレーニングや、推奨事項がどのようにして作られ、どのようにクラウドリソースの設定を調整すればよいのか説明した文書へのリンクをエンジニアに提供し、エンジニアからの質問に答えられるように備えます。

労力を削減する

推奨事項の品質検証に時間をかければかけるほど、エンジニアが推奨事項をレビューするのに必要な時間を減らすことができます。さらに、エンジニアと協力し、依頼と同時に提供できる情報を見極めます。関連情報を一度にまとめて使えるようにしてエンジニアに提供することで、情報収集の労力を軽減できるでしょう。また自動化により、タスクの実施にかかる時間と労力を削減できます。

信頼喪失を避ける

失敗のあとには、タスクがなぜ成功しなかったのか、その理由を理解する必要があります。リスクの高い推奨事項を取り除き、インシデントの再発を避けるために推奨事項をより適切に評価する方法を、エンジニアリングチームと共有しましょう。

財務チームがエンジニアリングチームとの協力関係を築き、互いの動機を理解し、組織の長期目標について総合的な理解を深められるような企業文化の構築に注力しましょう。変化に影響を与えるためには、従わなければならないプロセスの作成にチームが関わることができるようにし、チームの人々の関心を高めるものが何なのか見極めましょう。

3.12 本章の結論

本章を通して、すべてのチームがFinOpsの考え方を取り入れる必要があることを強調してきました。組織内のすべてのチームがゴールを達成できるように報告と実践の構築を支援する、一元化された集中型のFinOpsチームとともに、すべてのチームは協力し、互いのゴールを理解することができます。

要約：

- すべてのチームには、FinOpsで果たすべき役割がある。
- それぞれのチームには、支出や節約を推進するさまざまな動機がある。
- チームは、互いの目標に対する共感のバランスを保ちながら、互いに協力する必要がある。
- FinOpsの実践者は、チームを組織目標に整合させる手助けをする。
- エンジニアの行動に向けた動機付けは、クラウドの新たな問題ではなく、人類が長年直面してきた課題である。
- 行動の天秤は、エンジニアの行動を促進する要因と、それを阻害する要因を可視化するのに役立つ。
- 行動の天秤を有利な側に傾けるためには、促進要因を引き上げ、阻害要因を減らす施策を実施する必要がある。

次の章では、チームがお互いにどのように会話していくのかを見ていきます。優れた協業に必要なのは、チームを同じ部屋に配置することだけではないことがわかるでしょう。財務の言語はエンジニアリングの言語とは大きく異なる場合があるため、誰もが共通の言語を受け入れなければならないのです。

4章
FinOpsの共通言語

組織内の各部門は、それぞれの専門分野特有の用語を使い、クラウドの請求データを異なる視点から見ており、達成すべき目標への異なる動機を持っていることでしょう。本章では、それぞれの部門が用いている特有の用語について理解し、理解をそろえて信頼を促進するために組織内での共通用語集を作成することで、いかにより効果的な部門間の協働を可能にできるかについて説明します。

雲の上から（Mike Fuller）

FinOpsの実践が始まる前のAtlassianでは、各部門が自部門のコストを追跡し、どの請求書のどの部分に対して責任があるかを決めるのに各部門がそれぞれ独自の方法を用いていました。私が最初に行ったことは、レポートを作成して事業部門に送ることでした。しかしそれは、きわめて重要なステップを落としてしまっていたのです。各部門は、従来彼らが行ってきたように、自分たちの視点でレポートを読んでいました。私のレポートはクラウドの支出を明確にするどころか、混乱させてしまったのです。私がレポートで用いた用語は理解されず、レポートの妥当性の評価についてもそれぞれの部門で全く一致を見ないような状況に陥ってしまいました。

この状況を目の当たりにして、私は共通言語が必要だと気づいたのです。私に必要だったのは、組織内に広くFinOps用語を理解させ、自分たちの支出と最適化の追跡に全部門が使用できる共通のレポート一式を作成することでした。クラウドに特有のインフラ用語が散りばめられていた私の以前のレポートは、財務部門に混乱とフラストレーションを招いていました。一方、エンジニアリング部門では、ファイナンス的観点からクラウドを扱ったレポートが同様の状況をもたらしていました。

FinOpsの初期段階にある企業は、日次コストのシンプルな可視化によって、各部門にそれぞれの支出を知らせ始めることが典型的です。しかし、FinOpsを始めたばかりの方々のみならず、FinOps熟練者にとっても共通用語集は重要です。クラウドでの成熟度が高まるにつれ、費用報告に使用される用語の量も増えます。FinOpsの実践におけるケイパビリティの領域が広がり、消費するクラウドサービスが増え、報告内容の粒度がより細かくなるにつれて、それぞれの専門用語が増えていくことになります。その結果、曖昧な（または重複する）用語を使用する可能性が高まりますが、それは混乱を招いたり、データへの信頼低下を生じさせかねません。FinOpsのステージが進むと一貫性はさらに重要になります。それは、すべてのレポートの相互の関連をわかりやすく示し、また各部門に責任を持たせるためです。ファイナンスやエンジニアリング特有の難解な専門用語は避けて、標準化された用語を使うように合意形成することを目指しましょう。

4.1 共通用語集の定義

共通用語集が必要だと強調するのは簡単です。財務部門とエンジニアリング部門にそれぞれサービスを説明させてみれば、すぐにわかることでしょう。財務部門は通常、サービスの費用と料金について考えるのに対し、エンジニアはサービスの**可用性や信頼性、利用可能なキャパシティ**について考えることが多いでしょう。いずれも正しいのです。しかし、両者の分断は、両部門が互いにコミュニケーションを取ろうとするときに現れます。クラウドでは、データセンターの時代よりもはるかに頻繁に部門間でのコミュニケーションが強いられるようになりました。大昔というほどの過去ではないデータセンターの時代には、運用部門が費用について触れるのはせいぜい新しい設備の購入提案のときのみでした。それを終えると、あとはサービスの効率性やパフォーマンスにかかりきりになるのが常だったのです。一方、財務部門の関心事は、どの支出が確定済みで、その支出はどの予算項目に対して償却されるべきかでした。

（クラウド利用によって）テクノロジーの購買権限が組織内で分散するようになると、すべての部門が同じ語彙で費用について説明できる必要があります。それは、ある用語が人それぞれ異なる意味を持つような事態を防ぐということでもあります。クラウドサービス事業者ごとに特有の用語までカバーしようとすればもっと複雑になり、複数のクラウドサービス事業者とそのベンダー固有の用語の間を行き来すると、もはやてんでばらばらです。

作成するすべてのレポートに用語集が必要だったり、あるいはもっと悪いことに、誰かが横につきっきりになって教えないとレポートが読めないような場合、FinOpsの中核と言える部門間のコラボレーション（FinOpsの基本原則のひとつである「各チームは協力する必要がある」）が妨げられてしまいます。そうなると、人々はレポートを理解するのに必要な時間を割くことを拒絶し、FinOpsの実践者はすべての関係者がしっかりと情報を得ている状態を保てなくなってしまうのです。

組織全体の共通言語を構築するには、あらゆるレポートが一貫して特定の用語を使用し、各部門がそれらを正しく解釈する方法を学んでいる必要があります。ある人が、「**分割された費用**」は「**費**

用配賦」と同義であると理解していたとしても、FinOpsの開始時点ではそれは共通知識ではないでしょう。

可能ならば、各部門が一から学ばなくてはならないような全く新しい用語ではなく、既存の言語構成要素を使用する方がよいでしょう。既存のビジネス用語と一致しない用語をクラウドサービス事業者が使用している場合は、各部門に向けたレポートを作成する前に、そうした用語を意訳して合わせるべきでしょう。

4.2 基本用語の定義

もちろん、この本を全員に読ませることでも、FinOpsで使用される用語の共通理解を築くことができることでしょう。業界で使用される用語を定義してみましょう。

コスト配賦・コスト割り当て（《英》cost allocation）またはコスト帰属（《英》cost attribution）

クラウドの請求書を分割し、費用をそれぞれの費用部門（コストセンター）に関連付けるプロセス。12章でより詳細に扱う。費用の割り当て方法についての各部門の理解、そして中央で制御され、一貫したコスト割り当て戦略の存在が重要。

無駄な使用（《英》wasted usage）

組織によってアクティブに使用されていないリソースの使用。プロビジョニングされているリソースは、使用されていない場合であってもクラウドサービス事業者による請求対象となる。

オーバーサイズ／アンダーサイズ（《英》oversized/undersized）

必要以上に大きくプロビジョニングされているクラウドリソースは、オーバーサイズと見なされる（例えば、過剰なメモリやコンピューティングパワー）。逆もまた然りであることに注意。より大きな処理能力がさらなるビジネス価値につながる場合、アンダーサイズなクラウドリソースのサイズを上げることも可能。

ライトサイジング（適切なサイジング；《英》rightsizing）

プロビジョニング済みのリソースを、ニーズにより適したサイズに変更する行為。

ワークロード管理（《英》workload management）

確実に、必要なときにのみクラウドリソースが実行されるようにすること。エンジニアによる使用量の最適化のためのオプションの1つ。

オンデマンド料金（《英》on-demand rate）

クラウドリソースに対する通常の料金あるいは基本料金。公開されているクラウドリソースの価格。

料金低減（《英》rate reduction）

使用リソースへ適用される料金を下げるため、Savings Plans（SP）、リザーブドインスタンス（RI）、確約利用割引（CUD）、フレキシブルCUDといったコミットメントベースの割引や、クラウドサービス事業者との商業契約を使うこと。

コスト回避（《英》cost avoidance）

リソースの完全な削除あるいはライトサイジングによるリソースの使用削減で、課金が見込まれていたリソースへの支払いを回避すること。15章にて方法を詳述。実際のコスト回避を追跡できるデータは、請求データに存在しないことに注意。当月の請求サイクルにおける費用の削減額として測定されることが一般的。

コストの節約額（《英》cost savings）

リソースの料金の低減によって生じる節約額。コスト回避につながる使用量の削減とは異なり、コストの節約は請求データ中に現れる。使用量は同じでも、支払う料金は低くなる。通常、請求書に適用されたクレジットを直接確認するか、当該リソースの支払い料金と一般価格との比較によって、請求データ内で追跡可能。ただし、エンジニアが「節約」なる単語を用いる際には、その意味を財務部門と明確にする必要がある（財務部門は「節約＝予算削減する能力」と解釈する場合がある）。

実現した節約額（《英》savings realized）

請求データ上に適用され、クラウドの請求書上で追跡可能になった節約額のこと。節約を生成・維持するための努力と、実現した節約額を比較して追跡することで、FinOps実践の全体的な有効性を決定できる。

節約可能額（《英》savings potential）

クラウド請求書の予測を見ながら予測可能な、既存のコミットメントや商業契約による節約額。しかし、節約額がアカウントに適用されるまでは、節約可能額にすぎない。

コミットメントベースの割引（《英》commitment-based discounts）

クラウドサービス事業者に対して、SP、RI、またはCUDを用いて一定量のリソース利用量を事前コミットすることで、当該リソースに対して通常支払うことになる料金から割り引かれる。

未使用／未活用のコミットメント（《英》commitment unused/unutilized）

使用していない確約済みのリソース利用量（コミットメント）は、その時間分、未使用あるいは未活用と言える。「**予約の未使用**（reservation vacancy）」とも呼ばれる。

コミットメントの無駄（《英》commitment waste）

受け取っている割引額の方が大きい限りは、予約に多少の未使用分があろうとも問題ではない。

節約できる額よりも予約にかかる費用が大きい場合（つまり、かかる費用が節約額以上となるほどに予約が活用されていない場合）、コミットメントの無駄と呼ぶ。

カバーされた使用（《英》covered usage）

あるリソースについて、請求額が予約によって割り引かれている場合、そのリソース使用は予約によってカバー（適用）されたと言う。リソース使用を予約がカバーすると（適用対象となると）、結果として請求される料金は低くなる。

カバー可能な使用（《英》coverable usage）

クラウドの使用がすべてコミットメントでカバーされる対象となるわけではない。例えば、営業時間中に使用量が急増し、営業時間後に削除されるようなリソース使用がある場合、コミットメントは無駄となり、節約額が生じない可能性がある。しかし、昼間の使用が終了すると開始される夜間バッチ作業があり、コミットメントが両方のワークロードをカバーする場合、両方に対して節約をもたらす可能性がある。コミットメントによるカバーが節約額を生じる場合、そのリソース使用は「カバー可能」と言える。重要なのは、十分に一貫して使用されるリソース群に節約をもたらすためのコミットメントを活用できるかどうかであり、単一のリソースが一貫して実行されるかどうかではない。

非ブレンドレート（《英》unblended rates）（AWS特有の用語）

一部のリソースは、多く使用するほど、課金される際に適用される料金が下がることがある（ボリュームディスカウントに関する詳細は、16章参照）。つまり、より多く、あるいは当月内により長い期間使用したことで、リソースに異なる料金が課金される。請求書を詳しく検討すると、同じタイプのリソースや、同一のリソースについてさえ、あるリソースの費用が他よりも大きい場合もある。このように提示される料金を、AWSの用語では「非ブレンド（unblended）」と呼ぶ。

ブレンドレート（《英》blended rates）（AWS特有の用語）

AWSの請求データ内で提供される。使用がコミットメントベースの割引によってカバーされている場合を除き、請求額を各リソースに均等に割ることで、同タイプのリソースに支払われる料金を標準化したもの。AWSの詳細な請求データ内で提供されるが、費用を混合（ブレンド）する方法が完全に均等でなかったり、コミットメントによってカバーされたリソースの費用がブレンド対象とならないことで、リソースの真の費用について混乱が生じることがある。コストと使用状況レポート（CUR）データファイルを使用して請求書を調整するといった特定のユースケースで有用な場合はあるものの、そうした場合を除いてブレンドレートが役立つ場合は少ない。

償却コスト（《英》amortized costs）

一部のクラウドリソースおよびコミットメントベースの割引は、前払いでの購入が可能。リソースの償却コストはこうした前払い金を考慮したもので、前払い金を分割し、請求対象となる単位時間（あるいは、秒またはミリ秒）に按分した費用を反映する。例えば、1年間の全額前払いのコミットメント手段（SP、RI、または予約）は、そのコミットメントがリソースに適用される全期間にわたって分割される。

総負担コスト（《英》fully-loaded costs）

総負担コストは、償却や、会社がクラウドリソースに支払う実際の割引率、共有コストを反映したものであり、企業の組織構造にマッピングされる。本質的には、クラウドの実際のコストであり、何に費用がかかっているかを示すものである。含めたい割引と費用要素次第で、総負担コストを異なる方法で定義する組織もあり、また、同義の概念を表す別の用語を定義し、組織内の報告に用いることもある。

4.3 クラウドプロフェッショナルのためのファイナンス用語

エンジニアが理解するのに役立つファイナンス分野からの用語を、以下にいくつかまとめました。

費用収益対応の原則（《英》matching principle）

支出は価値を享受した期間に記録される必要があり、クラウドサービス事業者から請求を受けた期間や、支払いを行った期間である必要はない。費用収益対応の原則は、発生主義会計に適用される原則であり、現金主義会計と大きく異なる。IaaSの請求では、クラウドサービス事業者から受け取る（通常は月次の）請求書には前払いが含まれる。この支払いにおいて、長期間（12か月または36か月）にわたって確約されたリソース（コミットメント）に便益（割引）が適用されるが、前払いによる便益のほとんどは当会計期間には含まれない。つまり、クラウド事業者からの請求書ではなく、請求データ（例：AWSのCost and Usage Reports、AzureのBilling File）を使用して支出を計上すべきということになる。

資本コスト（《英》cost of capital）・加重平均資本コスト（《英》WACC）・内部資本コスト（《英》ICC）

資本コストとは、企業が投資に向けて自社の資金を展開するための費用を指す。内部資本コスト（ICC：internal cost of capital）と呼ばれることもある。クラウドにおける資本コストは、RIのようなコミットメントに対してさらなる割引を得るために前払いを検討する際に、重要な考慮事項となる。例えば、企業が8%の利率で借り入れを行う場合、その資本コストは8%となり、この企業にとって、投資対効果を評価するうえで超えなくてはならない水準は8%ということになる。しかし、この例は非常に単純化したものであり、現実には、資本にアクセスする手段は複数にわたることがほとんどで、借り入れとエクイティファイナンスのさまざまな組み合わせによって、資本コスト率は大きく異なる。そうした状況で資本コストの計算を行う場合、企業はこれらの資本コスト率を混合したいわゆる**加重平均資本コスト**（WACC：weighted average cost of capital）を使用する必要がある。通常、財務部門は自社のWACCを知っており、前払いでRI購入を行う際は、WACCを考慮しなくてはならない。

売上原価（《英》COGS：cost of goods sold）

売上原価は、特定の期間に収益を生み出すために生じた金銭的支出を表す。例えば、貯蔵庫から取り出した石炭を発電所に運び入れる電力会社の場合であれば、燃やされた石炭にかかった費用が売上原価として記録される。将来的な利益（以下のコラムの「ダイヤモンド」の例）にはつながらないこの費用は、当該期間の収益との直接のつながりがある費用であり、売上原価支出となる。つまり、ある支出が売上原価にあたるかどうかは、直接に費用とされているか、また当該期間の収益に直接関連しているかどうかを見ることで判定できる。

> 研究開発用のホスティングコストは、売上原価の支出と比べて優遇税制措置の対象となる場合があるため、その2つを明確に区別する能力は、FinOpsに取り組むうえで価値を秘めています。
>
> ——Jason Rhoades, Intuit

ソフトウェア会社の場合、ソフトウェアの運用に要する月々のクラウド利用料金、営業メンバーのコミッション、サポート費用が売上原価となります。とりわけ、クラウドは最も変動しやすく、また最も最適化の可能性を秘めています。営業コミッションの引き下げやサポートスタッフの解雇は一般的には良いビジネスプラクティスではないという事実も、収益を減らすことなくクラウドへの支出を最適化することに光が当てられる要因となります。

売上原価が資産計上されるケース

費用の使用方法については変化球もあります。例えば、石炭の一部を使ってダイヤモンドを作る電力会社があるとしましょう。事業の収益源である発電のために石炭を燃やす場合、この石炭の費用は売上原価として計上されます。しかし、石炭からダイヤモンドを作り、このダイヤモンドを当期中には売ることなく、将来売却する在庫として保管する場合、この石炭の費用は研究開発費用として資産計上されます。ただし、ダイヤモンドが売られた際は、石炭の費用は売却した期において売上原価として戻されます。

新しいショッピングプラットフォームを開発中の小売企業が、興味深い方法で売上原価を適用していた実例を見てみましょう。

その会社では、開発期間中に使用されたクラウドのコンピューティング時間を、当該期間における費用としてではなく、資産として計上していました。こうすることが可能だったのは、開発中のプロダクトがまだいかなる収益も生み出していなかったためでした。小売業者は、クラウドのコンピューティング時間を使用して、将来収益を生み出すことになるであろう資産を作っていたのです。これは、石炭を発電のために燃やす代わりに石炭からダイヤモンドを作っていた電力会社の例とそっくりです。

さて、ショッピングプラットフォームの稼働後、資産計上されていたコンピューティング費用は、収益を生み出し始めた期間を通じて償却され始めました。有形資産ではないショッピングプラットフォームは、減価償却ではなく償却されていることに注意しておきましょう。

クラウドでは、RIを、それらが使用される期間（1年間または3年間）にわたって償却するのが一般的です。

利払い前・税引き前・減価償却前利益（《英》EBITDA：earnings before interest, taxes, depreciation, and amortization）

利払い前・税引き前・減価償却前利益（EBITDA）は、企業の収益性指標として広く使用されている。支払利息と法人税などを収益に足し戻すことで、負債に関連する費用もこの指標からは除外されるが、それにもかかわらず、会計および財務的な控除の影響を受ける前の収益を示すこの指標は、企業のパフォーマンスをより正確に計測する。EBITDAは、企業間比較や業界平均との比較に用いられる。外部要因を排除してより正確な企業間比較を可能にするため、EBITDAは、本業による収益動向を示す良い指標である。

4.4 抽象化による理解促進

人間は非常に大きな数や、逆に非常に小さな数を扱うことが苦手です。例えば、あるものの費用が1時間あたり1ドルである場合、10ドルが何時間分にあたるのかを計算するのは比較的簡単です。しかし、あるリソースの1時間あたり費用が0.0034ドルである場合、10ドルが何時間分となるかを電卓なしで計算するのは難しいことでしょう。数値の表示形式も重要です。表示形式を指定していない100000000という数字は読みにくいです。それが示す値を知るのに、たいていの人はゼロの個数を数え、コンマを打ちます。

人間が大きな数値に関して持つもう1つの問題は、スケール感を失ってしまうことです。何千ドル、何百万ドル、何千万ドルといった大きな金額を扱うチームにとってこれが問題になることがあります。Hans Roslingが著書『FACTFULNESS』（Flatiron Books刊）[*1]で指摘しているように、人間

*1 訳注：邦訳は『FACTFULNESS（ファクトフルネス）10の思い込みを乗り越え、データを基に世界を正しく見る習慣』（ハンス・ロスリング、オーラ・ロスリング、アンナ・ロスリング・ロンランド著／上杉周作、関美和 訳、日経BP刊、2019年）。

が非常に大きい、あるいは非常に小さい数を扱うときには「過大視本能」[*2]が働き、これとうまく付き合う方法を見つけないといけません。

FinOps Foundationの会議で、数字の抽象化がいかにFinOpsに役立つかをあるメンバーが示してくれました。「10億ドルと20億ドルはさほど違わないように聞こえてしまうが、実際は巨大な変化だ」と彼は指摘しながら説明しました。

大規模なクラウド支出を行う多くの組織は、費用についての重要な指標をエンジニアに提供することに苦労しています。組織がクラウドに年間1億ドルを費やそうとしていると想像してみましょう。その規模では、関連する数字のスケールを理解するのに誰もが苦労することでしょう。スケールに問題を抱える場合、次のような質問に答えることが難しくなります。

- 月額30,000ドルの最適化は少ないのか、多いのか？
- 節約を達成するためにどれだけの努力を注ぐ価値があるのか？
- それは本当にビジネスにとって重要なのか？
- もっと重要な優先事項はあるのか？

雲の上から（J.R. Storment）

本書の著者J.R.は、あるFortune 50企業とプロジェクトをともにしたことがあります。その企業は、月あたり150万ドルのコミットメントベースの割引を活用することを1年以上にわたって拒否していました。同社のVP of Technology（IT子会社COOを兼任）はいつもこう言っていました。「私の見ているIT予算は年間20億ドルにのぼります。提案いただいた最適化は、実行に必要な労力を考慮すると、少しもインパクトをもたらしません」。彼にとってのより大きな目標は、できる限り速やかにデータセンターを閉鎖するという、急を要する全社的目標でした。一見そうは見えないかもしれませんが、彼はもうFinOpsを行っていたと言えます。それは、2章で登場した「**情報に基づく意図的な無視**（informed ignoring）」の概念の実践という形によるものです。組織にとって実施可能な最適化とその達成に要する努力について、彼は理解していました。この「得られる価値：要する労力」の方程式が組織にとっての閾値に達したならば、行動が取られたことでしょう。データセンター閉鎖に注力する代わりに最適化を実行していた場合、データセンター事業者との契約延長交渉に要する追加費用に比べて、最適化によって節約できたと

*2　訳注：『FACTFULNESS（ファクトフルネス）』第5章では、物事の大きさや割合を判断するのが不得手なのは、人間の過大視本能（size instinct）によるものだと述べられています。そして過大視本能は、「数字をひとつだけ見て、『この数字はなんて大きいんだ』とか『なんて小さいんだ』と勘違いしてしまうこと」を招くとされています。邦訳書167ページ参照。

考えられる費用は無視できるほど小さいものだったのです。

数字があまりにも大きくなりすぎると、FinOps実践に不可欠な説明責任の文化を維持することがますます困難になります。

ときには、共通の用語を使用しないことがコンテクストや理解を助けることがあります。なぜなら、支出または節約された金額そのものが重要なポイントでない場合があるからです。支出または節約がビジネスに与える影響を、他の単位を用いて表現することで、メッセージははるかに明確に伝わります。

例えば、FinOps Foundationのあるメンバーは、節約できた金額をビールで説明しました。ある一連のアクションを取った場合に節約できる額を、ビール千杯単位で示したのです。本書の初版刊行後の数年間で、この**ビール指標**の実践者は具体的なビジネス指標（処理されたリクエスト数、収益、および顧客数など）を含むレポートを進化させることができました。

このように、金額のみの報告を行うことから離れることは重要です。なぜなら、クラウド支出に関わっているチームはそれぞれ異なる動機で動いているからです。チームの動機を使用して適切な例を見つけることは、クラウド支出をより意味のある文脈に置く方法の1つです。例えば、炭素排出量のような持続可能性（サステナビリティ）指標の導入は、エンジニアリングチームにとっての動機付け要因として今後重要になっていくでしょう。持続可能性とFinOpsについての詳細は、19章を参照してください。

クラウドへの支出の全体的な効率性をビジネスリーダーに対してわかりやすく見せるには、クラウドを用いて動いているプロダクトの収益に対する費用の割合や、いくつかの主要な活動のアウトプットといった重要なビジネス価値指標にクラウド費用を関連付けて見せることが効果的です。そうすることで組織は、収益に対する支出割合の限度に目標値を設定し、収益増加に対するクラウド支出の増加を減らすためのあらゆる手法を駆使して費用最適化プロジェクトを推進するのにこの目標を用いるようになります。最適化の手法については、第3部で触れます。

しかし、こうした事業の全体戦略はチームの動機と直接関連していません。例えば、ユーザーのための機能提供に向けて努力するエンジニアリングチームにとっての動機は、チームの成長とより多くの機能提供を中心としたものになります。FinOps Foundationのあるメンバーは、エンジニアを巻き込むのに有意義な方法を、エンジニアリングチームにかかる月間費用の観点からクラウド支出を報告することで見つけました。ある最適化アクションはチームに新たなメンバーを何人追加できる結果をもたらすか、また別の費用節約アクションはチームの月間費用に対してどの程度か、といった観点で費用節約アクションを評価するようになったとのことです。

このように、それぞれのチームの動機を知ることは、彼らを効果的に巻き込む方法を見つけるのに役立ちます。例えば、サービスを管理するマネージャーに対してはDAU（デイリーアクティブユーザー）あたりの費用などの代替指標による報告が有効です。クラウド支出をサービスのDAU数で割った数字は、1ドル支出するごとにサービスが生み出すビジネス価値の量を示します。

FinOpsの実践が成熟し、ユニットメトリクスを採用し始めるにつれて、真のコストをビジネスの機能と結び付け、**コスト**に関する議論を**価値**に関する議論へと導けるようになります。例えば運輸会社にとってのユニットメトリクスは、パッケージ配送数や、あるいはリクエストもしくはAPIコールあたりのコストなどより単純な指標になることでしょう。クラウドコストと配送を対比することで、節約できたコストによって発送がさらに可能になるかという観点で、コストの最適化を報告することができます。このようにそれぞれの文脈に乗せて説明することが、チーム間で共通の理解を作り出すのに役立ちます。

4.5 クラウド用語 対 ビジネス用語

クラウドリソースを操作しているメンバーやコスト削減のプログラムを実行しているFinOpsチーム以外の人々に向けてレポートを作成する場合は、クラウド特有の用語を取り除くことが理にかなっています。クラウド特有の用語をより一般的なビジネス用語に変換することで、正確さを保ちながらレポートを要約できます。

コンピューティングリソースの予約を例にとって見てみましょう。一般的には、クラウドサービス事業者に対して確約したリソース（コミットメント）を効果的に使用することで費用を節約できるというコンセプトです（詳細な説明は17章を参照）。利用しない場合、無駄につながるわけです。AWSではこれをSavings Plansまたはリザーブドインスタンス（RI）と呼び、節約額の異なるさまざまなオプションがあります。

FinOpsチームが自分たちのためにレポートを作成する場合、個々のコミットメントの詳細が必要です。しかし、財務部門への報告を始め、その後より広く事業部門へも報告するようになった際には、伝えるべき重要なメッセージが変わります。全体的な成果、つまるところ、費用を節約できたのか、無駄があったのかという点にフォーカスすべきなのです。**コミットメント使用率**といったクラウド特有の用語を、**実現した節約額**といったより一般的なビジネス用語に変換することで、わかりやすくなります。

特に技術部門向けのレポートやモニタリングから、より一般的な事業部門に向けたものになるにしたがって、深いクラウドの知識を必要とする人の数を減らすことが、知識の壁を低くすることにつながります。そして、実際のビジネス成果にフォーカスしたレポートを作成することが、相互の信頼、信用、理解を醸成するのです。

4.6 DevOpsと財務部門をつなぐ「万能翻訳機」の作成

以前は、Douglas Adamsの傑作『The Hitchhiker's Guide to the Galaxy』(Harmony Books刊)*3に登場する「バベルフィッシュ」という概念を使って説明していましたが、誰しもに理解できる引用ではなかったようでした。そこで、『スター・トレック』で同様のアイデアとして登場する「万能翻訳機」を使用することにします。『スター・トレック』では、異星人の言語を自らの母星語に翻訳するために万能翻訳機を使います。これはまさに、すべてのFinOpsチームが財務部門、技術部門、プロダクト部門に渡して、お互いの言っていることを完全に理解できるようにしたいと願っているものです。

例えば、技術部門はクラウドリソースのタグ付けに使用する特定の値について話している一方、財務部門はコスト割り当ての必要性についてより大雑把な議論をしているような会議に何度も居合わせたことがあります。両者とも同じことについて語っていたのにも関わらず、見ていたレポートのニュアンス(例えば、コストを割り当てるためにタグ値をどのように使用したかの詳細など)が相互理解の妨げとなっていたのです。

もし万能翻訳機があったならば、こんな混乱は打開できたはずです。

しかし、コスト割り当てのようなFinOpsの実践が組織内でいかに行われているかを財務・技術の両部門がよく理解している場合は、常に同じ水準での理解をもとに会話が始まるので、万能翻訳機は不要です。

財務部門もエンジニアリング部門も、いずれもとてもスマートです。しかし、覚えておかなければならないのは、慣習も用語も両部門では異なるということです。財務部門がクラウドの言葉を理解しやすいように、物事を金銭で理解する人々に向けてクラウド特有の用語をかみくだき、他方では、エンジニアリング部門のために財務要件を単純化する。これがFinOpsチームの仕事です。

財務部門とエンジニアリング部門が長い時間をかけることなくそれぞれの専門分野外について学習・作業できるように、FinOpsの実践者は報告とプロセスを構築するのです。一貫性のある言語を用いてこれらのレポートを作成することで、各部門は一連の共通用語に慣れ、共通のレポートを使用してクラウドの利点と費用に関する会話をするようになります。

部門間の効率的なコミュニケーションには、FinOpsチームが不可欠です。FinOpsチームのメンバーが各部門の部屋にいる必要が全くない状況が理想です。組織内で語彙が共有されていれば、FinOpsチームのメンバーがそこにいる必要は薄れます。しかし、FinOpsチームが変わらずこれらのレポートの構築を支援し続けることで、信頼、理解、明快さを増していくことになります。

*3 訳注:邦訳は『銀河ヒッチハイク・ガイド』(ダグラス・アダムス著/安原和見 訳、河出書房新社刊、2005年)。

4.7　すべての分野に通じる必要はあるか

したがって、FinOpsチームは、組織がクラウドの支出と節約を説明するために使用する用語を収集し、定義することを助けます。分野特有の用語、業界用語、そしてクラウドサービス事業者によって異なる同義語を、共通用語集に採用、あるいは適合させる必要があります。

財務部門、技術部門、プロダクト部門、調達部門、または管理部門の誰であれ、他のあらゆる部門のすべての共通言語を学ばなくてはいけないということではありません。全員が中間地点で落ち合うというのが理想です。つまり、財務部門がクラウドリソースの説明に必要な用語を、エンジニアリング部門はコストの説明に必要な用語を、プロダクト部門はその両部門とコミュニケーションを取る方法を学ぶといった具合です。各部門が他部門で使用される言語を学ぶほど、会話が良い成果へ早く至るようになります。

4.8　ベンチマーキングとゲーミフィケーション

共通言語を用いて作られた共通の報告が、各部門の支出や最適化の測定に使われると、部門間の比較や、さらに言うと良いライバル関係をも生み出せます。グループ比較のための指標については22章で深く考察しますが、ここでは、部門間比較を可能にすることでどのように**ゲーミフィケーション**につなげられるかを考えてみましょう。

例えば、部門のクラウド支出をうまく管理したことをバーチャルなバッジで表彰するようなことが考えられます。最適化を最も発揮した部門を褒めたり、全体のクラウド支出や最適化に対するポジティブな影響をハイライトすることは、各部門を奮い立たせ、励ますのにとても良い方法です。

逆に、非協力者（最適化のアクションに不足が認められたり、部門のクラウド支出を無視したり、予期せぬ支出異常への対応が遅かった部門）を報告の中でハイライトすることも、うまくできれば、効果的で、むしろ楽しくなることさえあります。私たちの経験から言うと、非協力者リストにランクインしたいような部門などなく、ランクを良くしようと労力をかけるようになることでしょう。11章では、FinOpsの目標を達成するのに役立つプラクティス（それを私たちは「シェイムバック／非協力者リスト」と呼んでいます）についてさらに詳しく見ていきます。

4.9　本章の結論

つまるところ、共通の用語集を用いることで、クラウドコストと最適化の機会に関する共有理解が築かれるのです。

要約：

- チームが異なれば、分野特有の用語も異なるということに注意すること。

- 関係者には共通の語彙を習得させ、レポートに使用される用語に一貫性を持たせることが、現場の混乱を取り除く。
- FinOpsチームは常に会議において翻訳者たれということではないものの、チーム間コミュニケーションを各チームが自分たちでできるよう、学びを支援する必要がある。
- チームにとってより意味のある方法でのコミュニケーションとなるように、抽象化した計測単位を用いたレポートを追加することも検討すること。
- ビジネスバリューの単位ごとにコストや節約を分けることで、クラウド支出の効率性の測定が可能になる。

クラウド支出の最適化の前に、クラウドコストを理解する必要があります。次章では、クラウドの請求書の構成を見ていきます。

5章
クラウド請求書の解剖学

本章では、パブリッククラウドサービスの請求がどのように行われ、請求データにおいて料金がどのように示されるのか、その基本を説明します。クラウド請求書を理解することは、FinOpsライフサイクルの後半でクラウドコストを割り当てて最適化するための鍵となります。組織のクラウド支出の構造は、誰が特定の最適化行動を実行するか、またどのようにFinOpsの作業を移譲するのか決定するのにも役立ちます。

本章では、個々の請求明細（FinOpsデータの詳細調査で必要になることがある）を見ていく代わりに、クラウドサービス事業者が企業にクラウドリソースの課金をするために、請求データをどのように提示するかを見ていきます。これを正しく理解することで、FinOpsの実践者は、すべてのチームがクラウド請求書を理解するのに役立つ、影響力のある報告を行えるようになります。8章ではこれらの概念を使用して、FinOpsのユーザーインターフェース（UI）を考えます。

5.1 クラウド請求書の種類

主要なクラウドサービス事業者は、3つの方法のいずれかで、クラウド請求データへのアクセスを提供しています。

請求明細書（invoice）

これはFinOpsには不向きです。要約されすぎており、データの粒度や鮮度も十分ではありません。請求明細書は主に、財務や一般会計の用途で役立ちます。

クラウドサービス事業者のネイティブツール

ネイティブツール（例えば、AWSのCost Explorer）はデータを視覚化するもので、単一のクラウドサービス事業者しか使用していない場合や、報告内容が極めて基本的な内容でも十分な場合に、最適です。しかし、クラウド環境の複雑さと規模が大きくなるにつれて（特にマルチクラウドな組織の場合)、ネイティブツールには限界があり、FinOpsの成熟度に影響を与える可能性があります。

詳細なコストおよび使用状況を含む請求データ

詳細な請求データ(例えば、AWSのCost and Usage Report[コストと使用状況レポート]やGoogle CloudのBigQuery Export)は通常、ファイルやAPI経由でアクセスできます。このデータは、存在するすべての詳細を見るのに最適ですが、使うには複雑で、理解するには専門的な知識とデータ分析ツールが必要です。

5.2 クラウド請求の複雑さ

クラウドの請求データは複雑ですが、FinOpsを実現するにはこうした複雑なデータが提供されている必要があります。2020年に公開された本書の初版では、AWSだけでも20万を超える製品個別のSKU(Stock Keeping Unit)があり、中には秒単位で課金されるものもあると述べました。3年後の第2版の時点では、Azure、Google Cloud、Oracleなどが提供するものを除き、AWSのPricing APIから取得できる個別のSKUだけで、79万1,000を超えました。詳細な請求データは通常、インスタンス時間、ストレージ容量、またはデータ転送量など、支出の背後にある料金項目が複雑に絡み合いながら、1日のうちに何度も更新されて届きます。私たちはこれまで、これらの請求データの中に毎月何十億もの個別の料金項目を持つ、大規模なクラウド利用者を見たことがあります。

複雑さを読み解くのに役立つプラットフォームやネイティブツール(8章で説明)はありますが、データを深く理解しているFinOpsの実践者がチームに少なくとも1人はいることが重要です。そうすることで、他の人が請求の考え方を理解し解きほぐすのに役立つだけでなく、FinOpsツールから得られるデータや推奨事項の解釈も容易になります。請求に関する専門家は、請求データの不一致を特定し、請求調整や払い戻しのためにクラウドサービス事業者に報告することが知られています。

財務チームが目にする請求明細書のデータは、チームが分析している可能性のある詳細な請求情報、例えばAWSのコストと使用状況レポート(CUR:Cost and Usage Report)と必ずしも一致しているとは限りません。クラウドサービス事業者以外が提供するFinOpsプラットフォームは、毎月の請求照合作業の中で請求明細書と請求データを整合させるのに役立つかもしれません。しかし、請求明細書に適用されている、償却、ブレンドレート(AWSの場合)、またはコミットメントベースの割引(Savings Plans[SP]やリザーブドインスタンス[RI]など)の粒度の細かさは、サービスやアカウント/サブスクリプション/プロジェクトレベルの詳細な請求データにおける粒度とは異なる可能性があります。したがって、チームは請求明細書を支払勘定目的のみに使用すべきであり、クラウド支出の分析目的には使用すべきでないということを、早い段階から想定しておくとよいでしょう。

請求明細書は主に支払勘定を管理するためのツールであり、FinOpsのツールではありません。FinOpsは、毎月の請求明細書から得られるデータよりもはるかに詳細でタイムリーなデータを必要とします。

あらゆるサービスのコスト要因を特定するには、請求明細書によって提供される月次の粒度とクラウドサービスの粒度よりもさらに細かなデータが必要です。主要なクラウド事業者（AWS、GCP、Azure、Oracleなど）はすべて、俯瞰的にコスト分析を始めるための頼りになるネイティブのコストツールを提供しており、それらは可視化への重要な第一歩を踏み出すのに役立つでしょう。ネイティブのコストツールには、組織がマルチクラウドに移行したあとの複数のクラウドの請求の取り扱いや、個別の交渉によりカスタマイズされた料金の取り扱い、説明責任を果たすため各チームに割り当てた請求データの除外、またはコンテナのコスト割り当てなど、依然としていくつかの制限があります。しかしネイティブツールは、特定のコストに関する調査や、取り急ぎの報告のためにいつでも使用できるため、サードパーティー製や内製のツールを利用する場合でも、ネイティブツールとその効果的な使用方法について十分に理解を深めておくべきでしょう。

5.3 請求データの基本的な形式

まず、3大クラウド事業者から送られてくる請求データの基本的な形式から見ていきましょう。ファイル内の各行には、使用したさまざまな種類のリソースの使用量が列挙されています。クラウドの請求項目の属性には、特定の期間中の使用量の、その時点の値も含まれる傾向があります。使用量の行には次の内容が記されています。

- 期間
- リソースの使用量
- その期間中の課金に利用された料金の詳細
- リージョン
- リソースID
- 支出の割り当てに使用できる、アカウント、プロジェクト、タグのようなメタデータ属性

後ほど、12章では、タグ付けと、それを活用して説明責任を促進する方法について取り上げます。まずは、主要なクラウド事業者からの請求データのサンプルをいくつか見て、読者の皆さんが、自身のFinOps施策の原動力となる未加工の請求データを理解し始められるようにしましょう。

図5-1は、毎日受信される数億行もの請求データのうちの1行を示しています。訓練を受けていない目にはデータは判読不能に見えるかもしれませんが、いくつか重要な属性を見分けることができます。

- リソースが使用された時期

- 請求に適用される料金と課金額
- 課金されるリソース
- 予約（リザベーション）が適用されたかどうか、適用された場合はどの予約か
- コスト割り当てに役立つタグ付け情報とメタデータ
- 課金するリージョンとサービス

2019-07-22T00:00:00Z/2019-07-22T01:00:00Z,,AWS,Anniversary,01234567890,2019-07-01T00:00:00Z,2019-08-01T00:00:00Z,09876543210,DiscountedUsage,2019-07-22T00:00:00Z,2019-07-22T01:00:00Z,AmazonEC2,BoxUsage:m3.medium,RunInstances,us-east-1b,i-0dd86597c590879b9,1.0000000000,USD,0.0000000000,0.0000000000,0.0402772184,0.0402772184,"Linux/UNIX (Amazon VPC), m3.medium reserved instance applied",,Amazon Elastic Compute Cloud,,,,,,2.5 GHz,,,No,,,,,,,,,,3,,,,,,,,,,,,,,,,,,,,,General purpose,m3.medium,,,No License required,US East (N. Virginia),AWS Region,,,,,,,,3.75 GiB,,,,,,,Moderate,Linux,RunInstances,,,Intel Xeon E5-2670 v2 (Ivy Bridge/Sandy Bridge),,,64-bit,Intel AVX; Intel Turbo,Compute Instance,,,,,,,,,,,,AmazonEC2,ASDZTDFMC5425T7P,,,,,1 x 4 SSD,,,,,,Shared,,,,,,,BoxUsage:m3.medium,1,,,,,3yr,convertible,No Upfront,0.0670000000,0.0670000000,Reserved,Hrs,,,arn:aws:ec2:us-east-1:01234567890:reserved-instances/36768f14-be7f-455f-9657-6d1c4e06401a,,,Infrastructure Svcs-Software,,mfuller,serviceA,,Infrastructure Svcs,Infrastructure Svcs,,,2.0,2.0000000000,,,,,,,,,,,,,,,,,,,,2,,,,us-east-1,Amazon Elastic Compute Cloud,,,m3,,,,serviceA,,0.0670000000,0.0670000000,0.0670000000,0.0670000000,,,,0.00000000,,0.04300000,,,0.04300000,,,,,,,Public,"38.953116,-77.456539",,,,,,s3://billing-reports/cost_reports/hourly_with_resources/20190701-20190801/2755e466-dc41-4a04-9d9e-f1771805729b/hourly_with_resources-059.csv.gz,,"Amazon Web Services, Inc.",Used,,,,,,,,,,,,,,,,,awseb-e-myky2mqvfv-stack-AWSEBAutoScalingGroup-WAUJKY5MFRGL,,14292253,1947602408,infrastructure svcs,,,,,,,,,,,,,,,,,,,,,,,,,,,,,,2019-07

図5-1　AWSコストと使用状況レポート（CUR）の請求データのサンプル行

このようなきめ細かさは、実践を積み重ねるにつれてFinOpsチームに驚異的な力を与えます。しかし粒度は複雑さを生み、あっという間にスプレッドシートでは管理できなくなるほど、請求データは大きくなってしまいます。ある程度の大きさのクラウド支出は、膨大な量の課金を発生させます。大規模なクラウド支出者であれば、月に数十億の個別の課金行項目があり、各々に数百列もの高次の詳細列が付加されている可能性があります。クラウドネイティブになるほど、データセットはより大きくなります。サーバーレス機能、一時的なインスタンス使用、秒単位の請求データなどが、FinOpsの実践者に対してビッグデータ問題を引き起こしています。ビッグデータ分析技術に頼るしかありません。

しかし、未加工の請求データにデータアナリストを投入するだけでは不十分です。従来のIT支出を管理するために使用されている既存の財務システムはいずれも、要約なしでは大量のデータを適切に処理することはできず、FinOpsがフィードバックループを形成するために必要となる鮮度の高いデータを、ほぼリアルタイムの速さで提供することもできません。

それぞれのクラウドの請求データは、粒度や細部が異なるだけでなく、ディメンション（面）と

メトリクス（指標）の用語も異なります。さまざまなコミットメントベースの割引は、それぞれ適用方法が異なります。FinOpsチームには、（3章で説明しているように）データエンジニアリングの役割を果たすためのスキルセットが必要です。

請求データの取り扱いは、8章で議論するように、社内ツールを構築するか、サードパーティー製のベンダープラットフォームを購入するかを決定する際の重要な考慮事項です。ベンダープラットフォームは、クラウドやサービスを追加する際にデータを最新の状態に保つ問題や、関連するデータ品質管理の問題を取り除いてくれます。クラウドサービス事業者自体も、新サービスが追加されたり、請求機能に新たな変更が加えられたりすると、頻繁にデータを調整しています。データフローとそれらの変更を管理することは、FinOpsツールの管理の大きな部分を占めているのです。

この複雑さを理解することで、何か「**小さな**」変化が生じた場合であっても自動的に異常を検知するような非常に優れた機能を、将来的に実現できるようになるでしょう。ここで私たちが「小さな」と強調したのは、クラウドの効率性はしばしば、じわじわと蝕まれていくためです。あなたの会社がクラウドに毎月100万ドルを費やしているとして、あるチームが1日あたり5,000ドルのコストがかかる、50台のインスタンスからなるクラスターを、使わないまま放置しているとしましょう。これら2つの数字には大きな規模の差があるため、サービス単位の要約や月次のまとめを確認したところでその変化に気づくことはおそらくありません。しかし、その「**小さな**」金額はすぐに、1か月あたり15万ドル以上、つまり月間総支出額の15%に達してしまいます。小さな変化が大きなコストにつながる前に、データに対して機械学習を実行し、その小さな変化を分析する必要があります。幸いなことにクラウド事業者は、小さな切り傷が過剰支出という化膿した傷に悪化してしまう前に対処するための素晴らしい力を、請求データの粒度を通じて提供します。

支出に関する単純な公式

クラウド支出に関する公式は実に単純です。

支出 = 使用量 × 料金

使用量とは、リソースが使用された時間数（または秒数）です。料金とは、そのリソースの使用量や使用されたストレージのクラスに対して支払われる、1時間あたり（または1秒あたり）の金額です。概念的には非常に簡単です。これらの項のどちらかを増やすと、クラウドの請求額は増えます。両方の項を増やせば、請求額ははるかに増えます。

5.4　時よ、なぜ私を罰するのか？

90年代に、Hootie & the Blowfishというバンドが「Time」という曲を発表しました。彼らは、時が「teach you 'bout tomorrow and all your pain and sorrow.（明日のことも、あなたの痛みも悲しみもすべて教えてくれる）」と歌いました。そして「tomorrow's just another day...and I don't believe in time.（明日はまた別の日にすぎない...そして私は時など信じない）」とも。

クラウドの請求は時間がすべてのため、HootieがFinOpsで効果を発揮する可能性は低いでしょう。ほぼすべての課金は時間に基づいて行われます。定額料金の項目さえも、1か月や1年といった期間にわたって課金されます。より一般的には、計算の秒あたり、ストレージの**ギガバイト／月あたり**、またはクエリが完了するまでにかかった時間に対して課金されます。これはすべて、支出の公式の「**使用量**」の項、つまり一定期間にクラウドリソースをどれだけ使用したか関係しています。もちろん、このルールにはいくつかの例外があります。サーバーレスやデータ転送は時間ではなく、量に基づきます。それでも、どちらも**使用量×料金**という同じ考え方であることに変わりはありません。

例えば、720GBのデータ転送には、1GBあたり0.02ドルの料金が課金されるかもしれません。あるいは、サーバーレスの23万5,000回もの関数リクエストは、リクエストごとに0.001ドルで課金されるかもしれません。しかしこれらの例は依然として、利用量に基づいたものです。使用しましたか？ 使用したのであれば、課金されます。使用していないならば、課金されません。これはクラウドの変動支出モデルと、オンプレミスの固定支出モデルの、別のたとえです。

覚えておくべきクラウド請求の微妙な違い：リソースが効率的に使われているかいないかにかかわらず、リソースがオンになっていれば課金されます。リソースの効果的な使用と適切なサイズ設定を確実に行う責任は完全に、あなたにあります。

クラウド事業者によるコンピューティングリソースの課金方法を考えてみましょう。料金は、リソースの稼働時間に基づいて計算されます。大手事業者の多くはコンピューティングリソースを秒単位で課金しますが、例を簡単にするために時間単位としましょう。1か月が30日の月は720時間、31日の月は744時間あります（2月については本章の後半で説明します）

したがって、1月中ずっと稼働し、時間単位で課金されるコンピューティングリソースの課金を見ると、そのコンピューティングリソースの使用量が744時間であることを示す行が表示されているでしょう。もちろん、その744時間に対して適用される料金も表示されています。744時間すべてが同じ料金で請求される可能性もありますが、例えばそのうち200時間にはSPまたはRIが適用され、残りの544時間には適用されていない可能性も同様にあります。もしそうであれば、請求データは2行になります。一方はオンデマンド料金で544時間と記載され、もう一方はSPまたはRI料金で200時間と記載されます。クラウド事業者によるコミットメントベースの割引は請求データにおいてランダムに適用されるため、同じリソースでも時期によってコストが異なります。このシナリオは一般的なものですが、流動的なクラウド請求料金の正規化（とビジネス側への説明）は、FinOpsの実践者にとって常に頭痛の種となっています。

5.5 小さな部品の合計

小さな課金はすべて、サービスごとまたは月ごとに合計されて課金されます。しかし、それぞれの小さな課金には独自の微妙な差異や属性があり、より詳しく調べてみれば、使用状況について豊富で有益なデータが得られます。覚えておいてほしいのは、その**リソース**が**オン**であった期間の実際の時間に対して課金されるということです。**使用したかどうか**ではなく、**オンであったかどうか**です。

私たちはしばしば、このように説明します。「リソースに執着しないでください。あなたは個別のリソースを購入しているのではなく、長期にわたるリソースの使用割合を購入しているのです」と。J.R.が90年代半ばにハワイのW.M.Keck天文台で、IT業界で初めての仕事に就いたとき、彼はHapuna、Kiholo、Kaunaoa、Maumaeといった地元のビーチにちなんで名付けられたサーバーを扱っていました。しかしクラウドでは、コンピューティングリソースは一時的で交換可能なものと考えるべきです。それらは家畜であり、ペットではありません。

後ほど詳しく説明しますが、SP/RI/CUDなどのコミットメントベースの割引プログラムでも、それらが具体的にどのサーバーに適用されているかは考慮されていません。それらは単に、特定の関連属性に一致するか、節約が最大になる組み合わせで適用されます。同じ考え方をクラウド請求に適用すると、物ではなく時間を買っていることに気づくでしょう。このことは一部の人にとっては当然のことのように思われるかもしれませんが、クラウド請求を会計処理し理解し始めるにあたって、財務チームがこの概念を理解することが鍵となります。

5.6 クラウド請求データの略史

全面公開：クラウドの支出データに関して、私たちは完全なオタクです。AWS re:InventやGoogle Nextで、過去10年にわたるクラウド請求ファイルに関するさまざまなイテレーションと、それぞれのイテレーションの中で実現されてきた機能を懐かしそうに思い出している私たちを見つけることができるかもしれません。オタクっぽい話になってしまうリスクを冒して言うと、これらのイテレーションは実際には、FinOpsに取り組み始める会社がたどる典型的な道のりに完全に一致しています。イテレーションの各ステップは、その時代における最先端のクラウド支出者の成熟度を反映していました。もしその頃に企業が一緒に歩んでいなかったとしても、現在似たような旅路を歩んでいる可能性は高いでしょう。したがって、段階的な導入の観点から、過去10年以上にわたるAWSの請求ファイルのアップデートの歴史を簡単に深掘りしてみることが役立ちます。AWSはこの種の請求データを提供した最初のクラウド事業者であるため、歴史を説明するためにAWSを取り上げます。

2008年：請求明細書

すべてはここから始まりました。ここで確認できたのは、月次で、サービス単位で請求される内容までで、タグなど企業が独自に付与できるメタデータもなく、変動やコストドライバーを理解できるほどの粒度もありませんでした。財務チームはこれを見て必ず「この請求明細書は正しいか？」と尋ねるでしょう。その質問に答えるためには、請求データの次のイテレーションを確認する必要がありました。

2010年：Consolidated Billing（一括請求）

今となっては信じがたいことかもしれませんが、AWSでは支払いを1つのアカウントにまとめることには数年間対応していませんでした。クラウド支出の初期の開拓者は、1つのアカウントでまとめて支払ったり一括処理したりすることのできない、請求もバラバラな別個のクラウドアカウントを何十個も持っていることがありました。初期のクラウド導入企業では、野良クラウドアカウントが個人のクレジットカードで支払い処理されていることが多く、経費報告書を通じて追跡しなければなりませんでした。一括請求は、**支払いアカウント**（管理アカウント）と**リンク済みアカウント**（メンバーアカウント）の階層化された概念を持ち込み、セキュリティや権限からは独立した、請求の統合を可能にしました。これは、報告だけでなく、コミットメントレベルの決定も容易にし、大きな変化をもたらしました。

2012年：CAR（Cost Allocation Report、コスト配分レポート）

2012年当時、AWSユーザーは「今月10万ドルを支出するのはわかったが、その支出を引き起こしたのはどのプロダクトやチームなのか？」といった質問に答えられるようになりたいと考えていました。そこでCARファイルでは、タグ値とリンク済みアカウント（メンバーアカウント）ごとにデータ行が分かれるようになりました。当時、これは大きな出来事でした。ついに支出を割り当てることができるようになったのです。しかし、CARファイルは月次で支出を報告したため、支出がいつ始まったのか、いつ急増したのかを特定できないというもどかしさもありました。またCARファイルにはタグ付けされていない支出の月次集計行もありましたが、どのリソースがそれを構成しているのかを確認する機能もありませんでした。

2013年：DBR（Detailed Billing Report、詳細請求レポート）

DBRは時系列でサービス番号別に支出を記録するようにしました。特定の月にどのサービスにいくらかかったかを確認できるだけでなく、そのサービスが月内のいつコストを発生させたのかを確認することができます。これにより、支出の変動性や、それに影響を与えたチームによる月内の変更を理解し始めることができるようになりました。しかし（ネタバレになりますが）DBRにはコスト管理の世界を変えることになる重要なデータが欠けていたのです。

2014年：DBR-RT（Detailed Billing Report with Resources and Tags、リソースとタグ付き詳細請求レポート）

DBR-RTは革新的でした。DBR-RTでは、利用期間ごとに使用された各リソースを1行ずつ記載し、タグキーごとに列を追加しました。データ量の増加は驚異的で、大規模なユーザーでもDBRのCSV（カンマ区切り値形式）データがメガバイト級を超えることはめったにありませんでしたが、DBR-RTでは数百ギガバイト級に達することもありました。大規模なユーザーの場合、1つのファイルに数十億個の値が含まれることを意味するかもしれません。DBR-RTファイルによって、どの時間帯に、どの特定のリソースIDが、どの特定のタグとともに支出しているか、また**その時間にRI**が適用されたかどうかを確認することができるようになりました。突如として、ユーザーは高い精度で変化を正確に把握できるようになったのです。その結果、初期のFinOpsの実践者は、最適化に向けてより優れた推奨事項を提供できるようになりました。

2017年：CUR（Cost and Usage Report、コストと使用状況レポート）

開発中に「Origami」というコードネームで呼ばれたCURファイルは、請求データの構造を完全に見直したものでした。ここでAWSは初めて、CSVから、プログラムによる取り込みに適したJSON（JavaScript Object Notation）形式に移行しました。この進化の一環として料金などの特定のデータが個別のJSONファイルに分割されたことにより、多くのユーザーがより単純なDBR形式で行っていた、お手製の請求データ読み取りツールの開発が難しくなりました。しかしそれは問題ではありません。なぜなら、CURには小さいながらも強力な利点があるからです。CURにより、RIが適用**されたかどうか**だけでなく、その時間に**どの**RI（またはその一部）が適用されたかを知ることができます。突如として、RIの活用状況や、それがRIの追加購入や変更の決定にどのように影響しているのかについて、より明確に理解できるようになりました。2017年以降、AWSはこのファイル形式を継続的に改良し続けており、2022年後半時点でもまだ標準になっています。

この短い歴史を知れば、FinOps黎明期の実践と同じく、段階的な改善アプローチに従っていることが容易にわかるでしょう。

1. クラウド事業者への支払い前に、サービス別の支出総額を確認するところから始める（請求明細書）。
2. 次に、どのチームやプロダクトがそのサービスを駆動しているかを調査し、ショーバックやチャージバックを行えるようになる（CAR）。
3. すると、リソースがいつ使用されているか気になり始める（DBR）。
4. それでも満足できず、特定のリソースに適用されている料金を特定し、コスト割り当てのギャップがどこにあるかを特定したいと考えるようになる（DBR-RT）。

5. クラウドサービス事業者が提供するサービスの選択肢が増えるにつれて、クラウド利用量における特定の詳細情報を抽出するために、より細かな粒度を必要とするようになる。さらに、FinOpsの業務をよりプログラム化し、RIなどのコミットメントの投資対効果や価値に関する疑問に答えられるようになることを目指す（CUR）。
6. そして最後に（少なくとも現時点では。FinOpsは常に進化しているため）、Amazon Billing Conductorのようなサービスを利用することで、料金の調整、請求の分割、個々の特定の目的に合わせたカスタム請求データの提供を実現する。

この進化は、最初期のクラウドコストプラットフォームの1つである、Cloudabilityの旅路とも重なります。2011年当時の彼らのプラットフォームは、AWSにログインし（IAM［Identity and Access Management］がまだ存在しなかったため、rootの認証情報を使用）、請求明細書をスクリーンスクレイピングし、合計支出項目を解析してその数字を記載した単純なメールを日次送信する、一連のスクリプトにすぎませんでした。今日に至るまで、この日次メール機能はプラットフォームの中心であり、チームへのフィードバックループを促進しています。しかし請求データがより複雑になるにつれて、すべてのFinOps認定プラットフォーム（https://oreil.ly/mubRR、CloudHealth、Spot、CloudCheckrなど）はそれに合わせて機能的に適応し、進化してきました。

ここまでAWSの請求データの観点から説明してきたのは、単に、執筆時点でAWSが最も成熟していたためです。しかし安心してください、他の各クラウド事業者も同様に、請求の仕組みは成熟しつつあります（あるいは成熟してきました）。残念ながら、マルチクラウドの旅には、さらに複雑さが伴います。Azureは長い間、Microsoftとの契約の種類に基づいて異なるAPIをサポートしており（ただし、これらのAPIの一部は2022年末に廃止され、統合される予定です[*1]）、これらから常に同じ情報が得られるとは限りません。2022年現在、Google Cloudはいまだ、同じメカニズムを通じてすべてのサービスの完全に詳細なリソースレベルのデータを取得することはできませんが、さまざまな回避策があります[*2]。しかし、すべてのクラウド事業者はコストと請求データの提供方法を継続的に見直し、より多くの新たなサービス、新たな請求構造、新たな価格モデルをサポートするために修正を加えています。

5.7 毎時データの重要性

なぜ毎時（または毎秒単位）のデータや、リソース単位の粒度を考慮する必要があるのかと、疑問に思われるかもしれません。タグ単位で、日次や週次の粒度で十分なのではないのでしょうか？端的に答えると「ノー」です。FinOpsの実践が成熟すれば、間違いなくそうなります。

---

*1 訳注：2024年12月現在（日本語版への翻訳時点）、段階的に統合が進み、移行が推奨されています。
https://azure.microsoft.com/ja-jp/blog/microsoft-cost-details-api-now-generally-available-for-ea-and-mca-customers/

*2 訳注：2024年12月現在（日本語版への翻訳時点）、継続的に改良が進められています。
https://cloud.google.com/billing/docs/release-notes

コミットメントベースの割引の計画のような、より高度なFinOps機能を実行するには、毎時のデータが必要になります。SP/RI/CUDを購入するか否かは、一定期間内に特定の種類のリソースをどれだけ稼働させるかという計画に基づきながら、リソースを予約しなかった場合の損益分岐点と比較して決定します。月次でリソースを集計すると、重要な詳細は得られません。どれだけリソースが必要かを判断するには、毎時（または毎秒）どれだけのリソースが稼働していたかを、使用量の推移とともに確認する必要があります。

ここでは詳しく説明しませんが（この話はまだほんの入口です）、AWS、GCP、Azureなどが提供するきめ細かな可視性は、数秒から数分のみ存在し課金される可能性のある変動リソースの世界を理解するために不可欠であることを、この先も忘れないでいてください。

5.8 「1か月」は1か月ではない

ある企業が、年初に新たなコスト最適化の取り組みを始めたと想像してみてください。1月1日から、コスト削減施策の一覧とともに動き始めます。「私たちは使用されていないインスタンスをオフにし、他のインスタンスのサイズを適切に見直し、Savings Plansをいくらか購入しました」。翌月、クラウドの請求額は10%下がりました。やりました！

でもちょっと待ってください。2月の日数を1月の日数で割ると、90%になります。これは痛々しいほど明らかなことと思われるかもしれませんが、2月と他の月との間の差によって、コスト削減が効果的だったとチームが誤信してしまったことは数え切れません。そして必然的に、3月31日には、コストが前月比で10%増加するためにパニックが起きるのです。

クラウドの請求は時間がすべてということを、もう一度強調しておきます。クラウドの請求は、多くの財務チームが慣れ親しんでいるような固定長の月を使いません。クラウドの請求はそれよりもはるかに細かな粒度であり、同一条件で比較したい場合は、10日間であろうと10時間であろうと、同じ長さの時間にして見る必要があります。

これは、年間支出を12で均等分割するウォーターフォール式の償却スケジュールの世界から抜け出すための大きな飛躍です。しかし古い習慣からはなかなか抜け出せないものです。実際、クラウドに苦戦している財務部門が「正確に計算された1時間粒度の償却コストが10%ズレている」と批判しているのを、実際に目にしたことがあります。財務部門は、1秒（または1時間）あたりの償却コストを計算し使用時間数で乗じるべきところを、年間償却費を12で割って計算していたためです。これは、いかにFinOpsが新しい考え方を必要としているのかを示す、もう1つの例です。

5.9 「1ドル」は1ドルではない

同条件で比較するという話に関連して、特定の行の特定のリソースの料金が、同じ種類のリソースであっても、リソースの利用期間によって異なる場合があることに留意してください。所有またはリースしているハードウェアの場合、一定期間にわたってリソースの料金を一定に設定できるのに対し、クラウドの料金は、クラウド事業者によって割引が適用されたかどうかによって大きく変動することがあります。

そのうえ、SPやRIの前払い金の償却により方程式がさらに変わる可能性があるため、利用部門が目にする料金に、前払い金の償却を含めるかどうかを決める必要があります。私たちはそれらを含めることをお勧めします。そうすることで、表示される金額が後にチャージバックする金額をより正確に表すことになるためです。もちろんこれは、コスト割り当ての過程においてその段階まで到達していることを前提としています。

特にAWSやAzureが提供する前払いありのRIを利用する場合、償却済みの前払い費用をコスト割り当てに含めないことにしてしまうと、チームは実際よりも支出が少ないと誤解するかもしれません。これらが含まれていない場合、たとえ前払い費用を払ったリソースが実際に使われていたとしても、そのリソースの使用量を記載した請求データの行は結局、0.00ドルになってしまいます。そのコスト削減について利用部門は大満足かもしれませんが、効率性について誤った認識も与えてしまうことになるでしょう。

またすべてのクラウドサービス事業者はいくつかのサービスについて、ときには販売促進の一環として、ときには毎月継続的に、いわゆる**無料利用枠**（Free Tier）を提供しています。これは大規模なクラウド利用者にとっては一般的に少額かもしれませんが、この料金の変動が混乱を引き起こす可能性があるのも事実です。毎月どのワークロードが無料利用枠の恩恵を受けるかに一貫性がないことが多く、これにより、チームの月々のコストに、わずかな、紛らわしい変動が生じる可能性があります。

チームがインフラストラクチャに何の変更も加えていなくても料金とコストが変動する可能性があることを、忘れないようにしましょう。

5.10 請求に影響を与える2つの要素

クラウド支出の単純な公式は、クラウド支出に影響を与える2つの基本的なレバーがあることを示しています。**使用量**と**料金**です。

支出 = 使用量 × 料金

これは、どのように最適化するか、また組織内で誰が最適化の行動をとるのか決定するうえで、重要な部分になります。まずは「**どのように**」を見て、次に「**誰が**」を見ていきましょう。

最初の要素は、使うものを減らすことです。これは**コスト回避**（cost avoidance）と呼ばれるもので、アイドルリソースを終了させたり、ライトサイジングをしたり、オフピーク時に稼働するリソースの数を減らしたり、夜間や週末に完全にシャットダウンしたりすることによって実現できます。

2つ目の要素は、使用した分に対して支払う金額を減らすことです。これは**料金低減**（rate reduction）と呼ばれ、Savings Plans（AWSまたはAzure）、リザーブドインスタンス（AWSまたはAzure）、確約利用割引（GCP）などのクラウド請求の仕組みを利用することによって行います。また、使用量に基づいたボリュームディスカウント（例えばGCPの継続利用割引）や、一部のクラウド事業者が大規模な利用者に提供するカスタム料金プログラムもあります。最後に、スポットインスタンスやプリエンプティブルインスタンスも使用する企業もあります。これらは、中断によりリソースが突然失われてしまう可能性を回避するための実装ができる場合に、有用となります。どの方法を選ぶにせよ、これらはすべて、使用した分に対して支払いを減らすことにつながります。

5.11　誰がコストを回避し、誰が料金を低減すべきか？

最適化作業に関して、各プロセスの責任者が誰なのかという議論がありました。FinOpsがうまくいっていない何百もの企業と、FinOpsがより成熟した段階に到達した（はるかに少数の）企業とともに、10年以上にわたって活動をしてきた結果、私たちは確固たる意見を持っています。

> 最も成功しているFinOpsの実践は、分散型で使用量を減らし（つまり、コストを回避し）、集中型で料金を減らして（つまり、料金を低減させて）いる。

クラウド支出の大部分の推進責任を負う分散型の意思決定者は、インフラストラクチャを直接選択する、アプリケーションのオーナー自身です。彼らは、シャットダウンしたり、サイズを変更したり、需要を制御したりする決定を下すのに最も適した立場にあります。ワークロードのニーズを熟知しているため、利用効率のデータを見て、アイドル状態に見えるインスタンスを維持する必要があるか、それとも終了させてよいのかを判断できます。大規模で分散した組織では、インフラストラクチャに関わる意思決定の能力を効率的に一元化することはできません。エンジニアまたはアプリケーションのオーナーに、ビジネス目標に適した決定を下すためのデータと権限を与えましょう。

裏を返せば、この同じアプリケーションのオーナーは通常、RIやCUDを購入するのに最適な立場にありません。さらに悪いことに、彼らはそれらがどのように作用するのか財務的な仕組みを誤解していたり、会社の資本コストのような重要な関連概念を理解していないことがあります。集中型のFinOpsチームは、クラウド資産全体を見渡して節約の機会を探すことができます。さらに良いことに、彼らはキャッシュフロー分析のニュアンスを理解し、組織の技術ニーズと財務上の制約の両方に精通し、調達や財務分析のスキルセットを持っている可能性が高いでしょう。16章、17章、そして18章では、利用可能なさまざまなコミットメントベースの割引と、それらを効果的に使用するための戦略について、より深く分析します。

予約やコミットメントの適用範囲の拡大と未使用率の改善、ボリュームディスカウントや価格交渉の活用といった関連指標に基づいて、集中型のFinOpsチームを評価します。

5.12 料金低減の一元化

FinOpsの原則の1つは集中型のチームがFinOpsを推進することであり、一元化された料金低減は彼らの重要な責任領域の1つです。料金低減の提案は理解が難しい場合があり、クラウドサービス事業者はその提供内容を常に革新し続けています。この本の第2版を執筆している間に、Google CloudとMicrosoft Azureはそれぞれ、フレキシブルCUDとSavings Plansという形で、全く新しいコミットメントベースの割引プログラムを発表しました。さまざまな新たな割引プログラムがどのように機能するか、どのように追跡・最適化し運用するかを、分散している各チームに学ばせることに時間を費やすのは、効果的ではありません。

より安価な料金で実行したいと考えているクラウドリソースのすべてが、1つのチームのものとは限りません。大規模な企業では、数百から数千のクラウドリソースを必要とする複数のシステムやプロジェクトを実行しており、すべてのコミットメントを集中型のチームのもとでまとめて監視することで、適用範囲が拡大します。

1つのSPまたはCUDは複数のリソースに適用でき、AWSの場合は複数のアカウントに適用できるため、個々のチームに独自の料金低減プログラムを管理させると、全体の適用率が低下したり、1つの領域で適用しすぎたり、最終的には購入したコミットメントが無駄になってしまったりすることがよくあります。最大限の節約は、何が必要かを全体的に把握している集中型のチームによって管理されることで、達成されます。コミットメントベースの割引戦略について18章で説明するように、コミットメントを行う際には、リソースの種類以外にも考慮すべき点があります。

例えば、あるチームは日中のリソース使用量が多く、別のチームは夜間のリソース使用量が多いかもしれません。使用量に基づくと、各々のチームが個別にコミットメントを行うことはおそらく意味がありません。しかし全体的に見れば、24時間を通じて首尾一貫してリソースが稼働しています。集中型のチームは、予約をコミットする機会を特定し、両チームがリソースのために支払う料金を節約します。この動作は、位相がずれた2つの正弦波を利用して視覚化できます（図5-2を参照）。一方が減少するともう一方は増加し、時間の経過とともに、その領域は何らかの活動で大きく満たされます。

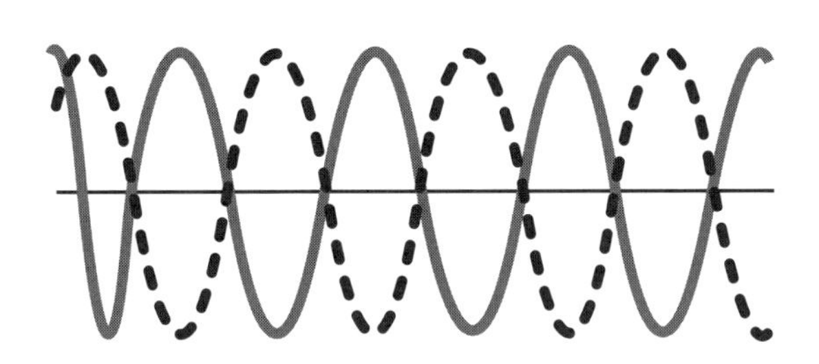

図5-2　位相ずれの重なり

FinOpsの成熟度がさらに進んだ段階になると、割引適用率を高く維持し、割引の未使用分を少なくするために、絶え間ない管理が必要になります。さらに、最初のコミットメントを正しく行うのは複雑な場合があります（私たちは、たった一度のコミットメントの間違いで数百万ドルが無駄になるのを目の当たりにしてきました）。FinOpsチームは、全体の適用範囲を最適化しながら、無駄の可能性を減らすのです。

5.13　なぜ使用量の削減を分散化すべきか

一方でFinOpsの別の原則は、「すべての人が自分のクラウド使用量に当事者意識を持つ」と述べています。料金の低減が戦略的に集中化されたのとともに、コスト回避（使用量の削減）は、組織内の全チームで推進される施策となります。企業規模で見ると、クラウドのコストは、企業が実行するサービスを支えるさまざまなチームやエンジニアによる、1日あたり何百から何千もの操作から構成される可能性があります。彼らは、イノベーションマシンの心臓部なのです。

彼らを機敏に動かし続けるためには、まず積極的に行動し、エンジニアリングチーム向けの手軽な教育プログラムを確立するところから始めましょう。設計段階からコスト効率について提唱し、エンジニアが無駄のない方法でクラウドを導入し、ワークロードの要求に応じてリソースを拡張する方法を説明します。例えば、スケーリングアーキテクチャとスポットインスタンスの効果的な活用、疎結合アーキテクチャ、サーバーレスやコンテナ、チームがデータの保存を開始する前からのデータ保持ポリシーの実装、リリース前からの変更コスト見積もりの考慮、リリースレビュー（プルリクエストおよび／または変更レビュー会議）における最適化のフラグ立て（Infrastructure as Codeで定義された旧世代のインスタンスの使用を見直すなど）があります。

インフラストラクチャの変更に関する決定を行うのは、多くの場合、分散型のチームが最適ですが、集中型のFinOpsチームが最適化データと考慮すべき推奨事項を各チームに提供し、検討してもらうのが一般的です。これは、FinOpsチームが使用量と使用効率のデータを収集し、ワークロードのニーズにより適したリソースの代替案を示すことにより実現します。理想的には、これらの推奨事項は閾値アラートにより（初期段階の実践の場合）またはJiraやServiceNowのようなチケッティングシステムを介して開発者のスプリントに（成熟段階の実践の場合）、定期的にプッシュされます。これらの推奨事項の主な基準については、15章でさらに詳しく説明します。

このモデルにより、リソースの用途や依存関係、リソース変更がサービスに悪影響を及ぼすビジネス上の理由の有無を理解しているリソースのオーナーが、推奨事項を実装する前にすべての推奨事項を確認する機会が確保されます。

FinOpsの実践者は、エンジニアリングチームに洞察とデータへのアクセスを与えることで、ほぼリアルタイムに最善の技術決定を下せるように支援します。彼らは、エンジニアリングチームがすでに追跡している他の指標と並んで、コスト指標として節約の可能性と支出への影響の両方を導入します。

5.14 本章の結論

クラウドの請求は複雑です。適切な粒度と範囲のデータへのアクセスの提供には、努力とトレードオフを伴います。しかしその複雑さこそが、何が支出の原動力となっているかを分析し、チームが最適化の意思決定を自ら行えるようにするための、大きな力を与えてくれるのです。FinOpsプラットフォームを使用して報告と分析を自動化する場合でも、得られた情報から適切な結論を導き出せるように、クラウド事業者のデータ形式を理解しておく必要があります。そして一貫したコスト指標と報告の仕組みについて、組織の標準化を目指します。これは、クラウド事業者との間で結ばれたカスタム料金、償却された前払い金、クラウド事業者が課金するサポートコストを考慮した償却料金になるかもしれません。この標準化がなければ、チームによって数字の見方が異なり、多くの混乱が生じることになります。

要約：

- 請求データはほとんどの場合時間に基づくため、稼働中のリソースが価値を提供し続けるように常に注意を払う必要がある。
- 請求データの詳細な分析は、その請求データを深く理解することによってのみ可能となる。未加工のデータについて学ぶことで、FinOpsの有能な実践者を目指す。
- クラウドの請求における小さな変化はすぐに積み上がっていく可能性がある。自動的な異常検知と差異に関する報告から変化を追跡し、何が上昇傾向にあるのかを特定する。
- クラウドの請求に関する単純な公式は「**支出 ＝ 使用量 × 料金**」である。これは請求を最適化するための2つの手段を提供する：より少なく使うこと、そして、使用した分に対してより少なく支払うこと。
- 使用量の削減（より少なく使うこと）を分散化し、料金の低減（使用した分に対してより少なく支払う）を集中化する。

- クラウド資産全体を把握する能力と、大規模なコミットメントポートフォリオを管理する複雑さにより、集中型のFinOpsチームは、コミットメントベースの割引をより適切に管理できる。
- 分散したアプリケーションのオーナーは、インフラストラクチャの変更を決定するのに最適な立場にある。そのため分散型のチームは、集中型のFinOpsチームにより提供される使用量の最適化に関するデータと推奨事項により、大きな力が与えられる。

私たちは、FinOpsの概要、なぜそれが必要なのか、どのような文化的転換が必要なのか、そして最後に、クラウドの請求がどのような洞察をもたらしてくれるのかを説明することで、基礎固めを行いました。次の章では、FinOpsフレームワークを取り上げます。フレームワークとは何か、それをどのように使うのか、各コンポーネントの構造について説明します。

6章 FinOpsの導入

FinOpsは終わりのないゲームです。つまり、FinOpsの上達に終わりはありません。そして、どこかでそれを始めなければなりません。

> 例えばサッカーやチェスのように有限のゲームでは、プレイヤーは既知で、ルールは固定で、終着点は明確である。勝者と敗者は容易に決まる。ビジネスや政治あるいは人生自体のように無限のゲームでは、プレイヤーは入れ替わり、ルールは変更可能で、定義された終着点はない。無限のゲームに勝者と敗者は存在せず、あるのは前進と後進のみである。
>
> ――Simon Sinek, *The Infinite Game*（Penguin UK, 2020）

FinOpsコミュニティの実践者から最もよく聞かれる質問は、「どうすれば経営層にFinOpsの導入を賛同してもらえるか？」、そして「どうすれば組織の成功に不可欠な関係者（ペルソナ）にFinOpsを導入してもらえるか？」です。

本章では、企業の技術と財務リーダーシップの側面から、適切な組織的支援を得るための一般的なアプローチについて説明します。組織的支援がなければ、FinOpsは受動的なミドルステージの成熟度（https://www.finops.org/framework/maturity-model/）で行き詰まり、組織内の他の優先事項との戦いから抜け出せなくなります。また、本章では、**FinOps推進者**のプロセス、すなわちプラクティスの必要性を認識し、それを組織内で提唱する人について説明します。

図6-1は、組織におけるプラクティスと文化の構築を支援するために、重要なペルソナと、達成すべきマイルストーンの概要を説明します。

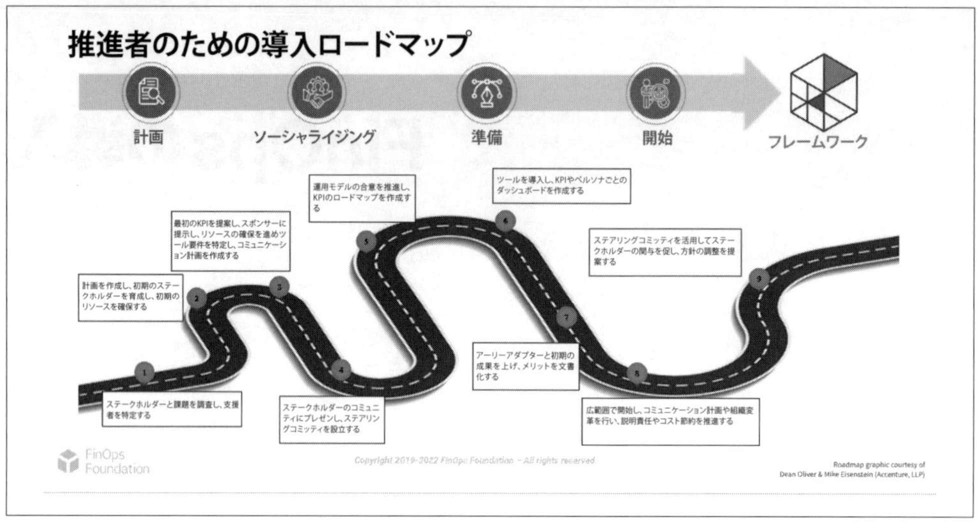

図6-1 FinOps導入ロードマップ（提供元：Mike EisensteinとDean Oliver［Accenture, LLP］）
https://www.finops.org/wg/adopting-finops/

6.1 告白

本書の第2版を執筆しているとき、共著者のMike Fullerが私にこう打ち明けました。「今にして思えば、初版の本を執筆したとき、私たち（Atlassian）は、FinOpsに真剣に取り組んでいなかった」。たしかに、FinOpsは彼の責任範囲の1つでした。大規模なクラウド移行やクラウドが成長していく数年間、彼はAtlassianのクラウド支出を管理したり、FinOpsのパターンについて考えてきました。しかし、それは彼のフルタイムの仕事ではありませんでした。

実際、それは社内で誰のフルタイムの仕事でもありませんでした。FinOpsの成果は、経営層で明確に定められた社内の目標ではありませんでした。一貫した目標設定はなく、最適化やプロセスに積極的に取り組むわけでもなく、簡単に実現できる成果に注力してしまっていました。Mikeは、何をすべきか、どのように達成すればよいかを知っていましたが、それは社内の最優先事項ではありませんでした。そのため、それで良しとされていました。社内は**情報に基づく意図的な無視**をしていました。つまり、他の優先事項、例えば、マイグレーションの完了や製品の提供速度の改善に集中することを意図的に決めていたのです。

それを最初に聞いたとき私は驚愕しました。2014年に初めて彼に会って以来、私はクラウドコスト管理におけるMikeの先進的な考え方について参考にしていましたが、彼は、控えめながらも自信に満ちた発想で、RI戦略やデータソースなどの多くの革新的な分野で、私の考え方に影響を与えてくれました。

しかし、考えてみると、Mike自身の（ひいてはAtlassianの）FinOps成熟への道のりについての

「告白」は、他の皆もまた同様に経験しているものだったのです。多くの場合、FinOpsプラクティスは初期段階で軽量なものから始まり、クラウド利用の拡大や時間経過によって、企業の目標とクラウド支出が関連するようになると、より本格的に取り組むようになります。Mikeは常にFinOpsに熱心でしたが、彼には別の本業がありました（当時、彼はAtlassianのCCoE内で働いていました）。そして、彼の会社は（他の会社も同様に）FinOpsのプラクティスを推進するために必要な機能や役割に投資することを決めるまでに時間がかかっていました。彼はFinOps推進者の典型的な例です。つまり、最初は個人的に強い意見を主張することから始めて、時間の経過とともに、優先順位を幅広く設定し、経営層がスポンサーになるような目標を設定し、会社にとって重要な存在となっていったのです。

この考え方を掘り下げるにつれ、FinOpsの成熟度には、一般的にいくつかのレベルがあることに気づきました。このことを本章の冒頭で整理しておくことは重要です。なぜなら、会社がどのレベルに属するかによって、リーダーシップへのプレゼンテーションの内容が大きく異なるからです。FinOpsを組織に提案する前に、あなたの会社がFinOpsの旅路のどこにいるのか、そして、最も優先度を上げて取り組む成果は何かを真剣に見極める必要があります。

FinOpsは費用の節約ではなく、クラウドへの投資についてデータに基づいた意思決定を行うことで収益を増やすことです。クラウドを活用して技術を変革し、より多くの収益を生み出すことではなく、できるだけ早く自社のデータセンターから脱却することが最優先事項であれば、ロングテールの最適化に注力することに賛同してもらえる可能性は低くなるでしょう。つまり、クラウドへの移行を加速させるためのサポートを主に受けることになるということです。

Atlassianは「情報に基づく意図的な無視」をしていましたが、何もしていなかったということではありません。彼らが重要だと判断したことを優先的に取り組み、その他については受動的に取り組んでいたということです。コスト配賦は説明責任の強化のために重要視し積極的に行っていましたが、コミットメントベースの割引やライトサイジングはより受動的となっていました。

しかし、あるときからMikeはこの受動的な活動から積極的な活動への転換が必要だと気づいたのです。

6.2 レベルごとに異なる経営層への説明

最大の成果を得るために、1章で議論したFinOps成熟度モデルを再び見てみましょう。初期段階では、達成しようとしている成果に基づいて、特定の説明を行う必要があります。そのために、あなたの組織がFinOps成熟度モデルのどこにいるのかを実際に評価する必要があります。

FinOps成熟度が低い段階では、支出のレビューや最適化をときどき行うなど、**FinOpsに隣接すること**をしているかもしれません。しかし、一連のライフサイクルの中でそれらを行っているわけではありません。また、フレームワーク（7章の中で取り上げられているFinOps Foundationフレームワーク）をケイパビリティとともに実施したり、プレイブックを採用しているわけでもありません。

Mikeは後に以下のように付け加えました。

> 当時の私たちは今のように構造化された方法でFinOpsを行っていませんでした。私たちはもっとアドホックな方法で何年も行っていました。FinOps成熟度の中間段階では、フレームワークのケイパビリティ領域すべてにゴールを設定し、それらのケイパビリティごとの目標と閾値を設定し、どのケイパビリティを改善することを目指したかを追跡し、活動の成果を報告するようになりました。

6.2.1 FinOps初期の提案

> 賢者が最初に行うことを愚者は最後に行う。
>
> ——Warren Buffett

FinOpsの導入を初めて提案する際に、答えてほしい質問があります。

なぜFinOpsを始めるべきなのか？

本書の最初のいくつかの章は、その理由を共有するために役に立ちます。

各経営層のペルソナにとってのメリットは何か？

各経営層は、それぞれ異なる視点を重視しています。FinOpsについて知見のある経営層がいると、彼らがFinOpsの活動を支援してくれることでしょう。本章の後半では、CEO、CFO、CTOなど、それぞれの経営層の課題、モチベーション、メリットについて紐解いていきます。

クラウドを導入することで、ビジネスにどのようなメリットがあり、組織がどのような成果を得られるのか？

（7章でカバーしている）FinOpsフレームワークの主な成果について考えてみてください。また、コスト配賦、最適化などのメリットのバランスを判断するために、クラウドの導入についてよく調べてみましょう。クラウド導入のゴールとして、どこに集中して活動するかを定めるために**鉄のトライアングル**というものがあります。それについては、14章、26章で議論します。

セキュリティ、GreenOps、持続可能性といった重要な活動をFinOpsはどのように支援できるか？

GreenOps（19章で解説）とFinOpsチームの間で、かなり重複が見られ始めています。それぞれのチームが、共通の基本的な目標を共有しています。持続可能性の目標をFinOpsに結び付けることは、資金調達の側面でも役立ちます。つまり、一石二鳥ということです。持続可能性とFinOpsがどのように交差するかについて詳細を理解するには、19章を参照してください。

なぜ既存の財務フレームワークでは課題を解決できないのか？

既存のIT財務フレームワークは、FinOpsと並行して運用され、異なるビジネス課題を解決します。FinOpsと並行して運用することのできる（またはできない）他のフレームワークについて理解するには、25章を参照してください。クラウドならではの大規模な支出データに対する変動性や粒度を扱うことに慣れておらず、従来のITフレームワークに慣れ親しんだ人々とやり取りをする際は、この質問に対する回答を持つことが重要です。

現時点では、初期段階であるため、組織内に必要なさまざまなケイパビリティを明確に説明することのできるFinOpsフレームワークはまだありません。その代わりに、コストと使用量を把握できているか、最適化の機会を特定できているか、といった質問に答えるため、ハイレベルな成果を説明する必要があります。

6.2.2 FinOps進行中の提案

FinOps進行中に提案する場合、FinOpsの成熟度をさらに高められるよう、提案に盛り込むべきことがあります。

出発点として良いのは、個々のFinOpsのケイパビリティにおいて、どの程度成功しているのかを測定することです。これによって、次に進むべき道を明確にした提案ができます。この段階の提案では、どの分野に集中的に投資をすれば成果を期待できるのかを見極めることが重要です。

表6-1の各ケイパビリティには、成功の指標と一連の成果があり、7章でより詳細に説明します。まずは、目標指標の達成に必要となる成果の出し方について説明することに専念しましょう。次に、目標を達成するためにビジネス要求を成果と結び付けます。例えば、次のようなものです。

- 他チームとの時間的なコミットメント
- 追加の費用や、前払いが必要な費用
- FinOpsチーム自体、または、組織の他のチームにおける人員追加

表6-1　既存の活動におけるケイパビリティごとのFinOps成熟度の簡易評価

ドメイン	ケイパビリティ	成熟度		
		初級	中級	上級
クラウド使用量とコストの理解	コスト配賦		現状	目標
	共有コストの管理	現状	目標	
パフォーマンス追跡とベンチマーク	予測		着手	
クラウド料金の最適化	コミットメントベースの割引の管理		現状	目標
クラウド使用量の最適化	リソースの活用と効率化			着手
リアルタイムな意思決定	ユニットコストの計測	着手		
組織的な連携	FinOps以外のフレームワークとの接点	現状		目標

FinOpsの追加投資として強調したい成果の例を、ケイパビリティごとにいくつか紹介しましょ

う。

コスト配賦

チームに正しく配分されるコストの割合を改善する。

予測

信頼性や予測可能性などを向上する。

ユニットコストの測定

製品が生み出すビジネス価値という指標を導入し、その指標を測定できるチームを特定し、レポーティングを通じて製品価値について議論する。

FinOps以外のフレームワークとの接点

組織内の他の財務プラクティスを管理するチームとFinOpsとの間で連携を図り、作業の重複を減らし、クラウド支出に関する報告の一貫性を向上させる。

予算管理

予測した予算内に収まる能力を改善する。エンジニアリングチームが、変更によるコストへの影響を積極的に予測し、重大な影響が予想される場合には、予算責任者にエスカレーションするような「シフトレフト」による先を見据えた予算管理を行う。

2022年のState of FinOpsのデータによると、初期段階のチームは通常1～3人であるのに対し、先進的な企業はFinOpsを組織内で支援するために13人以上の専任スタッフを持つ傾向にあることを示しています。最新の調査データは、FinOps Foundationのウェブサイトで見ることができます(http://data.finops.org/)。

Mikeの例に戻ると、最初の提案はコスト改善でした。しかし、段階が進むと、提案はすべてエンジニアリングの効率化に関するものになったのです。Mikeは「エンジニアを停滞させずにリリースの速度をいかに上げるか」という問いに答えようとしていました。エンジニアリングのコスト効率を改善することで、技術部門のリーダーが経費を削減し、追加のプロジェクトや人員に投資できるようになることを彼は知っていました。「今、FinOpsの活動に投資すれば、いずれより多くのエンジニアとともに革新的なことをする資金を得られます」と提案したわけです。

過剰な支出は技術チームの速度を制限することがあります。チームがお金を使いすぎると、機能開発を控えて、無駄なバックログ対応とも言えるコスト削減に集中せざるを得なくなります。チームは速度低下を防げるよう、早い段階からコストを意識した設計を念頭に置いて開発を進めることが理想です。これは消火活動に没頭するのとは対象的な、古典的なメンテナンスとKTLO (keep the lights on：明かりを絶やさない) というアプローチを指します。これにより、コストの浪費が大きくなりすぎてリリースできない状況を回避し、予測可能でスムーズなエンジニアのワークロードを可能にします。これは、FinOpsをさらに進めるための重要な概念です。

FinOpsは、組織内のさまざまな課題を浮き彫りにします。課題は多種多様です。場合によっては、ビジネスとして何に投資すべきか、という意思決定を左右するほどになる可能性もあります。表6-2は、異なるペルソナに提示するフォーカス領域の例をいくつか示しています。

表6-2 ペルソナごとのFinOpsが解決に導くフォーカス領域の例

ペルソナ	フォーカス領域
ビジネスリーダー	クラウドを活用して競争力を高める
エンジニアリング	コスト効率とリリース速度を向上しながらイノベーションを起こす
財務	コスト構造を理解し、適切に配分し、正確なコストを予測する

すべてのペルソナが、ある程度コスト削減に興味を持っていますが、それぞれの核となるモチベーションは異なります。最近ではFinOpsをゼロから始める企業は少なく、ほとんどの企業はすでにFinOpsの活動を行っています。したがって、現状、進むべき方向、そしてFinOpsの長い旅路のメリットを描く必要があります。

6.2.3 FinOpsチームを進めるための人員計画の例

表6-3は、CTOへ提案するFinOpsの人員計画の例です。さまざまな人員追加が含まれます。例えば、請求データと関連情報の投入／正規化を担うデータエンジニア、データを分析し組織向けのレポートを準備するアナリスト、サービスチーム内で使用量の最適化スキルを向上させるコストエンジニア、あらゆるFinOps関連サービスをつなげて組織にテンプレートを提供する自動化エンジニア、FinOpsチーム自体を管理するチームリードなどです。

表6-3 CTOに報告する採用計画の例

財務年度	データエンジニア	アナリスト	自動化エンジニア	チームリード	追加で必要な人員
FY22	2	1	1	1	
FY23	2	2	2	1	+2
FY24	3	3	2	2	+3
FY25	4	5	3	2	+4

FinOpsの提案には、必要な人員を追加することによって期待される成果を含める必要があります。例えば、「料金削減のためにX百万ドルのコミットメントが必要で、そのために新しい人員が3名必要になります。財務、エンジニアリングチーム、調達の3つのチームからの充当により、そのビジネス戦略を構築します」といった具合です。

雲の上から（RJ Hazra）

EquifaxのSVPおよびCFOテクノロジー担当のRJ Hazraは、自身のFinOps導入の中で、アプリケーションチームのフォーカスがコスト重視に変わった経緯を次のように語っています。「チームはワークロードの移行に忙しく、ビジネスに最も良い結果をもたらす方法を十分に検討していませんでした。私たちは、すでにコスト最適化されたプラットフォームで働いていたエンジニアを事業部門のチームに組み込み、チーム全員にFinOpsを実践する責任があることを示したことで、多くの成功を収めました。プレイブックを公開し、アーキテクチャ図を作成し、まずは私たちが設定したパターンに基づいて実践してもらい、その結果を評価しています。設定したパターンに従わない場合、私たちは説明を求めています。」

6.3 経営層のスポンサーへの提案

2022年のState of FinOpsのデータによると、多くのFinOpsチームの最終的なレポートラインはCIOやCTOのような技術執行役員となっています。技術担当のCFOや関連するハイブリットな役割のレポートラインになるケースも増えています。提案の最初の部分では、CTO（またはあなたの組織にとって適切なCxO）に対して、現状について説明します。この説明には、FinOpsフレームワークの主要なケイパビリティに沿った会社の成熟度の評価だけでなく、どのような報告で可視化が行われているかも含めます。上記を考慮するうえで、FinOps Foundationのウェブサイトで利用可能なオープンソースのFinOps評価から始めるのがお勧めです（https://www.finops.org/wg/finops-assessment/）。

最も重要なことは、FinOpsの活動が次の段階に進んだあと、社内の文化や取り組み方がどのように変わるかを示すことです。

提案で求められる質問：

- エンジニアの通常業務はどのように変わるか？
- 組織がどのような作業や決めごとを導入する必要があるか？
- エンジニアリングマネージャーはどのようにFinOpsについて考え始めればよいか？
- 組織はどのようにして適切なリソースを確保するか？
- 可視化を進めるにあたり、どのようなユニットエコノミクスやレポートを用いれば組織をドライブできるか？

具体的なシナリオを想定した質問：

- どのような割合でコスト回避を図るべきか：使用量の削減に焦点を当てるのか、それとも料金の削減に焦点を当てるのか？
- SPやCUDを適切に維持することに対して時間と人をさらに投入できるとしたら、どれだけ多くのSPやCUDを持つことができるか？
- コミットメントとリソースの利用をより効果的に管理できていたとしたら、昨年どれだけ多く節約できたか？
- 1年後に目覚ましい効率化を進めるために変更すべきことは何か？
- 全社的な目標、あるいは経営層のサポートがあれば、どれだけ使用量の削減ができるか？

提案には、それが会社にとって本当に意味のあることを含めるべきです。それは単純に、必要な金額や人員、節約できる金額についてだけではありません。多くの企業と同様に、Atlassianでは、FinOpsを導入することで、（テクノロジー企業にとって最も重要な資産である）エンジニアリングチームにどのような影響を与えるかを考えることがCTOにとって重要でした。

AtlassianのCTOに提案する前に、Mikeは関連するチームからフィードバックを得ることにしました。彼は、費用の配分や変動費の正確な予測に関して、財務部門が抱えている課題をインタビューしました。また、コストに関する可視化の現状や、コスト異常が発生したときにリーダーシップに報告するために何が必要なのかについて、エンジニアリングのサービスオーナーと話し合いました。会話を通じて、彼は自分が提案しているFinOpsの中心チームがどのように役立つかを考えたということです。

このような議論は、今後起こる変化に対するチームの準備にもなりました。サービスオーナーは、自分たちのコストを把握し、支出が変わったときの議論に備えることが求められます。また、彼はエンジニアの活動にデータを用いるという重要な戦略を社内に広め始めました（この概念の詳細については8章を参照）。より構造化されたFinOpsの目標とプラクティスを導入した後、エンジニアリングの各レベルが何をするかという期待値を設定し始めたのです。

Mikeの場合、資金はCTOから提供されていたので、議論の中心はエンジニアリングにとってのメリットについてでした。CFOに提案する際は、より適切な配賦、より正確な予測、予算目標に対する差分を低減することなど、より良いコスト報告に重点を置くべきです。これらは、より多くの労力をかければ改善できるでしょう。

6.4 経営層に応じた対応

組織にFinOps導入を提案する際には、経営層（エンジニアリングリーダーシップ、財務リーダーシップなど）のさまざまなペルソナに簡潔に説明し、FinOpsの実施と目標達成の承認／賛同を得て関わってもらう必要があります。

経営層のペルソナごとに、目標、懸念事項、主要メッセージ、および有用なKPIを以下に説明します。各経営層のペルソナのモチベーションを理解することで、FinOpsの推進者は、その価値をより効果的に説明できるようになり、合意を得るために必要な時間と労力を最小化できるでしょう。

6.5 FinOps推進者が影響を与えなければならない主要なペルソナ

図6-2は、FinOpsチームやFinOps推進者が、ステークホルダーの間でそれぞれの要求を解釈し、より密接に協力できるような橋渡し役になることを示しています。

図6-2 FinOps推進者とペルソナの相互作用

FinOps構築に関わる、さまざまなペルソナや役割について、全体像を把握するには、3章で各ペルソナのモチベーションを参照してください。以下のセクションの一部は、FinOpsワーキンググループにおけるFinOpsの導入から引用しています（https://www.finops.org/framework/persona/leadership/）。

6.5.1 CEO

FinOpsにおいて、CEOの目標はクラウドへの投資に見合ったビジネスの成果を得られるのかを見極めることです。例は、表6-4を参照。

表6-4 一般的なCEOとFinOpsの目標

目標	不満	主要な指標	FinOpsのメリット
・年次成長の加速 ・戦略的な競争優位 ・市場導入までの時間を短縮 ・市場をリードする革新的なソリューションをコスト効率よく提供	・予測不可能で混沌としたクラウド支出 ・エンジニアの取り組みとビジネス目標の関連性が不明確 ・クラウド投資に対するリターンが不明確	・収益成長 ・粗利益 ・売上原価 ・ユニットエコノミクス	・リスク管理 ・エンジニアリングの意思決定をビジネスの成果につなげる ・ビジネスの成長に伴いクラウド支出がどのように増加するかを予測する ・最適なクラウド投資ができるように組織を導く

6.5.2 CTO/CIO

CTO/CIOの目標は、技術を活用して、ビジネスに市場と競争上の優位性を与えることです。例は、表6-5を参照。

表6-5 一般的なCTO/CIOとFinOpsの目標

目標	不満	主要な指標	FinOpsのメリット
・年次成長の加速 ・戦略的な競争優位 ・市場投入までの時間を短縮 ・市場をリードする革新的なソリューションをコスト効率よく提供	・クラウド請求額を妥当だと考えるか、それとも削減させるべきかを判断するプレッシャー ・制約のない支出 ・エンジニアの不満 ・ビジネス継続性 ・信頼性	・収益成長 ・粗利益 ・売上原価 ・ユニットエコノミクス ・新機能／製品の市場投入までの時間 ・エンジニアリングの生産性 ・研究開発費とプロダクション支出の追跡 ・予算内の運用を維持	・ビジネスの成長に伴いクラウド支出がどのように増加するかを予測する ・最適なクラウド投資ができるように組織を導く ・エンジニアリング組織がより自由に新しいクラウド技術を活用し、より迅速に市場にソリューションを提供することを可能にする

6.5.3 CFO

CFOの目標は、コスト報告や予測に関する精度を高めることです。例は、表6-6を参照。

表6-6 一般的なCFOおよびFinOpsの目標

目標	不満	主要な指標	FinOpsのメリット
・コストの可視性、粒度、および正確性 ・ユニットコストや売上原価の削減 ・ビジネス成長期におけるコスト管理、横ばい／衰退期における不釣り合いなコストの削減	・予測不可能で混沌としたクラウド支出 ・クラウド投資に対するリターンが不明確 ・コストの変動とイノベーションが予算サイクルに合致しない	・収益成長 ・粗利益 ・売上原価 ・ユニットエコノミクス ・予測可能性	・クラウドコストに対する説明責任の強化 ・予算および予測モデルの信頼向上 ・会社の最終利益への直接的な影響

6.5.4 エンジニアリード

エンジニアリードの目標は、イノベーションを促進しながら納期を早め、コスト効率も上げることです。例は、表6-7を参照。

表6-7 一般的なエンジニアリングリードの目標

目標	不満	主要な指標	FinOpsのメリット
・アプリケーションやサービスのエンジニアリングチームの説明責任を促進 ・コスト異常の特定や、ベストプラクティスを共有することで、エンジニアリングチームがコスト効率の良いアプリケーションやサービスを提供するための指針を提供 ・エンジニアリングチームと協力して、料金低減やコスト回避の可能性を特定 ・コスト配賦	・仕事量が増加し続けるエンジニアたちの不満 ・長いデリバリーライフサイクル ・予算への影響を予測できない ・サービスまたはアプリケーションのオーナーシップを特定することが難しい ・新機能や製品の開発にかかるコストを十分に予測できない	・インフラコスト別の収益 ・デプロイされたサービスおよびサービス使用率ごとのコスト ・事業へのITコストのショーバックとチャージバック	・クラウドコストへの可視性の向上 ・クラウドコストとユニットエコノミクスとの関連性 ・クラウド利用に対する説明責任の強化 ・効率を考慮した堅牢なアーキテクチャへのインセンティブ

6.6 FinOpsの導入を促進するためのロードマップ

FinOps Foundationは、FinOpsプラクティス構築のメリットを他のチーム、チームメイト、ステークホルダーに伝えるためのプレゼンテーション作成ガイドを提供しています。ガイドには、準備のステップ、役割やペルソナごとの説明責任と期待、詳細なロードマップが含まれています。

以下の各ステージは、FinOps FoundationのFinOpsの導入ワーキンググループのアウトプットに基づくもので、以下のメンバーが中心に関わったものです。Mike Eisenstein（Accenture）、Idaliz Baez（RealOps.io）、Natalie Daley（HSBC）、Rejane Leite（Flexera）、Mike Bradbury（JunoCX）、

Tracy Roesler (dbt Labs)、Bailey Caldwell (McKinsey)、Rich Gibbons (ITAM Review)、Erik Peterson (CloudZero)、Nick Grab (Ellix GmbH)、Anthony Johnson (Box)、Kim Wier (Target)、Melvin Brown II (US government)、Mandy van Os (TechNative)。

6.6.1 ステージ1：FinOpsの計画

本章の冒頭で述べたように、FinOpsは無限のゲームです。終わりはありません。できるだけ早く着手し、ビジネスにとって最も重要なケイパビリティの成熟に向けて一歩を踏み出すことが重要です。この段階の目標は、組織におけるFinOps改革に向けた適切な計画を立てることであり、利用可能なリソースの活用や重点目標の設定などが含まれます。

6.6.1.1 調査の実施

組織内の適切なステークホルダーを探しましょう。組織にFinOpsを導入するにあたり、シニアレベルのスポンサーシップや支援者が必要になります。手順を以下に示します。

- 支援者／支持者／経営層のスポンサーとなり得る人物を調査し、カスタマイズされたFinOps導入デッキや、対象を絞ったインタビュー質問を使って、彼らと1対1の会話をして、FinOps導入戦略を決める。
- 会話の中で組織が抱える課題を調査する。例えば、クラウドコストによるビジネス影響、コスト超過の一般的な認識、クラウド利用者によるコストの可視性の欠如など。
- 会話の中で影響を受けるグループ、チーム、個人を調査する。誰が課題の影響を受けるか？

6.6.1.2 計画の作成

未来の状態を描きます。これはビジネスに訴えるべきものでなければなりません（クラウド技術の評価によるビジネス加速、ユニットエコノミクスの改善など）。手順を以下に示します。

- ツールの要件を特定する。すでにあるツールが計画のニーズを満たすかどうかを判断する。
- FinOpsの本部となる組織を特定する。それは、CCoEであったり、財務であったり、あるいはITであったりさまざまである。組織構造の複雑さにもよるが、FinOps専門チームの設立には、段階的なアプローチが必要かもしれない。組織によっては（1）部門横断の変革プログラムオフィスを設立し、ワークストリーム／ワーキンググループを作成する、（2）クラウドビジネスオフィス／CCoEの一部としてFinOps機能を組成する、（3）クラウドFinOps専門チームへと発展する。
- エバンジェリストとなるアーリーアダプター候補のチームを特定する。
- FinOpsの機能を測定するためのKPIを定め、事業部門やアプリケーションチームのようなステークホルダーのエンゲージメントやパフォーマンスを測定する方法を特定する。KPIは暫定的なものであり、ステージ2で進化するが、はじめに一連のKPIセットを持つことは重要である。

- ステージ2で使うコミュニケーションプランを準備する。

雲の上から（Jason Rhoades）

IntuitのJason Rhoadesは、経営層からの投資を増やすために、早い段階で大きな成果を上げることの重要性について以下のように述べました。

> もちろん企業の状況にもよるとは思いますが、Intuitの場合は、FinOpsで成果をあげたことで、次のFinOpsの追加投資へとつなげています。一部の経営陣にとって、FinOpsは理論として難しいかもしれません。CTOはFinOpsを単なる技術的な取り組みと見なし、CFOは単なる財務的な取り組みと見なすことがあります。「新しいFinOpsの先行的な取り組みによって、先月X百万ドルの節約に成功し、まだY百万ドルの余力を残すことができました」といった説明や、「FinOpsへ投資をすることで、クラウドコストが高騰した根本的な原因が特定のチームによる行動だと突き止め、防ぐことができるようになります」というような説明は、経営層にとって長期的にFinOpsを実践することでもたらされる具体的な価値について把握しやすくなります。上層部は、潜在的な可能性を語っているだけよりも、すでに実証済みで、数値化された成功を示した取り組みを支持する可能性がはるかに高いです。価値を証明すれば、後ろ盾が得られるということです。FinOpsの詳細に焦点を当てすぎるのではなく、むしろFinOpsがビジネスに何をもたらすことができるかをストーリーとして伝えるべきです。

6.6.1.3 支持を集める

関係を築いた支援者を集め、FinOpsを導入することが重要な理由を説明します。

- 現状について、主要な課題、その他の課題を明確にする。
- 脅威となり得る事象を特定し、行動を起こさなかった場合に起こり得るシナリオを提供する。
- 組織にとってFinOpsが成熟するとは、どのようなものかを示す。
- 活用すべき、または、活用できる可能性のある機会を検討する。
- 計画を遂行するためのロードマップを提示する。
  - 経営層の支援者からフィードバックを得て、必要に応じて調整する。
  - 初期チームのサイズ、予算、立ち上げフェーズのタイムラインを含める。

 – バリュープロポジションを含める（例：FinOps機能を持つことによるコストと、現状のクラウドの超過支出のROI）。
- 他のステークホルダー、支援者、事業部門のリーダーなど、プロジェクトに馴染みのない人々にプレゼンテーションをする。

6.6.1.4 初期リソースの確保

FinOpsの成功には、関連するスキルセットと専門性を持つリソースの確保が必要です。

- 既存のスポンサーに他の経営層にもスポンサーになってもらえるよう支援を仰ぐ。
- 組織に真の影響力のある人々とステークホルダーとで構成された変革組織を形成する。
- 人員の予算承認を得る。
- 必要に応じて、ネイティブ、サードパーティー、または自社開発のツールを選定する。

6.6.2 ステージ2：FinOps導入に向けたソーシャライジング

FinOpsは、組織全体のさまざまなチームやペルソナから賛同を得ながら進める文化変革です。そのため、FinOpsの実践を奨励するためのコミュニケーションとフィードバックループが鍵となります。このステージの目標は、ステージ1で作成したFinOpsの計画を関連するすべてのステークホルダーに周知することです。以下のFinOpsピッチデッキは、FinOpsを明確にわかりやすく素早く伝えるのに役に立ちます。

6.6.2.1 価値を伝える

主要なステークホルダーが組織内でFinOpsをどのように促進するかを検討します。

- 変革の中心となる価値を伝える。
- 将来の組織がどのような状態かを簡潔にまとめて共有する。
- ハイレベルのロードマップを共有する。
- FinOps Foundationのウェブサイトにある「What Is FinOps」ピッチデッキ（https://www.finops.org/introduction/what-is-finops/）は、良い出発点となるが、自身の組織に合わせてカスタマイズする必要がある。

6.6.2.2 チームからのフィードバックを集める

財務責任者、製品責任者、リードエンジニアなど、影響を受けるチームとFinOpsに関する対話を行います。

- FinOpsとは何かを理解してもらう。

- 彼らの問題を理解し、FinOpsがどのように彼らを支援できるかを説明／教育する。
- 提案されたKPIについて議論し、フィードバックに応じて調整する。
- FinOpsと主要パートナー（IT部門、財務部門、アプリチーム）との間のコミュニケーションモデルを確立する。
- CCoEや執行委員会との交流を通して将来のメンバーを特定する。

6.6.2.3 初期のFinOpsモデルを定義する

モデルには、リソース、運用モデル、部門横断的なやり取りのパターン、および進捗を報告するためのKPIが含まれるべきです。

- 組織に応じてFinOpsモデル（inform［可視化］、optimize［最適化］、operate［実行］）をカスタマイズする。
- 既存の役割または個人の活動と重複がある場合、内部異動でFinOpsチームを組成し、足りない部分を採用や業務契約によって埋め合わせる。
- 組織全体のFinOpsの変革活動網（スポンサー、インフルエンサー、アダプター）を構築する。影響を受けるリソースをすべてカバーできるよう、明確なトレーニングとコミュニケーション戦略を策定する。
- 本章で後述する、非常に大きな組織でFinOpsをスケールするためのハブアンドスポークモデルを構築する。
- KPIロードマップ：最初のKPI群やレポート方法を確定し、将来的なKPI群やレポート方法も計画する。

6.6.3 ステージ3：FinOpsのための組織の準備

ステージ2が完了し、文化変革のための支援を集めたら、ビジネスのさまざまな部分を評価し、関与させる作業に移ります。このステージの目標は、組織でFinOpsフライホイール（歯車）を始動し、FinOpsフレームワークのさまざまなケイパビリティやドメインを組織全体にわたって醸成することです。

6.6.3.1 FinOpsの準備状況を評価する

FinOpsの主要なケイパビリティにおける組織の成熟度を評価するには、通常、以下の項目が含まれます。

- タグ付け、メタデータ、組織の分類法を定義する。
- ツールの導入、設定、スモークテストを行う。
- 最初のKPIを確定する。KPIやビジネス導入の指標を「FinOpsの導入期間」を経て進化することで、FinOpsを一気に成熟するのではなく、段階的に成熟するという考え方を養うことができる。また、成熟度の低いチームや経営層も「尻込み」することなく、段階的に実行できる。

- アラートとレポートのため、使用量と支出の閾値を定義する。
- ペルソナごとのセルフサービスダッシュボードを定義し、準備する。ダッシュボードは、初期のKPI、コスト配賦、予算の異常、最適化のリコメンデーション、その他ステークホルダーが関心を持つ指標を示すものでなければならない。
- ユニットコストの計算を含む予測モデルを準備する。この時点では、おそらくスプレッドシートで実現することになる。

6.6.3.2 ステークホルダーを関与させる

この段階で、FinOpsを実施するための継続的な計画とプロセスを始める準備が整いました。

- 事業部のコミットメントレベルの要求度合いを決める（エンタープライズディスカウント交渉のための総コスト、RI/SP/CUDなど）。
- アーリーアダプターチームを巻き込んで、最適化の成果を得る（例えば、使われなくなったテスト環境やインスタンスをシャットダウンして節約する）。これらは、組織を巻き込み、水平展開し、さらなる成果を得るために重要である。
- FinOpsを導入するために、早期にガバナンスによる成果を得る（例えば、タグ付けポリシー、リソース調達管理の自動化など）。
- 定期的なミーティングを始める。FinOps/CCoEチームは、事業部門、アプリチーム、実践者、およびステークホルダーと定期的に話し合い、ベストプラクティスの導入やKPIを追跡する。

複数の事業部門が、横断的にクラウドを運用している場合、事業部門はそれぞれ異なるFinOps成熟度レベル（https://www.finops.org/framework/maturity-model/）であることを念頭に置きましょう。チェンジマネジメントでは、この点を考慮し、それぞれのペースに合わせた導入を可能にすることが重要です。

おめでとうございます！ これでFinOpsを実践する準備が整いました！

雲の上から（風間 勇志）

メルカリのPlatform Engineering Manager、風間 勇志は、FinOpsを組織で立ち上げた経緯について以下のように語っています。

> メルカリグループは創業当時からパブリッククラウドを活用し、フリマアプリをはじめとする多様なサービスを提供してきました。しかし、事業の急成長に伴いクラウドコストも増大し、

ビジネス成長率を上回るペースでコストが増加するという課題に直面しました。そこで、2022年7月よりグループ全体でFinOpsへの本格的な取り組みを開始しました。

私はCTOをはじめとする経営層の支援を受け、グループ横断でFinOpsプロジェクトを推進しました。初期段階では「コストの見える化」に注力し、各グループのコスト発生状況を明確化しました。続いて「目標設定」を行い、具体的なコスト最適化目標を設定することで関係者間の意識統一を図りました。さらに「定期的なレポート」を作成・共有することで、経営層やエンジニアチームに現状と課題を可視化し、最適化の進捗状況を把握できるようにしました。並行して、社内ハッカソンでのFinOpsアワード導入などを通じ「コスト意識の啓発」にも取り組みました。

これらの活動は大きな成果を上げ、クラウドコストの大幅な最適化を実現しました。この成功をもとに、FinOpsを組織文化として定着させるため、2023年7月にはFinOps専任チームを設立しました。このチームはFinOpsのベストプラクティスを組織に浸透させ、カルチャーシフトを推進する役割を担っています。現在では、メルカリのエンジニアにとって「FinOps」は日常的な言葉となり、自主的なコスト最適化活動が活発化し、クラウドコストに対するアカウンタビリティが着実に高まっています。

6.7 組織アライメントの種類

通常、FinOpsプラクティスのチームは、集中型、分散型、ハブアンドスポーク型の3つのタイプがあります。

集中型のFinOpsチームは、CIO、CFO、またはCTOに連携し、サービスを提供します。CCoEが存在する組織では、FinOpsチームはその一部となるかもしれませんが、存在しない場合は新たに組織を作る必要があります。クラウドを利用する事業部門は、このFinOps専門チームと連携してFinOps活動を共同で行います。FinOps専門チームは、コミットメントベースの割引管理など、集中化することでメリットが大きいケイパビリティを扱います。

長所

権威、専門知識、規模の経済

短所

多くのステークホルダー、啓蒙と教育が鍵、説得には経営層の賛同が必要

分散型のFinOpsチームは、特定の事業部門と連携し、その事業部門の最善の利益のために活動します。クラウドに多額の費用を投じている事業部門には、それぞれグループ内に専任のFinOps担当者がいますが、組織全体でベストプラクティスや定型業務を推進する包括的な中央チームはありま

せん。

長所
: 非常にアジャイルであり、エンジニアリングチームに組み込まれている

短所
: 集中化によるレート最大化のメリットを得ることができない、重複した活動による機会損失、貴重な人材を失ってしまうリスク

FinOpsを行うべきだという組織の認識があるものの、正式な集中型のチームを立ち上げるほどの経営層の賛同が得られていない場合に、分散型のチームを採用します。ほとんどの組織にとって、経営層から賛同を得られない状態は、プラクティスの始まりにおける一時的なものでしょう。

ハブアンドスポークチームは、集中型と分散型の両方を組み合わせることができます。

長所
: 主要な事業部門ごとのスポーク（組織）に専用のFinOpsリソースを組み込み、中央のハブとなるFinOpsチームは料金効率の最大化や、より多くのスポーク（組織）の立ち上げに注力する

短所
: より多くの投資、トレーニング、各スポークで適切な人材の採用が必要

2022年のFinOps Xカンファレンス（https://x.finops.org/）で話題となった、Fidelity Investmentsには、長期的な実践に基づいて確立されたハブアンドスポークモデルのFinOpsチームがあります。中央のチームがコミットメントを管理し、各チームから共有される予測などのケイパビリティを取りまとめる一方で、各主要事業部門にはそれぞれの事業部門から資金提供を受けている専任のFinOps専門家が組み込まれています。

6.8 フルタイム、パートタイム、片手間の時間：リソースに関するメモ

FinOpsチームのリソースは最終的にFinOpsに完全に専念することになるはずですが、多くの場合、片手間の時間を使って始めることになります。2つのモデルの組み合わせも一般的です。専任のFinOpsリードがいて、そのリードが財務やエンジニアリングのパートナーに対してレポートラインを持ちます。

最初は、中心となるプラクティスの一部を開始、加速、あるいは運用するために、外部の請負業者やコンサルタントを検討することを恐れないでください。FinOpsに精通した優秀な人材の採用は非常に難しいです。ときには、コンサルタントが最良の選択肢となります。FinOps Foundationには、FinOps認定サービスプロバイダー（https://www.finops.org/about/members/）のリストがあり

ます。

多くの場合、専任ではないバーチャルなFinOpsチームでも、FinOpsを始めることができます。そのようなチームで、クラウド費用の把握や最大のコストドライバーの特定といった基本的なケイパビリティを構築し始めることができます。それがうまくいくと、その成功が専任リソースの資金提供の提案に使えます。小さく始めて、成果を求め、それを広く宣伝しましょう。

MikeがAtlassianに勤務してたときに発見したように、支出を最適化することの価値を実感するためにはコストについて理解を深める必要があることを知っていても、これを本当の意味で理解することができたのは、専任チームを拡大し影響力が大きくなったときでした。これは、見通しではなく、実例に基づいた確かなデータの裏付けによるものでした。FinOpsの人員の魅力は、通常、それだけで元が取れるということです。経営層に、「5人のリソースを確保することで、その分の成果を出します」と言えることはめったにありません。

ところが、もし提案が却下され、チームへの資金援助が得られなかったらどうなるでしょうか？そんなときこそ、なぜ提案が却下されたのか改めて理由を考えることのできる機会と捉えましょう。いわゆる「**お金持ち症候群**」のように、経営層はすべての費用をかけてでもクラウドへの移行を最優先として進めることを望んでいるのかもしれません。その場合、ビジネスの準備が整うまで、「**情報に基づく意図的な無視**」だと認識し、さまざまなステークホルダーに可視化を始める必要があるかもしれません。エンジニアにコストの最適化を強制しようとしてはいけません。コスト配賦の準備、クラウドネイティブツールを活用したデータの探索など、専任チームなしで始められる基本的なケイパビリティを特定しましょう。

早い段階で成果をあげる方法として、17章で議論するコミットメントベースの割引を活用することで、素早くコスト最適化を実践できます。このような割引は、大部分がエンジニアリングチームにとって透明性が高く行われるため、エンジニアリングチームはより優先順位の高い取り組みに集中できます。

6.9 ゼロから設計された複雑なシステムは決して機能しない

自身の提案を作り上げる前に、以下について考えてみてください。

> 機能する複雑なシステムは、常に機能した単純なシステムから進化したものです。ゼロから設計した複雑なシステムは、決して機能しませんし、機能するようにパッチを当てるようなこともできません。そうなると、単純に機能するシステムからやり直さなければなりません。
>
> ——John Gall, *Systemantics: How Systems Work and Especially How They Fail* (Quadrangle, 1977)[*1]

*1 訳注：邦訳は『発想の法則― 物事はなぜうまくいかないか』（ジョン・ゴール 著／糸川 英夫 監訳、ダイヤモンド社刊、1978年）。

計画を過度に複雑にすると、成功する可能性は低くなります。FinOpsの導入計画では、FinOpsを開始または拡大するためにビジネスが取るべきステップと、プラクティスを開始することによるメリットをシンプルに説明すべきです。

シンプルを心がけてください。実現不可能なことや過剰なことはしないでください。最も重要なことから優先的に取り込みましょう。まずは、主要なステークホルダーを特定し、すでに持っているスキルセットを把握し、現状と目標とのギャップを見極め、達成可能な範囲の目標を定義し、コスト配賦の戦略を練り始めましょう。

また、組織に本当の意味での文化変革をもたらすには、何年もかかるということをあらかじめ念頭に置いておきましょう。FinOpsは段階的に成長する必要があります。クラウドの価値を効果的に管理するために、必要なチームとプロセスの理解が深まるにつれて、時間をかけて成熟する必要があるということです。

人間の免疫システムのように、FinOpsのプラクティスは、完全な形で生まれるわけではありません。困難に対応できるようにするには、絶えず変化する状況に適応するためのパターン、習慣、適切な対応を経験的に学んでいく必要があります。

6.10　本章の結論

FinOpsを組織に導入するには、入念な計画、経営層のモチベーションの理解、組織の機能に関する多くの調査が必要です。

要約：

- 高度なFinOpsプラクティスを実現するためには、現状の評価（理解）、組織にFinOpsを定着させるための計画、および特定のケイパビリティとその結果による成果を加速するために必要となる追加投資が提案に含まれているべきである。
- 初期のFinOpsのプラクティスでは、複雑すぎる計画を立てないようにすること。小さく始めて、成果をあげつつ、時間をかけて反復すること。
- 経営層によって、FinOpsプラクティスに求める成果は異なる。各経営層に提案する前に、それぞれのモチベーションを理解するよう心がけること。
- FinOpsプラクティスを始めるための提案では、慎重な投資によって達成できる簡単に実現できる成果に焦点を当てるべきである。
- さまざまなステークホルダーを巻き込むために、あらゆる段階で非常に密なコミュニケーションをとり、FinOpsの取り組みを周知（社内共有や水平展開など）することを忘れないこと。

FinOpsプラクティスを構築するということは合意形成をすることだということを、改めて理解しましょう。関係者の賛同を得ながら、長期的にプロセスを変更する必要があります。次の章では、FinOpsフレームワークについて説明します。フレームワークで用意されているケイパビリティメニューの中からあなたの状況に合わせた適切なアプローチを取ることで、FinOpsプラクティスを次のレベルまで引き上げます。

7章

FinOps Foundation フレームワーク

FinOps Foundationフレームワーク（https://www.finops.org/framework/）は、常に進化し続けるFinOpsの考え方をまとめたものです。組織のクラウドの成熟度や複雑さに合わせて、FinOpsの実践に活用できます。本章では、フレームワークがどんなものか、フレームワークをどのようにFinOpsで活用するのかについて紹介します。さらに、本章ではフレームワークの構造を説明し、ガイド、アセスメント、プレイブックなどの関連要素を使って、組織のFinOps状況に応じたフレームワークの導入方法を解説します。

フレームワークを取り入れることで、車輪の再発明を避け、長年培ってきた既存の知識体系を素早く再活用できます。フレームワークには、コスト配賦（メタデータや階層構造）やFinOps文化の確立など、FinOps全体に関わる要素もあれば、共有コストの管理やIT資産管理の統合など、特定の場面でのみ関わる要素もあります。

フレームワークでは、原則、ペルソナ、成熟度ごとの特徴、FinOpsの実践を成功へと導くために必要な活動や成果指標をまとめた主要なケイパビリティについて概説しています。FinOpsフレームワークに貢献しているのは、FinOps Foundationの実践者コミュニティ、クラウドサービス事業者、およびパートナーメンバーの方々です。本書に書かれている内容はすべてこのフレームワークに関連付けることができます。

クラウドを導入するすべての組織は、クラウドコストを管理する仕組みを作る必要があります。このフレームワークは、クラウドコスト管理のベストプラクティスに従った、FinOps実践のための運用モデルを提供します。

フレームワークを使いFinOpsの活動を構造化することで、FinOpsのすべての領域に焦点を合わせ続けながらも、今まで見落としていた要素に気づくことができます。これにより、組織が成長する中で新しい未知の落とし穴に陥ることなく、目標を早期に達成できるようになります。

フレームワークは、組織内でFinOpsを担当するすべての人々のコミュニケーションを改善するための仕組みとしても機能します。フレームワークは、FinOpsアセスメント（https://www.finops.org/wg/finops-assessment/）のような導入の基礎を形成し、組織の成熟度に関する共通の評価に基づいて、主要なステークホルダーの状態を評価／調整するのに役立ちます。

7.1 実践のための運用モデル

フレームワークをFinOps実践のための運用モデルとして考えてみましょう。FinOpsの実践は組織によって異なるため、フレームワークは特定の順序で完了することを想定したタスクのリストではありません。むしろ、フレームワークは必要に応じて選択できるようにFinOpsの実践で使用する活動の包括的なリストになっています。

ガーデニングを想像してみてください。ガーデニングでは、毎日、観察して、最も価値のある作業を決めます。植栽、剪定、水やり、肥料、根覆いなど、ありとあらゆることをするでしょう。ガーデニングで必要なスキルを向上するためのガイドはたくさんあります。庭は成長し、常に求めるものが変化します。世界一の庭を作るには、単に根覆いさえすればよいというものではありません。毎日同じことをしているだけでは、その時々の庭に最も適した調整はできないと思います。日々の活動を庭が求めているものに合わせて調整し、植えている植物や庭の状態、気候の種類、季節ごとの降水量、土壌の変化、その他の変化要因に基づいて能力（ケイパビリティ）を追加／成熟させるような、**運用モデル**やフィードバックループを開発する必要があります。

FinOpsの実践においても同様で、常に良い結果をもたらすような単純なタスクのリストは存在しません。FinOpsフレームワークが存在する理由は、FinOpsにはどのようなケイパビリティがあり、それぞれのケイパビリティを各組織でどのように活用すべきかの基本構造を理解しやすくするためです。これにより、組織の状況に合ったケイパビリティと実践の詳細を選択できるようになります。

7.2 フレームワークモデル

図7-1は、FinOps Foundationフレームワークの主要な構成要素の概要を示しています。本節では、フレームワークの各要素（原則、ペルソナ、成熟度、フェーズ）について簡単に説明します。そして、次の節では、フレームワークの主要な構成要素であるドメインとケイパビリティについて説明します。

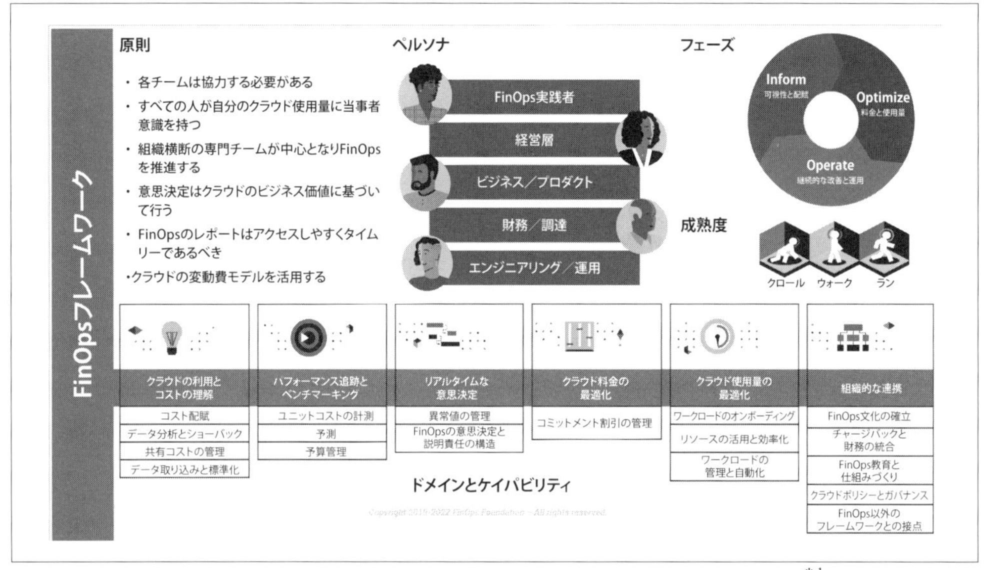

図7-1 FinOps Foundationフレームワーク2022年度版ポスター（オンラインで入手可能）[*1]

7.2.1 原則（Principles）

フレームワークは、1章で紹介したFinOpsの原則を含んでいます。FinOpsの実践で行う活動はすべてこの原則と一致していなければなりません。ドメイン、ケイパビリティ、ペルソナ、フェーズといった構成要素は、いずれもこの原則が支持する価値を強化するためのものです。FinOpsフレームワークを拡張し組織に合わせて構成要素をカスタマイズする際には、常にこの原則を念頭に置き、実践における一貫性を保つようにしてください。

7.2.2 ペルソナ（Personas）

FinOpsの実践者はフレームワークのすべての側面に関与する必要がありますが、FinOpsに関わるすべてのペルソナにとってもフレームワークの構造を理解することでさまざまなメリットがあります。ビジネスリーダーは、自分たちのドメインの成果を理解することや、自分たちの疑問を解決し目標を達成するにはどの分野に投資すればよいのか、ということに関心があると思います。エンジニアリングチームは、自分たちのタスクが特定のケイパビリティにどのように貢献しているのかを知る必要があり、フレームワークはエンジニアの努力の結果に意味を与えます。フレームワーク

*1 訳注：この図は、原書が出版された2022年のフレームワークを示しています。そのため、一部の内容が最新のフレームワークとは異なっています。最新のフレームワークについては、FinOps Foundationのウェブサイトをご確認ください。
https://www.finops.org/framework/

内の用語を活用することで、一貫したFinOpsの共通言語の利用を促進し、各ペルソナが果たすべき役割の理解を深めるのに役立ちます。

7.2.3 成熟度（Maturity）

フレームワークは、FinOpsの成熟度レベルに関係なく利用可能です。組織が成熟するにつれて、時間をかけてより多くのケイパビリティを組織に導入し、成果指標に対してさらに高い目標を設定することになります。ケイパビリティごとに成熟度のレベルは異なります。

フレームワーク内の各ケイパビリティには、成熟度を判断するための評価基準があります。すぐに取り組む予定のケイパビリティだけでなく、着手時期を遅らせる予定のケイパビリティについても把握するようにしましょう。ケイパビリティのリストは、盲目的に従うことを目指した機械的な作業手順のようなものではありません。各ケイパビリティの成熟には時間がかかります。組織が成長する段階で求められるものに応じて、継続的な反復が必要となります。すべてのケイパビリティで上級レベルの成熟度を目標にするのではなく、それぞれのケイパビリティで、組織の要求に応じた成熟度になることが目標です。望ましい成果を達成するには、どのドメインが役立つかを評価し、次にそのドメインの中でどのケイパビリティの改善が必要かを評価する必要があります。

共有コストは、FinOpsの早い段階で時間をかけすぎてしまう可能性のあるケイパビリティの例です。1つのクラウドリソースやサービスを複数のチームが利用する場合によく起こります。独自のデータ解析やツールによって詳細な共有モデルを導入し、リアルタイムの使用状況に応じてコストを再配賦することは可能ですが、そのようなものは必ずしも必要ではありません。この分野のツールやベストプラクティスはここ数年で大きく改善しましたが、合意された固定割合（例えば、いくつかの共有コストを合意された割合に基づいて分割するなど）で配賦する方法が現時点で十分かどうかを評価する必要があります。シンプルな配賦方法であれば、より成熟した動的な共有コストの配賦による複雑さを避け、FinOpsの早い段階におけるビジネスニーズを満たしやすくなるでしょう。

7.2.4 フェーズ（Phases）

9章は、FinOpsのライフサイクルと、FinOpsライフサイクルの3つのフェーズ（inform、optimize、operate）をカバーしています。フェーズは、各ケイパビリティの活動を一貫した順序で整理するのに役立ちます。フェーズを意識しFinOpsの成熟度の向上とともに継続的な改善を行うことで、反復的かつ循環的な方法でFinOpsに取り組むことの重要性を再認識できます。

7.3 ドメインとケイパビリティ

FinOpsフレームワークでは、FinOpsの原則の概念を遂行するために、ドメインとケイパビリティの集合を活用しています。

ハイレベルなドメインには、ビジネスにとって望ましい一連の成果群を含んでいます。ドメインとそれに関連する成果は時間の経過とともに変わる可能性があるため、FinOps Foundationのウェブサイト（https://www.finops.org/framework/）でフレームワークを参照することを推奨します。表7-1は、原書の出版時点におけるドメインのリストと主要な成果をまとめたものです。

表7-1　フレームワークのドメインと主要な成果[*2]

ドメイン	主要な成果
クラウド使用量とコストの理解	説明責任と透明性を促進する
パフォーマンス追跡とベンチマーキング	良好な状態を定義する
リアルタイムな意思決定	支出に関してデータ駆動型の意思決定のための迅速なフィードバックループを実現する
クラウド使用量の最適化	クラウドリソースの効率的な使用を保証し、無駄な支出を抑える
クラウド料金の最適化	さまざまなコミットメントベースの割引プログラムを利用して、消費したリソースに対する支出を抑える
組織の連携	クラウドの利用を組織目標や組織体制に合わせる

これらの成果は、組織内で発生する疑問に答えるのに役立ちます。例えば、以下のようなものです。

- このアプリケーションの最大のコスト主要因は何か？（クラウド使用量とコストの理解）
- 特定のサービスにかかる支出を削減するにはどうすればよいか？（使用量の最適化、料金の最適化）
- あるカテゴリーのリソースの使用状況は、時間の経過とともにどのように変化しているか？（パフォーマンス追跡）

求められる成果を達成するために、各ドメインから必要なケイパビリティ群を特定し課題解決に活かします。各ケイパビリティの説明には、そのケイパビリティの成功に必要なデータ、アクション、指標がまとまっています。

7.3.1 ドメインの構造

各ドメインの核となる部分は、標準的な構造に従っています。

定義

FinOpsを実践するうえで、このドメインで期待する成果を達成するために必要なハイレベルな活動や、このドメインで目指す主要な問いを理解するのに役立ちます。

*2 訳注：この表は、原書が出版された2022年のフレームワークのドメインをもとにしています。そのため、一部のドメインが最新の内容と異なっています。最新のドメインについては、FinOps Foundationのウェブサイトをご確認ください。
https://www.finops.org/framework/domains/

ケイパビリティ

このドメインの成果を達成するためのケイパビリティのリストを提供します。ケイパビリティについては、本章の後半で詳しく解説します。

ベンダーとサービス事業者

このドメインで役立つソリューションを提供するツールやサービス事業者のリストです。ソリューション事業者の中には、深い専門知識を持って単一のドメインをターゲットにしたツールに特化しているところもあれば、複数のドメインにまたがる総合的なソリューションを提供しているところもあります。

トレーニングとコース

FinOps Foundationと認定トレーニングパートナーが提供するトレーニングのリストです。このドメインの教育をするのに役立ちます。

ドメインによっては、そのドメイン固有の追加コンテンツが含まれている場合があります。

7.3.2 ケイパビリティの構造

各ケイパビリティは、そのケイパビリティに対応するFinOpsドメインをサポートする活動の領域を示しています。各ケイパビリティの核となる部分は、標準的な構造に従っています。

7.3.2.1 定義

定義はケイパビリティの範囲の概要を示すもので、どのケイパビリティが特定の目標や成果に対応しているのかを理解するのに役立ちます。

7.3.2.2 成熟度の評価

成熟度の評価では、成熟度のさまざまな段階におけるケイパビリティの例が示されています。この例を使って現状を評価し、次にどこに重点を置いて取り組むべきかを検討できます。

7.3.2.3 評価レンズ

FinOpsの実践をさまざまなレンズを通して見ることで、組織全体や組織内の特定の対象グループに関して、それぞれの強みを評価できます。FinOps FoundationのBen de Moraが概説しているように、ケイパビリティの成熟度を評価する5つのレンズがあります。

知識

あなたが対象にしているグループは、ケイパビリティの内容を理解していますか？ このケイパビリティの概念とそのメカニズム、用語、プロセスはどの程度広く認知されていますか？

プロセス

あなたが対象にしているグループは、自分たちの状況に合わせたケイパビリティの実施プロセスを理解できますか？ プロセスの有効性、妥当性、および普及率を検討します。

指標

このケイパビリティを測定していますか？ 長期的な進捗状況を証明する方法はありますか？ 測定値はどのように得ていますか、またその測定値はビジネスの成果にどの程度関連していますか？

適用

このケイパビリティは、ビジネスに不可欠で重要な機能の一部として、どの程度広く適用し受け入れられていますか？ 組織全体におけるこのケイパビリティの普及と存在感を検討します。

自動化

あなたが対象にしているグループは、反復可能で、一貫性があり、効率的で、省力化できるように、このケイパビリティを自動化していますか？

7.3.2.4 機能的な活動

機能的な活動とは、さまざまなペルソナがFinOpsライフサイクル（本書で後述）のフェーズを通じて反復的にFinOps実践の要求を満たすためのタスクまたはプロセスです。これらの活動と手順は、以下の1つまたは複数の役割を果たします。

仕組み化

周りの人がFinOpsの活動をできるような仕組みを構築する

教育／知識の共有

周りの人にFinOpsの活動の仕方を教える

啓発

周りの人にケイパビリティの重要性を理解してもらう

実行可能なタスク

組織内の誰かが行動を起こせるようにタスクを作成しコミュニケーションを図る

FinOps成熟度の向上

FinOpsで自社のビジネスが成功するように必要なプロセスやツールを開発する

FinOpsの成熟度が高まるにつれ、FinOpsで行う機能的な活動の数は増えていきます。

7.3.2.5 成果の測定

各ケイパビリティには、そのパフォーマンスを監視し、FinOps実践者が目標を設定できるようにするための指標が少なくとも1つ必要です。各指標とその目標は、特定のケイパビリティでどれだけ成果を出しているかを測るためのものです。短期的な目標を設定し、客観的に成果を測定できるようにします。それによって、FinOpsの活動が成熟するにつれて目標を増やしていきます。成果の測定は、目標達成を妨げている活動を特定するのにも役立ちます。

ケイパビリティにおける成果の測定例は以下の通りです。

コスト配賦

クラウド費用のうち、オーナーに割り当て可能な費用の割合

予測の差異

予測した費用と実際の費用との差異の割合

リソース活用

毎月のクラウド費用のうち、アイドル状態または非効率なリソースが占める割合の閾値

7.3.2.6 情報収集

ケイパビリティの成果に役立つ情報には、外部データソース、レポート、ホワイトペーパー、トレーニングなどがあります。例えば、クラウド導入フレームワーク、最適化のためのベンダーの推奨事項、ビジネスポリシー／標準などがあります。このような情報を活用することは、さらに知識を深めたり、機能的な活動を設定するために必要な情報を収集する際に、最適な方法と言えます。

7.4 フレームワークの導入

組織が異なれば、成功への道筋を作る運用上の要求も異なるため、FinOpsフレームワークはこのような違いを考慮して設計されています。つまり、さまざまなKPIを通じて成功の基準を示し、成熟度ごとに必要な活動を示し、各ペルソナの責任も明確にしています。例えば、公的機関や政府機関は、民間企業とは大きく異なる予算編成や予測プロセスがあります。組織の運用上の要求に合わせてフレームワークを調整し更新していくことを期待しています。

使用しているクラウドサービス事業者やベンダーツールによって、フレームワークで説明しているFinOpsの活動内容に影響を与えることがあります。推奨するアプローチとしては、まずFinOpsフレームワークに従って活動を始めて、その後、組織や業界固有の活動を取り入れながら機能的な活動を修正することです。修正すべき内容の具体例としては、変更管理ワークフローや購入承認プロセスなどがあります。各活動を組織内の特定のペルソナに割り当て、従うべきプロセスを教育し、各活動をやり切る必要性を伝えます。

フレームワークの実践集（https://www.finops.org/assets/）は、業界およびベンダー固有の成功を提供するためにコミュニティによって作成されたリソースです。このリソースには、ハウツーガイド、ケイパビリティのプレイブック、ビデオプレゼンテーションなど、多くのフォーマットがあります。コミュニティの個々のメンバー、コミュニティワーキンググループ、およびパートナーメンバーが、このフレームワークの実践集を提供してくれています。実践集の目的は、FinOpsケイパビリティを向上するために、課題に取り組む組織の状況に即したアプローチを提供することです。実践集を活用することで、特定のツール、プロセス、個々のケイパビリティ、ドメイン、またはFinOpsフレームワーク全体における洗練された活動を理解できます。

雲の上から（FinOpsコミュニティ）

2022年初頭、米国政府機関の一団が集まり、政府の調達プロセスや独自の規則の制約の中でFinOpsを行う方法に関する政府向けプレイブックを初めて作成しました。参加した機関は、陸軍、連邦航空局、ホワイトハウス、連邦小企業庁、住宅都市開発省、政府調達局、内務省など、20近くにのぼります。この活動は、人事管理局（OPM）の副CIOであるMelvin Brown IIが率いました。

彼らは初版の実践ガイドで以下のように述べています。

> このプレイブック（https://www.finops.org/wg/us-gov-playbook/）は、既存のFinOpsフレームワークに基づいて設計されており、連邦政府機関がクラウドの活用を開始する（または成熟させる）のを支援するためのものである。各機関は、現在の状況および望ましい成果に合わせてFinOpsの実践を調整する必要がある。このプレイブックでは、FinOpsのフレームワークの中で、公共部門のユースケースに合わせて若干の調整が入る可能性が高い分野を取り上げている。
>
> このプレイブックは、連邦政府機関がクラウド財務管理を成功させるための指針を示すものである。クラウド支出をほぼリアルタイムで可視化し、エグゼクティブレベルに詳細を報告することで、連邦政府機関のクラウド運用を戦略的目標に合致できる。
>
> プレイブックは3つのステージで構成されており、FinOpsを導入する際のセットアップを支援し、組織内でのFinOpsの運用にスムーズに移行できるように設計されている。
>
> 自分たちで独自のソリューションを開発したら、それを実践ガイドとしてコミュニティに還元することで、同様の状況に陥っている人々を支援できる。

実践ガイドを利用することで、他の組織が個々の機能やフレームワーク全体をどのように実践したかを確認でき、FinOpsの実践を発展させるうえで優れた参考資料となります。自身の目的に合った事例が見つからない場合は、FinOps Foundationに参加し、FinOps実践者のコミュニティを活用することを推奨します。コミュニティのメンバーは、常に喜んで質問に答えたり、見識を共有したり、効果的だったソリューションを示したりしてくれるでしょう。

7.5 他のフレームワーク／モデルとの関連

IT財務管理、テクノロジービジネスマネジメント（TBM）、IT資産管理（ITAM）、またはITサービスマネジメント（ITSM）など、他の財務モデルやフレームワークの存在によっても、どのペルソナが、どのプロセスで、どの活動を行うかに影響を与える可能性があります。成功したFinOpsチームの多くは、組織内のこうした既存の業務モデルと並行して活動しています。FinOpsが良く機能している既存の運用モデルの機能を複製したり置き換えたりすることには、ほとんど価値はありません。FinOpsは、さまざまな運用モデルが抱えるクラウド財務管理の課題を解決し、それらを統合することで、それぞれの得意な分野を1つの全体的なシステムとしてまとめることができます。FinOpsフレームワークには、FinOps以外の活動と成果を共有するためのケイパビリティがあります。

FinOpsが他の運用モデル／フレームワークとうまく連携するには、FinOpsが担当する活動と、他のモデルの活動を特定する必要があります。さらに、両者間で一貫性を保つために、どの情報を共有したかを追跡する必要があります。その点に関しては、25章で詳しく述べています。

7.6 本章の結論

FinOpsフレームワークは、FinOpsを始めたばかりの実践者だけでなく、熟練した実践者にとっても貴重なリソースです。

要約：

- FinOpsフレームワークは、組織のクラウド成熟度に従ってFinOpsの実践を成功させるための機能群である。
- フレームワークで使われている用語を導入することで、組織内のすべてのペルソナがFinOpsについて共通言語を使うのに役立つ。
- フレームワークを使用することで、強みと弱みがどこにあるかを評価できる。
- フレームワークは、FinOps実践者だけでなく、組織のすべてのペルソナ向けのものである。
- フレームワークは、各組織の運用に合わせて導入する必要がある。

次の章では、FinOpsのユーザーインターフェース（UI）を構成するレポートとダッシュボードを構築する際に考慮すべき点について説明します。

8章

FinOpsのユーザーインターフェース（UI）

レポートとダッシュボードは、組織にFinOpsのユーザーインターフェース（UI）を提供します。レポートをUIとして捉えると、効果的なUIデザインに関する数十年にわたる研究を活用できます。こうしたレポートは、FinOps実践の「**プロダクト**」として慎重に見るべきであり、つまり、レポートやダッシュボードは、ユーザーがそれを通じてデータと対話するインターフェースなのです。FinOpsデータをいかにレポートで表現するかは、組織へのFinOpsの定着支援の成否に影響を与えます。FinOpsの「プロダクト」は、本番環境のワークロードのように扱われるべきです。つまり、品質が重要であり、明確さが重要であり、ユーザーエクスペリエンス（UX）が重要です。これらがデータへの信頼につながり、チームによる意思決定を後押しし、データの品質を擁護するために費やされる時間を防ぎます。

きれいなグラフや表を含むレポートを作成するのは簡単ですが、レポートを見る者に対して、知るべき情報に基づいて説明し、取るべきアクションに関する意思決定を後押しすることはもっと難しいものです。本章では、高品質なFinOpsレポートを構築するのに役立つ重要な概念を取り上げます。以下の本章各節では「**レポート**」という語を用いますが、本章で扱う概念や提案は、レポートに限らず、FinOpsデータを提供するために使用されるダッシュボードやビジネスインテリジェンスシステムに対しても同様に適用されます。

8.1 内製ツールか、サードパーティープラットフォームか、ネイティブツールか

FinOps実践の一環として作成するレポートについて考えるとき、まずそれを実行するために必要となるツールやプラットフォームを検討します。5章で学んだように、FinOpsレポートを作成するために継続的に処理する必要があるデータの量は膨大になる可能性があるため、おそらくは多くのツールが必要となることでしょう。ここで問題となるのは、どのタイプのツールを使用するかです。本章で取り上げる諸概念は、自分たちでFinOpsレポートプラットフォームを構築すべきだと示唆するものではなく、また同時に、自分たちで構築することを止めようという意図もありません。うまくいっているFinOpsデータ管理には、通常、以下のような複数のツールの経路が見られます。

- **ネイティブツール**（AWS Cost Explorer、Google Cloud Cost Management、Azure Cost Managementなど）：FinOpsの長い旅路を始める際に、常にスタート地点となる場所。
- **SaaS（Software as a Service）プラットフォーム**（FinOps.orgで示されているFinOps Certified Platformsなど）：ネイティブツール以上のことを行い、また、自分たちでシステムを構築するのと比較して価値提供までの時間を早める目的で調達されることが多い。また、定期的に変化するマルチクラウドの請求データの上の重要な抽象層として機能。
- **購入、その後拡張**：急速に一般化している手法。クラウド支出規模の大きい企業において、ネイティブツールまたはSaaSプラットフォームのAPIによって、それらがカバーしきれていない領域にカスタム機能を追加し、データを統合。
- **内製ツール**：2022年の「State of FinOps」レポートのデータでは最も急成長中のセグメント。ゼロから作られることもあるが、しばしば既存のビジネスインテリジェンス（BI）ツール（Tableau、Lookerなど）上や、クラウドベンダーの提供するソリューション（AWS Cost Intelligence Dashboards、GoogleのBigQuery Exportなど）を使用して構築されることが多い。

他の多くのことと同じく、どのアプローチを取るかは、会社の抱えるリソースや文化、スキルによって異なります。成功している大規模なFinOpsの実践にも、SaaSプラットフォームに完全に依拠したものから、内製ツールに完全に依拠したものまで、さまざまです。すべてではないにせよ、ほとんどの組織において、さまざまなツールやアプローチの組み合わせに依拠することでしょう。組織のFinOps成熟度の向上や、クラウド利用の変化に応じて変わる可能性があります。1つの正解があるわけではありません。

8.1.1 ネイティブツールを使用するタイミング

クラウドサービス事業者は、それぞれ独自のコスト管理ツールのセットを提供しています。まずはネイティブツールから始めることを、著者は常に推奨しています。ネイティブツールは一般的

に、FinOps成熟度の初期段階でカバーすべきコア機能を提供しています。クラウド支出と複雑さが増すにつれて、ネイティブツールが提供する以上の機能が必要となる可能性が高くなります。そこで、「構築（内製ツール）か、購入（サードパーティーのSaaSプラットフォーム）か」の議論が生じます。いずれの道を選択して進む場合も、ネイティブツールは、依然としてSaaSプラットフォームから出てくるデータのサニティーチェックとして機能し、クラウドサービス事業者のサポートチームとのコミュニケーション手段となることが一般的です。ネイティブツールに最新の情報を保ち、組織内の適切な人々がアクセスできるようにしておきましょう。

通常、ネイティブツールは2つのカテゴリーに分かれます。1つめのカテゴリーは、コスト管理という目的に沿って構築されたツールです。AWS Cost Explorer、Google Cloud Cost Management、Azure Cost Managementなどがそれにあたります。2つめのカテゴリーはBIツールで、GoogleのLookerやAWSのQuickSightなどです。クラウドサービス事業者によって提供されるレポートテンプレートを使用することで、成熟度の高い組織では、ツールを通じてより深くカスタマイズしたレポーティングが可能です。

8.1.2 ツール内製化のタイミング

Kim Wier（TargetのDirector of Efficiency Engineering）は、FinOpsPod podcast（https://oreil.ly/FI_SU）において、同社のCIOが（大手量販店チェーンである）自社をプロダクトカンパニーだと見なしており、そのためほとんどの開発が社内で行われていると語っていました。

> 私たちTargetでは、知識を社内で持つことが必須です。当社のCIOは、技術的な知識を他社にアウトソースすることを望んでいませんでした。当社では一般的に開発は内製されています。私たちはソフトウェアエンジニアリングの文化を築き上げており、すべての開発を社内で行っています。

結果としてTargetは、データパイプラインや取り込みを管理する強力なFinOpsエンジニアリングチームや、エンジニアや経営層などさまざまなペルソナに向けたカスタムダッシュボード開発に取り組むフロントエンド開発チームに投資することになりました。

独自のレポーティングレイヤー構築を選択する背景にある一般的な理由は、以下のようなものです。

- 自社によるデータの制御
- 内部データとの統合の容易さ（ユニットエコノミクスに関するデータ、分類データ、成果データなど）
- 自社特有の要請に基づいたカスタマイズ機能
- SaaSプラットフォームはしばしば必要なコンプライアンス認証（例：FedRAMP、SOC 2）をクリアしていないこと

- 得られる価値と常に連動するわけではない料金体系
- レポーティングにおける柔軟性
- 変更を迅速に行う能力
- 複雑なソフトウェア開発やデータ分析を実行する自社の技術的能力
- 常に進化・拡大を続けるクラウドデータの詳細の学習に投資し続けるという組織的決定

雲の上から（FinOpsコミュニティ）

以下は、FinOps FoundationメンバーのSlackフォーラムでLindbergh Matillano（AvalaraのDirector of Cost Optimization）が共有した話です。

> 私は「人、プロセス、ツール」の哲学に従っています。まず、「正しい人」が配置される必要があります。次に「プロセス」、最後に「ツール」です。正しい人々とプロセスを整備する前にツールに投資する組織がしばしば見られます。こうした場合、ツールが活用されなかったり、ツールを中心に設計された非効率的または非効果的なプロセスにつながることが多いです。
>
> 私は少なくとも4社でFinOpsの実践を開始・実行しました。組織に参画して私が最初に行うことは、使用量レポートを実行して以下の質問に答えることです。
>
> - 過去3か月間にプラットフォームにアクセスした人数は？
> - 定期的に使用されているレポートは？
> - 使用されている機能は？
>
> 利用度が低い場合は、プラットフォームのROI評価に際して、その低利用度の根底にある文化的な理由を掘り下げます。
>
> 多くの場合、ステークホルダーは、
>
> - ネイティブツールを好む（例：Cost Explorer）
> - プラットフォームの機能外にある標準レポートの修正を要求する
> - プラットフォームの機能活用がわずか10%にとどまる（主に報告関連のみを用いている）
> - プラットフォームの自動化のコードを理解したいので、自動での修正を許可しない（本番インスタンスでは特に）
> - 組織の特殊なニーズに合わせてプラットフォームを調整しようとして、追加コストのかかるカスタマイズや次善策が必要となる

内製もしくはサードパーティーのプラットフォームをうまく活用するには、コスト意識の文化による裏付けが必要です。なぜなら、FinOpsの文化に根ざした、コストやクラウドのもたらす価値への眼差しが組織にないとしたら、いかなるツールも活用されないからです。サードパーティーのプラットフォームを利用することで、内製に要する開発時間やリソースを節約できる場合もあります。しかし、エンジニアをソリューションの構築に巻き込むことが、コスト意識の文化を植え付けるのに寄与すると私は考えています。

8.1.3 サードパーティープラットフォームを利用する理由

対照的に、RJ Hazra（EquifaxのCFO of Global Technology）は、FinOpsの文化的側面に注目してより迅速に動くため、また自動化も推進するために、サードパーティーのプラットフォームを利用することを選択しました。

> 当社は、可視性を得るためにFinOpsプラットフォームを外部から調達しました。しかし、それだけでは十分ではありませんでした。私たちはその可視性に対して素早くアクションできるようにならなくてはなりませんでした。財務とエンジニアリングの両部門は、それまで以上に密接に協力する必要がありました。CTOはFinOpsの文化変革を重要視し、組織内のSRE（サイト信頼性エンジニア）が他のエンジニアに働きかけ、説得するのを後押ししました。私たちは、ツール構築よりも使用量の最適化についてのエンジニア間の会話が必要だと考えていました。また、クラウドサービス事業者のコミットメントを構造化する方法を把握する必要があったため、選定・購買部門もチームに取り入れました。

Michael Barba（CouchbaseのSenior Cloud FinOps Manager）は、FinOpsプラットフォームを**利用する理由**について以下のような見解を示しています。

> 多くの会社は、内製ツールを構築するためのエンジニアリングリソースを社内に持っていないか、あったとしても、そうしたメンバーにはもっと他のことをさせたほうが価値を発揮します。Couchbaseにとってのその価値は、ソフトウェアという形で社外にアウトソースすることのできる内部レポーティングを自社で作ることではなく、私たちが販売するサービスの構築に集中することでした。

SaaSプラットフォームの利用を選択する背景にある一般的な理由は以下のようなものです。

- 価値を得るためのスピード（IAMやクラウドコンソールでの作業をほとんど必要としない）
- 支出をマッピングするカスタムグループを作成する簡単なツール
- 複雑な計算がすでに機能化（RIの償却マッピングなど）

- ネイティブツールよりも詳細な最適化機能
- プラットフォーム運営会社の専門家へのアクセス
- クラウドデータとデータ品質が変化するリスクをプラットフォーム運営会社が緩和

雲の上から（FinOpsコミュニティ）

以下は、FinOps Foundationメンバーの Slackフォーラムで Angel Alves（フランスの多国籍製造業者、Saint-Gobain所属）が共有した話です。

> 前職の企業は、私の入社以前からサードパーティーのツールを使用していました。私は内製ソリューションに戻そうと試みましたが、リソースの不足が課題でした。同等のレポーティング（単一ベンダー、Kubernetesなし）を内製で実現することは可能でしたが、ロードマップには別のクラウドサービス事業者とKubernetesの導入が予定されていました。そのロードマップをサポートするソリューションを構築するために必要な努力を考慮したとき、エンジニアリングリソースには他に優先事項があると決定されました。そこで、私たちは引き続きサードパーティーのプラットフォームを利用することを選択し、代わりに新たなクラウドサービス事業者とKubernetesの技術の導入を促進することに集中しました。

別のメンバーは、サードパーティープラットフォームについて以下のような見解もSlackで述べていました。

> 私たちにとって、単純に自分たちで構築するためのリソースや時間がないということなのです。サードパーティープラットフォームを使用することで、時間を大幅に節約でき、自動で最新の状態を維持できます（新しいAWSサービス、Kubernetesのサポートなど）。ネイティブツールにも改善は見られるものの、少なくとも今のところは十分ではありません。「XYZはどうやって実行するのか」と質問しているのをよく見かけますが、いずれも私たちが使用しているサードパーティーツールですでに提供されていることがほとんどです。

議論されたどの道を取るかに関わらず、成功へと導くレンズとして本章の概念を見ることをお勧めします。FinOpsは説明責任と意思決定を促進することに依拠しています。同僚との会話からレポートに表現するデータに至るまで、根本的にUXの課題となります。

8.2 運用化されたレポーティング

レポートとダッシュボードは、一貫性を持って情報を提示し、高いデータ品質を持ち、高度なレビューとコントロールをともなう必要があります。エンジニアリングチームが本番環境にあるサービスを扱うのと同じ方法で、つまりコントロール、品質チェック、厳格なレビューをもって、FinOpsチームはFinOpsレポートを扱わなくてはなりません。レポートが壊れたり、不正確な情報や、そうでなくとも一貫性がない情報を提示し始めたりするだけでも、組織内のFinOpsには負の影響が及びます。

8.2.1 データの品質

著者Mikeの同僚であるDiana Mileva（AtlassianのSenior Business Analyst of Cloud FinOps）は、2022年のFinOps X（https://x.finops.org/）でFinOpsレポートに含まれるデータの品質について発表しました。Dianaは、データ品質の重要性と、データに関する問題へのFinOpsチームの対処法について異なるアプローチを説明しました。Dianaのプレゼンテーションには、データの遅延、データの問題、品質チェック、FinOpsの実践者が直面するレポーティングに関する課題が主要な点として含まれていました。

> FinOpsのデータについて質問を受けると、私たちはそれを本番のバグとして扱い、調査するためにJiraチケットを開きます。私たちは、即時性と正確性に関するサービスレベル目標（SLO）に沿って、データセット全体に対して自動化されたデータ品質チェックを実行します。私たちは、ユーザーが不正確な情報に基づいて意思決定することがないように、問題を事前に検出して積極的に通知することを目指しています
>
> ――Diana Mileva, Senior Business Analyst at Atlassian

本書（第2版）刊行時点で、ほとんどのクラウドにおいて、クラウドリソースを使用してからその使用に関する請求データを受け取るまでには遅延があり、その遅延幅はたいてい24～48時間です。残念ながら、遅延は一貫しておらず、特に月初や月末近辺では、それよりも長くなることがあります。最新の請求データが利用可能な期間について、部分的なデータを受け取ることもあります。この遅延によるFinOpsレポートへの影響は、直近数時間について費用が減少したり、直近1～2日間のデータが欠落しているおそれが生じることです（図8-1参照）。

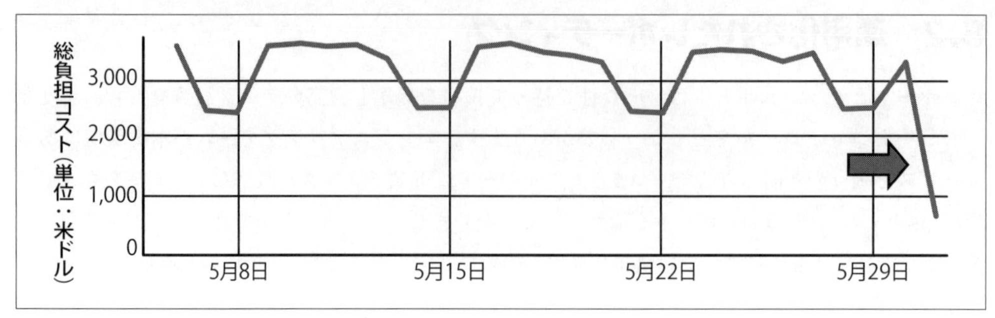

図8-1 データ取得の遅延により、直近でクラウド費用が減少したように見えるデータ（例）

一般的なアプローチは、レポートから直近数日間のデータを削除することで、見せかけのコスト減少を回避することです。利用できるデータを間引くことは、レポート上に提示するデータをより一貫性のあるものとするのには非常に有効です。しかし、それでも「特効薬」ではなく、報告されるデータの品質について追加のモニタリングやアラートを不要にするようなものではありません。

独自のレポートを構築するような上級者には、2つの日付をレポートに記載することを推奨します。すなわち、レポートの最終更新日と、レポート作成時点において利用可能だった最新データの日付です。これは、（1時間ごとや日次の内訳を示さず）サマリーデータのみを提供するレポートで特に重要です。

クラウドサービス事業者が請求データを顧客に提供する際の問題はこれまでにも非常に多く見られ、月末を経て最終版の請求書で修正されるまで、データが不完全もしくは不正確という事態を招いています。内製ツールを使おうと、ベンダー提供によるソリューションを使おうと、クラウドサービス事業者の請求データの事後処理によるエンリッチメントに際して、こうしたデータに関する問題はしばしば起こります。

請求データに関する問題の検出には、請求レポート内のデータ品質の監視が重要です。監視によって、レポート内のデータに問題がある場合、スタッフにアラートを出すことができます。スタッフへのアラートに先回りする姿勢が、FinOpsレポートへの信頼を維持するのに役立ちます。クラウドサービス事業者は、データの報告方法を変更することがあります。現在、大手クラウドサービス事業者はレポート構造に関する詳細を提供しており、また、今後予定されている変更に関する情報もしばしば公開していますが、それが常に行われているわけではありません。請求データ内の一貫性のなさをクラウドサービス事業者が修正することで、一貫性のないデータを取り扱うためにユーザー企業側で行っていた従来の方法が通用しなくなるようなこともあります。

FinOpsレポートはクエリに基づいて構築され、特定のイベントを誤って処理する可能性もあります。年の変わり目に、日付が次の年に変わるのを処理するためのクエリが誤って書かれていたり、特定の値が存在すると想定してデータを誤ってフィルタリングするクエリなどが、その例です。クエリの検証は、レポートを初めて作成したときのみでなく、レポートが利用可能とする期間を通じて行うことが重要です。これは、社内であれ外部コミュニティであれ、自分以外の人々によって作成されたレポートを採用する際には特に重要です。レポートに使用されているクエリの限界を知っておくことで、提示される情報が誤解を招いたり不正確であるという状況に陥ることを避けることができるでしょう。

レポート内のデータが不正確であったり、一貫性がないことにユーザーが気づくと、レポートへの信頼が損なわれます。この信頼の喪失によって、エンジニアの怠慢や、社内公式のFinOpsレポートと一貫性がとれない非公式のツールやレポートの乱立につながり、その結果として、意思決定の欠如や、不正確なデータによる意思決定が行われることになります。さらに、一貫性のないレポーティングは、データの差異を一致させることやデータの正確性に関する議論に膨大な時間を費やす状況を招きます。クラウドコストデータに関する一貫性のあるUIをFinOpsチームが提供する目的は、エンジニアリングチームがこれらの詳細を自分たちで細かく分析する時間と労力を節約することです。レポーティングへの信頼なくしては、コスト節約ができないばかりでなく、貴重なエンジニアリングの時間資源まで失われるのです。

2022年のFinOps Xでの発表で、Diana Milevaは次のように続けています。「データ品質に関する個々の報告は、迅速に調査すべき本番環境のインシデントとして扱われ、報告者への定期的なコミュニケーションや、実際の問題の事後検証を含みます。このプロセスを通じて、データの品質を継続的に向上させています。また、データ品質の問題を真剣に受け止めることで、ステークホルダーとの信頼も築いています」。

誤ったデータがレポートに入るのを防ぐことも重要ですが、回避できない場合もあるため、データの問題を検出し、ユーザーに先回りして通知するプロセスを構築することが、レポートへの信頼を維持するのに役立ちます。

8.2.2 完璧は善の敵

データの品質とは、100%リアルタイムで1セントの100万分の1単位までの精度を意味するわけではもちろんなく、情報に基づいた決定（informed decision）を下すのに十分なだけのデータの一貫性のことを意味しています。これまでに論じた問題のいずれかもしくはそのいくつかの組み合わせによって、ある程度のエラーや不正確さがレポートに入り込むのは避けられません。しかし、FinOpsチームの仕事は、提示されるデータに一貫性があり、最新であり、組織の正しい意思決定を可能にするのに十分な精度を持つよう、商業的に合理的なレベルでの努力によって段階を踏むことです。時が経つにつれて、利用可能な情報の処理の即時性、データの取り込みと正規化のプロセス、追加のデータソース、クエリの改良に調整を加えることができます。

何よりもまず、データを示せ。

——Edward R. Tufte（米国の統計学者）[*1]

8.2.3 レポートのティアリング

チームにデータを見せるために作ったレポートも、すべてが同程度に役立つわけでも、同程度に公式なものでもありません。公式のチャージバック報告にあたるレポートもあれば、都度発生する質問に答えるためにのみ作られた他のレポートもあります。レポートのティアリングは、レポートを区別する効果的な方法です。

Diana Milevaは言います。「内部では、私たちはレポートを**管理対象**（managed）か**非管理対象**（unmanaged）に分けています。都度レポートの作成が必要な場合、作成後、非管理対象レポートとして分類します。そうすると、最新の状態に保たれていない非管理対象レポートのリストは長くなっていきます。例えば、新しいデータスキーマが請求データに登場したことで、クエリを更新する必要があったり、クエリがある特定の月のデータを取得するために書かれているようなケースです。レポートへの信頼を維持するためには、どのレポートが管理対象であるか、どのレポートがメンテナンスされていないかを明確にし、管理対象のレポートは確実にメンテナンスすることが重要なのです」。

成熟したFinOpsの実践においては、時が経つにつれて何百ものFinOpsレポートが蓄積されていきますが、その多くは、過去に事業部門が尋ねてきた質問への回答のために特定の時点で作成されたものです。FinOpsチームは、より少なく、厳選された主要なレポート群を絶えず整理することが理想です。そのレポート群は、各チームが最も注意を払うべきであるとFinOpsチームが信じる「黄金律」を表しているのです。

> **雲の上から（Jason Rhoades）**
>
> IntuitでDevelopnment Managerを務めるJason Rhoadesはこう述べます。
>
> > 当社での公式なFinOpsレポートの数は10足らずです。それらのレポートは、グラフィカルなレポートが適切な回答方法であるすべての質問に答えています。これらのレポートのデータは、フィルターによって、当事者にとっての関心事のクラウド部分について絞り込まれます。
>
> 彼はさらに、留意事項付きではありながらも、データの民主化は有益だと述べています。

*1　訳注：8.3節を参照。

まったくのサイロには陥りたくないものです。しかし同時に、データをオープンにすることはリスクを伴います。それは、データの利用者がそのデータをもとにカスタムレポートを作成する際に間違いや、あるいは異なった意思決定を生じてしまうリスクで、例えば、あるチームのカスタムレポートの値が一般レポートと異なる理由について、FinOpsチームが説明に回らなければいけないような事態です。
これは確かにリスクです。しかし、FinOpsチームが思いつきもしない新しい視点やケイパビリティを各チームが発見、証明したり、各チームが自ら研鑽するサイクルを有している可能性と、そのリスクを天秤にかけるべきです。FinOpsイノベーションを、効果的にクラウドソーシングすることが大事です。
FinOpsチームがデータの提供者となる場合、データを利用するチームの側でのデータの誤用や、あるいはむしろ多いと思われるデータの誤った解釈が生じた場合に備えて、責任の境界を明解にしておくべきです。

レポートの数が増えていくにつれて、ユーザーにとってどのレポートが重要で、どれが最新で、そのデータが信頼に足るのか否か不明確になります。レポートを明確に区別することで、ユーザーにそうしたことを知らせることができます。

レポートに階層または格付けシステムを適用し、作成日が示されるとともにメンテナンスされていないとラベリングされた重要度の低いレポートから、ユーザーが簡単に識別でき、しっかりとメンテナンスされ、品質が監視され、信頼に足ると印を付けられた重要度の高い本番レポートまで、分けることが理想的です。

特定の目的のために、特定の時点で、特定の質問に答えるために作成される都度レポートは、FinOpsプロセスの重要な部分です。しかし、もはや重要ではなくなっていたり、価値を提供していない古いレポートは、絶えず削除していくようにすべきです。そうすることで、スタッフが誤ったレポートを見つけて意思決定に利用する可能性が低くなります。

都度レポートの場合、メンバーにリンクを渡しても、また次の週には別のレポートへのリンクを求めてきます。本番レポートの場合、メンバーに更新されるレポートリストへのリンクを渡しておけば、それらはその後ずっと利用可能です。釣りに関することわざに、「魚を1匹与えれば、その男は1日食いつなぐことはできるが、魚の取り方を教えてやれば、その男は一生食いっぱぐれない」というものがありますが、これはFinOpsチームの作成したFinOpsデータをメンバーが探す方法を考えるうえでのヒントとなります。目下の状況に役立つレポート（都度レポート）へと直接導くことは有益ですが、将来どうやってレポートを自分で見つけるかを教えておくことが、FinOpsチームのサポート負担を軽減することになるのです。

8.2.4 変更の展開

時とともに、レポートには変更の必要が生じることでしょう。利用できる新たなデータがあったり、また重要度が低くなるデータもあるためです。次項で汎用レポートについて取り上げますが、場合によってはレポートを2つに分割する必要があるかもしれません。本番レポートを予告なしに変更すると、FinOpsの実践に影響を与えることになります。なぜなら、変更がなされた理由、新しいデータが何を意味するのか、そしてレポートから取り除かれたデータを確認したい場合、どこへアクセスすればよいかをユーザーは知らないためです。

本番レポートの手動による変更は、レポートを破損状態のままにしてしまうリスクをはらんでおり、それは、ユーザーがレポートを信用するに足らないと見なし、データドリブンな意思決定を妨げるような結果につながります。本番レポートのステージングコピーを持つことで、変更をテストできるうえ、変更の本番レポートへの適用以前にユーザー用ドキュメンテーションを準備することができます。変更が実装されるたびにユーザーにその変更を理解させることが、レポートを継続して利用する方法に対する理解を確かにするのです。

FinOpsレポートは、APIを利用して設定できたり、ファイルアップロードなどの手段で保存・復元できることが理想です。そうすることで、構成管理システムやコードリポジトリにレポート設定を保存できるようになるためです。変更が計画通りに進まない場合に、レポートを既知の良好な状態に迅速に復元するためには、レポートの過去の設定を保存しておきましょう。

8.2.5 汎用レポート

レポートの数が増えるに従い、すべてのFinOpsデータを1つにまとめた単一のレポートを作ろうと試みる傾向があります。それが、私たちが「**汎用レポート**」と呼ぶものです。この汎用レポートは、レポートを通じて伝えたいメッセージや、データをいかに明確に示すかを考慮することなく、データを詰め込むだけ詰め込んだ過剰なものです。たいていの場合、汎用レポートは読みにくいため、レポート内の情報を読み解くことは困難です。汎用レポート内でデータが構造化されていることは少なく、データ間のつながりなしに膨大な情報の断片がただ提供されているのです。

データポイント間に明確なつながりが存在し、統合後のレポートをユーザーがどう読み、理解するかがはっきりしている場合は、複数のレポートを統合してもかまいません。そうでない場合は、レポートを見直し、2つ以上に分割したほうがよりわかりやすくなるかどうかを判断する必要があります。

新しいFinOpsレポートを設計する際は、できるだけシンプルにするよう努めましょう。実用性を損なわない程度に要約された、必要な情報のみを含めるのです。何百列ものデータが追加可能なこともあるでしょう。しかし、あまりに多くの情報を盛り込むと、レポートは理解しにくいものとなってしまいます。あるいは、個々のユーザーが必要とした場合のみ、情報の深掘りや、より多くのコンテクストの追加、より多くのデータポイントの結び付けが可能なインタラクティブなレポートを提供するのもさらによいでしょう。

こうした点は、データが必要になった際にユーザーがロードできるレポートについてよりも、ユーザーに向けて配信するレポートを構築する際に特に重要となります。配信されるレポートは、前後のコンテクストなしに届くため、そのメッセージは短く、明確でなくてはなりません。複雑で情報過多な配信レポートは、「あとで時間があるときに読もう」と保存され、決してその後読まれることはないでしょう。

> 乱雑と混乱は、設計の失敗による。情報そのものの特性ではない。
>
> ――Edward Tufte

変化に関してアラートを発するようにレポートを設定できると、予期しないもの（使用していないクラウド製品の費用、接続されていないストレージボリューム、設定されたパーセンテージを超える前日比コスト増、など）を監視するレポートを作成することができます。これらのレポートに通知機能があれば、それらの状況は毎日確認する必要はなくなります。レポートを確認する必要がある場合に知らせてくれるように設定しましょう。

FinOpsレポートが最も成果を発揮するのは、答えを知る必要のある共通の質問を特定し、レポートによってそれらの質問に答えようとするときです。「このレポートでどのような質問に答えようとしているのか？」と自問し、そのレポートが目標を達成しているか確認してみましょう。また、レポートを読むうえで必須な情報も考慮しましょう。例えば、アプリケーション名やコストセンター番号を必要とする場合、その情報を得られるレポートへとユーザーをまず誘導することが大事です。

レポート群を何層ものレイヤーケーキのように考えてみたとき、最上層のレポートは、最小限の情報量を必要とし、階層が1つ下のレポート群を使用するのに十分な情報のみを提供します。レポートの階層を下りるにつれ、特定領域のより細かい粒度の詳細情報へとドリルダウンしていきます。詳細情報へのドリルダウンが必要となるのは、答えなくてはならない質問への回答にもっと細かい情報を要する場合のみです。

8.3　アクセシビリティ

すべてのスタッフがFinOpsレポートにアクセスできるようにすることが不可欠です。レポートを構築する際には、すべてのユーザーにレポートを説明することはできないということを、頭に入れておきましょう。同僚がレポートを読むときに常にあなたを必要とするような場合、組織全体にFinOpsを広げるのは苦難の道です。

本節で紹介するUIに関する一般的なデザインガイドラインは、FinOpsレポートをより有用なものとするのに役立ちます。レポーティングやUI/UX専門のチームを有する組織の場合は、すでに使用されている実例を挙げて理解を助けてくれることでしょう。

情報設計分野には、これまでにも多くの素晴らしい書籍があります。ここでお勧めしたい1冊は、本章を通じて引用しているEdward Tufteの著書『Envisioning Information』（Edward Tufte著、Graphics Press刊、1990年）です。

8.3.1 色

本書初版の草稿段階で犯した間違いの1つに、図中の色に言及した内容を書いてしまったことがありました。あとになって、本書が白黒で印刷されることがわかりました。つまり、グレースケールで図が掲載される一方、それに言及する本文には「赤線対青線」のように書かれている状況だったのです。色の削除によって多くの図が不明瞭となってしまったため、著者は図を新たにデザインし直し、注釈も書き直す必要が生じました。1色覚（色を認識せず明暗のみを認識する色覚異常）は稀であるものの、チーム内に何らかの色覚障害を持つスタッフがいることはよくあることであり、特に大きな組織においてはそうでしょう。そのため、レポート内でさまざまな要素を表現するうえでは、色ばかりでなく、他の方法を使用することを目指すべきです。例えば、2つの線を区別するのに赤と青で色分けする代わりに、一方を実線、他方を破線にするような方法です。また、棒グラフもベタ塗りの色で要素を区別する代わりに、一方を縞模様、他方はドット柄で区別することもできます。グラフのフォーマットを変更できない場合、1つのグラフで複数の項目を表現するよりも、2つのグラフに分けて表現するほうがよい場合もあります。

8.3.2 視覚的階層

レポートやダッシュボード内では、関連のあるアイテムを近くにまとめて配置しましょう。そして、関連するアイテムは視覚的にも線で囲うことで、直接の関連がないアイテムと明確に区別するのです。内容の配置方法を考えることで、レポートはより直感的に読めるようになります。

レポート上の情報配置についてはこうした視覚的階層を意識することが重要です。例えば、一般的にはサマリーは上部または左に配置され、より詳細な（もしくは重要度が低い）情報は下部または右に配置されます。

8.3.3 ユーザビリティと一貫性

レポートやダッシュボードが難しかったり、インタラクションが遅いような場合、ユーザーはすぐに離脱してしまいます。このことは、組織へのFinOps実装の課題となります。一連のレポートとダッシュボードのまとまりを構築するにあたっては、利用するスタッフが使い方を簡単に理解できるよう、パフォーマンスと一貫性を維持するように努めましょう。

8.3.4 言語

4章では、FinOpsにおける用語を紹介しました。FinOpsについて議論する際には、複数のレポートを通じて同じ用語を使用することで一貫性が維持されます。レポート間で用語を変えたり、複数の意味で解釈できるような不明瞭な用語を使用したりしないようにしましょう。FinOpsの実践者がレポートを作成する際にしばしば見られる一貫性のなさの例は、「**コスト**」という用語の使用です。4章でも述べたように、単に「コスト」だけでは、それが非ブレンドコスト、償却コスト、または総負担コストなどのいずれを意味するかがわからないのです。

8.3.5 色と視覚表現の一貫性

異なる要素を区別するために色以外のものを使用する必要があると述べましたが、それは色を使ってはいけないということではありません。しかし、色と視覚表現の使用には一貫性を持たせましょう。例えば、あるグラフでは緑色の点線で表した節約額が、別のグラフでは青色の実線で表したりすると、両者が同じものを指していることが読み手に明確に伝わりません。同じ色と線の組み合わせがグラフ間で異なるアイテムを指すのは、読み手がグラフごとにいちいち凡例を慎重に参照してどれが何を指しているのか判断を強いるため、よくないと言えます。1つのレポート内、あるいは一連のFinOpsレポートを通じて一貫性がないと、情報の誤読が生じ、徐々に信頼が失われていきます。

8.3.6 認識 対 記憶

データは個々に提示されるよりも一緒に提示されたほうが、ユーザーもそれらの情報のつながりを認識しやすくなります。今見ている画面にないデータや他のレポート内のデータを参照した情報が提示されると、読み手は以前にどこかで提示された情報を思い起こさねばならず、画面を上下にスクロールしたり、レポート間を行ったり来たりして、その値を探し回ることになります。関連する情報が離れていると、読み手が情報を結び付けて理解する妨げとなります。この情報間の結び付きが、長大なレポートや大規模なダッシュボードにとっては欠かせないのです。関連する項目を近くに配置するように心がけ、他の場所で提示されている情報を思い出すことをユーザーに強いることのないようにしましょう。やむをえず他の場所で提示された情報を参照しなくてはならない場合は、その重要情報を繰り返すか、もしくは迷わずに元の情報を参照できるように参照先を示すのがよいでしょう。

> 基本的な事項でありながら実践においては時折忘れられてしまうのですが、比較はひと目で把握できる範囲内でなされなければいけません。
>
> ——Edward Tufte

異なるダッシュボードであるにもかかわらず、どのダッシュボードにも同じ3つのサマリーが登場することがあります。それは、サマリーとして提示されるレベルの情報は出発点として常に関連があるからであり、そこから下位階層へと下りていくと、ペルソナや事業上の目的ごとに表や数字が異なっていくのです。

8.4 心理学的概念

かの名著『How to Win Friends and Influence People』（Simon and Schuster刊）[*2]の著者、Dale Carnegieはこう言いました。「相手の視点を思いやりを持って理解することが、人付き合いの成功の秘訣だ」。FinOpsとはつまるところ、他者の行動に影響を与え、さらに先へ促すことを目的として、適切な方法、適切なタイミングで適切な情報を提供することです。

ユーザビリティを追求したレポート設計も重要ですが、レポートに含めるべき情報を考慮することでも、読み手に何をレポートから得てもらうかに影響を与えることができます。過去20年で爆発的な進化を遂げた認知行動もしくは認知心理学の分野は、われわれ人間が共通して持っているバイアスや行動について多くを解き明かし、そうしたバイアスを利用（または軽減）するための技法を教えてくれます。

ここで明確にしておきたいのは、本章では、認知行動科学を用いて人々をだまして何かをさせる方法について述べるつもりではありません。むしろ本章では、レポートの読み手が、まさに彼らが人間であるがゆえに、FinOpsレポートを読む際に持つであろうバイアスについて理解し、意思決定者がよく知られている認知の罠に陥ること避けるためのレポート設計や情報提示の方法について理解を深めていきます。

より効果的なFinOpsレポートのために、心理学理論をどのように適用できるか見てみましょう。

8.4.1 アンカリング（係留）

情報について思考もしくは解釈する際に誤りがある場合、しばしば**認知バイアス**が働きます。**アンカリング**（または**アンカリング効果**）は認知バイアスの一種で、先に提示された情報が、それ以降、他の情報の知覚に影響を与えるというものです。以下は英語版Wikipediaの項目「Anchoring effect」（https://en.wikipedia.org/wiki/Anchoring_effect）からの引用です。

> **アンカリング効果**は認知バイアスの一種であり、特定の参照点（「アンカー」）が個人の意思決定に影響を及ぼすことを指す。例えば、ある車は、より高価な車（アンカー）の横に並べられた場合のほうが、買われる可能性が高くなる場合がある。交渉で話し合われた価格がアンカーよりも低価格である場合、仮にその価格がその車の実際の市場価値よりも相対的に高かったとしても、購入者は合理的、もしくは安価とすら感じる可能性がある。

---

*2　訳注：邦訳は『人を動かす 改訂新装版』（D・カーネギー 著／山口 博 訳、創元社刊、2023年）。

街の小売店はこの効果をよく活用しています。店に入るたび、現実とは思えないような値札の付いた高価なテレビを目にすることでしょう。これが人々の心理に「何が高価か」をアンカーします。すると、購入する可能性のある他のテレビは、どれもお買い得に見えてしまうのです。

エンジニアリングチームに対して、彼らの担当サービスにかかる費用を提示するレポートを考えてみましょう（図8-2参照）。組織全体を通じて、かかっている費用の大きい上位10サービスをそのレポートの冒頭で見せると、それらの出費のかさむサービスの費用にアンカリングされてしまうため、自分たちの担当サービスの費用の見方に影響が出ることがあります。

週次FinOpsレポート

今週の費用上位サービス	
サービス名	今週の費用
アプリケーション1	$10,000
アプリケーション2	$8,000
アプリケーション3	$7,500
アプリケーション4	$6,300

チームA：各サービスの費用

サービス名	今週の費用
アプリケーション5	$2,000
アプリケーション6	$560
アプリケーション7	$200
アプリケーション8	$1,250

図8-2 チームに提示される週次FinOpsレポート（例）

他チームの支出を見せずに、担当サービスにかかる費用のみを提示することでこのバイアスは回避され、担当サービスにかかる費用をチームがより正当に評価できるようになるのです。

他チームの支出のような追加情報を含めると決まったのは、レポートをより有用なものとしようという意図によるものだったのかもしれません。しかし、レポートに期待する成果を発揮させるためには、何が必要な情報であるかを熟慮し、ユーザーにアンカリング効果を生じかねない余分なデータポイントの追加については、それが及ぼす影響を評価すべきでしょう。

8.4.2 確証バイアス

もう1つの認知バイアスのタイプに、確証バイアスがあります。ユーザーは、以前からの自身の信念を強化しようと、レポートから情報を探し求め、その情報を解釈します。以下は英語版Wikipediaの項目「Confirmation bias」（https://en.wikipedia.org/wiki/Confirmation_bias）からの引用です。

> **確証バイアス**は、自身の既存の信念や価値観を確証あるいは支持するように、情報を探索、解釈、選好、記憶する傾向のこと。自身の見解を支持する情報を選択したり、対立する情報を無視する場合、あるいは、多義的な証拠を自身の態度を支持するものとして解釈するような場合、このバイアスが見られる。

複数の異なるレポートによる情報提供は、ユーザーが自分の考えを支持するレポートを選ぶ余地を生みます。確証バイアスを相殺するには、一貫性と承認が役立ちます。

汎用レポートデザインを避けることも、確証バイアスを阻止するための1つの方法です。なぜなら、汎用レポートだと多くのデータポイントが提供され、そこからユーザーが都合のよい情報に注目を注ぎがちですが、特定の疑問に答えるためのレポートやダッシュボードを提供することで、これを避けられるからです。

例えば、アプリケーションチーム別に分類された40,000のコンピューティングリソースをすべて含めたレポートがある場合、その膨大なコンピューティングリソースの中にはリサイズが有益なものがあるはずで、自分よりうまくやっていない同僚を見つけようとすれば、ほとんど全員ができてしまいます。それに対して、節約が見込める額で上位5つもしくは10個のリソースを列挙したうえで「要検討（ASAP）：［貴チーム］リソースのライトサイジング」と題したレポートの場合、そこには議論の余地がないのです。

8.4.3 フォン・レストルフ効果

人間が情報を想起する方法に関連する心理学理論に、**フォン・レストルフ効果**があります。**孤立効果**としても知られています。以下は英語版Wikipediaの項目「Von Restorff effect」（https://en.wikipedia.org/wiki/Von_Restorff_effect）からの引用です。「フォン・レストルフ効果（あるいは孤立効果）は、複数の同質な刺激が提示された場合、他の異なる刺激がより記憶される傾向が高いことを予測する」。

ひとまとまりのアイテムが提示されたとき、他と異なるものが記憶されやすいと言います。FinOpsレポートにこの効果を適用するならば、最大もしくは最小のアイテムが記憶される可能性が高いということになるでしょう（例：図8-3参照）。あるいは、ひときわユニークな色使いやスタイルを使用したグラフがレポート内にあったとしたら、そのグラフは他のグラフよりも記憶に残りやすいでしょう。

サービス名	今週の費用	前週比
アプリケーション8	$1,250	+ $1,000
アプリケーション6	$560	+ $50
アプリケーション5	$2,000	+$15
アプリケーション7	$200	– $25

図8-3　サービスにかかる週次費用（含む前週比）

担当するサービスにかかる費用を示すレポートをエンジニアに提示し、各サービスの今週の支出のみを見せる場合（図8-2参照）、エンジニアは最も費用のかかっているサービスを記憶することでしょう。しかし、各サービスの費用の月次増加分もレポートに含めてみると、エンジニアに最速で費用が増えているサービスを思い起こすよう影響を与えることもできます。この効果は、レポートの読後に得たい成果（最も増えている項目への注目、など）へとエンジニアを導くのに使えます。

8.4.4　ヒックの法則

スタッフによる意思決定を助けるため、FinOpsレポートは複数の選択肢を提示することがよくあります。**ヒックの法則**は、提示される選択肢の数が増えるとともに、意思決定に要する時間も増えるという単純なアイデアです。以下は英語版Wikipediaの項目「Hick's law」（https://en.wikipedia.org/wiki/Hick's_law）からの引用です。

> ヒックの法則は、可能な選択肢によって意思決定にかかる時間を説明する。すなわち、選択肢の数が増えると、意思決定にかかる時間は対数的に長くなる。ヒック・ハイマン法は、選択反応実験における認知情報容量を評価する。一定量のビットの処理に要する時間は、ヒック・ハイマン法において「情報利得率」として知られている。

FinOpsの最適化レポートは、エンジニアリングチームが考慮できるように、いくつかの推奨事項を含んでいることがよくありますが、選択される可能性が最も高い推奨事項のみを提示するよう努めましょう。

ここでは、複数の選択肢を含む1つの推奨事項を例にとって検討してみましょう。

選択肢のうち2つは、クラウド費用をわずかに削減するのみで、他の1つはエンジニアにとって高リスクな変更だとしましょう。効果的でない項目を除くことで、エンジニアが検討しなくてはならない項目の総数が5つから2つに減り、より迅速な意思決定につながります。図8-4が示すように、AWS Compute Optimizerコンソールでは、ユーザーに提示される推奨事項の数は制限されており、エンジニアの意思決定を支援するために価格差とパフォーマンスリスクを見せています。エンジニアが選択肢のすべてを読むのに費やす時間が減ることで、彼らの生産性の向上につながる点が、推奨事項の数を最小限に抑えることがもたらすさらなる利点です。

Compare current instance with recommended options Info

Consider an alternate configuration to the current instance type.

	Options	Instance type	On-Demand price	Price difference	Performance risk	vCPUs	Memory
●	Current	m5.xlarge	$0.192 per hour	$0.000 per hour	-	4	16 GiB
◉	Option 1	r5.large	$0.126 per hour	- $0.066 per hour	Very low	2	16 GiB
○	Option 2	t3.xlarge	$0.1664 per hour	- $0.026 per hour	Medium	4	16 GiB
○	Option 3	m5.xlarge	$0.192 per hour	$0.000 per hour	Very low	4	16 GiB

図8-4 EC2インスタンスのライトサイジングに関する推奨事項を提示するAWS Compute Optimizerコンソール

ヒックの法則と、選択肢の数を暗に制限することは、FinOps Foundationフレームワークのケイパビリティ「FinOpsの意思決定と説明責任に関する構造の確立」（https://www.finops.org/framework/capabilities/finops-practice-operations/）ともうまくリンクします[*3]。推奨事項として提案する最適化オプションに関するポリシー（例えば、節約額が閾値以上の推奨事項、特定のタイプのリソースに関する推奨事項、一定の効率性水準を採用したチームに対する推奨事項、あるいは効率性が最小閾値未満のリソースに対する推奨事項に限って提案する、など）を決定することで、FinOpsチームが提示する選択肢を最小化するためのモデルとなるほか、あるオプションを提案（もしくは提案から排除）した理由について透明性を担保できるのです。

8.5 レポートへの視点

FinOpsレポートのコレクションのデザインを評価する際、本節で議論する視点を考慮しましょう。これらは、レポートにどんな成果を期待すべきかを教えてくれるほか、レポートに含めなくてはならない不可欠な要素に影響します。

＊3 訳注：本書の原書第2版出版時点（2023年1月）では、「FinOpsの意思決定と説明責任に関する構造の確立（Establishing a FinOps Decision Making & Accounting Structure）」がFinOps Foundationフレームワークのケイパビリティの1つでしたが、2024年の変更により、別のケイパビリティ「FinOps文化の確立（Establishing FinOps Culture）」と統合され、「実践の運用（Managing Practice Operations）」に再編されています。ここでは、原書出版後の変更に応じて、統合・再編後のページにリンクしています。

8.5.1 ペルソナ

本章前半で触れた汎用レポートのコンセプト（組織内のすべてのペルソナの質問に答えることのできる単一のレポートを作ろうとすること）とは対照的に、組織内の特定のロールそれぞれに対して必要な詳細情報を提供するペルソナ別のレポートを持つべきなのはいかなるときか、検討してみましょう。例えば、経営層向けレポート（組織内でのFinOpsのパフォーマンスについて、細部に陥らず、ハイレベルな概要をまとめたもの）は、エンジニアが個々のサービスコストを追跡するために使用するレポートとは区別しましょう。そうすることで、レポートのターゲットが絞られ、FinOpsの成果を推進するうえで最も効果的なレポートを構築できるのです。これらのレポートは、指標の定義と用語の面では互いに一貫性があることが重要です。もし、概要を示すハイレベルなレポートで、ある指標について計画通りに進んでいないことが報告されている場合は、他方の詳細レポートでは、その指標の改善のための機会が示されるべきでしょう。

8.5.2 成熟度

FinOpsの実践が成熟するにつれ、報告可能な情報の総量は急速に増えていきます。そして、FinOps Foundationフレームワークのケイパビリティを追加実装するごとに、新たな成否の判断基準も追加され、追跡、報告される必要が生じます。また、ケイパビリティの追加は、スタッフが実行すべきさらなる機能的な活動をも追加します。完了する必要のあるタスクがいつあるかを知るには、レポートを確認し、そしてそのタスクがもたらす成果を測定しましょう。

さらに、採用するクラウドサービスの増加も、報告すべき情報量の増加につながります。通常、レポートは主要なクラウドサービス（例えば、コンピューティング、データベース、およびストレージ）に焦点を当てたものとなりますが、組織のクラウド成熟度が高まるにつれ、Function as a Service（FaaS)、機械学習（ML)、その他のより高度なアプリケーションサービスといったクラウドネイティブサービスを使用するチームも現れるでしょう。こうした新たなサービスの使用によって、これまでとは異なる請求構造も加わることになるでしょう。秒単位や月単位のように、使用時間に応じて請求されるサービスもあれば、使用量に応じて請求されるサービスもあり、中には、その両方を組み合わせたものもあります。クラウドの請求書に記載されるサービス数が増えるほど、クラウド費用を報告するタスクは複雑化します。

8.5.3 マルチクラウド

複数のクラウドサービス事業者の使用が組織内で著しくなると、FinOpsチームがレポートを分けるようになることもあります。特に、各事業者が提供する請求ツールをそれぞれ使用することを選択した場合は、そうなるでしょう。主要なクラウドサービス事業者間では、多くの用語や概念は機能面では類似しています。しかし、各事業者間で命名規則やサービス分類が異なることで紛らわしいことがあったり、特定の事業者のみに特有の要素があることもあります。クラウドのタグ付けやメタデータ構造に関する違いは、12章で詳細に扱います。

クラウドごとにデータを分けることは、各環境から情報を呼び出し、類似概念をまとめる作業をユーザー側に強いることになります。Edward Tufteはこう言います。「比較はひと目で把握できる範囲内でなされなければならない」。

マルチクラウドのレポートに要する労力や混乱を減らすには、（レポートを分けるよりも）複雑な情報が正確に結合された一貫性のあるレポートにクラウドデータをまとめるのがよいでしょう。実現には、ネイティブツールではなく、内製もしくはサードパーティーベンダーのツールへの移行が必要になることでしょう。

FinOps Foundationフレームワークにおいて、データの取り込みと正規化（https://www.finops.org/framework/capabilities/data-ingestion/）は、他のケイパビリティの土台となるケイパビリティです。FinOpsを効果的に実践するためには、詳細な使用量、使用率、費用データのストリームへのアクセスが必要です。それらのデータの分類・分析が意思決定を進めるのです。モニタリングやセキュリティのプラットフォームや、ビジネスオペレーションに関するアプリケーションからも、使用率、ロケーション、価格、使用量データが、しばしば同水準の量と粒度で提供されます。データが複雑化・多様化するに従って、取り込みと正規化も難しくなっていきます。データの処理方法を決定する際には、この必須ケイパビリティについての成否の判断基準を必ず確認しましょう。

8.6 各ペルソナの「通り道」にデータを置く

FinOpsデータは、クラウド支出の価値を最大化するために必要であるものの、残念なことに、他から孤立したFinOps特有のレポートやツールの中にあるそれらのデータは人目につかないこともしばしばです。そうしたレポートが、通常業務に用いることのないダッシュボードにのみ存在する場合、それらを必要とするはずのエンジニアリング部門、経営層、財務部門に十分に活用されることはありません。そうした事態を防ぐには、各ペルソナのすでに確立されている通常業務の「**通り道**」**にデータを**配置するよう努めましょう。

8.6.1 財務部門の「通り道」にあるデータ

何らかの形式でFinOpsデータを最初に見るペルソナは、財務部門であることが多いです。これは、組織内で確立された財務報告システムに、クラウド支出に関するデータをも追加したいという財務部門の関心から来るものです。支出を適切な予算へと割り当てるために、クラウド支出はまず購買発注（PO）に関連付けられます。FinOpsデータを財務システムに取り込むことによって、クラウド支出の概要データが既存の財務プロセスで取り扱えるようになり、組織内で確立された満たさなければいけない報告・監査要件を持つ財務部門との摩擦が減ります。

8.6.2 経営層の「通り道」にあるデータ

幹部や経営層向けレポートにも、既存の事業指標と関連付けてクラウド支出データを見せるFinOpsデータを含めるとよいでしょう。ビジネスリーダーが意思決定を行うため、彼らが通常得ているデータとともに、クラウド支出、節約、機会に関する重要情報を提示するように心がけましょう。事業に関する他のデータからFinOpsデータを切り離してしまうと、FinOpsは事業のその他の部分とはどうやら関わりがないといった誤った認識の強化につながってしまいます。26章で取り上げるように、クラウド支出を他の事業指標と結び付け、クラウドを用いることが事業に与えている価値やインパクトを示せるように、経営層向けレポートには**ユニットエコノミクス指標**を提供することを目指しましょう。

8.6.3 エンジニアの「通り道」にあるデータ

最後に、そしてもちろん最も重要なわけですが、FinOpsデータをエンジニアの「通り道」に置くよう強く推奨します。エンジニアがFinOpsについて考え始めるとき、エンジニアの十分に確立された日常の行動習慣から大きく離れていてはいけません。つまり、DevOpsを実行する代わりにFinOpsの**実行**に時間を費やすことを望んだりしてはいけないということです。FinOpsの実行が、一貫したプロセスによる、総合的で必須の取り組みとなることが理想です。

コストとは、効率性指標の1つにすぎないと、私たちはしばしば言います。エンジニアリング部門は、多くの重要指標に注目したダッシュボードと行動習慣を持っていることでしょう。それらのダッシュボードは、担当サービスをクラウド上でうまく実行できるように、セキュリティやパフォーマンス、信頼性に関する指標を監視しています。こうした既存のダッシュボードやシステムに、重要なFinOpsデータを追加することを目指しましょう。クラウド支出の変更検討開始に必要なデータ（予実対比や、費用削減の機会など）を、進行中のスプリント計画に導入してみましょう。FinOpsに関するデータや議論が他から孤立していると、認知負荷[*4]や注意力低下を生じさせ、求められたときにのみにリアクティブに行うタスクとなってしまいます。その結果、FinOpsタスクを自分の仕事の一部ではなく、仕事を中断させるものだとエンジニアに思わせてしまうことになるのです。

開発ライフサイクルの初期段階や既存プロセスへのFinOpsデータの導入は、新アーキテクチャの設計やコード改良の各ステップで、エンジニアがコストを検討することを促します。クラウドの効率性について事業が求める成果を達成するには、エンジニアはFinOps活動に適切な時間を割く必要があるのです。

*4 訳注：認知負荷（cognitive load）とは、作業を行う際に要する作業記憶（ワーキングメモリ）のリソース量を指す認知心理学の用語。

8.6.4 他部門へFinOpsを接続する

> 言わねばならないことを言えるようになるまでは、他の人が話している間、ただ静かにしているのではなく、聴くことが大事だ。
>
> ——Krista Tippett（ジャーナリスト）

車輪の再発明は避けるべきです。組織内にはおそらく、財務部門、経営層、エンジニアリング部門向けにレポートを作成しているようなチームがすでにあることでしょう。そうしたチームとの協働によって、FinOpsチームは、FinOpsデータを既存のレポートに含めることもできます。このような協働を通じて、これらのペルソナにFinOps教育を行い、組織内のサイロ間の障壁を取り除く取り組みにつながります。また、本章前半で議論したUIコンセプトに取り組むための重要な接点も得られ、用語に一貫性があり、データが行動を促すように提示されているかを確かめることができるのです。従来からこのようなレポーティングを担当するチームは、読みやすく一貫性のあるレポートのために、複雑なデータの取得・操作をAPIで行うことに長けていることもよくあります。

データを「通り道」に置くというコンセプトの背景にある考え方は、FinOpsの何から何まですべてを全員のレポートの中心に据えようというものではありません。従来の行動習慣をさえぎることなく、FinOpsのために必要だと特定された議論や意思決定を可能にする重要な情報のみを持ち込みましょう。こうして提示された重要な方法から質問が生まれ、より詳細な報告・分析が求められたときこそ、FinOpsプラットフォームに準備してあるレポートの出番です。

クラウド消費データをしっかりと理解するためのコンテクストを各部門に確実に持たせ、それに直面したときには、事業にとって適切な行動につながる仮定を適切に立てられるようにすることが、そこでのFinOpsチームの役割です。いかにうまく他のワークフローに統合されていようと、ローデータから得られる情報は限られています。

8.7 理解のためにはまず探索

最適化の推奨事項や、何らかの形式の効率性スコアのデータを見て、そのインフラストラクチャのオーナーは費用について考えておらず、効率性を無視しているのではないかと推測したり、あるいは単純に悪者扱いしてしまいがちです。推測する代わりに、FinOpsデータを用いて、非難を目的としない議論を始めてみましょう。彼らに影響を与えて行動を促そうとする前に、まず彼らの意思決定を理解するために探ってみるのです。

TargetでDirector of Efficiency Engineeringを務めるKim Wierは、このモデルを上手に利用しています。Targetにおける中央のFinOps促進チームは、各エンジニアリングチームを訪れては、リソースの効率的な使用とはどうあるべきかを聞いて回ります。「効率性指標を彼らがどのように見たいのかを尋ねることが重要です」と彼女は言います。「エンジニアも、当社の利益のことを考えて、できるだけ最適にインフラを利用したいと考えているのです」。その後、各チームのビジネスゴールに即して、関連するFinOpsデータを提供します。彼女はこう続けます。「私たちは、プラットフォームにとって重要だとプラットフォームパートナーが見なすものに基づいて、推奨事項を出すことを目指しています。もし私たちの示した推奨事項について、エンジニアリング部門にそれを行えない強固な理由がある場合は、彼らのフィードバックループを私たちの推奨事項へと戻すのです」。

雲の上から（Jason Rhoades）

FinOpsのUIやUXは、常に読み取り専用であるとは限りません。レポートやダッシュボード上の情報は、通常はデータソースからエンドユーザーへと流れますが、逆に、エンドユーザーからシステムへと戻ってくるような情報もあります。

IntuitでDevelopment Managerを務めるJason Rhoadesは、こう言います。

> Intuitにとっての大きな進化の一歩は、レポートは読み取り専用だというコンセプトを超えて、エンドユーザーによる書き込みの実行も含むFinOps関連のワークフローを導入したことでした。例えば、あるクラウドの無駄遣いをレポートから取り除いたり、隠すための承認を得るためのワークフローを実施するようなシンプルなものもありました。またあるときは、部署を横断する新たな請求がレポート構造に影響を与える前に、2つのビジネスユニット間で取り決めを行ったりもしました。予測や調整目的で、クラウド資産をどのように割り当てるかチームを調整したこともあります。単純なレポートを超えてこうしたケイパビリティを有効化するにつれて、もっと多くの問題を、より包括的に解決できることがわかりました。しかし、それは中央のFinOpsチームを成長させ、より対話型で反復的なレポーティングのケイパビリティを可能にする新しいスキルセットの追加が必要だったのです。

これは、欠陥のあるアプローチとは逆の取り組みです。Noel Crowley（Fidelity）は、未熟なFinOps実践に共通して見られる欠陥のあるアプローチの最たるものとして、次のようにFinOpsPodで説明していました。「典型的に起きるのは、ネイティブツールやサードパーティーツールから得られた最適化の推奨事項を、FinOpsチームが各チームに渡し、各チームにそれを実行させようとすることです。推奨事項を受け取ったチームの側では、『そうですね、ライトサイジングできたらいいのですが、かくかくしかじかの理由でその推奨事項は実施しません』といった具合に、そうした変更は事業的に意味をなさない、とさまざまな理由をつけては、押し返すのです」。逆に、TargetでKim Wierがとったアプローチは、効果のない画一的な施策を全員に押し付けようとせず、エンジニアリング部門の同僚たちの力を借りることで、事業における彼らの担当部分に最も意味がある解決策へと至るものでした。

8.8 本章の結論

協力的なFinOpsの実践を構築するための最も重要なツールに、FinOpsチームの作成するレポートやダッシュボードが含まれます。レポートをFinOpsのUIとして捉えてみると、ユーザーに積極的な行動を促すような、適切な情報を効果的に伝達するレポートの作成に一般的なUIデザインの考慮事項を活用することができます。

要約：

- レポートとダッシュボードをプロダクション（本番）として扱い、いかなる変更もデプロイ前にステージング環境でのテストを行うこと。
- FinOpsの成功には、レポートとダッシュボードの品質への信頼が不可欠である。
- レポートの一貫性は、混乱や確証バイアスを回避する。
- レポートがどのように見られるかに影響を与える条件を考慮すること。
- 得たい成果に対して最も影響を与えられるように、情報は慎重に選択して、レポート内に示すこと。
- ターゲットとして想定する閲覧者の視点に基づいてレポートを設計すること。設計について過去に下した決断も、クラウド受容の進度によって、再評価すること。
- FinOpsをビジネス文化の一部とするために、エンジニア、財務部門、経営層が用いる既存のレポートや習慣の中にFinOpsデータを持ち込むこと。

本章をもって、第1部を結びます。第1部では、第2部以降の下準備として、FinOpsの導入的説明、FinOpsを必要とする理由、文化的な変革が必要な理由、クラウドの請求書が提供する洞察、FinOps Foundationフレームワーク、そしてFinOpsのUIを順番に見てきました。第2部では、組織内にFinOpsライフサイクルを実装する楽しいパートに進みます。

第2部 Informフェーズ

FinOpsの基礎を理解したところで、いよいよお楽しみに入りましょう。第2部では、FinOpsライフサイクルのInformフェーズを取り上げ、コスト割り当て、予測、請求の変更通知、最適化のパフォーマンスの監視など、より細かな部分について説明していきます。このフェーズでは、チームに説明責任を促し、将来の改善目標を設定する準備を整えます。

9章 FinOpsライフサイクル

1章では、FinOpsの基本原則について説明しました。FinOpsの基本原則は適切なアクションを取るためのガイドラインの役割をし、7章ではこの基本原則をもとに、FinOpsフレームワークについて説明してきました。本章では、FinOpsライフサイクルの各フェーズについて詳しく解説していきます。FinOpsの基本原則は2019年に出版された本書の第1版以来、大きな変更点はありません。しかし、多くの企業や組織はこの基本原則をもとに、繰り返し実践することで、企業の特徴に合わせた独自のものを生み出し、継続的に最適化を試みています。FinOpsフレームワークも同様に、企業や組織の特徴に応じてブロックのように組み合わせ、最適化されます。基本原則もまた、組織に合わせたFinOpsを構築するためのオープンソース基盤として活用することができます。

9.1 FinOpsの6原則

原則は以下のとおりです（「1.6　FinOpsの基本原則」参照）。

- 各チームは協力する必要がある
- 意思決定はクラウドのビジネス価値に基づいて行う
- すべての人が自分のクラウド使用量に当事者意識を持つ
- FinOpsのレポートはアクセスしやすくタイムリーであるべき
- 組織横断の専門チームが中心となりFinOpsを推進する
- クラウドの変動費モデルを活用する

まずは、各原則が実際にどのように作用し、影響を及ぼすかを見ていきましょう。その後、特定のフレームワークの機能がどのようにこれらの原則を活用して結果を出すことができるのかを掘り下げていきます。

9.1.1 #1：各チームは協力する必要がある

はじめに、FinOpsはこれまで連携が必要とされてこなかったチームの認識を変え、チーム間の壁を取り払うことに焦点を当てた**組織文化の変革**です。組織文化を変えることで、財務チームはクラウドの迅速な変化や柔軟性に対応できるようになり、プロダクトマネージャーは新機能からの期待収益を考慮し、予測してアプリケーションのスケーリングを調整することができます。さらに、エンジニアリングチームはコストを新たなメトリクスとして検討することができるようになります。

同時に、FinOpsチームは組織で合意されたメトリクスを継続的に改善することで効率化することができます。FinOpsチームはクラウド利用のためのガバナンスとパラメータを定義することでクラウド使用量をコントロールしますが、まずはコスト効率と同時にイノベーションとデリバリーのスピードを確保することに重点を置きます。

そして、企業が責任追及という非効率的な文化を排除することで、過ちから学ぶことのできる組織文化を作ることができます。個人やチームに責任を負わせるのではなく、将来のコスト超過を回避する方法や、組織がこれらの問題や出来事から学ぶために必要な要素に焦点を当てることができます。

> 問題が生じた際に責任追及や責任のなすり合いが起こるような文化では、罰や失敗を恐れて問題を指摘することができなくなってしまう。
>
> ——Betsy Beyer et al., *Site Reliability Engineering* (O'Reilly)[*1]

9.1.2 #2：意思決定はクラウドのビジネス価値に基づいて行う

最初に考えるべきは、クラウドの支出を単なる費用ではなく、どれだけのビジネス価値を生み出すことができるかという視点で捉えることです。企業にとって、クラウドの費用が全体の費用の中で相対的に高くなった場合、それらの支出をコストセンターとするのは容易に想像することができます。クラウドを利用することでビジネス価値を生み出すことができますが、それに伴って支出も増える傾向にあります。FinOpsの役割は、その支出によって生み出されるビジネス価値を最大化することです。毎月発生するクラウドコストに焦点を当てるのではなく、ビジネスメトリクスも考慮に入れ、**常にクラウドによるビジネス価値を最大化する**ことを意識しながら、意思決定を行うことが重要です。

9.1.3 #3：すべての人が自分のクラウド使用量に当事者意識を持つ

クラウドコストとクラウド使用量は明確な相関関係があり、クラウドを利用するほど、その使用

*1 訳注：邦訳は『SRE サイトリライアビリティエンジニアリング―Googleの信頼性を支えるエンジニアリングチーム』（Betsy Beyer、Chris Jones、Jennifer Petoff、Niall Richard Murphy 編／澤田 武男、関根 達夫、細川 一茂、矢吹 大輔 監訳／Sky株式会社 玉川 竜司 訳、オライリー・ジャパン刊、2017年）

量に応じて費用が発生することになります。この理解を深めることで、個々のエンジニアからチーム、そして組織全体のクラウド支出に対する責任意識を高めることができます。また、彼らが必要とする情報やガイダンスを提供することで、企業の目標達成のための重要な役割を担うことができるようになります。

9.1.4 #4：FinOpsのレポートはアクセスしやすくタイムリーであるべき[*2]

クラウド環境が急速に変化する場合、月次または四半期ごとのレポートでは不十分です。秒単位やマイクロ秒単位で変動のあるサービス、コンピューティングリソースの使用、クラウドストレージの利用、Kubernetesクラスターの動き、自動デプロイメント、外部からの操作やイベントに応じて起動するサービスなど、状況に応じて変化するこれらの要素を正確に把握することはできません。このようなクラウド環境でリアルタイムに意思決定を行うには、クラウドリソースをデプロイおよび管理している側に対して、日々のクラウド支出の変動や異常値アラートなどのリアルタイムな情報を迅速に連携する必要があります。

8章で議論したように、FinOpsデータは、インフラストラクチャの構成を決定する側の担当者がすぐにアクセスできる必要があります。彼らが手間をかけずに情報を得ることができるのが理想的です。リアルタイムに意思決定ができることで、支出を継続的に改善し、最適な意思決定を行うためのフィードバックループを作ることができます。

的確な判断を行うために、データのクリーンアップは入念に行いましょう。FinOpsにおける意思決定は、十分に整理がされ、共有コストなどが適切に割り当てられた状態で行われるべきです。コストデータには、コミットメントプログラムの事前支払いの費用を含む償却コストが含まれ、企業がクラウドリソースに支払っている割引率などを考慮した実際のコストを反映させている必要があります。また、共有コストについては、企業の組織構造に応じて適切に配賦されていることが望ましいです。組織の構造に適した支出の把握ができないと、各チームは誤ったデータに基づいて意思決定を行い、大きな機会損失を被る可能性があります。

9.1.5 #5：組織横断の専門チームが中心となりFinOpsを推進する

FinOpsという文化的変革を推進する際には、旗手を中心に据えることで成功率が上がります。組織の中心で機能するFinOpsは、教育、定型化、啓蒙活動などを通じて組織にベストプラクティスを推進します。この集中型のFinOpsチームには、教育や啓蒙活動を通じて文化的変革を推進していく専門的知識を持ったメンバーが所属しています。また、FinOpsチームは、データを効果的に活用す

*2 訳注：FinOpsの原則の4番目は、初版では「FinOpsのレポートはアクセスしやすくタイムリーであるべき（FinOps reports should be accessible and timely）」でしたが、最新版では「FinOpsデータはアクセスしやすくタイムリーであるべき（FinOps data should be accessible and timely）」に改定されています。この改定は、単なるレポートに限定せずに、より広範なデータの即時性とアクセス性を強調する意図を反映しています。

るための適切なツールを選定し、**組織全体でFinOpsに取り組むためのビジネスプロセスを改善します**。リソースを集約することで、割引率やレート最適化による効果を得ることができます。この役割を担うのは中央管理を行うFinOpsチームであり、これによって、クラウドリソースを直接的に管理するチームは使用量の最適化に注力できるようになります。ベストプラクティスとして成功している企業は、**クラウド使用量を減らす責任を分散**させ、**クラウド支出を削減する責任を集中**させていることが一般的です。

FinOps実践者は組織がどの程度効果的に運用できているかを把握するために、パフォーマンスベンチマークをもとに評価します。クラウドのパフォーマンスベンチマークを利用することで、企業の目標に対する進捗を客観的に把握することができ、各チームの支出を客観的に判断することができます。支出が妥当であるかどうか、支出を削減すべきかどうか、他のチームの支出との差異があるかどうか、そして支出をコントロールできているかどうかなどを判断できるようになります。加えて、企業が社内ベンチマークと業界ベンチマークを適切に使い分けることが重要です。社内ベンチマークは、社内のチームを比較して社内最適化を図るために使用される一方で、業界ベンチマークは、業界の水準やトレンドを把握するために役立ちます。それぞれの目的に応じて、ベンチマークを使い分けることで、より効果的な判断が可能です。

9.1.6 #6：クラウドの変動費モデルを活用する

分散型のクラウド環境では、視点を「将来の需要に応えるために必要なリソース」から「現在の支出を予算内で管理するために必要なリソース」に切り替える必要があります。将来の需要を考慮してリソースを調達するのではなく、タイムリーに実際の使用量データをもとにRI/SP/CUDなどの割引オプションを活用したり、ライトサイジングやボリュームディスカウントを利用することで支出をコントロールすることが重要です。クラウド環境では、将来の需要に合わせてリソースを容易に増やすことができます。したがって、実際の活用状況をもとにリアルタイムに最適化することで、クラウドを最大限に活用することができます。

クラウドの実務経験を積むことで、需要に応じてスケーリングできるクラウドネイティブなサービスの活用や、必要に応じて利用できる低コストなリソース、例えばスポットインスタンスなどを検討することができます。利用用途に応じて、最もコストパフォーマンスの高いモデルを選択しましょう。

9.2 FinOpsライフサイクル

これまで、FinOpsの基本原則について説明をしてきました。本章では、FinOpsの基本原則がInform、Optimize、Operateフェーズ（図9-1を参照）でどのように導入されるのか説明していきます。各フェーズは一度きりではなく、繰り返し実行することを前提として設計されています。

1. Informフェーズでは、**各チームの支出とリソースの利用状況を正確に可視化**することで、チームに対して共通の**責任意識を醸成**します。このフェーズでは、各メンバーが、自らの行動が支出に与える影響を理解できるようになります。
2. Optimizeフェーズでは、チームのリソース状況に合わせて最適化を行います。需要に合わせてライトサイジングやストレージへのアクセス頻度の最適化、RIカバレッジなどを改善します。このフェーズでは、チームごとに設定された**目的に適した最適化の方法を選択**することが目標です。
3. Operateフェーズでは、テクノロジー、財務、およびビジネスサイドの目標を達成するために必要なプロセスを策定し、実行します。フェーズの中で繰り返されるプロセスや、人的ミスが発生しやすい処理がある場合、自動化を導入することで効率化を図ることも可能です。

図9-1 FinOpsライフサイクル

FinOpsのライフサイクルはループ状であり、決して終わることはありません。最も成功している企業は、**サイクルを通じて段階的に改善するアプローチ**を取り、反復と改善を繰り返すことで、企業に合った最適な方法を見出しています。

FinOpsライフサイクルの各フェーズでは、クラウドの支出とFinOpsの実践経験に基づいて的確なアクションを実践します。そして、7章ではこれらの運用モデルがFinOps Foundationのフレームワークとして解説されています。前述で日常業務として行うタスクをガーデニングの例を用いて説明しました。植物の健康を保つためには、適切な水やりや、草むしりなど、植物の状態に応じたタスクを定期的に行うことが大切です。

Informフェーズでは、このFinOpsガーデンにおける植物の状態を正確に把握することに焦点を置きます。そして、Optimizeフェーズでは、FinOpsガーデンをより健全にするためにできる複数の選択肢の中から適切なアクションを選択し、最後のOperateフェーズで、これまでに選定したアクションを実行します。企業の状態に応じて的確なアクションを実行することで、FinOpsガーデンをさらに繁栄させることが目標です。

特定の行動や能力は、ライフサイクルの一部で使用できるものと、汎用的にすべてのフェーズで使用できるものがあります。

それでは、FinOpsライフサイクルの各フェーズを振り返りながら、各フェーズで実行するアクションについて見ていきましょう。ただし、ライフサイクルの各フェーズにおいて、すべてのアクションを実行する必要はありません。この点を踏まえ、1章で説明したプリウス効果も意識してみてください。リアルタイムのフィードバックループをデータ駆動型の意思決定に変換することで、常に最新のデータに基づいて行動し、最小の努力で最大の成果を得ることが可能になります。

9.2.1 Inform

Informフェーズを通じて、企業の支出と支出の出所を把握することができます。チームにリアルタイムに近いコストデータの可視性を提供することで、実態に近い情報に基づいて行動を取ることができるようになります。Informフェーズでは、全体のクラウド支出からコスト割り当てを必要とする細かな共通基盤費用などに可視性を与えることで、共通の責任意識を醸成します。そして、チームはさまざまなベンチマークやレポートを通して、どのサービスにどれだけの支出が発生しているか、またその要因について学ぶことができます。これらを通じて、初めて各担当者が自らのアクションによるクラウドの請求を正確に把握できるようになります。

このフェーズでのアクティビティは以下が含まれます。

組織構造に合わせたクラウド支出データのマッピング

的確なチャージバックを実装するためには、支出データをコストセンターやアプリケーション、ビジネスユニットなどの組織階層に合わせてマッピングする必要があります。エンジニアリングチームが設定したタグ付けやアカウントは、財務の管理体系や経営層が必要とする俯瞰的な情報とは異なる場合があります。

ショーバック（およびその他の）レポートの作成

組織内で支出の責任を各部署に認識させるためには、ショーバックやチャージバックのようなモデルを通じて、グループごとに支出要因を明確に示す必要があります。支出を可視化させることによって、支出要因を特定し、コストに対するオーナーシップを醸成させることができ、結果的に企業に大きな変化をもたらしてくれるようになります。

予算とコスト予測の定義

FinOpsチームは、各チームやプロジェクトが予算を設定するためにコスト予測やクラウド使用量のデータを提供する必要があります。予算とコスト予測は、クラウドの構成要素であるクラウドネイティブサービスやコンテナ、それに関連する費用など、すべての側面を考慮しなければいけません。予算管理は、最適化や支出を改善するタイミングを把握するのに役立ちます。また、支出が変動した場合にその原因を特定し議論することも可能です。

支出の予測は、各チーム、サービス、またはワークロードごとに、確定したコストデータと正確に割り当てた費用に基づいて行われるべきです。また、過去の傾向やコスト利用傾向に基づいて、適用する予測モデルを見極める能力が求められます。

アカウント戦略の定義

多くの企業ではAWSアカウント、Google Cloudのプロジェクト、Azureのサブスクリプション／リソースグループ（Azure）、または他の階層的なグルーピングを使用して組織構造に合わせてアカウントを配賦します。そして、この配賦方法はInformフェーズで重要な要素の1つであるコスト割り当てに大きな影響を与えます。コスト割り当ての多くは、アカウントをセキュリティ、リソース、およびその他の技術的な目的の境界として使用できるように、一貫性のある方法でアカウントを配賦することによって実現できます。

タグ付け戦略とコンプライアンスの設定

後述で詳細に説明するメタデータ戦略（タグ付けとラベリング）は、技術と理論の要素が組み合わさっています。すでに統制の整ったアカウント管理体系を採用している場合でも、詳細な情報を得るためには、早い段階でタグ付け戦略を設計することが重要です。これを設計せずに進めてしまうと、統制が効かなくなり、各担当者が自由にタグを作成したり、意味のないタグが乱立して混乱を招く可能性があります。

タグ付けされていない（またはタグ付けできない）リソースの特定

企業には2つの種類が存在します。1つ目はタグの付いていない、またはタグを付けることのできないリソースを認識している企業、そしてもう一方はそのようなリソースを認識していない、または存在していないと錯覚している企業です。タグ付けされていないリソースおよびタグ付けのできないリソースを適切な部署やワークロードに紐付け、メタレイヤーレベルで配賦することは、後続のチャージバック、費用の可視性、最適化を実行する際に重要になります。

共有コストの公平なコスト割り当て

サポート費用や複数部署などで共有利用しているサービスなどの共有コストは、関係部署やプロジェクトに適切な比率で割り当てる必要があります。これを実践する方法はいくつかあり、共有コストを等しい比率で按分する方法や、使用量やコンピューティング時間などのメトリクスに応じて按分し配賦するなどが考えられます。逆に、中央管理しているFinOpsチームがそれらの共有コストを管理し集約することは、各部署やプロジェクトの実態を正確に把握できなくなる可能性があるため、望ましくありません。

カスタムレートや償却コストを自動的に計算

企業の支出に可視性を与えるには、RI/SP/CUDなどに関連するカスタムレートや交渉料金、そしてこれらの契約による前払い金の償却コストを考慮に入れる必要があります。これらを正確に把握することで、財務チームから共有される請求書の金額と日々の支出レポートの金額が一致しないなどのサプライズを防ぐことができます。

トレンドと変数の分析

支出の要因を特定するには、時系列の比較を取り入れたアドホック分析と、大きな階層（コストセンターなど）からリソース単位（コンテナ、サービスなど）へドリルダウンし、詳細な階層まで分析を進めることが必要です。

スコアカードの作成

スコアカードを利用することで、FinOpsチームが定めたベンチマークをもとに各プロジェクトチームのコスト最適化、スピード、クオリティを評価することができます。スコアカードは、迅速に改善箇所を見つけるための手段であり、「予算とコスト予測の定義」で述べた、**確定されたコストデータと正確に割り当てた費用**を使用します。

同業他社とのベンチマーク比較

FinOpsチームが成熟してくると、内部基準に基づいて作成されたスコアカードをさらに発展させ、業界をリードする同業他社の支出データと比較するようになります。このベンチマークを通じて、より高度な比較分析や支出のトレンドを理解し、業界内での位置付けや改善ポイントを把握することができます。

異常値の特定

異常値の検知は、予算の閾値を設けるためだけでなく、使用量の異常な急増の把握にも使用されます。クラウド事業者から提供されるさまざまな従量課金型（変動型）サービスの増加に伴い、通常とは異なる支出パターンを見つけるための異常検知が重要になります。これにより、異常値を素早く見つけ、改善するチャンスを見逃しません。

9.2.2 Optimize

Optimizeフェーズでは、現状のクラウド利用状況の改善点を特定し、次のOperateフェーズで達成するべき目標を設定します。最適化フェーズでは、コスト回避（将来発生する無駄なコストを未然に防ぐこと）とコスト最適化の目標設定が深く関与しており、**まずはコスト回避を優先的**に取り組む必要があります。

組織がクラウド最適化するためには、リアルタイムに近い迅速なビジネス判断と状況を正確に把握するためのプロセスが必要です。また、クラウドサービス事業者の提供形態によってクラウドコストを削減する方法についても検討します。このフェーズには、以下の活動が含まれます。

KPI分析と目標設定

Optimizeフェーズでは、KPIを策定し、それらを段階的に達成するための目標値を設定します。達成したい目標の全体像を理解することで、目標到達のために必要な段階的なステップゴールを設定できます。このアプローチは、Optimizeフェーズ中に見つけた機会を整理し文書化することで、後のOperateフェーズで実践するアクションに役立ちます。

無駄なリソースや利用していないサービスを特定し報告

各チームが適切に割り当てられた支出と使用状況を把握できることで、主要な支出要因を通じて未使用のリソース（コンピューティング、データベース、ストレージ、ネットワーキングなど）を特定することができます。クラウドプロバイダーからの推奨事項に基づいて、使用されていないリソースを削除したり、周期的に使用されるものをスケールしたり、ライトサイジングやアーキテクチャの見直しをすることで、節約可能額を測定できます。

中央集約型コミットメントベースの割引

コスト削減のために、FinOpsチームは保有しているAWS/AzureのRI、AWS SP、またはGoogle CloudのCUD/フレキシブルCUDのそれぞれのメトリクスを評価し、追加購入の見当や未使用のリソースがあれば売却したり、既存のリソースへの適用状況を考慮しながら、適用されていないリソースがあればタイプの変更などを検討しなければなりません。そして、コミットメントや予約オプションによる割引を把握し、それらの使用量の効率化やコスト回避、有効期限を可視化することで、ポートフォリオ全体を分析することができます。

9.2.3 Operate

Optimizeフェーズでは目標を設定し改善の方向性を策定してきた一方で、Operateフェーズでは、Optimizeフェーズで設定した目標を達成するためのアクションを実行します。このフェーズでは、**プロセスを継続的に改善**することが重要です。プロセスが自動化されると、経営陣は支出が企業の目標に沿って適切に管理されていることを確認するだけで済むようになります。また、フェーズがここまで進行した段階で、FinOpsチーム内でさらなる改善施策やこれまでのプロセスを見直す機会を設けるのもよいでしょう。以下は、Operateフェーズで行われる活動の一部です。

ステークホルダーへ支出データを提供

1章で議論されたプリウス効果を生み出すためには、ステークホルダーが定期的に予算と実績値の比較をすることが必要です。日次または週次データに可視性を与えることで、フィードバックサイクルの頻度を高め、迅速なビジネス判断を可能にします。Operateフェーズでは、これらのレポートをどのようにステークホルダーに共有するか、またそれらを自動的に提供できるプロセスをどのように構築するかを検討します。

目標に沿った文化的変革

各チームは目標達成のために教育を受け、ときには説明責任を果たし、イノベーションを促進するために他の組織のチームと連携する必要があります。財務チームは、従来の保守的な考え方を変え、ビジネス／技術チームと連携し、イノベーションを促進するための大胆な変革を行います。そして各チームは、クラウドの認識を常にアップデートし、レポーティングを効率化させることが重要です。

インスタンスとサービスのライトサイジング（または停止）

Optimizeフェーズで必要以上に高性能なコンピューティングリソースを使用していることが判明し、不必要な支出が発生していることがあります。Operateフェーズでは、このようなリソースに対して推奨事項に基づいた最適化を実施します。エンジニアがそれらの推奨事項をレビューし、リソースの使用状況に合わせた的確な変更を行います。例えば、より低価格なインスタンスに切り替えたり、使用されていないストレージを小さなサイズに置き換えたり、アクセス頻度に合わせてストレージ階層を変更したりします。そして、成熟したFinOpsチームは、すべての主要な支出要因にわたってこれを実施し改善していきます。

クラウド使用量のガバナンスとコントロールについて定義する

クラウドの主な価値は、リソースを迅速に調達できることにあります。この特性を最大限活用することで、より大きなイノベーションを促進することが可能です。これらと並行してコストを検討することで、成熟した企業はイノベーションの速度に影響を与えないように、クラウドの特性を理解し、サービス利用のガイドラインを策定しています。ただし、ガイドラインで過剰に制御してしまうと、クラウド移行の利点を失ってしまう可能性もあるため注意が必要です。

継続的にイノベーションと効率性を改善

これらは、より大きなビジネス成果を促進するために継続的に目標やゴールを改善する反復的なプロセスです。これを私たちは、22章で議論する**メトリクス駆動型コスト最適化**と呼んでいます。従来の定期的なスケジュールに基づく手動の最適化作業（非効率で人為的な怠慢のリスクがある）ではなく、メトリクス駆動型コスト最適化のアプローチでは、あらかじめ目標の閾値や主要なメトリクスを監視し、状況に応じて将来の最適化アクションを実行します。

リソース最適化の自動化

成熟したチームは、サイズ変更の必要なリソースがある場合にプログラムで自動的に検知し、リソースを常に最適の状態に保つ機能を提供します。

レコメンデーション（推奨事項）をワークフローに取り入れる

成熟したチームは、アプリケーションオーナーがレコメンデーションを見るためにログインをするという作業をなくします。アーキテクチャの推奨事項、ライトサイジングの推奨事項、モダナイゼーションの機会、およびその他の改善の機会をスプリント管理ツールに取り組むことで、自動化を検討します。これらの情報の一部は戦術的なコスト最適化データですが、その中には戦略的な側面を持つデータも存在します。これらの側面を理解することで、チームはアーキテクチャやソフトウェアの設計時に、あらかじめコスト効率の良い設計を取り入れ、システムやアプリケーションを構築できるようになります。

社内システムにチャージバックを導入

チャージバックを導入することで、各チームに正確なコストの可視性が提供されます。その後、FinOpsチームは、APIなどを利用しこれらのデータを社内の主要システムやレポーティングツールに自動的に連携します。

ポリシーに基づいたタグ付けの整理とストレージライフサイクルの設定

成熟したチームは、プログラム的にタグ付けを整理するためのポリシーを定義します。リソースをデプロイする際に、自動的にタグを付与する設定や、タグ付けされていないリソースを自動的に停止または削除するような対策を講じることが考えられます。また、データが最も費用対効果の高い階層に自動的に格納されるような、ポリシーに基づいたストレージライフサイクルなども実装できます。

9.3 考慮事項

FinOpsを実践する際に、ライフサイクルを通していくつかの考慮事項があります。考慮事項はFinOpsの主要な考えに基づいています。支出を明確に理解すること、企業全体で推進すること、イノベーションを推進すること、そして最終的にビジネス目標を達成するための協力を仰ぐことが重要です。

以下について評価してみましょう。

ユニットエコノミクス

重要なステップとして、**クラウドの支出を実際のビジネス成果に関連付ける**ことが挙げられます。クラウドを利用してビジネスが成長している場合、支出が増えていること自体が必ずしも悪いということではありません。特に、提供しているサービスにかかるコストを把握し、それを持続的に低減している場合はこれが当てはまります。ビジネスメトリクスと支出メトリクスを結び付けることは、FinOpsを実践するうえで重要なステップとなります。

ユニットエコノミクスは、組織内のすべての階層が理解できるクラウド支出における共通言語を提供し、内部での議論を円滑にします。これにより、経営層が恣意的な支出目標を設定するのではなく、ビジネス成果に結び付いた目標を設定することができます。経営層からの提案は、「クラウドコストを削減してください」という抑圧的な提案ではなく、「請求額にとらわれず、ビジネス成果とクラウド支出の費用対効果を最大化してください」というものに変化します。

組織文化

Operateフェーズは、FinOpsの文化がどの程度、社内に浸透しているのかを評価するのに適したタイミングです。無駄なリソースの利用やRIのカバレッジが不十分な問題は、コミュニケーション不足や組織内の隔たりに起因して発生することがよくあります。チームが積極的かつ、効率的にクラウドサービスを設計している兆候を探してください。各担当者が提供されているFinOpsトレーニングを完了しているかどうか、財務とエンジニアリングの間でコミュニケーションが円滑に行われているかどうかを確認してください。

デリバリー速度

デリバリー速度は、コストと品質のバランスによってコントロールされます。経営陣は、デリバリー速度を向上させる方法について、これら2つの要素を調整しながらプロジェクトに適した方法をFinOpsチームメンバーと協議します。

ビジネスへの価値転換

繰り返しになりますが、経営陣は、プロジェクトのクラウド支出とビジネス価値を関連付け、支出によってどれだけのビジネス価値が生み出されているかを評価する必要があります。そして、この機会に特定のプロジェクトについてFinOpsチームメンバーと協議し、これまでのように運用を継続するか、あるいはいくつかの変更を加えるかを判断することが重要です。

9.4 どこから始めるべきか?

まずは、FinOpsサイクルのInformフェーズで説明した質問に回答することから始めます。FinOpsサイクルは出口のないループ状のレーストラックのようなものです。どのポイントから始めたとしても、いずれ同じ場所に戻ってきます。ただし、OptimizeまたはOperateフェーズに入る前にこのInformフェーズから始めることをお勧めします。クラウド環境の状況や変更に関する責任の所在を明確にするために、コスト配分の整理という、困難ではあるものの重要な作業を行う必要があります。

そして、FinOpsライフサイクルのどの段階においても、常に文化とガバナンスに焦点を当てるべきです。FinOpsの本領が発揮されるのは、アクションやツールを組み合わせるときだけでなく、組織全体のクラウド利用に関する考え方を変える文化的転換を促すことにあります。

ただし、無意味で過剰な挑戦は避ける必要があります。数年前、ある大手小売業者が一度に0%から80%のRIカバレッジを実現しようと試みたことがありました。同社は自社のインフラストラクチャを調査し、エンジニアリングチームに協力を仰ぎ、オペレーティングシステムについて確認をしたうえで、200万ドル分のRIを購入しました。関連部署のマネージャーたちはお互いの取り組みを称えてハイタッチし、その後数週間は通常の業務に戻りました。ところが、翌月のクラウドの請求額が高額だったため、取締役から直ちに報告するように求められました。調査の結果、同社はBYOL（Bring Your Own License）モデルの適用方法について熟知していないことから、誤ったオペレーティングシステムに対応したRIを購入していたことがわかりました。現在同社では、80%のカバレッジを達成していますが、過去の苦い経験を経て、財務チームやその他の事業部門が慎重になり、彼らを説得するのに数年かかったため、企業全体へのFinOpsの浸透が大幅に遅れてしまいました。慎重になること。何事も、実力をつけるには時間がかかりますが、先人からのアドバイスを学ぶことで、その過程を加速させることも可能です。

9.5　すべての答えを見つける必要はない

特定のリソースの削除、別のリソースのサイズダウンをするようにチームに指示をする前に、まずはコストが発生している要因を正確に把握し、各チームが、彼ら自身の支出がどのようにビジネスに影響を与えているのかについて理解できるようにする必要があります。

これを行うことで、驚くような成果をもたらしてくれることがあります。以前、Slackのメッセージを通じて、チームメンバーから素晴らしい例を知ることができました。ある製造業の企業が、各チームの支出を彼ら自身に示すだけで、年間で数十万ドルのコスト削減を実現することができたというのです（図9-2参照）。

ペルソナA 3.56PM
@here Kurtによると、現在提供しているアカウントやエリアごとの支出を可視化したことで、Bobbyが週のはじめに高額な支出を発見し、そのことをエリア担当者にメールで伝えたところ、担当者がRDSインスタンスのサイズを変更したことで、月々の請求額を6万ドル削減することができたんだって！

ペルソナB 4.00PM

図9-2　コストに可視性を与えることで生まれる本質的な議論

この事例で最も重要なことは、**FinOpsチームが各チームに対してアドバイスをしなかった**ということです。彼らが行ったのは、チームのクラウド利用状況を明らかにすることだけでした。この行為によって各チームは自身のチームの利用状況を理解したうえで、改善を行う必要性と責任について認識することができたのです。各チームの責任範囲にクラウドの支出を紐付けることで、使用量の削減を促す結果につながったのです。

9.6 本章の結論

企業がFinOpsライフサイクルを習得するためには、**数年におよぶ教育と継続的なプロセス改善のアプローチが必要**であるということを忘れてはいけません。

要約：

- FinOpsライフサイクルは、3つの主要なフェーズを継続的に循環することで構成される。
- 初めからすべてを網羅するのではなく、段階的に各ライフサイクルを繰り返し、改善を図ることを意識する。
- 部門横断的に参加を促し、密接な連携とコミュニケーションを取りながら一緒に成長することを心がける。
- フェーズ間の移行は迅速に行い、常にプロセスの改善機会を見逃さない。
- 各チームに対して、リアルタイムかつ、詳細な支出データの可視性を提供することが最も重要である。
- 何かのアクションを実行する前に、クラウドの支出を正確に把握すること。これには、クラウドベンダーから適用されるカスタムレートの把握、コスト割り当て、共有コストの按分と配賦、組織構造に合わせた支出のマッピングや償却コストなども含まれる。

これらの作業は複雑で困難な作業に聞こえますが、実際には仕組みを整理することでプロセスが容易になります。次章では、FinOpsライフサイクルのファーストステップであるInformフェーズに取り組みます。このフェーズで企業の状況を把握するために回答すべき質問について詳しく説明します。

10章

Informフェーズ：あなたの現在地はどこですか？

FinOpsの実践は、まず質問をすることから始まります。この質問をするという行為が、Informフェーズのすべてと言っても過言ではありません。質問に答えることで、あなたのクラウド環境の状態について正確に把握することができます。本章では、初めに回答するべき質問をいくつか取り上げると同時に、このフェーズにおける「優れた状態」がどのようなものかについて見ていきます。それらは、次のOptimizeフェーズで焦点を当てるべきポイントを知るための役に立ちます。

これまで述べてきたように、FinOpsは直線的なプロセスではなく、サイクルです。Informフェーズで得られる可視性は、次のフェーズ（Optimizeフェーズ）に進むのに備えておくべき不可欠なものです。そして、皆さんの大半の時間は、このInformフェーズで使われることになるでしょう。十分な準備もしないまま最適化に取り掛かってしまうと、手痛い間違いを簡単にしてしまいます。昔から建築の世界では「二度測って、一度で切る」という言葉があるように、計測することで、現状を把握することができます。変更を加えた場合、その影響を運用上の指標に基づいて計測します。そして、どの行動がビジネスにとって有益かを見極め、情報を更新しながら改善を重ねていくことになるでしょう。

最初に答えを出さなければいけないことは、「クラウドの支出は合計でいくらか、それは将来どうなるか、どんなスピードで支出が増えるか」です。もし、これらの数字がビジネスにとって重要と認識されていない場合、すべての基本的なレポートが出揃ったあとに、振り返りの機会を設けることをお勧めします。2章で説明した、情報に基づく意図的な無視のコンセプトを思い出してください。

10.1 コンテクストのないデータは無意味

データを取得するだけでは不十分で、その**データを解釈し理解を深めることで、自身のスキルを向上させる**ことがFinOpsの目的です。達成したい目標について、財務、エンジニアリング、そしてライン部門（LoB）の同僚と会話をする必要があります。

熟練したFinOps実践者は、そのために、11章で議論する適切な分配構造を設計するための質問をします。ただし、ここできめ細かにすべての要素を網羅しようとは考えず、実現可能な範囲で取り組むことを心がけましょう。ここでは、FinOpsライフサイクルの中で答えなければいけない質問を特定することが大切です。

このプロセスは、4章で議論した共通言語を精錬させる役割を果たすと同時に、データへの信頼性が損なわれることや、チーム間で連携が合わない場合の責任のなすりつけ合いを防ぐことができます。

> ボトルネック以外での改善は、すべて幻想である。
>
> ——Gene Kim, *The Phoenix Project*

成熟したFinOpsプロセスを何度も構築したことがあるような経験豊富なFinOps実践者であっても、FinOpsの成熟度に合わせて、段階的にプロセスを進め、実践する必要があります。最初の目標は、簡単に実現できる成果からスキルを覚え、信頼性を築くことです。ウォーターフォールではなく、DevOpsを。Winston W. Royceではなく、Gene Kimを参考にしましょう[*1]。

10.2 まず理解すること

このフェーズを進めてすぐに、いくつかの無駄な支出を見つけるかもしれません。そして、それらを改善したいと思うことはごく自然な行為です。しかし、すぐに改善に取り掛かるのではなく、まずは「その無駄な支出の出所はどこか？」と問いかけるようにしましょう。問いかけることで、支出の要因となっている根本的な原因を特定し、同様の事象の発生を未然に防ぐことができます。つまり、現状のクラウド環境にすぐに変更を加えたいという誘惑を抑え、まずは「問い」に対して「答える」ことに集中しましょう。

皆さんが尋ねるべき質問を特定する最も効果的な方法の1つは、組織内のさまざまなステークホ

---

*1 訳注：「ウォーターフォールではなく、DevOpsを。Winston W. Royceではなく Gene Kimを……」という記述は、従来的な考え方であるウォーターフォール型開発手法とDevOpsの対比を示しています。ウォーターフォール型開発手法は、一般的に米国の計算機科学者Winston W. Royceが1970年に発表した論文で提唱した開発プロセスに起源があるとされ、要件定義から設計、実装、テスト、リリースまでを順序立てて進める手法です。一方、開発（development）と運用（operations）の連携を重視する「DevOps」はしばしばウォーターフォールと対比されます。この一文は、より適応性の高いDevOpsがFinOpsにより適していることを強調した記述となっています。原著者J.R.がFinOpsを定義する際にGene KimによるDevOpsの定義を参照したエピソードについては1章のコラムを参照してください。

ルダーにインタビューすることです。彼らが興味を持っていることについて理解することで、その知識をもとにレポーティングや分配構造に必要なコンテクストを作成することができます。

以下の質問から始めてみましょう。

- 何について報告する必要があるか？ それはコストセンター、アプリケーション、プロダクト、ビジネスユニット、または他の何かなのか？
- 大部分の支出の出所はどこか、どのサービスセットで発生しているのか？
- チャージバックはしているのか？ ショーバックはしているのか？ どちらにも利点があり、説明責任を推進するのに利用される。
- 料金管理を統合する場合、共通の利益を優先するべきか、それともチャージバックによるコスト回収を重視するべきか？
- 支出の傾向把握をしたいのか、それとも正確にチャージバックしたいのか？ 最初の段階で傾向を把握することは重要だが、後には細かなコスト配分が重要になる。
- コストセンターの変更をどのように扱うのか？ 初期段階では、スプレッドシートや構成管理DB（CMDB）を活用できるが、後にFinOpsプラットフォーム内で常に変化し続ける組織構造に合わせて動的に再マッピングするためのコスト配分データのメタレイヤーを持つことになる。
- チーム間で人やアプリケーションが移動したり、異なるチームに再結合したりする場合、どのように対応するか？ チームが変わると彼らが扱うデータの範囲も変わる。そんな中、チームの切り替え後に、彼らが関心のある情報をどのように入手するか？
- 分配構造ルールに変更があったことをどのように通知するか？
- 本当に必要なタグはどれなのか？ 初めは3つかもしれないが、それが数十個に増える可能性も考えられる。しかし、数十個に拡大している場合はタグが多すぎる可能性があるため、FinOpsライフサイクルのOptimizeフェーズで設定し、アップデートされた目標に基づいて、タグの数を適切に管理するようにする。
- CCoEから定期的にベストプラクティスを紹介し、活発に意見交換を行える「lunch and learns（インフォーマルなミーティング）」を開催しているか？

FinOpsループを進めるにつれ、答えるべき質問が増えていきます。「効率的にFinOpsループを回せていますか？」という問いに答えるためには、ループを進めながらその答えを探る必要があります。そして、数周するうちに、このループには終わりがないことに気づくでしょう。ループを重ねるごとにプロセスは洗練され、質問も徐々に本質を捉えるようになります。

- どのチームの支出が増えているか？ 彼らは効率的に運用できているのか？ 彼らの支出をユニットメトリクスと連動できているのか？
- 各チームに応じて予算設定はされているのか？ 各チームに設定された予算に応じて、各チームは予算管理ができているのか？ アクティビティベースのコスト計算ができているか？
- あなたのタグ付け戦略の状態を把握できているか？ どのタグが利用されているのか、そしてそれらが何を示しているのか。カバレッジのギャップ（タグ付けされていないリソース）を確認し、タグ付けできないコストや共有コストを割り当てる方法について検討しましょう。
- 分配構造と同期した最新の状態を保つ方法は？ スプレッドシート、定期的にCMDBと同期、または、FinOpsプラットフォームとCMDBでAPIを利用して同期をするのか？
- 自社のコミットメントベースの割引戦略は？ どのようなコミットメントベースの割引プログラムがあるのか？ それらはどの程度で使用されているのか？ 最適化することはできるのか？ どの新しいものを作成するべきか？
- そしてまた、**同じ手順を繰り返し行う**。

各フェーズで簡単に実現できる成果を達成しながら、次に進みます。設定した目標を再確認し、微調整しながら繰り返し行いますが、**常にコストの可視性から始める**ことが重要です。そして、次のサイクルでは、13章で議論する基本的な予算設定を行います。さらにあとのサイクルでは、それらを管理していきます。

サイクルを重ねるたびに、より難しい問いかけをし、常にFinOpsチーム以外のチームの状況を確認しながら歩幅を揃えて一緒に進みます。実際、彼らの教育はFinOps実践者の個人的なスキルよりも重要かもしれません。成功するFinOps文化は、大きな変更を急ぐ個々の集まりではなく、一緒に協力して働く村のようなものなのです。

10.3 本フェーズでの組織的な業務

単なる支出データの分析から、それを超えたFinOps文化を創り出すためには、多くの組織的および文化的な取り組みが必要です。このフェーズでは、健全なFinOpsを実践するために以下の点にも焦点を当てます。

- 経営層が持つ目標やクラウドがもたらす働き方の変化に対する認識を合わせること
- 事業に与える影響（特にコストを新たな効率性指標として考慮すること）の点でエンジニアの役割が拡張されたことを理解する手助けをすること
- あなたのチームに必要なスキルが揃っていることを確かにすること（FinOps.orgを参照）
- エンジニアリング、財務、IT、アーキテクチャチーム、調達、プロダクトチーム、セキュリティ、IT資産管理（ITAM）グループなど、社内の各部門との連携を強化し、「FinOps Day」のようなイベントを通じて、FinOpsの取り組みを社内に広め、その概念や影響、初期の成功事例を共有すること
- エンジニアリングチームと連携し、使用量の最適化に必要なデータを提供することで彼らの負担を軽減しつつ、FinOpsチームで可能な限り料金の最適化を管理すること

10.4 透明性とフィードバックループ

1章では、プリウス効果とリアルタイムの可視性が行動に与える影響について議論しました。電気自動車は、エネルギー使用量を表示することで、それまで無関心だったエネルギー消費について、自分の行動が今この瞬間にどのような影響を与えているかを認識させます。同様に、Informフェーズでは、継続的に取得されるデータをもとに、リアルタイムの意思決定を促進し、説明責任をより明確にします。

最近、「クラウドのすべてにリアルタイムに近いデータが本当に必要ですか？」と聞かれましたが、月に一度しか確認しないレポートの例を逆に思いつくことができませんでした。クラウドではすべてが非常に速いスピードで変化していますが、これはコンピューターの速度というよりも、クラウドイノベーションを推進する人間の行動によるものです。FinOps成熟度の初期段階では、毎日または毎週レポートを確認します。FinOpsが成熟するにつれて、取り決めた周期（または異常が発生したとき）で確認し、これが非常に高度なFinOps実践になると、設定したメトリクスの閾値を超えたことを示すアラートが表示されたタイミングで確認するようになります。22章では、この高度な段階のFinOps実践のシナリオがどのようなものか詳述します。

組織のプロセスが求める以上のリアルタイムデータを得るために、多くの時間や資金を費やすことは、新しいFinOps実践者にとって大きなストレスとなる要因の1つです。クラウド支出データは頻繁に更新することを目指しましょう。ただし、それは組織に利益をもたらす範囲内で行われるべきであり、ボトルネックとなる部分の最適化を犠牲にしてまで全体の最適化を図ることは避けてください。

この段階で不可欠なケイパビリティは、クラウド支出の異常を検出する能力です。異常とは、典型的な値（平均値）、時間の経過に伴う変動（傾向）、または周期的に繰り返されるパターン（季節性）から逸脱する支出のことを指します。これらは、クラウド請求の複雑さや規模の中で見つけることが非常に難しい、いわば「干し草の山の中の針」です。しかし、それらが積み重なることで、大きな影響力を持つようになります。

雲の上から（FinOpsコミュニティ）

複数の国で事業を展開する大手製薬会社のリモートエンジニアリングチームは、メモリ内データベースのテスト用に、シドニーリージョンで3つのx1e.32xlargeインスタンスを立ち上げました。このインスタンスは1時間あたり44ドル強の料金で、3つを稼働させると1日で約3,000ドル、1か月で約98,000ドルのコストが発生します。数字だけを見ると大きく感じますが、チーム全体の月額クラウド請求額が350万ドルを超えていたため、このテストインスタンスによるコスト増は全体のわずか2%にすぎません。このため、高レベルのレポートでは見落とされてしまう可能性が高かったでしょう。

そして、中央のチームが別のマシンセット用にRIを購入したことにより、新しいX1eインスタンスの支出増加が実質的に相殺されたことで、この支出異常をさらに目立たなくさせたのです。しかし、FinOpsチームが機械学習ベースの異常検出システムを持っていたため、大型インスタンスの使用を即時に発見し、そのような高性能なインスタンスが本当に必要か否か迅速に話し合うことができました。案の定、それらのインスタンスは不要だったことが判明しました。

とは言え、これは実際にFinOpsの成熟度の高い企業で起きた例です。通常、成熟度の低いFinOpsプラクティスでは、各チームがそれぞれの支出を把握できるようにシンプルな支出データの可視化から始めます。その程度の可視性でもチームの行動に影響を与えるようになります。

幸いなことに、異常な支出を特定することは非常に重要な課題と認識されているため、すべてのクラウド事業者と多くのサードパーティーツール、プラットフォームが、異常をより簡単に見つけるための機能を提供しています。異常管理を効果的に行うためには、次のことが必要です。

1. 次の章で取り上げる、綿密に練られたコスト割り当て戦略を持つこと
2. 異常レポートを頻繁に確認するか、もしくはプログラムによってそれらを選別すること
3. 検知した異常な支出は、支出の出所となっているチームに適切にアサインすること
4. 一定のプロセスに従って異常チケットを調査し、クローズすること

非常に残念なことに、異常によって組織が巨額のコストを支払わなければならなくなったケースはよくあります。これらは、異常値アラートに注意を払ったり、異常が検出された際に誰に相談するべきか知っていれば、未然に防ぐことができます。異常管理はInformフェーズから始まります。現在、異常レポートを確認していない場合は、ここで一度読むのを止めて、異常アラートを有効化してから、本章を読み進めてください。それだけ、重要だということです。

10.5 チームパフォーマンスのベンチマーク

チームのパフォーマンス評価にスコアカードを用いることは、複数チームを比較するのに最も有効な方法です。スコアカードによって、パフォーマンスが振るわず、支出も多いチームを特定することができ、同業他社を基準に比較する方法についてもよく理解することができます。

他にも、スコアカードは重要な効率化メトリクスに対する改善の機会も示してくれるでしょう。事業全体（またはその一部）における組織内のメンバーが何をしているのか、行動に活かせるデータを得るために、どのように個別のチームレベルまで掘り下げることができるのかを理解するための視点を経営陣に提供する役割も果たします。それが実現できると、CxOにとって必携のものとな

り、変化を促進するための有効な武器となります。スコアカードは、チームの取り組みを促進し、類似の課題に取り組んでいる異なるチーム間で経験を統合し、チーム同士の競争もスコアカードによって促進されることになります。

以前、開催されたFinOps Foundationの会議で、IntuitのDieter Matzion（現Roku所属）は、自身のスコアカード作成のアプローチを共有してくれました。そこで鍵となった項目は以下のとおりです。

- ライトサイジングのスコアによるEC2効率性
- 料金コミットメントプログラムのカバレッジと効率性
- ワークロードに基づいて、各チームがクラウドの利点を活かしたリソースの増減をいかに上手に行っているかを見る柔軟性の尺度

Dieterは、それぞれのチームに個別のスコアカードを提供し、各メトリクスの効率性を追跡するだけでなく、チームごとにスコアを可視化するエグゼクティブレベルのビューも作成しました。これらの可視性は、改善機会のある領域をハイライトする役割を果たすと同時に、非協力者（FinOpsのパフォーマンスが低い）リストに載りたくないことを再認識させ、改善を促しました。

Dieterのプレゼンテーション（https://oreil.ly/kGRNE）では、彼がチームを比較するために使用した具体的な指標について詳しく説明しており、FinOps Foundationウェブサイトから見ることができます。

10.6　理想的なFinOpsとは

すべての分野においてそうであるのと同様に、FinOpsにおいても、高い成果を得るための近道はありません。それゆえに、以下の卓越した指標は野心的な目標であることを考慮したうえで読み進めてください。組織のFinOps能力は、長期間にわたって繰り返し実践することによってのみ発展します。もちろんのこと、このプロセスを加速させるためにできることもありますが、究極的には、組織文化の変化について学習し、成熟させるには長い時間を要します。実際に、時間をかけずに成果を求めてしまうことで、ビジネスに不利益をもたらしてしまう可能性があります。成果を急ぐことはミスを引き起こし、予期せぬコストを発生させてしまうことにつながるのです。

主要な指標について、FinOpsのパフォーマンスレベルごとに分けて示したものが表10-1です。定量的なデータは、2019年にApptio Cloudabilityの90億ドルを超えるパブリッククラウド支出データセットをもとにしています。一方、定性的なデータは、451 Groupが実施した数百人のクラウド利用者へのアンケートをから得ることのできたデータをもとにしています[*2]。

*2　451 Research, *Cost Management in the Cloud Age: Enterprise Readiness Threatens Innovation* (New York: 451 Group, 2019), https://oreil.ly/71tao.

表10-1 パブリッククラウドにおける低位／中位／高位パフォーマーの指標

	低位パフォーマー	中位パフォーマー	高位パフォーマー
クラウド支出の可視性と割り当て	ベンダーからの請求明細書への依存と、手作業での照合	1日以上遅れでの部分的な可視性と、粒度の細かい過去データの限定的な保持	1時間以内もしくはほぼリアルタイムの可視性と、現在から過去までのすべての支出データの保持
ショーバックまたはチャージバック	各チームへクラウド支出の正確な会計情報の提供は不可能	リソースの推定使用量に基づいて、クラウド支出を各チームに割り当てている	各チームが実際の消費に基づいたクラウド支出を把握している
チーム予算	チーム予算なし	チーム予算あり	各チームでの予算策定、予実の追跡
RIおよびCUD管理	クラウドサービスの0%～20%が予約オプションによる調達	クラウドサービスの40%～50%が予約オプションによる調達	クラウドサービスの80%～100%が予約オプションによる調達
利用頻度の低いサービスの特定と削除	数か月単位	週単位	ポリシーに基づいた自動化
ユニットエコノミクス	利用していない	技術的観点での実施（コンピューティング時間あたりのチーム別コストなど）	ビジネス的観点での実施（顧客別コストなど）

成果の高いパフォーマーは、複雑な支出と予測に関する質問に迅速に回答することができ、デプロイメントのシナリオに変更を加える際にWhat-if分析を行い、それらの変更によるユニットエコノミクスへの影響を理解しています。粒度の細かいクラウド支出の可視性と割り当てにより、企業にとっての運用上の指標を最適化するための機会を特定することができます。さらに、情報の欠落や自動化の不足を特定し、それを補うことで、Informフェーズの成熟を促進することができます。

このケイパビリティを高めることで、イノベーションの速度を加速させ、企業に高い競争力を与えます。他にも、管理職とチームに対してコストと売上原価の理解を深めさせることができ、サービスの価格設定に関する洞察をもたらします。

10.7 本章の結論

FinOpsライフサイクルにおいて本質的に静止状態にあるフェーズが、Informフェーズです。このフェーズでクラウド財務管理の現状を理解することで、次のフェーズで最適化と運用改善の機会を見つけることができます。

要約：

- 質問に対して的確な回答をするために、財務データにコンテクストを与える。
- データを活用して支出を監視し、最適化と効率化を計画する。
- FinOps文化は、使用量とコストに関する重要な問いに答えるため、専門分野の異なるペルソナを引き込み、協力を促す役割を果たします。

- FinOpsの成熟度モデルに従うことは重要である。Informフェーズを繰り返し経験し成熟度が上がるにつれて、より複雑で難しいクラウドに関する質問に回答できるようになる。

質問を特定したとしても、クラウド支出をより細かいコストグループに分割する能力がなければ、全体的な支出に関して導き出した答えはあまり有効的とは言えません。チームごとの支出の把握、レポーティング、ショーバック、予算計画、予測などを算出するためには、どのコストがどのグループに属するかを識別する方法が必要です。そうすることで、ベンチマークをもとに効果的に各チームを比較することができます。次章では、コスト割り当ての概念について紹介します。

11章
配賦：すべての費用を割り当てる

本章では、実際に支出を配賦する前に決めておくべき配賦戦略について説明します。コスト配賦は、組織内の適切なビジネスユニットにクラウドコストを配分することですが、その本質は、配分したコストを全社に報告することで多くの利点が得られることにあります。

11.1　適切に配賦することの重要性

配分されていない、未配賦の、またはタグ付けされていないコストを残さないことによって得ることのできる利点は多くあります。まず、明確な利点として、誰が何に費やしているのかを把握できる点が挙げられます。クラウドコストを管理する際に、「そのリソースは私が管理しているものではない」という言い訳で議論が中断されることはもうありません。なにより、適切なコスト配賦によって得られる最大の価値は、各チームの費用増加予測（対全社支出）を容易に推測できるようになるため、各チームの予算進捗を評価できるようになることです。これについては、13章でさらに詳しく説明しています。

それを確立させることで、コストの異常がどこから発生しているのか、どのビジネスエリアやワークロードに原因があるのか把握することができます。リソースがどのように利用されているかを把握することで、インフラ環境の特徴や各チームの計画を考慮に入れて、高度に最適化することができます。それが本番環境なのか、開発環境なのか？　各CPUの限界値をどこで設定するのか？　などです。その過程を経ることで、月末に財務チームからチャージバックされる金額と一致する、日々の実績に基づいた支出状況を正確に把握できるようになります。

> 各チームに予算を遵守する責任を持たせるためには、ユニットエコノミクスの導入が有効的です。中央管理チームが配賦を実施する一方で、チャージバックやショーバックを活用し、各チームに責任意識を醸成することを目指します。これにより、中央管理チームはクラウドを効率的に利用するための方法を定義し、全体の最適化を促進することができます。
>
> ——Michele Alessandrini, Head of Cloud Adoption and Governance at YNAP

配賦により、10章で取り上げられたような、クラウド支出に関するビジネス上の質問に答えることができます。実際、コスト配賦はビジネス価値とクラウド支出を結ぶ重要な役割を果たします。各々が自分たちの行動とその影響について認識することで、よりリーンな文化[*1]を推進し、チャージバックとショーバックを通じて、各チームに責任感を持たせます。

Informフェーズが Optimizeフェーズを実行するうえで必要な前提条件であることは、すでに理解されているかと思います。それにもかかわらず、クラウドにおけるコスト配賦の要因（driver）を理解することが重要であり複雑であることを無視して、クラウド初心者が無謀にクラウド環境のコスト最適化に挑むケースを多く見てきました。堅固な階層構造のアカウント戦略と、適切なタグ付け戦略は、コスト配賦戦略の重要な要素です。しかし、これらの戦略を立てるだけでは配賦に関する問題の解決には不十分です。なぜならば、配賦とは常に変動するものだからです。タグ付けされていない、またはタグ付けできないリソースが常に発生し、共有コストを正しく計上する必要があります。また、組織の再編成などに伴い、確立したコスト配賦の報告方法が変更される可能性もあります。どれほど慎重に仕組みを構築しても、策定した配賦戦略が崩れるリスクが常に存在するのです。

そして、人による属人化問題もこれに複雑さを加えます。担当者によって管理方法や管理の考え方は異なるものです。例えば、財務担当者なら、その支出は何に使われていて、SKUや製品とどのように意味ある関連付けができるかを知りたいと考えることでしょう。エンジニアは、消費量の変動や個々のサービスコスト、そして日々の行動が請求に与える影響に関心を持っていますが、エンジニアリングディレクターは、より包括的な視点で管理することに関心があります。そして、クラウドの専門家は、リソースタイプ別の詳細な使用状況や特定のライセンスタイプを使用するリソースの詳細を示す情報を必要としています。ここでは、**コンテクストが重要**だということです。コスト配賦の戦略を構築する際には、これらの異なるニーズや視点を考慮し、さまざまなコンテクストを持つペルソナに適した分配構造を作成することが重要です。

そしてもちろん、ビジネスメトリクスを考慮することを忘れてはなりません。あなたのコスト配賦戦略は、各チームが掲げているビジネス指標と支出を関連付け、ユニットエコノミクスを正しく算出する必要があります。ユニットエコノミクスを算出することによって、支出がビジネスに与え

---

*1　訳注：リーン（lean）は、無駄を徹底的に排除するトヨタ生産方式を起源とした考え方です。ここでは、リーンな手法を取り入れ、実践することが組織内の末端のチームやそのメンバーにまで内面化された状態を「リーンな文化」と称しています。

る価値についての議論もできるようになるのです。

11.2 減価償却：発生主義会計の世界

4章で紹介した費用収益対応の原則を思い出してください。この原則では、費用はクラウド事業者から請求された期間であるとは限らず、価値が実現された期間に計上し、記録されるべきであるというものでした。

ここで考慮すべき会計原則は、**現金主義会計**で報告するか、または**発生主義会計**で報告するかです。前者は費用が発生した期間に支出を計上することを意味し、後者は期間内の売上の収入や費用の支出額が確定し、利益が実現した時点で支出を計上することを意味します。これは、前払いが必要な特定のコミットメントベースの割引のような請求項目に適用され、初期費用の一部をコミットメントが使用される期間に繰り越す必要があります。

この「繰り越し」または償却は、オンプレミスの時代によく活用されていたハードウェア減価償却の概念に相当します。しかし、クラウドでは無形資産に対してこれが適用されます。この前払いのコストを、使用された期間および適用場所に対して償却計上しなければ、リアルタイムの支出データと乖離が生まれてしまい、混乱を招きます。クラウドの運用者は、実際の支出額よりもコストが少ないと誤認し、その後、経理から前払い金を償却した費用が請求されることで、記載されている費用と認識していた費用に齟齬が生じてしまいます。

図11-1にあるグラフを見てみましょう。現金主義会計を基準としたグラフ（下）では、償却を適用しない場合にいかに支出にばらつきが生まれるのかがよくわかります。一方で、発生主義会計を基準としたグラフ（上）では、コストが償却されると、費用のトレンドがわかりやすくなることを示しています。

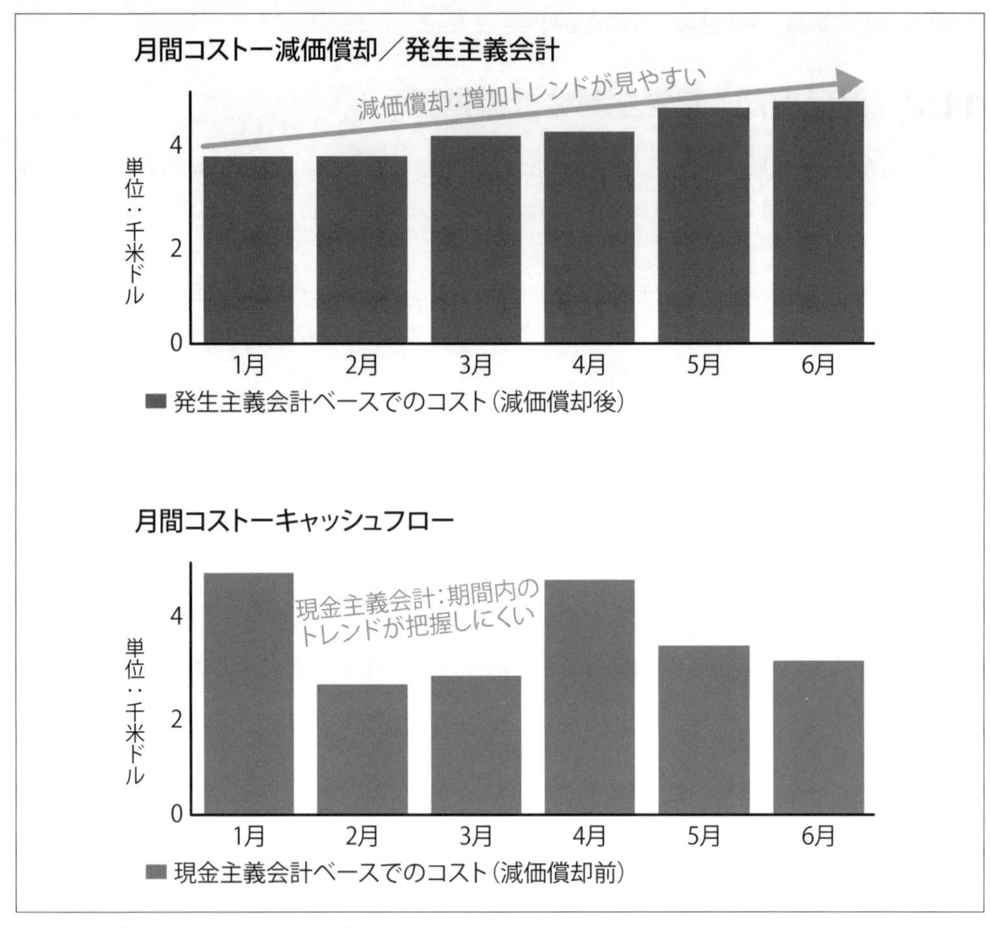

図11-1　月間コスト（減価償却の有無）

ここでは、コミットメントベースによる割引購入オプションの減価償却と削減したコストの計算方法を、簡単な例を用いて説明します。

- リソースの1時間あたりのオンデマンド料金は0.10ドルです。
- 予約オプションは前払い金200ドルがかかり、使用時の1時間あたりの料金は0.05ドルです。
- 償却後の料金は、200ドルを365日（1日24時間）で割った額に、1時間あたりの料金0.05ドルを加算することで計算できます。

  $\frac{200}{365 \times 24} + (0.05) = 0.073$ ドル

- 削減できたコストは、1時間あたりのオンデマンド料金から減価償却後の料金を差し引くことで計算できます。

  0.10 − 0.073 = 1時間あたり0.027ドル（27%削減額）

企業は、いつでも数百、場合によっては数千ものコミットメントベースの割引をすでに保有している可能性があります。そうすると、すべての有効的なコミットメントを管理することは非常に困難です。通常だと各コミットメントには特定の開始日と終了日があります。さらに、リソースの状況に応じてインスタンスを変更できる特性を持つAWSのコンバーチブルRIの場合、購入したRIが変更されている可能性があり、変更内容に基づいて再計算する必要があります。

コミットメントベースの割引の種類やその詳細については、17章で紹介します。

すべての支出報告データにおいて、償却コストが考慮されている状態が理想的です。つまり、チャージバックや異常、その他チームに展開されるすべてのデータに償却コストが反映されるべきだということです。コストレポートと分析が、より高度な計算を必要とする予測や異常検出と一致しない場合、データの整合性を取れずに混乱が生じる可能性があります。これまで繰り返し述べてきたように、データの混乱は少なければ少ないほど良いのです。

11.3 監査可能性と会計部門との良好な関係の構築

適切なアカウント階層とタグ付け戦略を持つことのさらなる利点は、すべてのコスト配賦が説明可能となるのに留まらず、監査可能にまでなる点です。配賦戦略を推進することで、タグ付けによる監査のしやすさが財務部門からの大きなサポートを得る要因となるでしょう。

> 適切なアカウント階層とタグ付け戦略を持つことで、コスト配賦の透明性が高まり、説明だけでなく監査も容易になります。さらに、配賦戦略を推進することで、タグ付けによる監査のしやすさが財務部門からの強力な支持を得る要因となるでしょう。
>
> ——Darek Gajewski, Principal Infrastructure Analyst at Ancestry

それだけでなく、適切なタグ付け戦略によって、より有益で正確かつ詳細なデータを使用することで、より的確な予測モデルを構築することが可能になります。会計のもう1つの重要な役割として、将来の支出を予測することがあります。そのため、タグ付けは運用部門と財務部門の間で信頼と良好な関係を築くうえで、大いに役に立つのです。

これらの施策は、社内での反発を軽減し、コスト意識を醸成します。結果として、会社の目標達成に向けて、より効果的なチーム作りを支援することにつながります。

11.4 「想定外の支出によるパニック」の転換点

クラウドを運用しているチームが、高額な支出に気づかないまま、経営陣の注目を引くほど支出が膨らむことはよくあります。取り組みの初期段階では、チャージバックに対して（そしてショーバックにも一定程度の）反発は起きるものですが、これらがなければ、費用の発生源やその所在を正確に把握することは困難です。

図11-2では、クラウド移行の一例として、経営陣の注目を集めるまでコスト管理が十分に注視されなかった例を紹介しています。

この典型的なクラウド成熟度曲線では、組織がクラウド支出に注意を払い始める点が示されています。この図は、支出が見えざる閾値を超過し、経営陣が本格的に関心を持ち始める瞬間を具体的に示しています。それは、ある組織にとっては月額100万ドルかもしれませんし、他の組織にとっては月額1,000万ドルかもしれません。それらの数値は各組織ごとに異なりますが、及ぼす結果は同じです。技術的な組織であれば突然、クラウド支出に関心を持ち始め、突如としてそれを最適化しようとする状況に追い込まれます。

この支出パニックは、クラウドの使用を中断、ひいては停止するほどのサプライズをもたらすこともままあります。これは、ビジネス目標の進捗に大きく影響するだけではなく、クラウドを推進するチームをパニックに陥れる可能性があります。

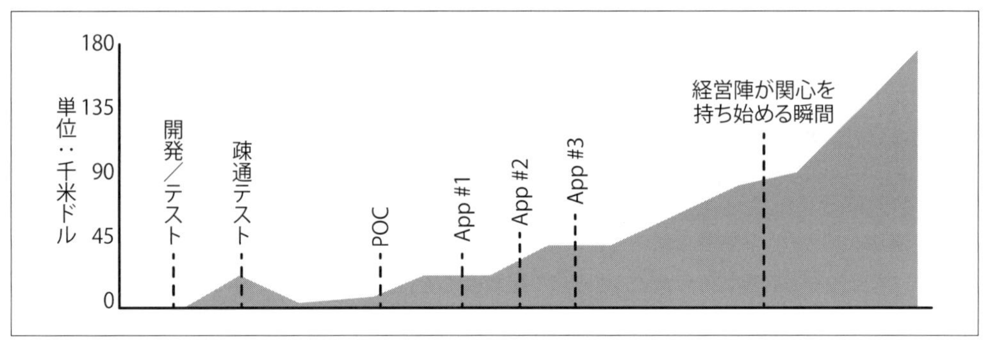

図11-2　支出の成長と主要なイベント

事業オペレーションの管理職にあり、FinOps歴8年間のベテランでもあるAlly Andersonは、FinOps Foundationの会議の中で、彼女の所属していた組織における類似の事例について紹介してくれました。これまでに3回、「支出パニック」が発生した経験があり、それぞれのケースでより高い責任を追及される動きがあったそうです。

> 最初の支出パニックでは、財務チームから各チームに支出の内訳を示す必要性が生じたことにより、各チームの支出状況を示すことに対して賛同を得ることができました。その後、支出が再び増加すると、「シェイムバック（恥をかかせる形での可視化）」によってクラウドコストを増大させているチームが明確となり、しばらくの間はショーバックが実施されました。そして、支出が設定された閾値を超えた場合に再びシェイムバックによって、各チームが支出削減に取り組む流れが繰り返されました。このような取り組みは3回目の支出パニックまで続き、3回目に至ってようやく、ビジネスが成長している場合に、請求額が増えることは必ずしも問題ではないという認識が広がり始めました。

このとき、Allyと彼女の組織は、「私たちは本当に効率的に支出しているのだろうか？」と問い直しました。そして、自分たちの状況を改めて見直したことで、彼女は、「議論がコスト削減目標を義務化するものではなく、『どうやって最適化するか』に切り替わった」と説明しています。

こうした議論が可能になったのは、数年にわたりFinOpsが成熟し、その結果として進化したコスト配賦戦略の成果です。

支出パニックは必ず発生してしまいます。しかし、支出パターンを自動的に算出するシステムがあり、支出が過度に増加すると予測されるおおよその時期を把握することができれば、経営陣への説明責任に備えることが可能です。さらに、コスト割り当てを適切に行う仕組みがなければ、ビジネスリーダーとの直接的な衝突を避けることは困難です。拡張性があり、更新が容易なコスト配賦戦略を持つことで、自らを守りつつ、安定した管理体制を保つことができるのです。

11.5　共有コストの分配

どの組織にも共有のITコストがあり、これらは複数の事業部門にまたがって存在します。組織がパブリッククラウドのリソースを増やすにつれて、共有のクラウドリソースを特定の事業責任者に割り当てることや、適切かつ公平なコスト割り当ての方法を理解すること、そして将来の事業部門の予算を予測することが困難になります。

この課題の一般的な例として、サポート費用が挙げられます。クラウドベンダーのサポート料金は一般的に親アカウントに計上されます。一部の組織では、この料金を中央IT／クラウドチームの予算で賄うことを選択しますが、このアプローチは一般的ではありません。一般的には、中央IT／クラウドチームは支援組織（コストセンター）として機能しているので、そのコストを顧客である事業部門やアプリケーションの所有者に割り当てる必要があります。

モダンアーキテクチャでは、共有プラットフォームの増加に伴い、共有コストも増えています。これらのプラットフォームでは、複数のチームが共通のコアリソース、例えば共通のS3バケットに構築されたデータレイクや共有クラスター上で稼働するKubernetesシステムを使用しています。一見すると、これらのプラットフォームに対するチャージバックやショーバックは不可能に思えるかもしれませんが、適切なタグ付けと共有コストの正しい分割により実現可能です。

共有コストを分割する一般的な方法は次の3つが挙げられます。

比例分割

特定の費用に基づいた相対的な割合

均等分割

総額を均等に対象に分配

固定分割

ユーザーの定義した係数に基づく分割（係数の合計は100%となる）

成熟した組織は、共有コストを事業部門ごとの費用に基づいて比例配分する傾向があります。例を考えてみましょう。表11-1では、組織の各事業部門の特定の月の支出と、10,000ドルのエンタープライズサポート費用を比例分割し請求された状況を示しています。

表11-1 一括請求されたサポート費用のコスト配賦例

事業部門	コスト	総額に占める割合（エンタープライズサポートを除く）
営業部門	$50K	50%
QAエンジニア	$30K	30%
エンジニアリング部門（QA以外）	$20K	20%
エンタープライズサポート費用	$10K	
合計	**$110K**	**100%**

エンタープライズサポート費用を分割し配賦しない場合、以下のようになります。

- 営業部門には合計で50,000ドルの費用が計上されます。
- QAエンジニアリングは合計で30,000ドルの費用が計上されます。
- エンジニアリングには合計で20,000ドルの費用が計上されます。
- 10,000ドルのエンタープライズサポート費用はチーム間では分配されず、中央管理予算として割り当てられることになります。

表11-2では、エンタープライズサポート費用（10,000ドル）は比例分割により、それぞれの事業部門でかかっている支出を基準とした割合で配分されます。

表11-2 サポート費用を償却したコスト配賦の例

事業部門	配賦額	配賦の割合
営業部門	$55K	50%
QAエンジニア	$33K	30%
エンジニアリング部門（QA以外）	$22K	20%
合計	**$110K**	**100%**

サポート費用を分割すると各部門の費用は以下のようになります。

- 営業部門には合計で55,000ドル（50,000ドルの支出 + 5,000ドルのサポート費用）が計上されます。
- QAエンジニアには合計で33,000ドル（30,000ドルの支出 + 3,000ドルのサポート費用）が計上されます。
- エンジニアリング部門（QA以外）には合計で22,000ドル（20,000ドルの支出 + 2,000ドルのサポート費用）が計上されます。
- このように、エンタープライズサポート費用は配分され、中央管理予算には影響を与えません。

共有コストの管理についてより詳しく知りたい方は、FinOps Foundationのウェブサイトから参照できるフレームワークの実践集（https://www.finops.org/assets/）を参照してください。

11.6 チャージバック 対 ショーバック

FinOpsコミュニティでも、継続的に適切なチャージバックとショーバックを利用するタイミングについての議論が行われています。

どちらのアプローチも説明責任を促しますが、見極めるにはそれぞれの本質的な違いを理解する必要があります。チャージバックは、発生した実際のコストが個々のチームの予算や損益計算書（P/L）に割り当てられる場合に起こります。一方、ショーバックは、チームに自分たちがどれだけ支出しているかを見せるだけで、支払いは中央の予算から割り当てられます。

Chris Van Wesepによる記事（https://oreil.ly/fu73M）が、これらの違いをわかりやすく説明しています。

> ショーバックは、分析目的で請求を共有するだけですが、チャージバックは実際に支払いを要求します。
>
> ——Chris Van Wesep, Apptio

実際にどちらを選ぶかは組織の会計要件によって決まることが多く、FinOpsの成熟度によって決まるものではありません。企業は通常、部門別P/Lを社内で重視するか否かによって、いずれかの方法を選択しています。例えば、財務リーダーやCFOが企業内の各部門に対してP/Lを導入することに反対している場合や、部門別P/Lが特定の事業においてあまり意味を持たない場合、そうした組織は完全にチャージバックを行うことはなく、ショーバックを選ぶ傾向にあります。逆に事業部門ごと、もしくは課税主体の違いによって下位組織に費用計上をする必要がある場合、チャージバックが必要になることがあります。

しかし、あまりに精度の低いチャージバックは、別の問題を引き起こす可能性があることにも注意しなければいけません。クラウドでは会計期間終了後に調整金やクレジットが発生することがしばしばあります。実際、すべての使用量は利用後に報告されるため、期末時点のコストを定期的に見積もり、あとで調整を行う必要が出てきます。これにより、一部の財務および会計グループに苦労をかけてしまうことがあります。非協力的な経理スタッフは、優れたFinOpsパートナーとは言えません。

雲の上から（Rob Martin）

ショーバックからチャージバックへ移行することは、時間の要するプロセスです。以下はFinOps FoundationのDirector of LearningであるRob Martin（元AWS Cloud Economics team）の体験談です。

> 法的または税務上の理由でチャージバックを行う緊急の必要がない場合、その移行には数年かかることもあります。私が支援した大企業では、チャージバックを本格的に行うまでに3年の会計年度がかかりました。最初の年の大部分はクラウドを理解するために使われ、クラウドの仕組みを学び、初めてアプリケーションを試し、従来のモデルとは全く異なるクラウド予算策定について理解を深めることに費やしました。組織のIT予算がすでに設定されていたのと、ITの主要部分はオンプレミスであったため、予算編成や予測に関してはほとんど何も行われないまま過ぎていきました。2年目は、クラウドを使用するチームにもう少し柔軟性が与えられたものの、従来の予算の考え方を変えることはできませんでした。FinOpsチームから各アプリケーションチームにショーバックが提供されたものの、資金提供は大規模な従来型の予算から行われていました。3年目には、組織的にクラウドチームが年間を通して予算をどのように制御し、柔軟に管理するかを明確に定義することができ、財務チームから会計システムを通して各チームのPL責任者に対して請求を行うことに関して、確信を持つことができました。支出を予測するチームは、この3年間の全期間のショーバックレポートにアクセスできていたため、これらの予測に自信を持つことができていました。加えて、実際にコストが会計項目に反映された際に正しく費用を認識できるためのプロセスも構築したのです。

11.7 目的に適したモデルの組み合わせ

Ally Andersonは、チャージバックとショーバックを組み合わせて運用をしていると述べています。顧客向けのSaaSワークロードの場合、ショーバックで支出を表示し、予算を中央で管理しています。一方、特定のR＆Dワークロードに対しては、該当のチームのP/Lに対してチャージバックを行っています。

Allyは、チーム間で支出を配賦することは複雑で継続的な作業であると述べています。彼女は、各チームの複数の異なる要素を持つアカウントを、各事業が報告すべき関連製品やコストセンターにマッピングしています。しかし、大規模な組織編成のあと、チーム間でクラウドリソースを分解して計上する必要はほとんどなくなり、そうしたクラウドリソースは新たな組織構造に則した異なるアカウント内に再構築したと彼女は言います。しかし、これは適切なFinOpsプラクティスにおいて重要なステップです。既存のクラウドリソースの使用を適切なチーム、ポートフォリオ、VP、またはコストセンターに再配賦する必要があります。

そして、これは多くのFinOpsチームが直面する共通の課題です。エンジニアがリソースにタグ付けする方法は、事業がクラウド支出を報告する方法とは必ずしも一致させる必要はありませんが、クラウドの支出は、それぞれの支出にとって**正当な責任者**であるコストセンターや製品に一致するように再マッピングする必要があります。

11.8 アカウント、タグ付け、アカウントの組織階層

主要なクラウドサービス事業者はさまざまな要素を提供しており、これらを組み合わせて活用することで、上手にクラウドコスト割り当て戦略を実施することができます。

アカウント階層

エンジニアがインフラを構成する際に考慮する、AWSアカウント、Google Cloudプロジェクト、Azureサブスクリプションの配置方法が、コスト配賦戦略の最初の階層を形成します。個別のアカウントを1つの環境やアプリケーションとして区別して管理するのです。

アカウントの命名規則

組織がクラウド利用を始める初期段階で見落としがちなこととして、アカウントの利用用途に応じた命名規則を定義することが挙げられます。該当アカウントで動作する製品や環境がわかるような表記内容を含めることが望ましいです。例えば、「productA-production-01」というアカウント名などが考えられます。FinOps実践者は、この命名規則が遵守されるように、チェックポイントなどを設け組織的に働きかけるべきです。アカウントが作成される際には、必ず中央管理プロセスを経る必要があります。AWSでは、連結アカウントやコストカテゴリーの形式で、Google Cloudではプロジェクトやフォルダの形式で、Azureではサブスクリプションやリソースグループの形式でこれを行います。

タグ付け

特に複数のアプリケーションやビジネスユニットが利用しているアカウントでは、タグ付けとラベリングを慎重に活用しましょう。FinOpsにおいて、クラウドリソースを活用している部門やコストセンターを追跡することのできるタグキーは、非常に有用です。そして、タグはアカウント

内の支出を別の異なるグループに分ける必要がある場合に役立つでしょう。これにより、すべてのリソースにタグを適用することを義務付け、さまざまなレベルで自主的に運用することを強制させます。ただし、すべての支出に対してタグ付け可能であるわけではなく、すべてのエンドユーザーが運用ルールを遵守するわけではないことを理解しておきましょう。そのため、依然として多くの未タグ付けの支出が存在し、それがデータ管理の指標として管理者に報告されることがよくあります。

アカウントを横断した共有コスト

FinOps実践者が直面する一般的な問題の1つとして、クラウド環境における中央コストの配賦方法があります。ボリュームディスカウント、エンタープライズサポート、およびRIの前払い費用を分割し、分配させる必要があります。アカウント内で共有されるKubernetes、ネットワーキングコスト、モニタリングおよびログシステムなどにかかる共有コストも、FinOpsが管理する必要があります。共有コストを分割する方法の詳細については、FinOps.orgのフレームワークの実践集（https://www.finops.org/assets/）を参照してください。

前述したAllyの経験談に話を戻すと、彼女の話の初期の頃、マルチテナントアカウントアプローチを使用していた際には、タグ付け適用範囲が不十分だったため、多くのリソースがタグ付けされていない状態でした。そこで、Allyは時間をかけて、全体の支出に占める未タグ付けの支出の割合を減らすことに注力しました。アカウント単位で、特定の製品を担当するチームリーダーは、その製品を構成するサービスの詳細を把握できるようになりました。そして、現在では、リアルタイムに近いレポートが提供され、月次および四半期の支出の可視性を向上させることができています。これにより、不明瞭だった支出が明確になり、未タグ付けによって分配できなかったコストを配賦するのに役立っています。

典型的なFinOpsの成熟曲線に従い、Allyは初期段階では、クラウドのボリュームディスカウント、エンタープライズサポート費用やRIの償却のような前払い費用を各チームに提供するレポートから除外していました。数年の中でAllyのFinOpsの実践が成熟してくると、チームに対して徐々にこれらの費用をレポートに反映するようになりました。今では、チームごとに調整されたコストを確認することができています。償却費やボリューム料金が正確に数値に反映された調整後の支出額を確認できるようになり、各チームはより実態に近い支出の全体像を把握できるようになっています。

11.9 ショーバックモデルの実践

ショーバックで重要なのは、各チームとチームごとの支出を結び付けることにあります。各チームの実際の支出と予測値を比較し、その差異や予算との比較を示すことで、支出を把握させることができます。そして、週次、月次、四半期ごとのショーバックレポートを提供するだけでなく、コストドライバーと異常を示すような詳細なレポートも定期的に提供することを推奨します。

CTOに各エンジニアリングVPと毎月の運用レビューを行ってもらい、それぞれの支出状況を確認させせることを目指しましょう。支出に大きな変動がない場合、これらのミーティングは比較的短時間で終わる傾向にありますが、逆に大きく変動していた場合には、相応の対応が必要になります。FinOpsのプロセスは、VPに対してできるだけ早い段階で予算超過の兆候を知らせる役割を果たす必要があります。

変動が見られた場合、問題点や原因となるコストドライバーを迅速に特定し、VPが各チームと協力して早急に対応を進めることが重要です。月次のレビューを待つ必要はありません。これは、サイロ化を解消し、リアルタイムで意思決定を行う良い例です。

11.10 チャージバックおよびショーバックを活用する際の考慮事項

チャージバックやショーバックを実施する方法はいくつかあり、コストをそのまま直接反映する方法、追加の収益を回収する方法、管理コストをカバーする方法などがあります。

実際の支出に基づくチャージバック

これは最も一般的な方法であり、クラウドファーストの組織に推奨されます。この方法は新しく帳簿を作り、管理する必要がなく、全員が同じ数値と目標に向かって一貫性を保つことができます。チャージバックでは、前払いを完全に償却した金額にカスタムされた、または割引料金を適用したコストを使用します。AWSの場合、各チームがリソースを利用した期間における実際のコストを示すために非ブレンドレートが使用されます。そして、最も成熟している組織では、サポート料金などの共有コストも分割して計上します。

コミットメントベースの割引額の中央集中、節約分の一部受け取り

このアプローチでは、中央管理チームが自ら資金調達することができ、同時に節約することで得た利益をチームと共有することができます。一方、RI、SPやCUDを中央管理で購入することで、より節約できる可能性がある一方で、購入の権利を手放さざるを得なくなったチームから反発が生じるかもしれません。

交渉や契約によって得ることのできた割引を中央集権化し、節約した一部のコストを再活用

クラウド事業者との交渉などによって得られたカスタム割引は、通常、支出が増えるほど割引率が上がる仕組みになっています。規模の経済によって中央チームが得られる割引は、個々の事業部門での管理では得ることのできない最大の割引料金を可能にします。これらの料金は非常に機密性が高く、組織全体で広く共有することができない場合もあります。このような理由から、一部の企業は交渉料金や割引の一部（またはすべて）を中央管理チームの資金に充てることを選びます。このアプローチは一般的でないわけではありませんが、熟練のFinOps実践者が重視する透明性には反しています。

どのショーバックまたはチャージバックモデルを採用するかの意思決定には、組織内の各チームにコストをどのように表示するか、各チームへのチャージバックをどの程度厳密に行うか、FinOpsチームにどれだけの起業家的な役割が求められるか、どのような会計規則が存在するかについて、広範な議論が必要です。そして、この議論は財務および会計チームを含めて行われるべきであり、会社の損益計算書に影響も与えるため、最終的には経営陣も巻き込んで行われなくてはなりません。

11.11 本章の結論

コスト配賦戦略は企業によって異なりますが、これはFinOpsライフサイクルを構成する重要な要素の1つです。それによって、クラウドで誰が何に費用を使っているのかという10章で提起された質問に最終的に答えるために、正しい領域に焦点を当てることができるようになるのです。

要約：

- 通常のFinOpsの実践におけるクラウド支出は発生主義で管理され、前払いの償却、割引料金、および共有コストは各チームが把握するべきデータに含まれる。
- サポート費用、償却コスト、未配分費用などの共有コストをコスト配賦モデルに組み込む。
- チャージバックとショーバックはいずれも組織に対して説明責任を促す。
- ショーバック、またはチャージバックは、タグ付けの改善や監査可能性の向上にも有効である。
- チャージバックはより高度なモデルだが、会計の実務などの観点からすべての企業に適しているわけではない。まずはショーバックから始め、その後チャージバックへの移行について、組織からの支援を得られるかどうかを検討する。
- 「支出パニック」状態に陥る前にモデルを導入しておくことで、経営陣から支出の原因について質問があった際に、適切に対応することができる。

ここまでで、コスト配賦の「**なぜ**」について説明してきました。次はコスト配賦を「**どのように**」行うかについて見ていきましょう。次章では、企業におけるタグ付けやアカウント構造に関する具体的な取り組みや、戦術、戦略について詳しく掘り下げていきます。

12章

タグ、ラベル、アカウント、あぁ大変!

前章では、FinOpsにおいてコスト配賦がなぜ重要であるかについて議論しました。コスト配賦は、タグ、アカウント、フォルダ、ラベルのいずれか（またはこれらすべての組み合わせ）を介して行われるかにかかわらず、他のすべてのFinOpsケイパビリティの基礎です。

一貫した配賦戦略がなければ、未配賦のコストが大量に発生し、それらを分割したり、どのチームが責任を持つかを特定したりすることができなくなります。クラウド利用（FinOpsの第3の原則）に関して、利用状況を容易に確認できないのであれば、誰も自分たちのクラウド支出に対して説明責任を果たせないのではないでしょうか？

クラウドコスト配賦の主要な手順は、以下のようにコストを分割することです。

- AWSアカウント、Google Cloudプロジェクト、Azureサブスクリプションかリソースグループ、または、AWS Organizations、Azure管理グループ、Google Cloudフォルダなどを用いてクラウド固有のメタグループの構造にまとめる。これらはコスト配賦の定義を最も明確かつ容易に強制できるが、粒度と柔軟性に欠ける。
- リソースレベルのメタデータのようなタグ（AWS、Azure、Google Cloud）またはラベル（Google Cloudのみ）を用いる。これらは、使用量と請求データに対して、より深い意味を与える細かいリソースレベルのキー／値のペアを提供するが、実行時やクリーンアップ時に労力が必要である。

本章では、コスト配賦の中核となる仕組みと、その仕組みがどのようにコスト配賦に貢献するかを説明し、これまで紹介してきたような大規模なコスト配賦へとスケールするための成功戦略について説明します。

クラウド事業者は、似たような概念に対して異なる用語を使用します。タグ、ラベル、アカウント、サブスクリプション、プロジェクトなどです。これは一般的に**メタデータ**

として扱われるものですが、説明を簡単にするために、本章では階層構造を**アカウント**と呼び、キー／値のペアを**タグ**と呼びます。したがって、**タグ**と言った場合、Google Cloudの**ラベル**のことも指しています。**アカウント**と言った場合、Google Cloud**プロジェクト**や**フォルダ**、Azure**サブスクリプション**や**リソースグループ**も指しています。

12.1　タグと階層ベースのアプローチ

環境にもよりますが、詳細なクラウドのコストと使用状況データは、数百万から数十億行に達する場合があります。その月に消費したリソースごとに、リソースの使用場所、使用した量、単価についての詳細が含まれています。

この詳細に欠けている情報は、リソースに関するビジネスロジックです。リソースを所有しているのは誰か、誰がそれに対して支払うべきか、そのリソースが属するビジネスのサービスは何か、その他多くの疑問には答えられません。もちろん、クラウドサービス事業者が請求書にこのような詳細を追加することは期待できません。これらの詳細はすべて顧客固有のものです。そこで、タグを使います。タグを使えば、特定のリソースにビジネスに関する詳細情報を割り当て、その情報を分析して会社固有の疑問に答えることができます。

社内のあらゆる分野のペルソナ（財務、運用、エンジニアリング、経営層）は、クラウド使用量のデータから洞察を得ることができます。財務は、データを使用して、適切な事業部門にチャージバック／ショーバックを適用するかもしれません。運用は、予算追跡やキャパシティ計画のためにクラウド支出を分解するかもしれません。エンジニアリングは、開発環境と本番環境のコストを分けたいのかもしれません。そして、経営層は、どのビジネス活動がコストを発生させているかを理解するためにデータを活用する可能性があります。すべてのペルソナが、大量のデータをフィルタリングし、何らかの行動を取れるように管理可能なデータセットへと要約するためにタグを利用します。

FinOpsで成功を収める鍵は、アカウントとタグ付け戦略を早い段階で確立し、一貫して維持することです。そのためには、チーム横断的な可視化が必要です。幸いなことに、利用しているクラウド事業者からさまざまなツールを利用できます。すべてのクラウド事業者は、リソースに適用できるキー／値ペアのタグ形式を提供しており、リソースが実行される階層ベースのアカウントグループも提供しています。

一部のクラウドサービス事業者は、グループ化して、より深い階層ベースの割り当てを構築できるソリューションを提供しています。個々のリソースにタグ付けするほかに、Google Cloudフォルダ、AWS Organizations、Azure管理グループを代替手段として使用できます。AWSはアカウントにタグ付けする機能を提供し、Google Cloudはプロジェクトにタグを付けられます。階層ベースの配賦では、アカウントをある特定の集団にグループ化し、それ自体にタグを付けることができます。すべてのクラウド事業者は、このような機能を常に改善しています。

私たちが見た中で最も成功しているFinOps実践者は、配賦戦略にタグベースと階層ベースの両方のアプローチを使用する傾向にありますが、必須ということではありません。実際、インフラの複雑さにもよりますが、タグ／ラベルなしで配賦を行うことも、使用量をアカウントに分けずに配賦することもできます。しかし、環境が複雑になるにつれて、おそらく両方を使用することになるでしょう。

特定の時点で一貫性を持って適用することが重要ですが、クラウドの利用とFinOpsの成熟度の両方が進化するにつれて、時間の経過とともに戦略を変更する可能性も出てきます。複数のアカウント、またはタグ戦略モデルを同時に行っても問題ありません。環境を100％一貫したものにすることは不可能だと思います。完璧を目指さなくてもよいのです。

一般的に、1つの戦略だけで始めるのであれば、階層ベースのアプローチ（アカウント／サブスクリプション／フォルダ）を会社の事業部門／部署／チーム構造などの1つ（またはいくつか）の次元にマッピングするのが最適です。アカウントの構造化は必須です（すべてのリソースは必ずアカウントの1つに含まれます）。アカウントの粒度は細かく分かれておらず（識別して割り当てるものが少ない）、個々に重要で（ユーザーはリソース名よりもアカウント名のほうが識別しやすい）、セキュリティなどの技術的な理由でリソースを分離するためにアカウントを使用している場合が多いです。

タグ付け戦略は時間をかけて補強できますが、最初からタグ付けのみで始めると問題となり得ます。タグだけのアプローチでは、タグ付けされたリソースの適用範囲を広めるために多大な努力をしたにもかかわらず、適用範囲が不足し、多くの未配賦の支出が残る状況を私は何度も目にしてきました。開発チームにすべてのリソースにタグ付けするよう求めることは、（特にクラウド利用の初期においては）評判が悪いだけでなく、クラウドサービス事業者がタグをサポートしていないリソースタイプが一部あることに、私たちは気がつきました。

全員が戦略に一貫性を持っていなければ、誤ったコスト配賦をしてしまいます。例えば、コスト配賦の戦略としてアカウントを使用している場合、アカウントを共有するチームがあると、コストが一方のグループに配賦され、他方には配賦されなくなります。最も柔軟性のある方法は、アカウントとタグの両方を含むアプローチを取ることです。階層ベースとタグベースの戦略の両方を組み合わせることで、詳細についてはタグを使用し、残りの未配賦のコストについては、階層ベースの戦略を使用できます。

クラウドの使用状況や課金データにコスト配賦のデータを付与するには3つの方法があります。

リソースレベルのタグ

エンジニアまたはクラウド事業者が直接クラウドリソースに適用する。

アカウント／プロジェクト／サブスクリプション

ベンダーが提供し、請求データに表れる。

請求後のデータ構成

請求データをもとに、サードパーティーのデータや分析ツールあるいは自前のデータ処理を使い、さらに詳細な情報を付与する。

12.2 戦略を遂行する

組織内でタグや階層ベースの配賦戦略を成功させるには、次の3つの重要なことを行う必要があります。

12.2.1 計画を伝える

タグやアカウント戦略を計画し始める前に、関係者全員が参加していることを確認する必要があります。主要な関係者が揃っていないと、全員の要求を満たさない戦略を作り出すリスクがあります。目標は、一部のチームだけでなく、会社全体にとって最適な戦略を作ることです。チームが独自のタグ付けやアカウント設計の戦略をすでに実施している場合、まずは、何がうまくいっていて、何がうまくいっていないかを調べることから始めなければなりません。

エンジニアリング主導の戦略では、財務に焦点を当てていないことが多いです。コスト配賦や将来のコスト最適化の要求を考慮しながらも、財務的な要求も含んだ戦略でなければなりません。

財務的に重要な分割として最良のパターンは、チーム、サービス、事業部門／コストセンター、というように組織を分けることです。チーム対チーム、サービス対サービスなど、各階層でコストに関する疑問に答えられるよう、コストとリソースをグループ化するためにこれらの区分を使います。一貫性は必須です。あまり重要でないものやチーム固有のものは推奨までにとどめ、強制すべきではありません。

12.2.2 シンプルに保つ

特にインフラストラクチャが複雑な場合、コスト配賦の戦略に圧倒されるかもしれません。そのため、初期の戦略はシンプルに保つことが重要です。コストを把握したい領域を3～5つ選び、そこから始めることをお勧めします。コスト配賦にタグを利用する場合、最初は事業部門、プロダクト、オーナー、役割といったタグに焦点を当てるかもしれません。その場合、開発用サービスを本番用サービスとは別のアカウントでデプロイすることもできます。環境ごとにコストを分離するためにアカウントを使用します。こうした最初の小さな一歩は、情報という点で大きな見返りがあります。実際、最初にトップレベルのコスト配賦に焦点を当てることで、主要な可視化と最適化の成果につながった事例を何度も目にしてきました。

物事をシンプルに保つことは、物事を前に進めるうえでも重要なことです。できるだけ直感的に扱える仕組みにすることを目指しましょう。仕組みが成長し組織がより細かく複雑になると、組織内部で多くのチームが利用する大規模なアカウントでFinOpsを実践することになる場合があります。そうすると、どのコストがどのチーム／サービス／環境のためのものかをあとで紐解くことは難しくなります。

12.2.3　疑問を明確にする

配賦戦略の全体的なポイントは、自社がクラウドをどのように利用しているかという重要な疑問に答えることです。そのため、疑問を明確にすること、そしてプロセスの早い段階で実践することが重要です。FinOpsで次のような疑問にうまく答えられる必要があります。

- この費用は組織内のどの事業部門に請求すべきか？
- どのコストセンターの費用が増加（または減少）しているか？
- あるチームが担当するプロダクトの運用にはどれくらいのコストがかかっているのか？
- どのコストが本番環境以外のコストかがわかり、それを安全に停止できるようになっているか？

これらの疑問を出発点として、請求情報にどのような要素が欠けているかを判断し（詳細は5章を参照）、その情報をもとにアカウント階層とタグ付け戦略の指針に役立てることができます。

12.3　大手3社の配賦オプション比較

クラウドサービス事業者の大手3社を比較して、それぞれが提供するサービスが配賦戦略にどのように影響を与えるかを理解しましょう（詳細は表12-1を参照）。

表12-1　クラウド事業者の配賦オプション比較

	AWS	Google Cloud Platform	Microsoft Azure
階層	アカウント（管理およびメンバー）	プロジェクト	サブスクリプションとリソースグループ
メタ階層	AWS Organizations	フォルダ	管理グループ、部門
キー／値ペア	タグ	ラベルとタグ	タグ
リソースごとのタグの数	50（一部のサービスは10）	64	50（一部のサービスは15）
詳細な請求データに自動的に割り当てられるタグ	なし――手動の選択が必要	あり――いくつかの制限がある	あり――いくつかの制限がある
タグの制限	一部のサービスでは、サポートされる文字に制限あり	小文字、数値、アンダースコア、ダッシュのみ	一部の文字がサポートされていない
タグを適用できるもの	ほとんどのサービスのリソース（常に変更される。最新の詳細についてはAWSドキュメントを参照）、アカウント（AWS Organizations経由）	ほとんどのサービスのリソース、プロジェクト、フォルダ	ほとんどのサービスのリソース、Azureリソースグループ

表12-1から、粒度の細かい配賦戦略は、各クラウドサービス事業者がそのプラットフォーム上でリソースをどのように分離するかに基づいていることがわかります。各クラウドサービス事業者は、タグ付けの方法を提供していますが（ただし、Google Cloudは、ポリシー定義のためのタグと、配賦のためのラベルの両方を提供）、各事業者がタグに適用する制限には違いがあります。

一部の事業者は、アカウントまたはリソースグループレベルでのタグ付けをサポートしています。すべてのAzureリソースはリソースグループ内に作成され、タグはリソースグループおよびグループ内の個々のリソースに関連付けることができます。同様に、AWS Organizationsは特定のアカウントにタグを関連付けることができます。クラウドサービス事業者が提供するツールや独自のFinOpsツールで、これらのタグの階層を使用し表示するには、さまざまな方法があります。

本章の後半では、現在複数のクラウドサービス事業者を使用している場合（または将来使用する可能性がある場合）に、タグの制限について考慮する必要がある点について説明します。一部のクラウドサービス事業者のタグについては、タグの値が請求データに反映されるようにするために特定のアクションが必要で、そのことを理解しておくことは重要です。

12.4　アカウントとフォルダ、タグとラベルの比較

タグとアカウントにはそれぞれ利点と欠点があります。前述したように、一方を選択するよりも一緒に使用するほうが一般的には望ましいです。タグは非常に柔軟ですが、適用範囲を100%にすることは難しく、場合によっては不可能となります。そして、アカウントの分離に基づく配賦は、きれいにチャージバックできますが、レポートできる内容に制限があります。

アカウントは互いに排他的であるのに対し、タグはそうではありません。アカウントは主要なものであるべきで、ラベルは副次的なものです。一般的なベストプラクティスは、アカウントを利用して最も重要な主要部門を分割し、タグを使用してそれらのアカウントを詳細化し、よりきめ細かく可視化することです。

図12-1では、個々のプロダクトとそれぞれの環境を分割するためにアカウントを使用しています。これは重要です。なぜなら、プロダクトやアプリケーションが異なれば、コストセンターや予算も異なることが多いからです。一部は売上原価で一部はR&D費といったように、環境（開発、本番、ステージングなど）が異なれば、財務部門による会計処理も異なる必要があるかもしれません。さらに、それぞれの組織がお金の流れを確認するために、あるいはコスト最適化のために異なる方針を適用するために、本番に関する活動と開発に関する活動の支出をグループ化したいと考えるかもしれません。

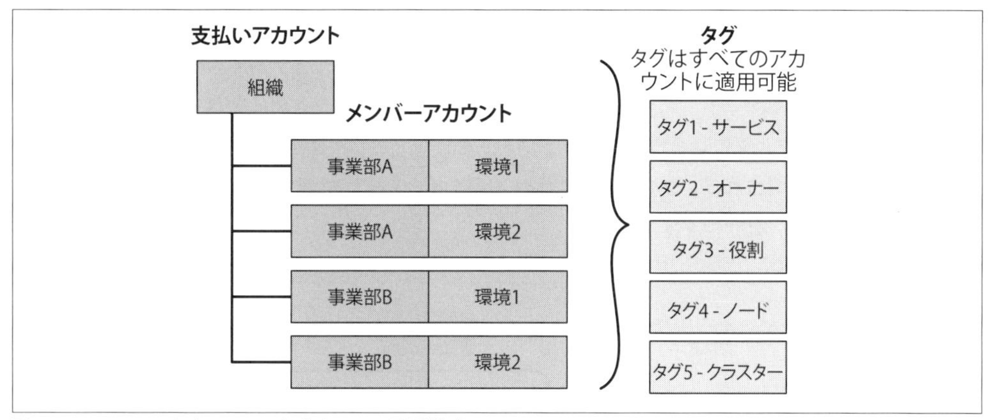

図12-1　AWSアカウントの一般的なコスト配賦戦略

一部の企業では、限られた数のアカウントに対して、主要な配賦アプローチとしてタグを使用しています。これは、プロダクトの数が少なく、コストセンターを分割する要件があまり厳格でない企業でよく見られる傾向です。タグを第一に考える企業が直面する課題は、できるだけ多くのリソースを網羅するために広範なタグポリシーを適用する場合によく起こります。レポートをする際に、タグ付けされていない支出が大量に残ります。さらに、タグ付けが全くできない支出や、タグ付けはできても請求データに反映されない支出もあります。これら2つの課題を考えると、階層ベースのアカウント戦略は、最も誤りのないチャージバックの方法を提供すると言えます。

12.5　アカウントとプロジェクトをグループに整理する

大手3社のクラウド事業者はそれぞれ、AWS Organizations（https://aws.amazon.com/jp/organizations/）、Azure管理グループ（https://learn.microsoft.com/ja-jp/azure/governance/management-groups/overview）、Google Cloudフォルダ（https://cloud.google.com/resource-manager/docs/creating-managing-folders）を介して、アカウント、プロジェクト、サブスクリプションを階層としてグループ化し整理する方法を提供しています。以下は、Googleのフォルダに関するドキュメントで、グループ化がどのように機能するかを説明した例です。

> フォルダは、プロジェクト、他のフォルダ、またはその両方を内包できます。組織は、組織ノードの下にあるプロジェクトを階層構造でグループ化するためにフォルダを使用できます。例えば、組織にそれぞれ独自のGoogle Cloudリソースを持つ複数の部門が含まれているとします。フォルダを使用すると、これらのリソースを部門ごとにグループ化できます。共通のIAMポリシーを共有するリソースをグループ化するためにフォルダを使います。フォルダは複数のフォルダやリソースを含むことができますが、1つのフォルダやリソースが持てる親は1つだけです。

図12-2では、組織である会社は、2つの部門、**部門X**と**部門Y**を表すフォルダと、両部門に共通する可能性のある項目のための**共有インフラ**フォルダを持っています。**部門Y**の下は2つのチームに分かれており、チームフォルダ内ではさらにプロダクト別に整理されています。**プロダクト1**のフォルダには3つのプロジェクトが含まれており、それぞれのプロジェクトには必要なリソースが含まれています。これにより、IAMポリシーと組織ポリシーを適切な粒度で配賦するための高い柔軟性を提供します。

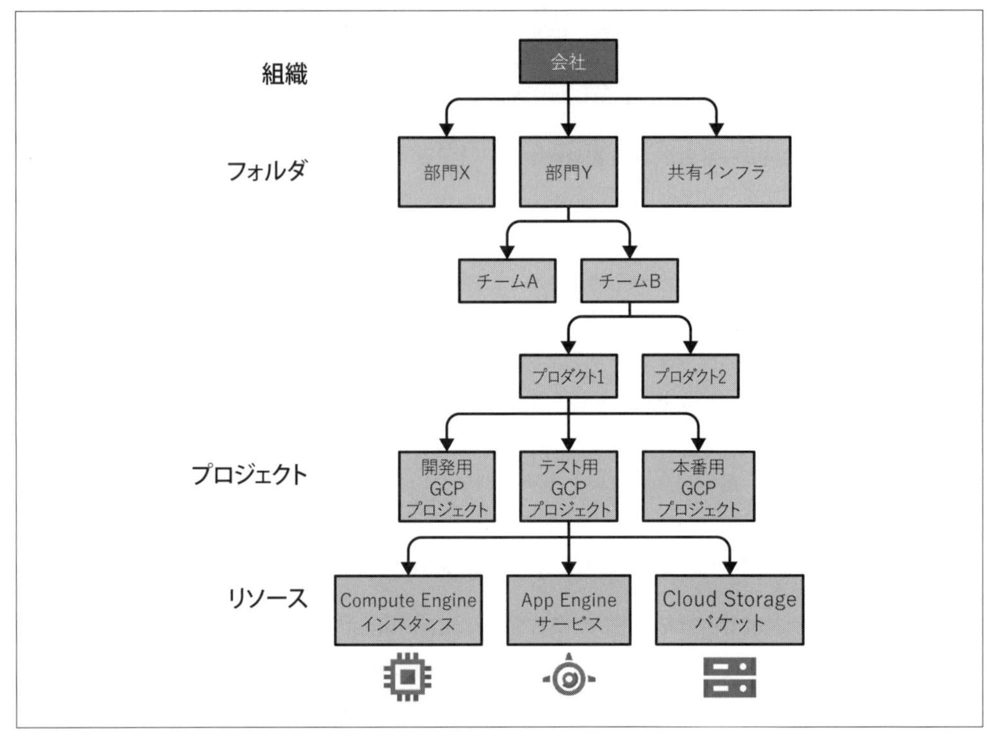

図12-2 Google Cloud内のコスト配賦

図12-2に示すとおり、ある会社にフォルダを作成し、さらに追加のフォルダやプロジェクトを含めることは、非常に一般的です。この構造を**フォルダ階層**と呼びます。組織からフォルダ、プロジェクトへと進むことを**リソース階層**と呼びます。

12.6 タグとラベル：最も柔軟な配賦オプション

クラウドサービス事業者は、タグとラベルを区別して呼ぶかもしれませんが、基本的にタグとラベルはどちらもキー／値のペアの形でメタデータを定義する機能を提供します。タグは、クラウドアカウント内のリソースに関連付けられます。キーはスプレッドシートにおける見出し列のようなもので、値はその列の行エントリーにあたります。

複数のシャツを表現したものとしてキー／値のペアを考えてみましょう。各シャツには、タグのキーとして**色**があり、タグの値は**赤**、**青**、または**緑**のいずれかです。赤と青のシャツのコストの差を見たい場合は、**色**のタグを使ってコストをグループ化し、コストの差を表示することができます。

図12-3は、**環境**と**階層**というキーを使ってタグ付けされたクラウドリソースを示しています。これらのタグにより、どのリソースが本番用か開発用か、どのリソースがサービスのバックエンドをサポートしているかフロントエンドをサポートしているかを識別できます。クラウドサービス事業者にとって、タグは単なる文字列であり、意味があるわけではありません。タグは顧客にとってのみ意味があるため、文字セットや長さなどの制限を守り、顧客が望むものであれば、どのようなものであってもかまいません。タグのキーとその適切な値について明確な計画を立てることで、将来のコスト配賦の妨げになるようなタグの不整合を防ぐことができます。

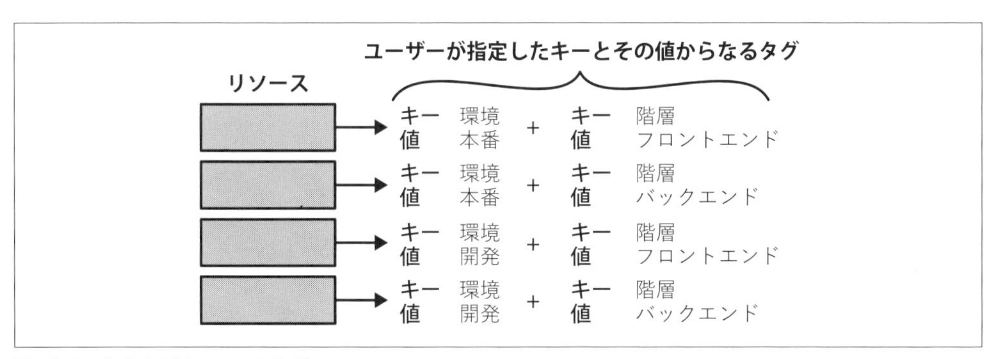

図12-3　クラウドリソースのタグ

12.6.1　タグを使用した請求

クラウド請求書にタグのデータを表示することで、複数のタグの次元でコストをグループ化できます。チームごとにコストを整理したり、開発環境や本番環境といった環境ごとにコストをグループ化したりすることで、ビジネスの適切な領域に費用を配賦できます。

タグを使用することで、クラウド請求書のどの項目がどのビジネスのサービスに帰属するかを識別できます。これらのタグの次元（チーム／サービス/環境）ごとにコストをグループ化することに加えて、クラウド請求に大きな変化がないかどうか各グループを監視できるため、予期せぬコストに迅速に対応できます。

一部のクラウドサービス事業者は、請求データにエクスポートするタグのキーを事前に選択する必要があります。他の事業者は、リソースに関連付けられたすべてのタグをエクスポートします。

AWSのようにタグを自由に選択できる事業者の場合でも、何百ものタグを追加しないでください。請求ファイルに余分で不必要なデータによって、すでに大きくなっているデータサイズが増大し、分析が難しくなるからです。

12.6.2 タグ付けを早期に開始する

FinOpsの仕組みを構築し始めると、チームにリソースのタグを付けてもらうといった難しい課題を先送りしたくなる誘惑に駆られます。多くの場合、組織はタグ付けの基準を持っていないか、持っていてもチームに強制していないことがよくあります。過去の状態に遡ってタグを適用できないことを理解しておく必要があります。包括的な報告ができるようタグ付け戦略を事前に計画する必要があるということです。

例えば、1月1日にリソースを作成して、2月1日までそのリソースにタグを割り当てていなかった場合、1月の請求データはすべてタグがないため、そのリソースは未配賦になる可能性があります。また、リソースにタグを付けたとしても、後日まで請求にタグを有効にしないと、タグの配賦にギャップが生じます。その後、本章の後半で説明するコスト配賦やコスト最適化戦略のために請求データを分析する必要が生じたときに、請求データには必要な配賦の履歴がないことに気づくでしょう。

タグ付けは、FinOpsをより高度な段階に進めるときに、豊富なデータセットを確実に利用できるようにするための初期の重要なステップです。タグ付け戦略を遅らせないでください。

12.6.3 タグ付け基準を設定するタイミングを決める

タグ付けの基準を導入するのに最適な時期は、組織がクラウドの旅路を始めたばかりのときです。すべてのリソースに適用されるタグのキーと、タグが含む適切な値を、明確に基準として定義する必要があります。エンジニアが開発する前に基準を導入し、基準を彼らに伝えることで、タグの適用範囲を高め、質の高いデータを提供することができます。しかし、多くの企業ではすでに大規模にデプロイしており、タグ付けに関する基準がありませんが、心配無用です。基準を適用し、エンジニアにリソースを更新してもらうのに遅すぎることはなく、いくつかの作業が必要になるだけです。

タグ付けの基準を導入することに抵抗する人は珍しくありません。特に、新しいタグ付けの基準を満たしていないリソースがすでに数多くデプロイされている場合は、なおさらです。新しいタグ付けの基準に対して上層部が賛同している企業では、組織全体でタグの導入が進んでいます。最初は上層部による指示を活用し、最終的にはFinOpsチームだけでなくビジネス全体でタグ付けを必要要件とすることで、文化的な変化をもたらし、広範なタグ付けの遵守を促します。

タグの価値はFinOpsの範囲外にも確実に及んでおり、これらの利点を理解することは、ビジネスがタグ付けの基準を導入しようとする際に役立ちます。セキュリティチームにとっては、タグを利用して、セキュリティ問題の影響を受けるリソースを担当するサービスやチームを特定できます。運用チームにとっては、リソースに問題があるという通知によって、どのサービスが影響を受けるかを容易に判断できます。組織における優れたタグ付けポリシーは、さまざまなステークホルダーに利益をもたらします。

タグ付けの基準が最初から熟考されたものであればあるほど、将来的にその基準を見直す可能性は低くなります。すでに伝えた戦略を実施し終えたばかりのチームに、多数のタグを変更してほしいと再度依頼しようものなら、あなたはチームから嫌われてしまうでしょう。

ビジネスがクラウドでスケールアウトするにつれて、何百万とは言わないまでも何千ものリソースに固有のタグが付きます。タグ付け戦略を変更することは、チームがこれらすべてのリソースを更新しなければならないことを意味します。一般的に、Terraform、CloudFormation、Azureリソースマネージャー（ARM）テンプレートなどの自動化インフラによってタグを適用するため、自動化されたタグを更新するには、コードを実行する必要があります。多くのリソースを更新できず、中途半端な基準になってしまう企業が、よく見受けられます。

12.6.4　適切なタグの数を選ぶ

多くのタグを設定しすぎることをチームに強制するようなタグ付けの基準であってはなりません。過剰な数のタグを要求することは、基準への抵抗を引き起こし、基準違反につながります。どのような疑問に対する回答を得たいのかを常に念頭に置き、アカウント階層から得られるデータとタグ戦略のバランスを取りましょう。中心となるメタデータにだけタグを導入することがベストです。すべてのタグを必須として定義するのではなく、オプションのタグを定義し、チームがそれを選択した場合の設定方法を明確にしましょう。

タグ付けの基準について何から始めたらよいかわからない方のために、FinOpsで成功している企業が導入しているタグの例をいくつか紹介しましょう。

- **コストセンター／事業部門タグ**は、リソースのコストが組織内のどこに配賦されるべきかを明確に定義する。
- **サービス／ワークロード名タグ**は、リソースがどのビジネスのサービスに属しているかを特定する。これにより、組織はチームが運営するサービス間でコストを区別できる。
- **リソースの所有者タグ**は、リソースの個人／チームの責任者を識別するのに役立つ。
- **名前タグ**は、クラウドサービス事業者が提供するよりもわかりやすい識別子を使用してリソースを特定するのに役立つ。
- **環境タグ**は、開発、テスト／ステージング、本番環境のコスト差を判断するのに役立つ。

最も重要な1つか2つのタグ（例えば、コストセンターと環境）については、タグの代わりにアカウント階層を使用し、追跡が必要な残りの3つから5つの配賦のためにタグを使用することを推奨します。粗い粒度のアカウント階層はいくつかの次元に容易にマッピングでき、タグは追加のビジネスに関する詳細な次元を提供します。

最も成熟したFinOpsを実践する組織では、クラウドリソースを構成管理DB（CMDB）などの他の情報源に接続するためにタグを使用しています。これにより、大量のデータを参照できるだけでなく、情報を一度更新するだけでクラウドリソースの数百万のタグを修正する必要がなくなり、更新プロセスをより迅速かつ簡素化できます。

12.6.5 タグ／ラベルの制限内での作業

計画したタグ付けポリシー(必要なキーと値)が、利用予定のすべてのクラウドサービス事業者で機能するかどうかを確認することは重要です。ほぼ任意の文字を使用できるクラウドサービス事業者もあれば、厳格な制限がある事業者もあります。タグの長さには制限があり、サービスによってはリソースごとにタグの数に制限があることもあります。

利用しようとしているサービスが、自身の提案するポリシーに適合しているかを確認する必要があります。そうしないと、タグを変更しなければならなくなったり、わずかに異なる値を持つ複数のグループができてしまったりすることがあります。

例えば、リソースにR&Dというタグを付け始めたものの、特定のサービスが「&」文字をサポートしていないことにあとで気づくかもしれません。この場合、2つの選択肢があります。既存のR&DというリソースをRandDなどの別のものとして再タグ付けする。または、R&DとRandDの両方の値が請求書や費用に分かれて表示されることを許容することです。オリジナルのクラウド費用のデータを変更することなく、レポート作成時にリソース配賦方法を調整するルールを適用することで、一貫性のないタグを事後的に修正する方法を提供するFinOpsツールがあります。

クラウドサービス事業者によっては、他の事業者よりも多くのリソースタイプにタグを付けることができるものもあります。このような違いは、リソースにタグ付けする役割を担っている人々からよくある不満の1つです。ここで重要なことは、タグ付けをサポートするすべてのリソースでそのメリットを享受することです。そして、クラウドサービス事業者がより多くのリソースタイプにタグをサポートするよう継続的に働きかけることです。

すべてのリソースにタグを付けることができなくても、できるだけ多くのリソースにタグを付ける努力をするべきです。タグをサポートしているリソースにタグを適用することから得られるビジネス上のメリットはたくさんあります。CloudWatchの料金のようなタグを付けられないリソースは、タグ以外に何らかの階層グループを適用するよう推奨しているものの1つです。そうすることで、タグが付けられていない費用についてもできるだけ多く配賦することができます。

12.6.6　タグハイジーンの維持

タグハイジーンとは、タグの仕組み（およびタグシステムから得られるデータ）を可能な限りクリーンな状態に保つために取る行動を指します。適切なタグハイジーンがなければ、不正確なデータを扱うリスクがあり、それが結果的に意思決定の正確性を損なうことになります。

タグハイジーンに関しては、一貫性が重要です。あるチームがprodというタグ値を使用し、別のチームがproductionというタグ値を使用する場合、これらのタグは、通常、請求データの別々の項目としてグループ化されます。タグは大文字と小文字を区別する場合があるため、Enterpriseという値はenterpriseとは別の値としてレポートされるかもしれません。人手でタグを作成すると、スペルミス、大文字と小文字の違い、略語などがよく見られます。これに対する答えは、自動化によってタグ付けポリシーを実施することです。Ansible、Terraform、Azure Resource Managerテンプレート、Google Cloud Deployment Manager、AWS CloudFormationなどのインフラ自動化は、一貫性を確保し、人為的なエラーを避けるのに役立ちます。

しかし、組織内で最良の自動化やデプロイメントの実践が行われたとしても、一部のリソースが依然として欠落していたり、無効なタグで作成されることは避けられません。そのため、一部のオープンソースのツールやサードパーティーのプラットフォームは、これらの不適切なリソースが作成された時点に近いタイミングでリソースを削除したり、少なくとも停止するように設計されています。これにより、アカウント内で発生する未配賦／未説明のコストを抑えることができます(FinOpsライフサイクルのOperateフェーズで自動化について取り上げます。第4部を参照してください)。

もう1つの効果的なオプションは、親リソース（インスタンスなど）から子リソース（ボリューム、スナップショット、ネットワークインターフェースなど）へとタグを複製することです。タグを子リソースに複製することで、タグの適用範囲が広がり、そのリソースに関連するタグの付与を徹底できます。タグ付け戦略を導入し成功を収めている例として、Azureリソースグループのみにタグ付けを行い、リソース自体にはタグ付けを行わないという例があります。その一方で、両方のレベルでタグ付けを行い、特定の状況でどちらの値を使用するかを決定するビジネスロジックを実装している例もあります。

タグ付けされていないリソースをデフォルトのコストセンターに配賦するビジネスロジックを作成することも可能です。具体例の1つとしては、クラウドアカウントごとにデフォルトのコストセンターを適用することです。アカウント内のすべてのタグ付けされていないコストは、デフォルトのコストセンターに配賦されます。請求に関しては、リソース自体のタグを更新することによってこれを実現できます。あるいは、分析時にこのビジネスロジックをあとから請求ファイルに適用することもできます。このようなロジックをあとから適用することで、アカウントを調べて個々のリソースに実際のタグを更新することなくビジネスロジックを更新できるという利点があります。

コスト配賦、タグハイジーン、コストレポーティングへのロジックの適用に役立つツールについては、FinOps.orgのFinOps認定プラットフォーム（https://oreil.ly/h4Gzv）を確認してください。

12.6.7　タグ状況のレポーティング

組織内でタグ付けがどのくらい機能しているかを確認するには、レポーティングによってタグが誤って適用されている箇所を特定する必要があります。タグが割り当てられているクラウド費用と、タグが割り当てられていないクラウド費用に対して、タグの適用率を測定することをお勧めします。この方法で測定すると、非常に短期的で低コストのリソースは、長期的で高コストのリソースよりも重要性が低いと報告されます。クラウドサービス事業者が提供しているすべてのリソースがタグ付け可能というわけではないので、タグの適用率95%を目標に設定し、残りの5%のタグ付け不可能なリソースの配賦プロセスを別途検討するのが現実的です。

レポーティングすることで、関連するチームをフォローアップして自動的にタグを更新したり、少なくとも手動でタグを修正したりできます。タグ付け基準に合致していないリソースがどれくらいあるかを長期的に追跡することで、組織内でタグ付け基準がきちんと導入されているかどうかを判断できます。また、基準に従っていない非協力者のリストを誰もが見ることができるようにすることは、より徹底したタグ付けの導入を推進するのに役立ちます。

12.6.8　チームにタグを導入してもらう

「リソースにタグ付けする際に何かアドバイスはありますか？」という質問をよく耳にします。前章で紹介したAlly Andersonの話をしましょう。彼女は、各チームのエンジニアリング担当者と密接に連携し、「タグが付けられていない支出が高額になっている場合、レポートを通じて可視化している」と言っています。彼女はチームリーダーの前で一貫してデータを提供すればするほど、リアルタイムなデータのフィードバックループにより、より多くのタグを適用してもらえることがわかりました。また、彼女は上層部からのサポートも受けています。Andersonは経営層向けのレポートの中で、タグ付けされていない支出を継続的にレポートの中核に捉えることで、経営層に、タグ付けされていないコストを最小限に抑えるよう自分の組織に働きかけてもらえるようにしました。

Ancestry.com（http://ancestry.com/）のDarek Gajewskiは、タグの遵守を高める戦略として、作成時にタグ付けするというアプローチに焦点を当てています。クラウド事業者は、インフラの立ち上げ時に、特定のタグを設定するよう要求するという機能を追加し続けています。それを活用することは、タグの適用範囲を広げる際に非常に役に立ちます。

本章のすべての概念を実際の話としてまとめて聞くには、FinOpsPod（FinOpsのポッドキャスト）のエピソード6「Attribution, Tags & Labels . . . OH MY! ! 」（https://finopspod.captivate.fm/episode/cloud-cost-tagging-and-attribution）を聞いてみてください。これは、タグ、ラベル、アカウント構造を何度も検討しながら、どのように帰属戦略を開始／進化／成熟させていったかを、IntuitのJason Rhoadesが語ったものです。

12.7 本章の結論

優れたFinOpsの実践をするには、慎重に作成されたアカウントとタグ付け戦略から検討を始めるべきです。アカウント階層とタグ付けにより、請求データに追加のメタデータを設定することで、ほぼすべてのレポーティングや分析に役立つことでしょう。

要約：

- アカウント配賦戦略は、リソースに構造をもたらし、コストをグループ化する手助けになる。
- タグの重要性を理解し、それを自動化する取り組みは、ビジネス全体に利益をもたらす。
- タグとアカウント配賦からなるコストの可視性とコストの説明責任は、組織内でコストの無駄のない文化を構築するのに役立つ。
- タグ付けとアカウント配賦は、FinOpsライフサイクルのOptimizeフェーズを通じて一般的な要件である。

まずは、コスト配賦戦略を策定することから始めましょう。そうすることで、次の章で取り上げる予測を含めて、ほぼすべてのFinOpsケイパビリティで役立つでしょう。

13章
正確な予測

予測とは、過去の支出トレンドと将来の支出計画を組み合わせて、将来の支出を推し量ることを言います。これは、将来のクラウドインフラストラクチャの利用状況やアプリケーションのライフサイクルの変更がどのように予算に影響を与えるかを理解することで、クラウド投資の意思決定を適切に評価するために行われます。そして、これはFinOpsの取り組みの中でも最も難しいことの1つです。

予測が困難であることの背景として、エンジニア、財務、調達部門での連携が必要不可欠であることが挙げられます。財務部門は財務報告の責任を負い、調達部門は会計の責任を負っています。これらの部門がその責任を果たしつつ、インフラストラクチャへの変更を理解し計画するためには、エンジニアや経営陣からの支援も必要となります。利害関係のあるチーム間でコラボレーションをすることで、予測モデルとKPIを構築し、ビジネスゴールに基づいて予算を策定することができます。これらのチームがクラウド支出を確実かつ正確に予測するモデルを構築することで、組織の成長を加速するための投資および運用上の決定を行えるようにします。

本章では、予測について議論したうえで、なぜ予測することが困難なのか、その精度を向上させるために必要な主要な概念について説明します。

クラウド以前の伝統的なIT支出の予測は、主に年単位で予算が定められていました。データセンターの設備は、システムの更新または新システムを構築する場合に応じて、前もって総所有コスト（TCO：Total Cost of Ownership）が計算されます。これまで、エンジニアリングチームは、設備投資のためのビジネスケース構築以外にIT支出の予測に関与してこなかったため、予測に関心を持つ必要がなく、頻繁に予測を行ったり、財務やビジネスと連携する習慣がありませんでした。

また、従来のデータセンターのデプロイでは、既知の固定費の割合が大きかったため、予測の不正確さが与える影響は限定的でした。しかし、クラウドのような変動費モデルに移行すると、固定費と変動費の割合が逆転し、変動費がより大きな割合を占めるため、予測の不正確さが大きな影響を与える可能性があります。

頻繁にクラウドコストを予測することは、データセンターのデプロイよりもはるかに重要であり、より多くのメンバー間での連携が必要になります。

13.1　クラウド予測の現状

クラウド支出の予測は、FinOpsの上級実践者でも習得が困難な分野です。最新のState of FinOps survey（https://data.finops.org/）で2番目に最も多く取り上げられた課題であり、成熟度の高い回答者の多くが予測精度に10%以上の誤差があったことを報告しています。10%は、クラウドの請求が毎月数百万ドルを超えてくると無視できない大きな数値となります。

予測の誤差は、クラウドコストの複雑さとクラウドリソースの分散消費の組み合わせに起因して発生します。多くの関係者やコードが必要に応じてインフラを調達している場合、それが6〜12か月後にどれだけの金額に合計されるのか、正確に把握するのは非常に困難です。これはモデリングの問題だけでなく、人と技術の問題でもあります。

The State of FinOps 2022の回答者は、ベンチマークにいくらかの改善が見られ、2021年の調査と比較して予測が正確になったことを示しています。最も進んだ段階にあるグループは、実際の支出との誤差を5%以内に抑えることができましたが、あまり進んでいない段階のグループは20%以上の誤差が発生していました。正確な予測には時間がかかり、効率化や自動化を行うためにはFinOpsのあらゆる知識の活用と経験値が必要です。

上級ステージの回答者は、予測とそれに基づくクラウド予算を振り返るサイクルを頻繁に設けています。ただし、週次などの短いサイクルで予測を生成している回答者は少なく、全体として大きな改善の余地があることを示しています。回答者の約21%が年次で予測を行っていると報告しており、クラウドインフラが1年を通して劇的に変わる可能性を考慮すると、これは驚くべき結果です。この振り返りの頻度の低さが、FinOpsチームが正確な予測を導き出せない要因の1つとして考えられます。

> 間違うことを恐れてはいけません。初めから正確である必要はありません。まずは、経験則などに基づく推測から始めましょう。ただし、早急に！
>
> ——Andrew Feig, Managing Director, Cloud Engineering at JPMorgan Chase & Co.

そして、さらに驚くべきことに多くの回答者が**予測をしていない**と回答しており、請求書が届くまで気にしない、あるいは予測の精度が低いため社内で広く共有していないと述べています。

13.2　予測の手段

組織が予測する際に活用している手段を見てみましょう。まず、これらの手段は組織によって異なる名称を使用している場合があるため、基本を理解し確認することが重要です。共通認識として明確化することで、間違いをなくすことができます。

はじめに認識を一致させる必要があるのは、**予測の生成方法について**です。

ナイーブ予測

過去の実績値を使用する非常にシンプルな方法です。ナイーブ予測は、過去の実績値と同水準のデータを予測値として仮定します。図13-1のように、予測値が過去の実績値のコピーであることがわかると思います。この予測方法は、需要の変化、ビジネスイベント、人の選択によって変動するクラウド支出にはシンプルすぎます。

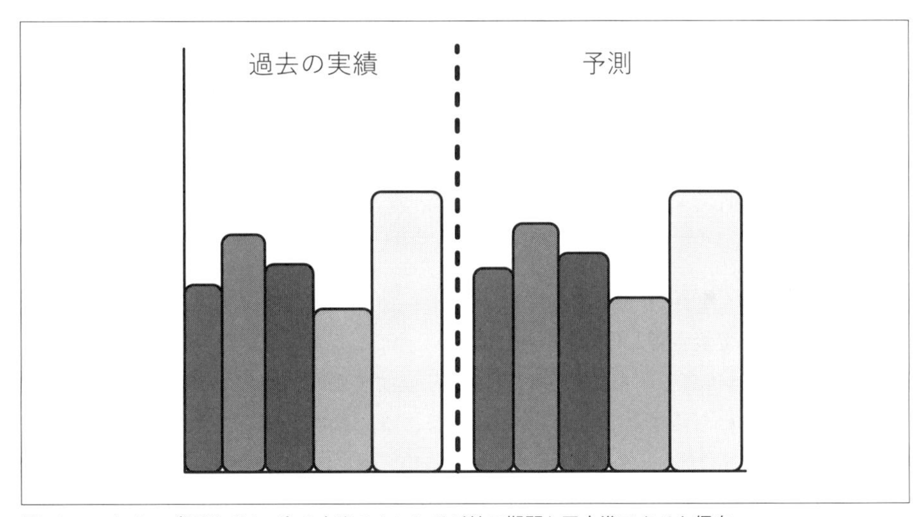

図13-1　ナイーブ予測では、次の支出のトレンドが前の期間と同水準であると仮定

トレンドに基づく予測

単変量予測としても知られています。この方法は、過去のクラウド支出をもとに線形回帰などの統計的要素を導入して、予測を立てます。過去の実績値からトレンドを読み取り、将来の支出を予測します。図13-2では、過去のクラウド支出から読み取ったトレンドを使用して予測しています。トレンドに基づく予測は、保有している過去の実績値のみ考慮しているため、将来の期間に変更される可能性のある追加シナリオ、ビジネス要素は反映されていません。

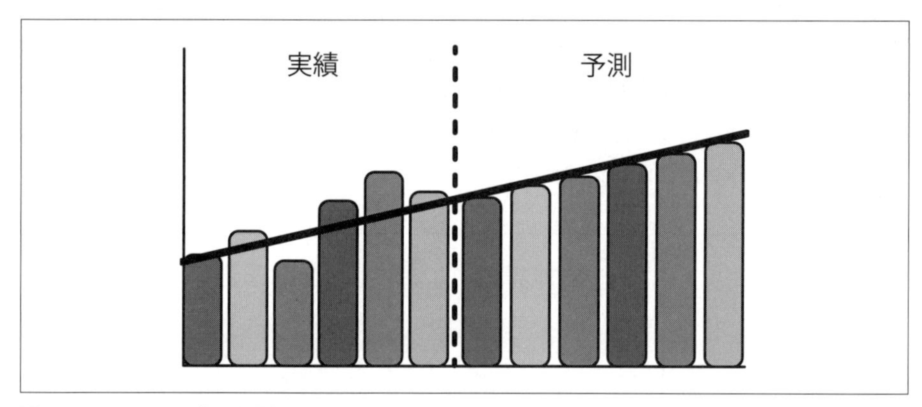

図13-2 トレンドに基づく予測

ドライバーに基づく予測

この方法は**多変量予測**としても知られており、他のビジネス指標を考慮して予測をします。クラウド支出にビジネスドライバーを関連付けることで予測の精度を高めることができ、他のビジネス指標がすでに高精度で予測されている場合に特に有効とされています。この手法は予測を手動で調整するか、または予測アルゴリズムを活用して複数の入力データソースをもとに自動で算出します。図13-3では、トレンドに基づく予測を基準としたうえで過去のクラウド支出のトレンドと比較し、外部ドライバーによる追加支出の予想に応じて調整されています。これには以下のような例が含まれます。

- マーケティング活動や戦略による費用の増加
- 新プロダクトリリースによるクラウド使用量の変化
- 人員増加の推移と研究開発（R＆D）に伴うクラウド支出の比較
- 売上／月間アクティブユーザーの推移とプロダクト開発の売上原価（COGS）に伴うクラウド支出の比較

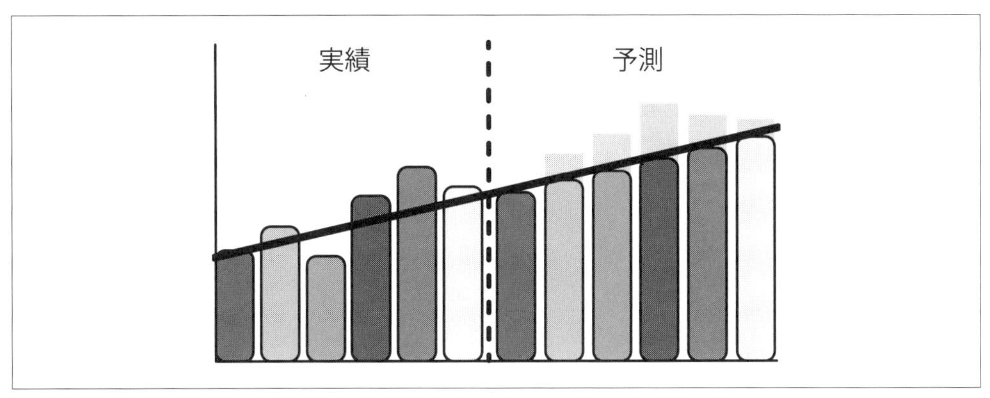

図13-3 ドライバーに基づく予測

13.3 予測モデル

ここからは、予測を生成するために使用するツールやモデルについて検討していきますが、予測モデルを生成するために活用するアルゴリズムや機械学習モデルの詳細についての説明はここでは行いません。本章の目的は、クラウド支出を予測するのに必要な考え方や手法について説明したうえで、FinOpsの取り組みの中でクラウド支出の予測に活用できる技術を検討することにあります。予測モデルの詳細に興味がある方は、Rob J. HyndmanとGeorge Athanasopoulosによる『Forecasting: Principles and Practice』（OTexts刊、2021年）[*1]などの書籍が参考になるかと思います。予測モデルには以下が含まれます。

機械学習を活用した予測

これは、予測を生成するのによく活用される技術用語の1つです。一部では、深層学習モデルのみを真の機械学習予測と考えていますが、統計的モデルや他の非深層学習モデルもこのカテゴリーに含まれます。モデルを選択するときは、多くの選択肢の中から検証を行い採用することをお勧めします。最初に利用するモデルが最善であることはほとんどないので、積極的にさまざまなモデルを試してください。また、過去の利用量の推移と複数のモデルを比較して評価することで、より正確なモデルを選定することができます。

複合予測

これは、複数の異なるモデルを組み合わせることで、高精度な予測を生成するアプローチです。複数のモデルで得た結果を平均化することで、複雑にすることなく、シンプルにモデルを組み合わせることができます。

＊1　https://otexts.com/fpp3

静的予測

このタイプの予測は、12か月などの一定期間の初めに生成されます。期間中に更新されることはなく、次の期間になって初めて新しい予測が生成されます。このタイプの予測モデルは、予測が容易な場合に適しています。

ローリング予測

静的予測と同様にこのタイプの予測モデルも、12か月などの設定された期間の初めに生成されます。しかし、静的予測とは異なり、期間中に頻繁に（週次、月次、四半期ごと）再生成されることが特徴です。再生成されるたびに、同じ期間分が作成され、実質的に予測範囲を延長するようなかたちでさらに多くのデータが追加されます。

13.4　クラウド予測の課題

より正確な予測を生成するためには、まずいくつかの一般的な課題に取り組む必要があります。これらの課題を解決するために必要な予測能力は、7章のFinOps Foundationフレームワークで網羅されている項目と関連しているため、すでに着手している課題がいくつかあるかもしれません。組織構造やFinOpsの普及状況によっては、一部の課題は他と比べて解決しやすいものになっています。

13.4.1　手動 対 自動予測

予測は多くの場合、組織内の財務またはFinOpsチームによる手動作業から始まります。この作業は、過去の支出を基準としたエンジニアからのフィードバックをもとに調整するアプローチをとる場合もあれば、過去の利用料推移をスプレッドシートにインポートし、関数などを駆使して、トレンドに基づく予測を生成する場合もあります。クラウドの支出が拡大するにつれて、この手動でのアプローチはより困難になり、精度が低下してしまう傾向にあります。支出の少ないチームの費用は1つのグループとしてまとめられることが多いため、予測の詳細度が低下してしまいます。さらに、予測の生成頻度は月次、四半期ごと、あるいはそれよりも少ない頻度と、生成頻度が低くなる傾向にあります。

一方で、トレンドに基づく予測またはドライバーに基づく予測を自動的に生成するツールを使用することで、頻繁に予測を生成することができます。2022年のState of FinOpsの調査によれば、最も経験のある上級のFinOps実践者は週次、または日次で予測をしていると回答しています。成熟したFinOps文化により、より多くのエンジニアリングチームが自らの支出に責任を持つようになり、予測に対する関心も高まっていきます。

13.4.2　不正確さ

クラウド支出の季節性を考慮することのできるモデル／ツールを検討しましょう。クラウド支出が一年中同じ推移である可能性は低く、季節性を考慮したクラウド支出の増減を予測できるようになると、はるかに高い精度で予測することができます。

一部のモデルでは、データ内の外れ値による影響を大きく受けることがあり、異常値による突発的な急増は、予測を不正確にします。一方で、一部のモデルは外れ値をうまく処理しますが、そうでない場合は修正するために手動で調整する必要があります。

1つのアルゴリズムだけでは不十分です。一部の予測アルゴリズムは、長期間の過去データを使用することで機能しますが、限られたデータだけで機能するものもあります。すでに長期間の過去データを保持しているアプリケーションに新しいワークロードを導入すると、ほとんどの予測アルゴリズムはそれらのデータには効果的に機能しません。そこで利用できるのが、アンサンブルアプローチです。このアプローチは、複数の変数やシナリオを組み込むことで、過去の可用性を考慮することのできる効果的な方法です。

13.4.3　粒度

クラウド支出全体の予測を行うと、予測の不正確さを引き起こしているグループを特定することができません。さらに、財務チームへ共有する報告要件を満たすために、より細かい粒度の予測を求められることが予想されます。逆に、細かすぎる単位で予測を生成すると、特にクラウド支出が小額のグループが複数ある場合、過剰な労力が必要になることが懸念されます。

12章で説明したタグ付けとラベリングが適切に行われていない場合、どの粒度であっても予測するのはほぼ不可能です。タグ付けや階層構造のアプローチを使用することで、クラウド支出をコストセンター、アプリケーション、環境などの関連カテゴリーに分割し管理することができます。細かい粒度で予測を立てることで、予測が実績と一致しない部分を特定し、その箇所に焦点を当て、改善することができます。

細かい粒度の正確な予測を生成できると、必然的に全体のサマリー予測とも整合性が取れることが期待できます。図13-4での支出階層の考え方を使用すると、アプリケーションごとの予測を合計した結果が、総クラウド支出の予測と等しくなるはずです。しかし、アプリケーションレベルなどの細かい粒度の予測に加えて、総クラウド支出のサマリー予測を生成する場合、予測アルゴリズムの統計的な特性上、すべての細かい粒度の予測を合算したとしても、別に生成されたサマリー予測と同じ結果にならないことがほとんどです。ここで発生する差異は、細かいアプリケーション単位などの粒度で予測結果に微妙な不正確さが生じることや、サマリー予測に詳細データが欠如していることによって引き起こされます。

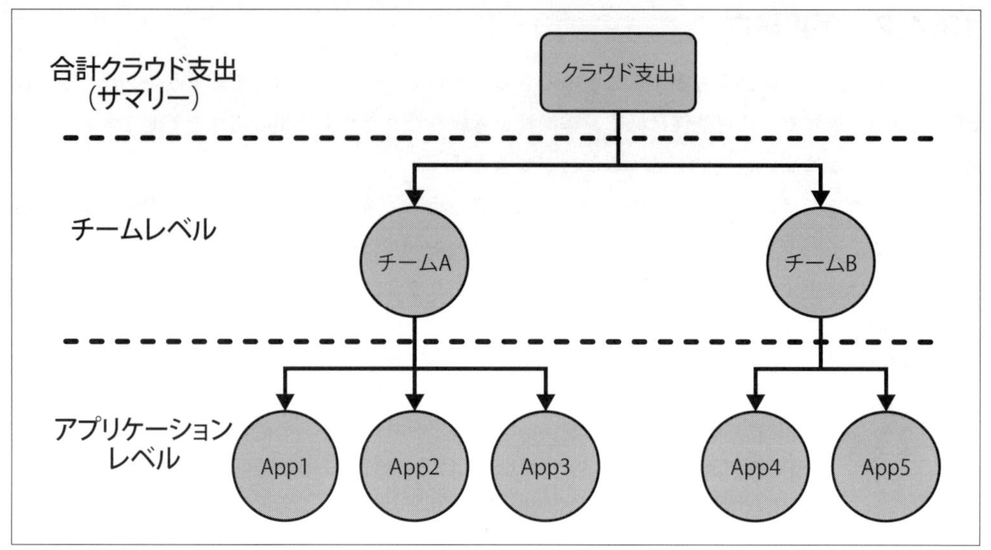

図13-4 クラウド支出階層の例

単一の粒度に限定した射影法を利用することで、一貫性のある予測を作成できます。図13-4で説明した階層の例を使用すると、予測の粒度に関して使用されるアプローチは主に3つあります。

ボトムアップ

ボトムアップアプローチは、クラウド支出の最も細かい粒度のレベルに焦点を当てています。ここでは、アプリケーションレベルの支出を例として使用しています。このアプローチは、各アプリケーションごとの予測を生成し、それをより広い分類、チーム、それから総クラウド支出にまとめます。エンジニアや経営陣からの重要な情報を取り入れられることで、予測の精度を向上させ、最も正確な総クラウド支出の予測につなげることができます。

トップダウン

トップダウンアプローチは、過去の支出トレンドと将来立ち上げる可能性のあるプロジェクトの両方の情報をもとに、総クラウド支出の予測を生成するアプローチです。この予測は、将来のプロジェクトの期待値と過去のトレンドを同じ比率で使用し、複数のチームやアプリケーションに割り当てます。このアプローチは、アプリケーション間で分配される費用に変動が少なく、一定である場合に最も有効です。分配される費用が大きく変動する場合は、正確な予測を生成することが困難となります。

ミドルアウト

最後のアプローチは、一貫性のある予測を生成するミドルアウトです。図13-4の例では、チームレベルで予測を生成し、それを総クラウド支出レベルにまとめ、最後にアプリケーションレベルに割り当て直すアプローチをとっています。

企業ごとに適切な粒度でレポートを作成するための予測を生成することが重要です。例えば、ミドルアウトアプローチを利用し、必要に応じて、過去の利用実績やトレンドデータを活用することで、より細かい粒度で精度の高い予測を作成することができます。

13.4.4　予測の頻度

クラウドは急速に変化しています。その変化が速いほど、予測の陳腐化も早まります。例えば、今日の会議でエンジニアの1人が、クラウド支出を1日あたり10ドル増加する決定をしたと想像してみてください。この意思決定による支出増加は、次の12か月で約3,500ドル以上に蓄積されます。それでは、年間を通じて毎日10ドルの変化を起こしているエンジニアが何人いるかを考えてみてください。今日立てた12か月間の静的な予測は、半年後には陳腐化してしまいます。

State of FinOpsの調査結果によれば、優れたFinOps実践者は週次で予測を更新していると報告していますが、大多数は月次または四半期ごとに更新すると回答しており、現状ではその頻度が一般的な基準となっています。ただし、この更新頻度は予測精度の観点からは長すぎます。

ローリング予測を使用して頻繁に予測を再計算することで、クラウド支出の正確な見通しを維持できるだけでなく、この情報を活用して予測に変化を与えている要因を特定することもできます。エンジニアリングチームのリーダーにとって、月次または四半期ごとに支出を確認し、予想と異なる点を発見するよりも、週次で予測を修正する方がはるかに簡単で効果的です。

表13-1のデータは、5つのアプリケーションの予測を示しています。この予測は、アプリケーションごとの月間支出を週単位の頻度で生成しています。図の月次予測（週1）と月次予測（週2）を比較することで、どのアプリケーションの開発チームに情報を求めるべきかがひと目でわかります。App2のチームの予測の振れ幅が最も大きく、予測の差異についての情報提供が必要です。

表13-1　週ごとの予測の変化

アプリケーション	月次予測（週1）	月次予測（週2）	差異
App1	$15,000	$15,000	$0
App2	$25,000	$30,000	+$5,000
App3	$10,000	$9,000	–$1,000
App4	$5,000	$6,000	+$1,000
App5	$30,000	$30,000	$0
合計	$85,000	$90,000	$5,000

我々の誰一人として、我々全員ほど賢明ではない。

——Ken Blanchard

コストのばらつきの原因が組織内の各エンジニアにとって関連付けやすいものであればあるほど、コストドライバーとなる要因を簡単かつ迅速に特定できます。総クラウド支出に比べると、1つの小さなばらつきは取るに足らないものに見えるかもしれませんが、単一のチームにとっては重要である可能性があります。また、小さなばらつきが多く存在する場合、それらが積み重なると大きな金額になることがあります。エンジニアに詳細なコストの可視性と定期的に更新される予測を提供することで、組織の利益を最大化できます。

13.4.5 コミュニケーション

クラウドの価値をビジネスに活かすための議論をすることはよくありますが、これには予測プロセスに意思決定と正確な情報を反映し、見積もる必要があります。エンジニアが計画しているインフラストラクチャへの変更を機械的に予測へ反映することは難しく、その変更によるクラウド支出への影響を予測することもできません。前の項でも、エンジニアがクラウド支出に小さな変更を加え、それが積み重なることでクラウド予測が不正確になる例を示しました。これらの例からも予測を生成する際には、エンジニアから計画を収集するためのオープンなコミュニケーションチャネルが必要です。予測を単なる社内の財務活動の一環として扱うのではなく、FinOpsに関わる各ペルソナのメンバーを巻き込み、それぞれの専門知識を活かして、より正確な予測を作成することが重要です。

13.4.6 将来のプロジェクト

将来のプロジェクトによるクラウド支出の影響範囲は広く、総クラウド支出にほとんど影響を与えない小さなコストから、ビジネスのクラウド活用方法に大きな変化をもたらす大規模なクラウド利用までさまざまです。例えば、大規模アプリケーションのデータセンターからクラウドへの移行や、新しいリージョンへのアプリケーションやプロダクトの提供などは、クラウド支出の予測に大きな影響を与えるビジネス変化の例です。これらの大規模な影響を与える意思決定がされると、既存のクラウド支出に新しい支出として加算する必要があるため、機械的に将来の増加を正確に予測することが不可能になります。FinOpsチームが将来発生するプロジェクトのコストへの影響を正確に見積もるためにも、エンジニアリングチームと密接に連携を取ることのできるプロセスを確立しましょう。このプロセスを確立させることで、反映すべき支出がある場合に手動で予測に加え、予測の精度を向上させることができます。表13-2では、実際の例を用いながら、アプリケーションの自動予測と手動で追加入力されたプロジェクトコストを示しています。

表13-2 予測の週ごとの変化

予測タイプ	アプリケーション	1か月目の予測	2か月目の予測	3か月目の予測
自動化	App1	$15,000	$16,000	$17,000
	App2	$25,000	$30,000	$35,000
	App3	$10,000	$8,000	$6,000
	App4	$5,000	$5,000	$5,000
	App5	$30,000	$40,000	$50,000
マニュアル	プロジェクトA	$0	$25,000	$35,000
	プロジェクトB	$0	$0	$10,000
	合計	$85,000	$124,000	$158,000

将来のプロジェクトで追加のクラウド費用が発生する場合、費用が発生するタイミングについてエンジニアに見積もり依頼をするときは注意が必要です。エンジニアはときとしてタイミングを楽観的にとらえがちであり、最初に予測されたタイミングよりも遅れて発生する可能性があります。エンジニアからこれらの情報を継続的に収集し、プロジェクトが実際に開始するまで予測を更新し続け、最新の予測をもとに徐々に精密化することが必要です。

雲の上から（Bharat Chadha）

Bharat ChadhaはFreewheelでIT運用を任されています。彼の正確な予測をするための旅路は、エンジニアの力を借りずに統計式を使用したトレンドに基づく予測を算出することから始まりました。しかし、予測結果に大きな差異が見られるようになったため、アカウント管理者の協力を得て、月次調査をもとに自動生成された予測を検証するため、ボトムアップアプローチに切り替えることにしました。

彼はビジネスドライバーをもとに、収益とAWSコストの増加を関連付けることによって、クラウド予算を調整することができました。その後、CTOからも支援を受け、約90名のアカウント管理者に連絡を取り、2週間ごとに予測を見直すミーティングを開催しました。ミーティングの出席率は高く、主に予測に影響を与えるさまざまな変数に焦点が当てられ、議論が行われました。各アカウント管理者は使用されている予測式を理解しているので、約82%から85%の予測精度を達成することができました。これは財務の観点では十分な結果でしたが、同時にさらなる改善の余地があることもわかりました。

彼は、得た教訓を次のように語っています。「トレンドを参考にしつつ、特定の月に発生するビジネスイベントを考慮することは重要であり、質の高いタグ付けのトレーニングを行うことで予測精度を向上させることができます。例えば、エンジニアを雇う際に、彼らにタグ付けの重要性を理解してもらうことなどが考えられます。しかし、文化をすぐに変えるのは難しいため、最初から過度な期待をせず、徐々に文化を浸透させる取り組みが必要です」

13.4.7 コスト見積もり

将来のデプロイメントのコストを予測することは、エンジニアリングチームにとって非常に困難です。特に、前例のない概念実証（PoC）や、クラウド事業者からアプリケーションのデプロイに関する料金計算方法の提示がない場合は、さらに困難です。

主要なクラウドサービス事業者が提供する見積もりツールは、新しいワークロードの概算値を取得するのに役立ちますが、これらのツールでは、手動での細かな入力が必要な項目を考慮したコスト見積もりはできません。クラウドデプロイメントとコスト粒度が複雑なため、エンジニアが項目を誤って入力したり、新しいワークロードを運用するために必要なリソースのサイズや量を過小評価してしまうことは容易に想像できます。

既存のワークロードと設計が似ている新しいワークロードを比較することは、将来のワークロードのコストを見積もるのに役立ちます。導入される新しいワークロードの設計と類似する既存のワークロードがあるかをエンジニアに確認し、それらを比較するよう促しましょう。余裕があれば、既存のワークロードを参考にコスト計算ツールを使用して、見落としがちなコスト項目を特定することも可能です。もし既存のシステムが参考にならない場合、使った分だけ払えばよいクラウドの利点を活用して、見積もりのためのテストをすることをお勧めします。チームに新しいワークロードをテスト環境に1時間程度でいいのでデプロイしてもらい、テスト結果を参考にすることで、ワークロードにおおよそかかるコストを特定することができます。

エンジニアにとって、デプロイ前の見積もり時点で予測が困難なコストには以下が含まれます。

- ネットワーク通信コスト
  - リージョン外へのデータ転送料
  - クロスゾーン転送料
  - ロードバランサーなどの個々のリソースが処理するトラフィック
- イベントの数
  - Function as a Serviceの実行
  - キューで送受信されるメッセージ数
  - データベースクエリ数
- データストレージのアクティビティ
  - 頻繁にアクセスされない階層に移行できるデータ量
  - 各オブジェクトへのリクエスト数

ベンダーやオープンソースの領域では、エンジニアリングチームがクラウドプラットフォームに変更をロールアウトする前に、変更によるコストへの影響を見積もることができる新しいツール、例えばInfracost（https://www.infracost.io/）のようなツールの登場が見られます。これらのツールは、チームがコストへ与える影響を事前に確認できる手段を提供します。

エンジニアが新しいインフラストラクチャをデプロイする前、または既存のインフラストラクチャにアップデートを加える前に、予測を頻繁に更新しプロジェクトについて繰り返しコミュニケーションをとることで、予測を洗練させることができます。エンジニアリングチームの間でコラボレーションすることで、変更を加えるたびに予測がどのように変化しているかフィードバックすることができます。

13.4.8　コスト最適化が予測に与える影響

ビジネスの意思決定や新規のデプロイがクラウド支出を押し上げるように、将来のクラウドコスト最適化による支出の大幅削減も予測を不正確にする要因になります。第3部の章では、これらの最適化についてより詳細に説明しています。そのため、この時点では、プロジェクトなどの影響でクラウド支出を増加させるように、FinOpsを通じて推進されるクラウド支出の削減も考慮し、削減額を予測から差し引くなどの対応をする必要があるということだけ、頭に入れておいてください。

FinOpsの導入初期段階では、使用量（Usage）と単価（Rate）の最適化に取り組むことで、クラウド支出が大幅に削減されることがあります。これらの削減額を予測に反映しないと、実際よりも高い予測を立ててしまうことになります。

また、FinOpsの最適化を導入することで、運用コストの削減が、クラウド支出の自然な成長に伴う料金増加を隠してしまうことがあります。最適化が安定した場合でもビジネスの成長に伴いクラウド支出が増加するため、初期段階で削減した料金分を過大評価せずに予測モデルを調整することが重要です。

FinOpsの最適化が予測に与える影響の例として、図13-5を参考にすることができます。2022年5月にFinOps活動を開始して以来、クラウド支出は急速に減少し、数か月後の2022年9月には、クラウド支出が自然に増加していることがわかります。もし、FinOpsを導入することによって期待される結果を考慮せずに2022年4月に予測をした場合、予測は実績値よりも大幅に高い結果となっていたでしょう。一方で、2022年7月時点のクラウド支出の自然な上昇傾向を考慮できていない場合、コスト削減による下降傾向が予測に影響を与え、作成した予測が低すぎるものになってしまいます。

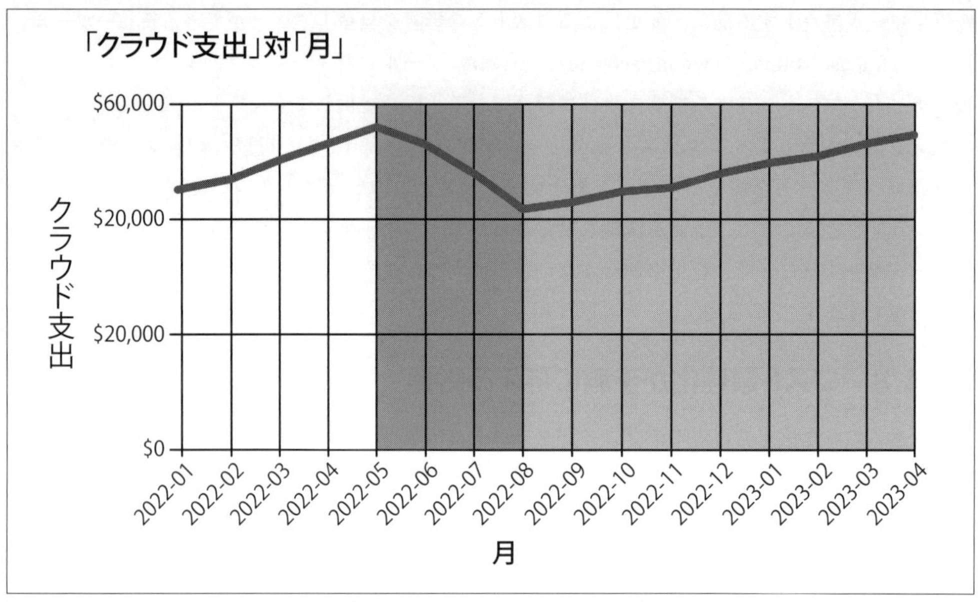

図13-5 2022年5月からFinOpsの活動を開始したクラウド支出のサンプルデータ

雲の上から（Drew Lowe）

Drew Loweは、Anthony Loganとパートナーを組んで、Hulu DisneyのFinOpsチームを率いています。チームは最初、上層部からの具体的な指示がなかったため、ポリシーに焦点を当てることから着手しました。財務計画と分析（FP＆A）をする担当者は技術に精通しておらず、エンジニアはクラウドコストに関心がないという状況でした。Huluは主要なワークロードにAWSを使用しており、一部のワークロードはデータセンターを利用していたため、最終的にはCFOに報告をしていました。

そして、エンジニアが次の予算サイクルで前年の支出の4.5倍を予測値として報告した際、転換点を迎えました。分散型のエンジニアリングチームは、会社の基盤となるコストを理解せずにプロダクトの価格を設定していたのです。会社の目標と成果指標（OKR：Objectives and Key Results）は視聴者を最優先としていたため、Drewは支出と収益を関連付けることはできたものの、過剰支出への懸念は依然として残ったままでした。

この懸念を払拭するため、重要なOKRの1つとしてすべてのエンジニアに対し、予測の精度に関連する内容を追加しました。Drewのチームは、あらかじめ精度が高いとされているデータが本当に信頼できる数値であることを確認することから始め、データの可視性を高めることで需要駆動型の予測を生成し、その結果支出を最適化することもできました。さらに、最も支出の高いチームを特定し、そのワークロードを分析することで、ほとんどの予測を実績値に近づけることに成功したのです。

Drewは、主要なサービスにはビジネスドライバーに基づく予測モデルを使用し、長期的な傾向にはトレンドに基づく予測を組み合わせたハイブリッド予測モデルを採用しました。結果的に、平均で約2.5%、最低でも約9%の誤差の範囲で毎月の予測を更新できています。ここに至るために、Drewはクラウド在庫管理単位（SKU）ではなく、ワークロードの単位に焦点を当てて予測することにしました。しかし、エンジニアリングの変動性を考慮した予測は難しく、例えば、負荷テストや新サービスの予測をするのは困難だったため、新サービスやプロジェクトを追加する場合はこれらの予測をswag（Scientific Wild-Ass Guess）を利用して、各サービスやプロジェクトの責任者からのアドバイスを受けながら予測しています。

彼は、得た教訓を次のように語っています。「まず、タグ付け戦略は正確な予測を生成するうえで必要不可欠です。他にも、最もコストの高いワークロードを管理しているチームと密接に連携することが重要です。CTOとCFOとの関係構築から始め、それからエンジニアリングの責任者と連携しましょう」

13.5 予測と予算

予測と予算は密接に関連しています。予算生成の段階について詳しく説明する前に、予測を用いて予算を設定することの重要性を理解しておきましょう。

予測値が実績値から逸脱している場合、何らかの要素を変更する必要があるのか、あるいは予測モデルを修正する必要があるのかを検討する必要があります。そのため、毎日のように実績値と予測値をトラッキングし確認することが重要です。クラウド支出のグラフには、予測が含まれているべきです。これにより、必要なアクションがあるかどうかを判断することができます（図13-6を参照）。そして、情報を各チームごとに適切なレベルまで分解することで、予測から逸脱している箇所が誰の行動によるものかを確認することができます。必ずしもすべての差異が問題になるとは限りません。ビジネス上の理由（コンプライアンス、パフォーマンスなど）の可能性もあり、単に予測を調整する選択をすることもあります。

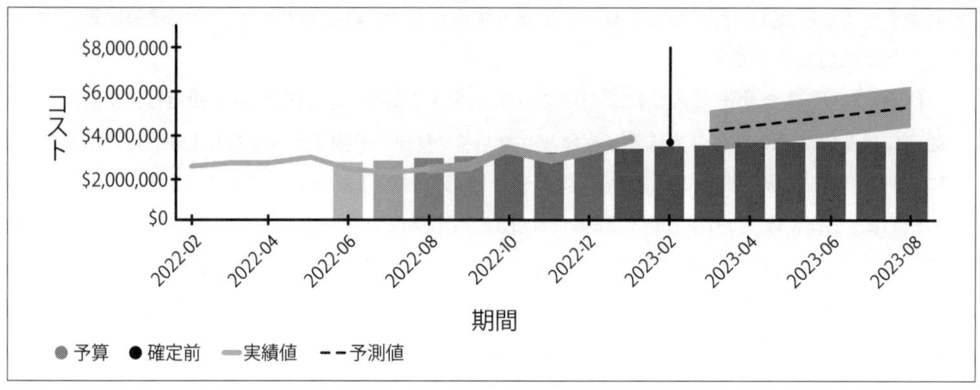

図13-6 過去6か月間の実際の予算／使用量、および6か月の予測と予算の見積もりを示す単一のグラフ

FinOpsコミュニティの一般的な意見としては、クラウドチームによる予測は3か月から12か月の単位で行うべきだと述べています。Atlassianでは、3か月ごとに予測をしますが、同時に3年先の状態も見越しながら、計画を立てています。一方で、私たちが実際に支援をした大手メディア企業では年次予測を月次の単位に分割し、四半期ごとに修正する別のアプローチをとっていました。

四半期ごとや月次の予測評価は、十分な頻度とは言えません。熟練したFinOps実践者は、リアルタイム性（日次単位など）のあるデータに基づいて定期的に予測との誤差を分析し、四半期の予測から逸脱しているチームを素早く特定することで、誤差が大きくなる前に対処することができます。実績値が予測から逸脱し、これ以上の支出増加を避けるべきと判断した場合、その決定をした日にマネジメントに報告し、対処する必要があります。経営陣とビジネス間でコミュニケーションをとり、増加した支出が何らかの価値を生み出しているのか、または何らかの改善によるものなのかを判断します。

このように定期的に評価を繰り返すことで、正しい意思決定が可能になり、最も早い段階で支出を減らすことができます。予算は支出の増加を防ぐことを目的とするものではなく、計画から逸脱している要素を識別する手段を提供するものです。この認識を持つことで、建設的な議論が可能になります。

13.6 チームごとに予算を管理することの重要性

予算を厳しい制約として認識してしまうことはよくあります。しかし、予算による制約によって**イノベーションが抑制されるべきではありません**。前述したように（これは繰り返し伝える価値があるので）、FinOpsはコスト削減ではなく、収益を上げることに焦点を当てています。FinOpsにおける予算とはイノベーションを阻止するのではなく、イノベーションを推進するための投資に焦点を当てます。

コスト最適化についてエンジニアリングチームと議論する際、最初の会話は非生産的になりがちです。エンジニアたちは従来、コストを考慮する必要がなく、質の高いプロダクトを迅速に提供することに重点を置いていたため、自分たちの貴重な時間をコスト最適化に費やすことに抵抗を感じ、むしろコスト最適化は別の部署の管理責任だと認識していることがほとんどです。

FinOps実践者がアーキテクチャチームとともに社内コストに関する調査結果をレビューすると、FinOps実践者からのアドバイスに対して抵抗や反発が生じることが多く、実際に提案が採用されるのはごく稀です。

しかし、達成しなければいけない目標がチームに課せられると、彼らはそれを達成する傾向にあります。経営陣からのコスト削減アドバイスは歓迎され、開発チームは積極的に関与し、コストを削減しながらプロダクトの提供速度と品質を維持する方法を模索するようになります。明確な目標設定があるため、ライトサイジングなどのリソース最適化も能動的に行われます。リーダーシップによって推進されるコスト最適化の文化は、チームを同盟として巻き込み、ビジネスへの貢献度を可視化します。そして、彼らはFinOpsが単なるリソース削減ではなく、コスト意識を持ちながらスピードとイノベーションを実現するものであることを理解し始めます。

多くのテクノロジーユニコーン企業にとって、予算編成は禁句です。激しい成長市場で可能な限り多くの市場シェアを獲得しなければならない状況では、コスト管理は必要悪であり、注意をそらしてしまう要因となってしまいます。彼らは、より優れた機能、魅力的なコンテンツ、またはデータサイエンスに基づくデータ駆動型の推奨を提供するための終わりのない競争に没頭しています。予算編成には、すべてを遅らせるという根拠のない前提が存在します。

しかし、ほとんどの企業にとって、予算編成はプロジェクトを始動するのに必要不可欠です。予算が承認されるまでプロジェクトを始動できなかった従来の状況に対して、クラウドは予算編成のプロセスを大きく変えました。注文書の力によって予算を管理し、計画を超えた支払いを防ぐことができていた時代は終わったのです。クラウド支出の分散化とその統制された性質の影響により、規模を問わずほとんどの組織はクラウドで正確に予算を立てて管理するのに苦労しています。

他の多くの取り組みと同様に、効果的に予算編成を行うためにはプロセスが必要です。以下に、組織が通常経験する予算編成の4つのレベルを、順を追って示します。

レベル1：予算編成をしていない

ある著名な技術系ユニコーン企業との会議で、その企業がクラウド費用の予算をどのように決めているか尋ねました。回答者は首を横に振り、「予算はありません。エンジニアを縛るようなことはしたくありません」と答えました。同社は、想定よりもかなり多くの支出をしていることに気づいていたにもかかわらず、そのように回答したのです。同社は向こう3年間のクラウド支出予測を立てていましたが、クラウド支出を正確に把握するチームからのリソース情報や各チームの計画を予測に考慮していなかったため、クラウド事業者と合意していた想定クラウド支出を大幅に上回ってしまいました。このケースでは、情報に基づく意図的な無視を実践していたのではなく、単に予算を無視していたのです。

レベル2：昨年と同じ予算編成にする

有名な小売業者の予算編成プロセスは、会社が前年に使ったものをなるべく超えないようにするという単純なものだったため、静的な予測モデルを使用し、予算を設定しました。机上では、良い出発点のように見えましたが、それは会社が行っていることに対して適切な支出であるかどうかを分析したものではありませんでした。まるで政府支出のように、翌年に予算を失わないためにチームがすべての予算を使い切ることを促し、誤ったインセンティブを生んでしまっていたのです。

予算編成でよく見られる「まずは出血箇所を止める（まずは被害を食い止める）」というようなアプローチは、制御不能なクラウド支出をコントロールするうえではかなり効果的です。しかし、これでは最終的な目標であるクラウドコスト最適化やビジネス目標に結び付いたクラウド支出の意味ある測定結果を得ることはできません。これは、CapExを重視したデータセンター購入などの従来の予算編成の方法と似ています。その時点で何を保有し、どれだけの容量が残っているかを把握することはできますが、実際に使用しているものの効率性に関する洞察は欠けています。

レベル3：コスト削減目標

コスト削減目標は、ローリング予測から予測支出を見積もり、所定の額を削減します。これにより、チームそれぞれに適切なインセンティブを提供することができますが、恣意的になると特定のビジネス成果に結び付かないことがあります。あるオンライン食料品店は、組織全体の支出を削減する目標を掲げ、各チームに20%のコスト削減を目標として設定しました。この目標は、最適化の取り組みとしては、チームとして最初に与えられた目標であったため、達成するのは比較的容易なものでした。結局のところ、「**測定することによって改善はされる**」のです。完全に停止できるマシンが稼働していたり、未使用のストレージが放置されていたり、多くのリソースでライトサイジングをすることができたり、予約インスタンス（RI）を購入する機会も多くありました。しかし、各施策を実行し時間が経つにつれて、コスト削減のアプローチには2つの理由から問題が生じ始めます。1つ目は、通常、後期に行うコスト削減は初期ほど劇的な効果をもたらさないため、FinOps自体の価値に疑問が生じ始めます。2つ目は、総支出に焦点を当てることで、システムのパフォーマンスや他の価値の側面に悪影響を与えるコスト削減を推進してしまう可能性があります。

レベル4：ユニットエコノミクスに基づくパフォーマンスの指標

このレベルでは、企業はクラウド支出を実際のビジネス成果に結び付け始めます。ビジネスが成長し、クラウドも同じようにスケールしている場合、より多くのお金を使う、投資するということは必ずしも悪いことではありません。特に、顧客にサービスを提供するために必要なコストを把握し、それを継続的に削減している場合、これが当てはまります。ご存知の通り、支出の指標をビジネス指標に結び付けることは、FinOpsにおける重要なステップであり、ドライバーに基づく予測と直接的に関連付けることができます。ユニットコストが上がっているのか下がっているのかは誰でも見分けられますが、その背景や理由を知らなければ、具体的に説明することはできません。分散型チームが自らの支出に影響を与えることを真に可能にするためには、アクティビティベースのコスト計算が最終ステップとなります。これについては26章で詳しく説明します。

最終的には、支出に関与しているすべての人が、期間内の予算計画に対してどの程度進捗しているかを把握することが重要です。これにより、もし実績値が予測と乖離している場合に、早期に軌道修正できるようになります。また、過剰支出だけが問題になるわけではありません。財務チームにとって、予算が未達の状態も同様に改善すべきです。なぜなら、余った予算は本来であれば他に有効活用できた可能性があるからです。

> 私たちが継続的に改善しようとしていることの1つは、時間が経過するにつれて多くの情報が得られる中で、予測の「プレースホルダー」を排除するということです。財務計画において数年先の予算見積もりを作成するために使用する技術やソリューションにはいくつかの選択肢があり、確定していないため、「プレースホルダー」を利用することは特に問題ありません。一方で、ワークロードが明確に定義されると、それに伴い予測も明確になります。このとき、プレースホルダーも再定義し、より信頼性の高い見積もりに置き換える必要があります。
>
> ——Joshua Bauman, EA

最善の航海をするために、エンジニアリングリーダーシップは計画を遂行するうえで、組織にとって何が優先事項であるかを見極め、最適なトレードオフを考えなければなりません。これは、トレードオフの選択肢を評価し、戦略的な優先順位付けを行い、それらの選択によって生じるクラウド支出への影響を考慮しながら、明確な判断を下すことを意味します。

また、予算に関しても、情報に基づく意図的な無視を実践できることを覚えておいてください。ほとんどのチームは予算を超えず、かつ、予算に近い支出で管理することが期待されていますが、新プロダクトの開発や新たな戦略的機会に取り組んでいるチームには、予算と実績値の誤差がある程度まで許容されることがあります。これらの状況の場合は彼らが目指しているプロジェクトの目標を達成している限り、計画から少し外れることに対して寛容であることが重要です。

13.7　本章の結論

正確に予測をすることは、成熟したFinOps実践者にとっても困難なことです。どのような方法を用いるにせよ、予測のタイムラインが近づくにつれて、精度が高く、より具体的である必要があります。次の四半期の予測は、2年後の予測よりもはるかに高い精度で確実であるべきだということです。信頼性の高い予測を作成するために、クラウド支出の予測方法にいくつかの変更を加えることで精度を上げることができます。

要約：

- 静的な予測モデルではなく、ローリング予測モデルを選択すること。
- 季節性や異常値などを取り入れたドライバーに基づく予測が、基準とする予測データとして最も有効的である。
- FinOpsにおいて、詳細の予測は重要だが、全体予測との整合性を維持することも重要である。
- 従来のIT予測からクラウド支出の予測に転換するために、すべての関係者を予測プロセスに積極的に関与させること。
- 機械的に生成された予測にエンジニアリングチームやFinOpsチームからのフィードバックを取り入れること。すべての重要なデータポイントが過去のデータにあるわけではない。
- 予算は予測に基づいて設定され、エンジニアリングチームに定期的に共有されるべきであり、予算の遵守と他のビジネス目標達成のトレードオフに関するガイダンスも同時に提供すること。

本章でクラウドにどれだけの支出が見込まれるかを理解したところで、次章の「**最適化**」では、クラウド支出を最適化する方法に焦点を当てていきます。これが第3部の焦点です。

第3部

Optimizeフェーズ

第3部では、組織のクラウドを最適化するためのデータ駆動型の意思決定に向けて、目標を設定および追跡するプロセスについて取り上げます。また、クラウドコストの削減に役立つ、クラウドサービス事業者が提供する割引サービスやコミットメント戦略についても見ていきます。

14章
Optimizeフェーズ：目標達成のための調整

Optimizeフェーズに入ると、ほぼリアルタイムでの意思決定、異常の特定、効率的な支出に焦点が移ります。組織が設定した期待値に対して、どの程度うまく機能しているかを理解できるようにメトリクスに対する目標設定を行います。

本章では、なぜ目標が必要か、それらをFinOpsの世界でどのように実装すべきか、どのように設定するかについて詳しく説明します。また、コスト最適化の目標も紹介します。これにより、Optimizeフェーズの残りの部分の準備が整います。

14.1 なぜ目標を設定するのか？

クラウドへの旅は、さまざまなストーリーがあります。ある人にとっては、すべてのサービスがクラウドに展開される速度が、そのためのコストよりも重要です。他の人にとっては、もう少しゆっくりと進めて、プロセス全体で予算を維持することが主な目標です。また、すでにクラウドを利用していて、予想以上に出費がかさんでいることに気づいている人もいることでしょう。彼らが支出をコントロールする必要性を感じているのは当然です。

ほとんどの組織で、チームレベルでさまざまなクラウドのストーリーが進行していることは注目に値します。あるチームはクラウドネイティブで、かつコストを維持したいと考えている場合もあります。クラウドへの移行や新規プロジェクトを推進しており、費やした金額よりも納期に重点を置いている企業もいます。

企業レベルおよび個々のチームごとに目標を設定することで、ビジネス上の意思決定の追跡、期待値の設定、さらにクラウド支出のうち、期待どおりに物事が進んでいないのはどこなのかを特定することができます。

14.2 最初の目標は適切なコスト配賦

さらなる目標を設定する前に、現在の状態を明確に理解する必要があります。クラウドでリソースをスケールアウトする際に明確なタグ付けやアカウント分離戦略を導入していれば、取り組むべきこととそれを最適化するための最良の方法が理解しやすくなります。

すべての組織は、コストセンターやビジネスユニット別に支出を追跡する必要があります。これにより、個々のチームが全体のクラウド支出に与える影響を理解できるだけでなく、どのチームがコスト変動を引き起こしているかをビジネス部門が特定できます。

コストセンター別に支出を識別するためのコスト配賦戦略の導入については、すでに説明しました。これらのコスト配賦戦略は一貫している必要があります。コスト配賦戦略が一貫していない場合、クラウド支出の履歴を特定しようとするチームは、コスト変動と、クラウド支出全体のうちいくらかを割り当てている配賦戦略との違いを判別できません。

チームごとのコストの内訳により、いつ変化が発生しているかがわかります。個々のチームレベルでの報告がなければ、データは誤解を招くことがあります。例えば、あるチームがクラウド支出を最適化している間に、別のチームが同様の規模でクラウド支出を拡大している場合、全体としてコストが横ばいに見えることがあります。チームがインフラストラクチャに変更を加えても、コストのメトリクスのグラフに変化がなければ、間違ったメトリクスを追っていることになります。

14.3 節約が目標なのか？

私たちが何度も（非常に重要なので）言及してきたように、節約が常に目標ではありません。多くのFinOps実践者は、クラウド請求を削減する方法に焦点を当てて開始しますが、それ自体は素晴らしいことです。しかし、FinOpsは、説明責任、支出投資決定の所有権、そして最終的にはイノベーションを起こす実践であるということを常に覚えておく必要があります。目標を設定する際には、次のように自問する必要があります。ビジネスに最大の利益をもたらすために、適切な金額を支出するにはどうすればよいでしょうか？ 求めている恩恵とは何でしょう？ それらには、収益の増加、プロジェクトの迅速な提供、他の領域でのコスト効率、または顧客満足度の向上が含まれるでしょうか？ 支出を増やすことで、例えば労働費用などのコストを削減できるでしょうか？

ある組織は、特定の期間内にデータセンターから移動する必要があり、その期限を逃すコストは、クラウドに迅速に移行するコストよりもはるかに高い場合があります。別のケースでは、ビジネス部門が期限よりも前に機能を提供することを重要視しており、自前のMySQLを稼働させるよりもAWSが提供するAuroraのようなサーバレスやマネージド型サービスの使用を必要とする場合があります。Auroraは自前で稼働させるよりもコストがかかりますが、その代わりに時間のかかる管理タスク（例：ハードウェアの構築、データベースの設定、パッチ適用、バックアップなど）を省いてくれるという利点があります。これによりTCO（総所有コスト）の比較が変わり、事業部門は移行作業にもっと多くの時間を充てることができます。

Optimizeフェーズは、目標に対して支出を測定し、今すぐに取れる決定とあとで計画して対応すべき行動を決定することに関するフェーズです。

節約とイノベーションの速度に対して、どのように目標を調整すべきかについての会話を促進するために、鉄のトライアングルを紹介します。

14.4　鉄のトライアングル：良さ、速さ、安さ

鉄のトライアングル（一部では「プロジェクトトライアングル」とも呼ばれます）は、図14-1で示すように、品質を中心とした、スコープ、時間（速度）、コストからなるプロジェクト管理の制約のモデルです。一般的な公式は、「良さ、速さ、安さ、そのうちの2つを選ぶこと」です。任意の2つを選ぶことにより、プロジェクトマネージャーは、プロジェクトが完了する方法を決定する際に、制約間で調整できます。1つの制約を変更すると、それを補うために他の制約も変更する必要があります。

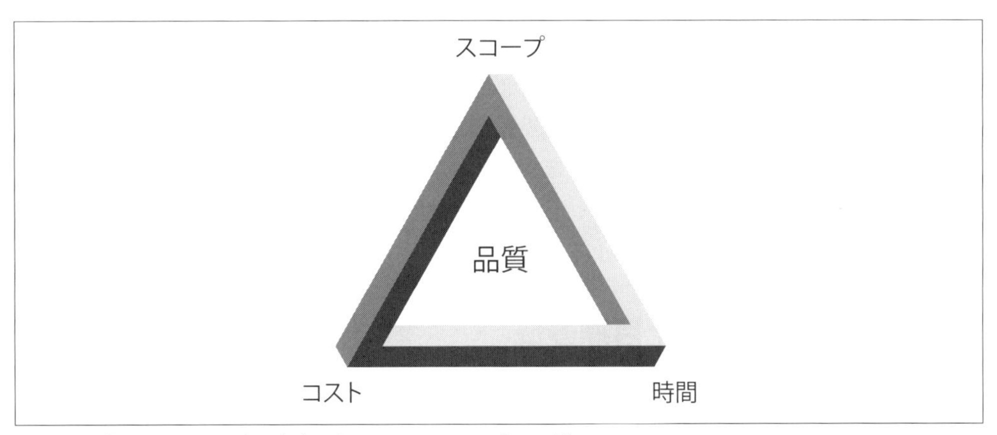

図14-1　鉄のトライアングル（プロジェクトトライアングルの例）

例えば、予算を増やすか、スコープを縮小することで、移行プロジェクトをより迅速に完了させることができます。同様に、スコープを増やすと、予算とスケジュールの同等の増加が必要になる場合があります。スケジュールや範囲を調整せずに予算を削減すると、品質が低下します。

鉄のトライアングルは、クラウドに関わる意思決定で発生するプロセス、例えば、良さ、速さ、安さの間で起き得るトレードオフを可視化するための最適なたとえです。チームがトライアングルの一端に焦点を当てるほど、他の領域に焦点を当てることが少なくなります。しかし、これは悪いことではありません。チームがビジネスゴールをサポートするために、軸の一端に向かって意図的な選択をすることもあります。

- **良さ**は、サービスの品質を測定する。クラウドで実行されるサービスにより多くのリソースを与えると、可用性、災害対策の準備、パフォーマンス、スケーラビリティの向上が得られる。
- **速さ**は、チームがどのくらい早く動けるかを測定する。速度は、最新のアップデートや機能を顧客に提供する場合、クラウドへサービスを迅速に移行する場合、また新製品の市場投入までの時間を短縮したりする場合に非常に価値がある。
- **安さ**は、クラウド支出量を測定する。安さに焦点を当てると（売上原価の制約または予算の上限のため）、クラウドコストは最も安くなるが、それには品質と速度、または良いことと速いことへの影響が伴う。

鉄のトライアングルが実際の世界でどのように適用されているかを、Atlassianにおける最近のとあるプロジェクトの例に沿って紹介しましょう。あるチームでは、パフォーマンスを上げるためにリソースをサイズアップし、その結果、期待どおり、移行速度が向上しました。チームがコスト節約のためにリソースのサイズ変更を中止していたら、全体のプロジェクトが遅れていたでしょう。このプロジェクトにおいては実行速度のほうが机上における節約可能額よりも重要でした。プロジェクト完了後、焦点は速度から移り、チームは節約の可能性を探るため、積極的にデプロイの見直しを始めました。

鉄のトライアングルは、組織レベルでのみ使用されることを意図しているわけではありません。チームレベルにおいても拡張されなければなりません。コストに意識のある組織が、速度を考慮した単一のチームやサービスを運用することは一般的であり、有用です。組織全体では、クラウドにおけるコスト節約を維持または増加させつつも、節約できた額は、組織の次の競争優位を開発するためにチームがより迅速に活動できるよう再投資することができます。

14.5 OKRを用いた目標達成

OKR（Objectives and Key Result）、つまり**目標と主要成果**は、目標とその成果を定義し追跡するためのフレームワークです。各OKRには達成されるべき目標があり、その目標の達成を測定するための主要成果と呼ばれる、一連のメトリクスが含まれます。OKRの有効期間は通常、四半期です。

FinOps Foundationのプレゼンテーションにおいて、Nationwideの元Director of Cloud ServicesであるJoe Dalyは、「私たちはOKRで自分たちの行動を宣言し、結果に焦点を当てて、明確性、説明責任、および測定可能な成果を出す」と述べました。

Dalyはまた、OKRで最も重要なことは結果に焦点を当てることであると明確にしました。企業がクラウドに移行する際、チームが膨大な新しい知識を迅速に習得しようとするため、大規模な混乱が生じることがあります。そして、それは何年も別の方法で作業してきたチームにとって非常に威圧的なものになる可能性があります。

14.5.1　OKRの焦点領域#1：信頼性

NationwideでのDalyのFinOpsチームが比較的新しかったとき、彼は次のアドバイスをしました。「FinOpsを実践するにあたって焦点を当てるべき最も重要な領域は、信頼性です。信頼性は信用に等しく、その信用がなければ、提供するサービスの価値を証明するための努力を継続し続けて常に支え続けなければならなくなります。」

Dalyはエンドユーザーからコードに至るまでの透明性を提供することが、自身の信頼性の目標となっています。その重要な部分は、日次、週次、月次など、各ステークホルダーが必要とするどんな粒度においても、定期的な支出の更新を行うことです。これらの更新はシンプルで理解しやすいものでなければなりません。また、数字は月末に彼らの会計士が報告するものにも結び付ける必要があります。

14.5.2　OKRの焦点領域#2：維持可能性

新しいFinOpsチームは、自動タグ付けを強制しないなど、維持不可能な方法で仕事に取り組みがちです。Dalyは次のように言います。「意味のあるデータは、それが意味のある人々によって管理される必要があります。私たちが行ったことは、プロダクトマネージャーやビジネス向けの人々によって維持されるタグリポジトリを作成することでした。これにより、アプリケーションとビジネスに関わるデータを意味あるものとして捉えていないエンジニアに頼ることなく、それらのデータをクラウドのリソースに結び付けることができるようになります。」

この領域で彼のチームが設定した主要成果の2つの例は、各リソースにアプリケーション名、アプリケーションオーナー、およびビジネスグループを結び付けることと、チャージバックのような時間のかかる日常的なタスクを自動化することです。

14.5.3　OKRの焦点領域#3：制御

ここでの目標は、速度を保ちつつ制御を確立することに焦点を当てることです。Dalyの言葉を借りると、「使用量制御の説明責任をアプリケーションやプロダクトチームに押し進める」ということです。彼らは、直接的なチャージバックモデルの確立、知識の共有、ユーザーの適用促進を行い、一方でオートスケールの悪夢に対する保護ポリシーの実装を行い、使用制御の説明責任を達成しました。

この領域で彼のチームが設定した主要成果の例としては、タグのコンプライアンスの割合を倍増させ、クラウドおよびコンテナ使用に対するチャージバックを確立し、コンプライアンスのためのポリシーを自動化したことが挙げられます。

チームには支出と節約を促進するさまざまな動機が存在します。エンジニアは当然のことながら、より高いパフォーマンス、より高い可用性、新機能のより迅速な展開といった目標を設定します。財務チームは適切な支出、節約、および支出の効率に焦点を当てます。そして、ビジネスリーダーは予測可能な全体のビジネスパフォーマンスに焦点を当て続けます。FinOpsの目標を設定するとき、これらのチームに個々に目標を設定させるだけでは不十分です。それだけではビジネスにとって正しい結果を達成できず、チーム間の摩擦も増大します。

> 技術部門と財務部門が一緒に話し合うと、通常、エンジニアのみにとって機能するソリューションを開発するのではなく、両部門にとって機能するソリューションが得られます。同様に、通常、財務部門はエンジニアの業務を困難にするようなポリシーを策定する役割を担っていますが、相互に話し合うことで両者にとってより良い財務ポリシーが策定されます。人々が一緒になってより焦点を絞ったOKRを構築するようにすると、皆のためにより良い結果をもたらします。
>
> ――Joe Daly、元Director of Cloud Services at Nationwide

ビジネスリーダーは、どれくらいの金額を費やしてもよいか、また速度を重視して節約をいつやめるべきか（場合によっては無駄も発生する可能性も加味し）を決定する必要があります。しかし、ITをできるだけ早くデータセンターから移行させることであれ、新しいサービスを顧客に提供することであれ、常に支出を追跡するべきです。すべてのコストをかけて速度を追求することは、支出が許容可能な範囲を超えるまでしか許容されません。

クラウドコストが閾値を超えるまで待ち、その後対応に苦労するのではなく、早期に期待値を設定し、プロジェクトの進行に合わせてクラウド支出を追跡することで、請求額のショックを避けることができます。エンジニアは合意されたコストの範囲内で、より多くの自由が与えられます。FinOpsチームは、予算を軌道に乗せるための簡単な方法を特定することができ、財務およびビジネスのリーダーは予算と目標を再評価できます。

> FinOps認定プラクティショナーのトレーニングセッションにおいて、OptimizeフェーズでのFinOpsチームの役割についてのトピックは、（どれだけ速く進もうとしても）支出を制限内に保つようにコストに関する重要な決定を下すための支援です。そして、理想的な支出の方向性でなかったときに（速度または不注意、スキル不足、より高い品質を求めるため、などの理由で）、あとで最適化できる場所を特定できるようにすることです。したがって、私たちはまずは簡単に実現できる成果を見つけますが、同時にガバナンスのためにプロセスの初期段階で重要な一連のコストチェックも導入します。
>
> ――Rob Martin、Director of Learning at the FinOps Foundation

ビジネス全体で、バランスを見つける必要があります。技術チームを支えるために十分な支出をしつつ、支出が許容範囲内に収まるようにすることです。最終的には、FinOpsの理想、つまり、ユニットエコノミクスがクラウド支出から得られるビジネス価値の量を決定できるようになることを目指します。

他の組織のFinOps実践者と目標について話し合うことは、独自の目標を構築するのに役立ちます。彼らにとって重要な目標とその理由を聞くことで、適切な目標を設定し、一般的なFinOpsコミュニティと整合性を取る手助けになります。

雲の上から（FinOpsコミュニティ）

FinOps Foundationの小規模サミットの電話会議でメンバーが共有した目標を、いくつか例示します。

> 私たちは今年、300万ドルのコスト回避目標を掲げています。私たちは予約の適用範囲を80%まで増やすことによって、それを達成する予定です。私たちは予約の適用範囲を予算区分ごとに分解します。リザーブドインスタンスの購入を続けるにつれて、高い予約使用率を確保したいと考えています。私たちは95%の予約使用率を目標にしており、それも予算区分ごとに追跡します。
> タグ付けは私たちの最適化努力にとって重要なので、それに関するKPIを持っています。アプリケーションオーナータグは、適切なサイジングに関する努力にとって重要です。また、適切なサイジングの状況も追跡します。私たちは、提供された推奨事項に対して実施状況を追跡します。私たちの目標は、適切なサイジングの推奨事項のうち、オプトアウトされるものをわずか25%に抑えることです。
> また、私たちは2つのことにわたってクラウド事業者の予算を追跡しています。(1) 事業者への私たちのコミットメントと、(2) 各予算区間内の予算進捗です。最後に、適切なサイジングと予約適用範囲を通じた節約のすべての機会と、その数値が時間とともにどのように変化するかを追跡します。私たちは、すべての節約機会をどれだけ低くしたいかについて年間の目標を持っています。

14.6 目標を目標線として設定

目標は単一の値ではなく、時間を通じた傾向です。月額xドルのように目標を単一の値として設定すると、その月の終わりまで結果がどのように進んでいるかを知ることができません。この目標を日々の値に分解することで、ほぼリアルタイムの分析を可能にするクラウド支出グラフに目標線を引くことができます。目標線は、後ほど22章で説明するメトリクス駆動型コスト最適化において重要です。

メトリクスは、常に目標線を設定して、データの背景や意味をよりわかりやすくするべきです。

目標線を設定する位置は、組織のクラウド利用の段階や、支出を維持しようとする積極性、そしてイノベーションを促進するための支出増加にどれだけ価値を見出しているかに基づいています。

「速さ」を重視する鉄のトライアングルの角に焦点を当てている組織は、目標をかなり高く設定するかもしれません。目標を超えることは、コストが増大するという情報を提供するのみであって、予測の引き上げにつながるだけの意味合いにしかなりません。一方で、慎重な組織（鉄のトライアングルの「コスト」の角に焦点を当てている）は、既存の支出軌道にかなり近い目標を設定し、支出の逸脱があれば早急に追跡し、元の軌道への復帰を追求します。

図14-2のように数か月にわたる日々の支出をグラフ化すると、いくつかの基本的なことがわかります。

- 現在、1日あたり40万ドルから53万ドルを支出している。
- 全体として、クラウド支出は増加している。
- 前月の支出は、前の月よりも急激に増加した。

しかし、これらの基本的な事実は単なるデータポイントにすぎません。グラフから任意のパフォーマンスやビジネスの期待を判断することはできません。

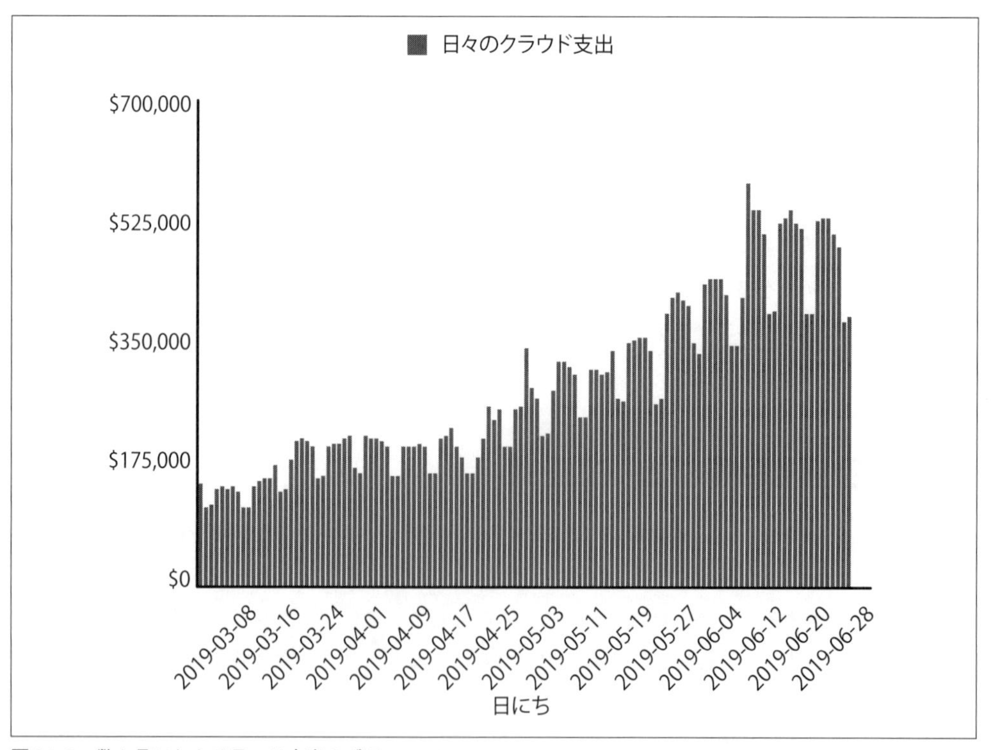

図14-2 数か月にわたる日々の支出のグラフ

しかし、図14-3に示すように、目標線を追加すると、はるかに多くを判断することができます。

- 過去には目標を下回って支出していた。
- 前月は目標を超えて支出した。
- 過去数か月間、目標を見直していなかった。
- 現在の傾向が変わらない場合、今月も目標を超えるであろう。

目標線を追加することで、グラフ化されたデータポイントについてより多くの意味を得ることができます。目標線は常に直線である必要はありません。急激な上昇後に平坦化する、あるいは遅れた成長のあとに急上昇するような目標を考えてみてください。可能であれば常にチャート内に目標線を含め、データポイントが組織に与える影響を理解するべきです。4章で議論しましたが、これはFinOpsの共通言語に該当します。

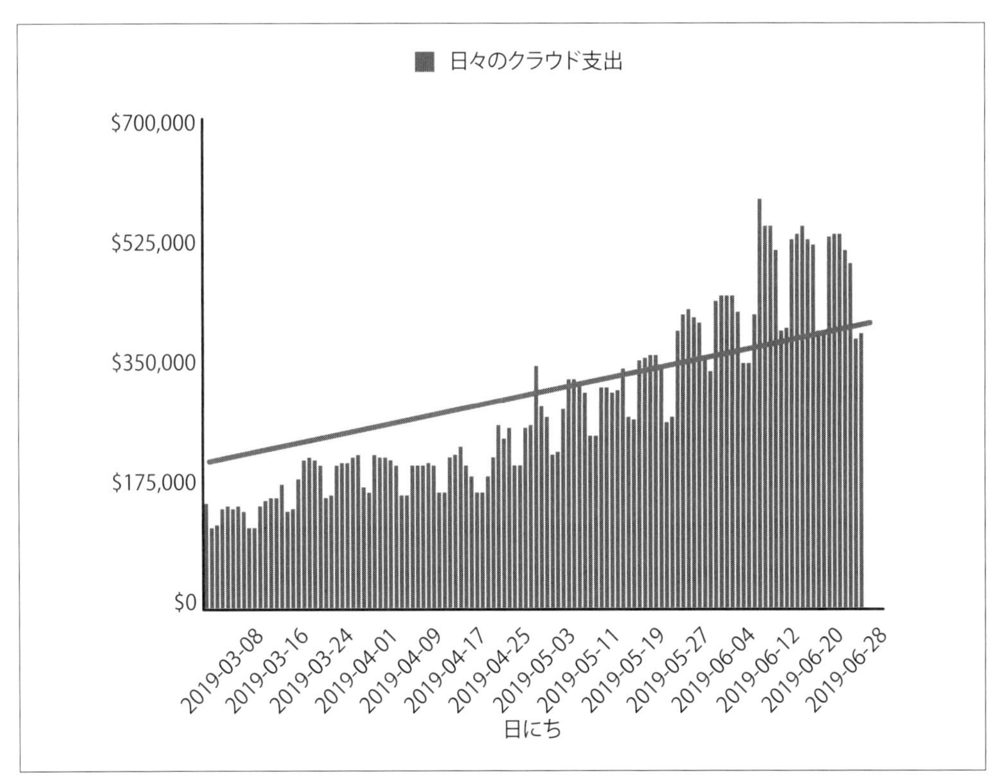

図14-3 数か月にわたる日々の支出に目標線を追加したグラフ

14.7 予算の乖離

一般に、メトリクスが目標から大きく逸脱している場合、問題が存在することを示しています。予算を維持するためには、チームは目標の逸脱を真剣に受け止め、メトリクスのパフォーマンスの変化にできるだけ早く対応するべきです。

メトリクスが目標を大きく下回っているように見えても重要ではないように思われるかもしれませんが、常に期待されるレベルで目標を設定するべきです。これにより、追跡される数字に対する信頼が築かれ、目標設定フェーズにすべての詳細が組み込まれることが保証されます。

ときにはチームが選択を迫られ、その選択が予算に影響を与えることがあります。例えば、あるチームがプロジェクトに遅れをとっている場合、コストを抑えるために小さなクラウドリソースを展開する計画でしたが、プロジェクトを正常に戻すために、より大きなリソースを展開して迅速に完了させることを決定する場合などです。これは短期的には目標の逸脱をもたらしますが、プロジェクトを期限内に納品するというビジネス上の利益をもたらすでしょう。これは、**予期される異常**として分類されます。事前に計画された予算を超えて、望ましいビジネス成果を達成するための決定がなされます。

予期せぬ異常は、チームが予算を維持すると期待してリソースを展開し、その後、予算を超えていることが判明した場合に発生します。予期せぬ異常は通常、デプロイされたもの、またはチームに設定された目標のいずれかを変更する必要があることを意味します。

例えば、製品の新機能が顧客のサービス利用を促進し、それがコスト増加につながる可能性があります。そのコスト増加が収益を増加させる場合、それはクラウド支出における良い異常と見なすことができます（26章では、コストに対する収益を追跡するためのプロセスであるユニットエコノミクスを説明します）。

また、クラウド支出に直接変化をもたらさないかもしれない異常も追跡できる必要があります。チームの1つが通常のクラウドサービスを置き換えて新しいクラウドサービスを使い始めた場合、クラウドサービスごとのコストを示す異常レポートを通じてこれを知ることができます。この報告書の異常は、新しいサービスを使用する前にセキュリティやコンプライアンス上の理由から承認が必要な企業にとって非常に重要です。

コスト最適化を追跡することで、最適化パフォーマンスの予期しない変化を特定し、FinOps戦略の一部が正しく実行されていない可能性があることを示すことができます。最適化レポートの異常をとらえることで、FinOpsチームは組織が期待する節約を維持するために早期に対応することができます。自動化された機械学習ベースの異常検出を使用することは、クラウドの中の重要な問題を迅速に見つけるための鍵です。

14.8　使用量の削減と支出の低減

予測と比較して何を支出しているかを知ったうえで、次に考えるべき質問は、予測を超えた場合に何をすべきかということです。さて、クラウド請求書を減らす方法は2つありますが、それらを理解するために、クラウドがどのように請求するかをもう一度見てみましょう。

クラウド事業者の請求方法については、5章で説明しました。クラウド支出の基本式は、**支出 = 使用量 × 料金**です。支出を減らすためには、**使用量**を減らすか、リソースに支払う**料金**を減らすためのクラウドサービス事業者特有のサービスを使用するかのどちらかです。

使用量を減らすには、プロビジョニングされたリソースのサイズを減らす（例えば、仮想CPU［vCPU］とメモリが少ない小さな仮想マシン）か、必要ないときに停止や削除することによって行います。料金低減は通常、一定期間にわたる一定量の利用に対するクラウドサービス事業者へのコミットメントによって得られます。その見返りとして、それらのリソースに対して支払う料金が減額されます。

これらの2つの方法、使用量の削減と料金低減については15章と16章にて説明します。

14.9　本章の結論

FinOpsライフサイクルのInformフェーズは、**状況を把握**するのに役立ちます。Optimizeフェーズに移ると、自分たちが**目指すべき目標**を設定します。これらの目標を使用することで、ビジネスは注意が必要な項目に焦点を当てることができます。

要約：

- Optimizeフェーズは、必ずしもコストを削減することではなく、効率的に支出することである。
- 目標はメトリクスに意味を与え、物事がどこにあるかだけでなく、どこあるべきかを人々が理解するのに役立つ。
- 異常を早期に検出することで、迅速に対処でき、不測の請求を避けることができる。
- コストは、使用量の削減または料金低減を通じて削減することができる。

クラウド支出を削減する際には、実際に必要なものを理解することが重要です。イノベーションのコストや重要なプロジェクトへの影響を犠牲にして支出を削減することは常に避けるべきです。クラウドでのコスト削減は複雑ですが、続く数章でそれを分解して説明します。

15章
使用量の低減：使用量の最適化

本章では、FinOpsのライフサイクルで最も難しい部分の1つについて説明します。使用量の削減を組織文化に根ざして実施していくには多くの努力と時間がかかります。もしコスト削減を迅速に実現すること（クイックウィン）がゴールであれば、17章で取り上げるコミットメント割引を購入することがコスト削減への近道であることに気づくでしょう。エンジニアが何もしなくても劇的なコスト削減が可能な予約の購入とは異なり、使用量の削減にはエンジニアが最適化の作業を彼らのスプリントに組み込む必要があります。これは簡単に実現できる成果がない（ローハンギングフルーツがない）と言っているのではなく、単にそれを実現するにはより多くの努力が必要になるという意味です。

クラウドサービス事業者は、使用した分だけの料金を支払うという考えを売りにしています。しかし、より正確に表現するならば、使用しているかどうかに関係なく、プロビジョニングしたリソースに対して支払いが発生するということです。本章では、クラウドアカウントにデプロイされた使われていないリソース、効率的に使われていないリソースについて見ていきます。

15.1 クラウド利用の厳しい現実

使用量の最適化に焦点を当て始めた際に、次のような会話を耳にしても驚かないでください。

> **FinOps実践者**：「ねえ、ここら辺のリソースは使われていないように見えるけど、必要なリソースですか？」
> **チームメンバー**：「えっ、まだ残ってました？　忘れてました！　今すぐ削除します」

当然のことながら、この時点でイライラして額に手を当ててしまうかもしれません。もっと早くこの会話をしていたなら、そのリソースに対する数か月分の支払いを節約できたかもしれないとすぐにわかります。

しかし、そう単純ではありません。クラウドで大規模に運用している場合、ほぼ確実にいくつかの未使用のリソース、忘れられたリソースが存在しています。クラウドの無限に見えるリソースの選択肢に直面すると、多くのエンジニアはより大きなリソースオプションを選ぶ傾向にあります。なぜならその選択をすることで、深夜の呼び出しを回避できる可能性があるためです。

しかし、どのリソースが見直しを必要としているのかを知ることは難しいことです。これまで述べてきたように、チームにはアプリケーションの要件を理解するための適切なメトリクスが必要です。また、チームはリソースのサイズや運用方法に関するビジネス上の理由も理解する必要があります。FinOpsが、組織全体で非常に効果的なのは、組織内のすべてのグループが一貫したワークフローに従い、推奨事項を実行するために協力する必要があるためです。

しかし、使用量の削減ワークフローに取り組むことで、これまで過剰なリソースにお金を無駄にしてきた部分を節約することができ、将来にわたってクラウド使用量に無駄が蓄積されるのを防ぐことができます。それでは、無駄となる要素、調査が必要なリソースを検出する方法、使用量を削減する手法、チームに変更を実行させる方法、進捗を追跡する正しい手段について見ていきましょう。

大規模な使用量の削減には、組織文化の変革が求められます。これは一度だけの修正ではなく、適切なサイズのリソースを選択し、過剰なプロビジョニングを排除する継続的なサイクルを必要とします。そのため、使用量の削減には、メモリや帯域幅のように、コストをもう1つのデプロイメントのKPIとしてエンジニアが考える必要があります。そして、コストを効率性の指標として考えることが、いかに努力に値するか、彼らはすぐに気づくでしょう。

リソースのサイズを半分にすると、一般的にコストの50%を節約できます。また、未使用のリソース、例えばアタッチされていないブロックストレージボリュームやアイドル状態のインスタンスの場合は、コストの100%を節約できます。クラウドの可変性、オンデマンドの性質の利点の1つは、望むときにいつでも自由にリソースのサイズを変更したり、リソースの使用を完全に停止したりできることです。適切なサイズのリソースをコンスタントに使用する場合、料金割引オプションの利用により、さらなる節約が可能です。これについては、17章で詳しく説明します。

最初の段階では、使用量の削減はあとから対応する傾向があります。チームはインフラを見直して、リソースが十分に活用されていることを確認します。より成熟した実践では、エンジニアはデプロイ前のアーキテクチャレビュー時にコストを積極的に考慮し、クラウドリソースを選択する際にも積極的に考慮しています。その後のフェーズでは、よりクラウドネイティブなサービスを活用するようにアプリケーションの再構築が行われます。

ゴールは完璧な決断をすることではありません。状況とデータに基づいて可能な限り最善の決断をし、頻繁に再評価することがゴールです。コードや負荷が時間の経過とともに進化するように、適切なサイズのリソースがいつまでもそのままであるとは限りません。

雲の上から（Mike）

AtlassianのMikeは、本書の初版以降、大きな変化を見てきました。

4年前は、FinOpsはエンジニアから時間を奪うだけで、一般的には邪魔になるだけの存在だと考えられていました。しかし現在、FinOpsのプラクティスは成熟し、クラウド上でソフトウェアを提供していくための中核の一部を担うようになり、エンジニアリングそれ自体とより密に統合されるようになりました。FinOps Foundationのメンバー会員も、エンジニアリング職からの加入がここ数年で大幅に増えてきました。FinOpsという用語が定着する前は、エンジニアに「FinOpsやコスト最適化に取り組んでいます」と言っても、彼らはそれが何を意味するのかよく理解していませんでした。しかし今では、FinOpsという用語を日常的に耳にするようになり、何を達成しようとしているのかをある程度理解しています。効果的なFinOpsチームは外部者ではなく、パートナーとして現れます。FinOpsチームはトーンを和らげ、無駄をただ指摘するのではなく、エンジニアとの協力を模索するようになりました。

AtlassianのFinOpsトレーニングでは、2つの異なるモデルを使った演習を行います。最初は、非難に焦点を当てたアプローチ（例えば、「あなたは間違ったことをしている」）の会話から入ります。もう1つは、非難のないデータを持ち寄り、データが低使用率を示している理由について話し合う方法です。この演習では、単に無駄を見つけるだけでなく、ともに働き、協力し、まずは理解しようと努めることの重要さを教えてくれます。

15.2 無駄はどこから来るのか？

私たちが無駄と呼ぶものは、アプリケーションのニーズに合わせてリソースのサイズを変更したり、数を減らしたりすることで回避できたはずの有料の使用量、またはその一部のことを指しています。

クラウドリソースを初めてデプロイする際に、それらのキャパシティ要件を完全に把握することが困難であったり、十分に理解されていないことがよくあります。これは初期のデプロイ段階におけるほとんどの人にとっての共通の課題です。

この要件の不確実性が原因で、パフォーマンスの問題が起きないようにチームは過剰にキャパシティをプロビジョニングしてしまう傾向にあります。初期のデプロイ時において、リソースを過剰にプロビジョニングすることは必ずしも悪いことではありません。クラウドの利点はすぐにデプロイでき、あとから調整が可能な点にあります。避けたいのはリソースをデプロイしたあとに過剰なプロビジョニングに対してモニタリングをしないことです。モニタリングをしなければ、長期間にわたって必要以上の料金をリソースに支払ってしまうことになりかねません。

使用率メトリクスに基づいてリソースを適切な状態に維持しなければ、無駄は増えていきます。過剰なサイズ設定を防ぐためにも、リソースに対する継続的なモニタリングが重要です。今日の時点ではリソースを効率的に使用しているサービスであっても、より効率的なコードがデプロイされてしまえば明日にでも過剰な割り当てになってしまう可能性があるからです。顧客の行動が変化することでさえも、キャパシティ要件の削減につながることがあります。

15.3 削除／移動による使用量の削減

調査によるとクラウドチームには2つのタイプがあるようです。1つはリソースの存在を忘れてしまうタイプで、もう1つはリソースの存在を忘れていたことを隠蔽するタイプです。言い換えると、リソースが忘れられ、放置されてしまうことはクラウドアカウントではよくあることです。自社でも同じような状況を見つけたとしても悪意や不注意だと決めつけないでください。エンジニアリングは常に複数のタスクを抱えており、リーダーシップが必ずしも無駄を検出するための自動化ツールを優先しないことも珍しくありません。つまり、これは誰にでも起こりうることなのです。

コストが長期間安定していて古いリソースを使っている箇所を探すことで、無駄を見つけられる可能性があります。「古くて変わらない」というのはクラウドの運用としては望ましくありません。もし何もしないまま長期間放置されているならば、最適化できる可能性が高いと言えます。

単に、リソースのことを忘れないように、とチームへ伝えるだけでは不十分です。自動化ツールによって作成されたリソースが、指示されても削除できないように設定されていた可能性があります。あるいは、あとで使う予定で意図的に残していたリソースだったものの、優先事項の変更によってフォローアップされずに放置されてしまったのかもしれません。さらに、サーバーに接続されたボリュームのように、一部のリソースは、親リソースが削除されても残るように設定することができます。また、一部のリソースを削除する際に、必要かどうかに関係なくデータのスナップショットをクラウドサービス事業者が自動的に作成することもあります。

使われていないリソースや忘れられたリソースは、チームにとって最も対処しやすいタイプです。そのような場合の使用量の削減は、リソースを削除するだけで簡単に行うことができ、そのリソースのコストの100%を節約できます。

よく耳にするもう1つの話は、リソース内にデータを保存する必要があるといったものです。通常、チームはコンプライアンス上の理由から、データを非常に長い期間にわたって保持する必要があります。

このような目的で未使用ボリュームを保持する必要がある場合でも、支払いを削減する方法があります。例えば、クラウドサービス事業者は複数のストレージ階層を提供しています。Azure ArchiveやAWS Glacierストレージのような低価格の「コールドストレージ」リソースに移行できるのに、あえてデータを高価格なストレージサービスに保持し続けることに意味はありません。

どのデータをいつまで保持する必要があるかを明確にするために、データ保持ポリシーの作成を検討してください。データ保持ポリシーが導入されると、データを自動的に異なるストレージサービスに移動し、適切なタイミングで削除することができます。

15.4　サイズ変更による使用量の削減（ライトサイジング）

リソースのサイズ変更を行うためには、そのリソースの使用率を把握するための可視性が必要です。その可視性にはCPU使用率、メモリ使用量、ネットワークスループット、およびディスク使用率を含めなければいけません。

ライトサイジングの際は、コスト削減のためだけに最適化しているのではありません。また、チームが運用しているサービスに影響を与えないようにする必要もあります。サービスを管理する際のチームの主なゴールは、サービス自体の運用に必要なキャパシティを使い果たさないようにすることです。その結果、特に本番環境のアプリケーションを稼働するリソースのサイズ変更に対して消極的になることは珍しくありません。

もしチームがリソースのサイズ変更の調査のために作業を中断しなければならない場合、サービス提供スケジュールに実際に影響が生じる可能性があります。コスト削減のためにリソースのサイズ変更に焦点を当てるべきかを判断する際には、これらの影響を考慮する必要があります。多くの場合、高コストのリソースが数個と、ほとんど節約できない小さなリソースが数多く存在しています。私たちは、ライトサイジングの推奨事項を無視できるように閾値（最小節約額）を設定することを推奨しています。この閾値は、妥当性を維持するために定期的に見直しを行う必要があります。ライトサイジングに費やした時間が、ビジネスにとって実質的な節約につながるようにすることが目標です。

サイズ変更の実施中にリソースや自動化への影響が懸念されることを防ぐには、FinOpsチームがライトサイジングにおいて果たす役割を理解することが重要です。FinOpsはチーム間のコラボレーションであり、FinOps実践者が単独で行うべきものではありません。リソースのサイズを決定する際にチームが用いたサイジング方法を、通常、メトリクスだけを見て推測することは不可能だからこそ、ここでの会話が重要になります。

FinOpsの中心チームは、リソースの使用状況に関する自動分析を行い、使用率が低いと見られるリソースに関するレポートの提供、そしてプログラムに従って代替となるより効率的な設定を提供する役割を担っています。その後、各チームにはリソースを調査し、潜在的なコスト削減を実現するためのリソースのサイズ変更を妨げる理由がないかどうかを特定するよう、推奨事項が与えられます。FinOpsチームは、ビジネス上のメリットがないキャパシティを安全に削除することに焦点を当てており、パフォーマンス上のリスクを持ち込む意図がないことを、エンジニアリング組織に理解してもらうことが不可欠です。

ワークロードのパフォーマンスに影響を与えることなく、リソース上の既存のワークロードに適合する複数の推奨事項を提供することが重要です。複数の推奨事項を提供することで、チームはリソースのサイズを縮小する際のリスクと節約可能額とのバランスを取ることができます。ネイティブ、オープンソース、またはサードパーティーのFinOpsツールはこれらの推奨事項を提供するための重要な役割を果たすことができます。そして、エンジニアリングチームはアプリケーションパフォーマンスモニタリング（APM）ツールを使用してさらに調査を進めることができます。

AWSのプリンシパルプロダクトマネージャーであるRick Ochsは、アカウントのクォータ、アタッチメントの制限、またはCPU速度の差などの潜在的なリスクを明らかにするための何時間もの検証作業を、エンジニアリングチームが回避できるようにするため、ライトサイジングの推奨事項が高品質であることが重要だと述べています。方向性は正しいものの単純すぎるライトサイジングの推奨事項を提供してしまうと、エンジニアリングチームはライトサイジングによるメリットよりも推奨事項を拒否する作業に時間を費やすようになる傾向があります。

CPUの平均値だけでなく、I/O、スループット、メモリを含み、ピーク値や平均値の指標を使用しない高品質なライトサイジングの推奨事項を使用することで、必要な労力を減らし、実質的なコスト節約になる推奨事項の数を増やすことができます。

すべてのライトサイジングの推奨事項は、誰かと話し合う機会となります。既存のリソースのサイズを適正化するための全体的な取り組みを十分に理解し、新しいアプリが最初から適切なサイズに設定されるようにしなければいけません。

雲の上から（Benjamin Coles）

カリフォルニア州クパチーノのシニアソフトウェア開発エンジニアであるBenjamin Colesは、エンジニアリングパートナーに次のようなアドバイスを提供しています。

> クラウド移行において、リフト＆シフトの枠組みは、要件を考慮せずにクラウドにできるだけ詰め込むことを許容する、質を犠牲にしてでも迅速さを重視する手法です。これはチューニングできるかを確認せずに問題を先送りしてしまうプロセスであり、実質的に先送りされた技術的負債になってしまいます。
>
> これは長期的に見て理想の解決策とは言えません。もし時間があるならば、コードを適切にリファクタリングした方がよいでしょう。ところで、移行をより受け入れやすくするため

の「小さな成功」として何ができるでしょうか。もし移行元インスタンス（ベアメタルまたは仮想マシン［VM］）のモニタリングが有効になっているのであれば、CPUやメモリの使用状況を確認して、アプリケーションがどれくらいのリソースを使用しているかを確認しましょう。そうすることで移行元インスタンスのスペックを使用する代わりに、インスタンスのパフォーマンス要件により近いEC2を構築することができます。

なぜこれが重要なのでしょうか？オンプレミスのインスタンスを使用する従来の感覚では、一度支払えばそれ以降は二度と支払いについて考えることはありません。しかし、この新しいクラウドの世界では、CPUやメモリのコストに至るまで、すべてのサブシステムが項目化されています。クラウドでは、ストレージやネットワークI/O、サインアップするその他すべてのサービスごとに細かく課金されるため、少しずつ気づかないうちにコストが膨らんでいきます。たとえ関連するすべてのサブコストを無視してインスタンスのコストだけに焦点を当てたとしても、そこには潜在的に節約できるお金が多く存在しています。

例えば、16コアで128GBのRAMを搭載したシステムが100台あったとすると、それはc6g.4xlargeに相当し、1時間あたり0.544ドル、年間では47万6,000ドルになります。インスタンスサイズを半分に減らすとc6g.2xlargeになり、1時間あたり0.272ドル、年間で23万8,000ドルの実行料金になります。このモデルの良いところは、運用コストを削減することで財務チームからの評価を得られることであり、再デプロイを行う際にもう一度同じようにコストを削減できれば財務チームからの評価はさらに高まるでしょう。

データセンターでインフラを構築していた際に、5年から7年の稼働期間中にワークロードが成長することを見越して、意図的に大きめのサイズで構築していたことを考えると、Benjaminの話は特に理にかなっていると言えます。ハードウェアの耐久年数が半分も経過していないのにシステムの容量が足りなくなり、ハードウェアを再購入するという事態を避けるために、あらかじめ大きなサイズの物理ハードウェアを購入しておくというのは一般的なベストプラクティスと考えられていました。その結果、物理データセンターではハードウェアの平均使用率が非常に低く、一桁台という状態が一般的になってしまいました。もしデータセンターにあった頃と全く同じCPUとメモリでリフト＆シフトを行ってしまった場合、その過剰なサイジングを知らずに引き継いでしまうことになります。もし使用率をすぐに確認できない場合、代替策として、クラウド上ではデフォルトで少し小さめのリソースを選択し、パフォーマンスの問題が発生した際に対処するといった方法があります。このアプローチは、コストがまだ把握できていない場合でもエンジニアリングがパフォーマンスの問題を簡単に特定できるなら、リフト＆シフトのコスト効率を向上させることができます。

15.5　よくあるライトサイジングの間違い

ライトサイジングは、思っているほど簡単なものではありません。考慮すべき詳細事項がたくさんあり、クラウド最適化の初心者に繰り返されるよくある間違いも多く存在します。

15.5.1　平均値やピーク値のみを用いた推奨事項に頼ること

リソース（サーバーインスタンスなど）上の既存のワークロードを見るとき、平均値とピーク値のメトリクスだけではなく、他の要素も考慮することが重要です。平均値やピーク値を使用すると、誤った方向に導かれる可能性があります。

使用率の変動やスパイクを考慮に入れ、統計モデルを適用して最適なリソースサイズを算出することは単純な作業ではありません。私たちがこれまで見てきたツールの多くは、時系列での平均使用率のみに基づいた何らかの経験則のようなものを使用し、余裕の全くないリソースタイプを推奨するといったツールでした。他のツールは、理由に関係なく、検出したピークに対してサイズを大きくすることを推奨します。

例えば、図15-1に示す2つの使用状況のグラフでは、どちらも1時間あたりの平均CPU使用率は20%です。しかし、平均CPU使用率の指標だけでは（右側のグラフのように）CPUがずっと20%であったのか、（左側のグラフのように）時間の5分の1が最大CPUに近く、残りの4分の5は最小に近かったのか判断できません。これらのインスタンスをCPU能力が半分のサーバーインスタンスにサイズを変更すると、左側のインスタンスはピーク時のCPU使用率中にパフォーマンスに影響が出る可能性があります。1日単位でも、1時間単位でも、1分単位でも関係ありません。平均値だけではインスタンス上で起こっていることの全体像は把握できません。

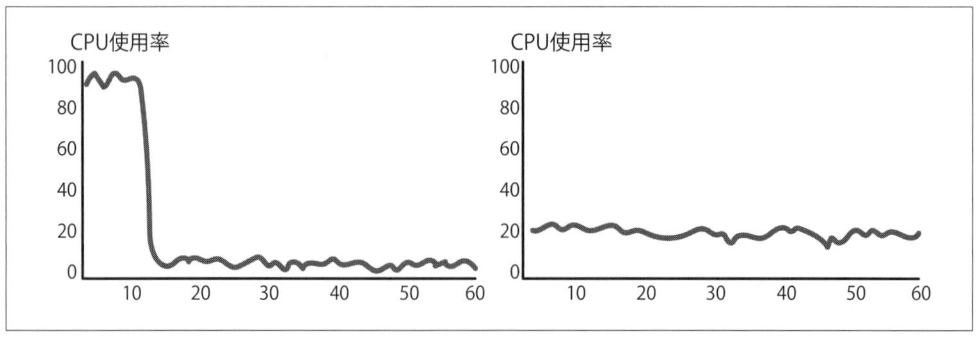

図15-1　2つのCPUワークロードを示すグラフ：1つは90%以上の短いピークと残りの時間は10%未満のままで、もう1つは常に20%

平均使用率のみを使用すると、2つの結果を招く可能性があります。最もよくあるシナリオは、エンジニアがその推奨事項が全くの的外れであることに気づき、コスト削減の取り組みが終了してしまうことです。チームは多くの時間を無駄にしたことに気づき、彼らのデプロイメントには依然として必要以上にコストがかかったままとなります。

もう1つのシナリオはさらに悪いものです。経験の浅いエンジニアは、推奨されたアクションを実行してしまうかもしれません。静かな時間帯や平均的な使用率の時間帯であれば、新しいリソース設定でもおそらく問題なく機能するでしょう。しかし、定期的なスパイクや変動が発生すると、ほころびが生じてきます。リソースに対する要求がリソースの能力を超えてしまいます。パフォーマンスが低下し始め、何らかの障害が発生する可能性もあります。コスト削減の可能性があったとしてもビジネスへのリスクがそれをはるかに上回ってしまいます。

> すべてのワークロードを最大、またはピーク値に合わせてサイズ調整することも間違いとなる場合があります。典型的な月のエンタープライズ向け仮想マシンでは、これらのワークロードに対してパッチ適用、メンテナンス、デプロイメント、バックアップなどのさまざまな活動が行われます。これらの活動のいずれかがCPU使用率を急上昇させる可能性があるとしても、すぐにサイズアップしたり、常にピーク時の使用量の急上昇をカバーするようにインスタンスをサイズ調整するような推奨事項を信頼する必要はありません。通常のOS再起動でさえ、CPU使用率は100%になります。そのような対応は、起動するたびにCPU使用率が100%になるからといって、毎回ノートパソコンを捨ててより高速なものを購入しようとしているのと同じようなものです。それよりもパッチ適用、メンテナンス、その他の動作による一時的なスパイクは除外し、週の1%または5%の時間を超えて使用率が持続する場合にのみサイズアップを促すように、ピークの一部をライトサイジングから除外するサイジング手法を使用することが望ましいです。理想としては、パーセンタイル計算を使用して、このような要素を考慮に入れたライトサイジングの推奨事項を使用することです。
> ピーク時の使用率のみを基準としたライトサイジング製品を使っていて、企業全体のインスタンス群に大規模なパッチのインストールが必要な重大なセキュリティ脆弱性が見つかった場合を想像してみてください。おそらくこのライトサイジング製品は、誤ってすべてをサイズアップするように指示してしまうでしょう。
>
> ――Rick Ochs, Principal Product Manager at AWS

15.5.2　コンピューティングを超えた範囲のライトサイジングを怠ること

すべての人がまずコンピューティングコストの節約にエネルギーを注ぎたがりますが、クラウドコストの全体像を最適化するためには、コンピューティング以外の領域にもライトサイジングを広げる必要があります。使用率の課題は全体的に見られますが、特に注意すべきなのはRDS（Relational Database Service）、マネージドSQL、Azureマネージドディスク、Cloud SQLなどのデータベースサーバーと、EBS（Elastic Block Store）やGoogle Cloud Persistent Diskなどのストレージの2つの領域です。データベースやストレージなどの、コンピューティング以外のサービスにも目を向けなければ、潜在的な節約の機会を見逃してしまうことになります。

15.5.3 リソースの「形状」に対処しないこと

ライトサイジングの検討は、単一のコンピューティングファミリー内だけに限定すべきではありません。各クラウド事業者はいくつかの特化型コンピューティングファミリーを提供しており、ワークロードのリソースの形状にあったものを選ぶ必要があります。AWSやAzureでは、これらのファミリーは特定のCPUコア数、特定のメモリ量、そして高速ネットワークなどのその他の機能を組み合わせたあらかじめ設定された形状で提供されています。例えば、4コアのCPUと3GBのメモリを必要とするワークロードをクラウドに移行して、AWSのr6i.xlargeインスタンス上で実行しているとしましょう。これはCPUコア数については適切ですが、メモリについては明らかに過剰です。代わりにc6i.xlargeへ移行することで、コストを半分以上削減するだけではなく、CPU性能を維持したままメモリ容量を減らすことによって、より適切な形状へと近づけることができます。Google Cloudでは、あらかじめ定義されたインスタンス構成リストから選択するのではなく、CPUとメモリの組み合わせを自由に選択してコンピューティングを購入することができます。さらに、インスタンスファミリーによってはより高速なCPUが搭載されているため、これによりコア数を減らすことができる可能性があります。あるいは、より低価格で提供される、より低速なCPUもあります。単にCPUとメモリの数を合わせるだけではなく、選択するインスタンスファミリーを慎重に検討することでさらなる節約を実現することができます。

15.5.4 ライトサイジングの前にパフォーマンスをシミュレーションしないこと

チームによっては、ライトサイジングによるクリッピング（サーバーのリソースを削減する際にパフォーマンスに影響を与えること）を懸念してしまう可能性があり、それが最適ではない意思決定を引き起こしてしまうことがあります。ただし、推奨事項がインフラにどのような影響を与えるかを予測をする手段があれば、彼らはクラウドを最適化するためにより良い選択をすることが可能になります。ライトサイジングを行う前に各オプションがインフラに与える影響を視覚化し、コンピューティングファミリー全体にわたって複数の推奨事項を検討することが重要です。そのようにすることで、クリッピングが発生する可能性を評価（図15-2を参照のこと）し、それに対するリスクと実現する節約とを比較して検討することができます。このステップを踏まなければ、保守的になりすぎたり（節約の制限）、積極的になりすぎてしまう（パフォーマンスの低下や障害）といったリスクがあります。

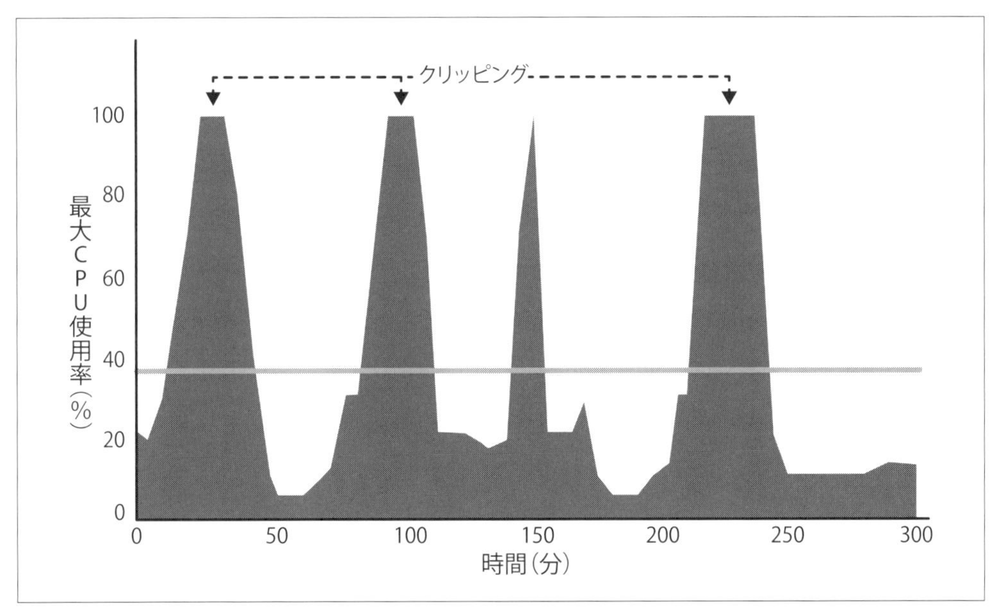

図15-2　クリッピングの原因となる平均値に基づくサイズ変更

15.5.5　リザーブドインスタンスの不確実性によって躊躇してしまうこと

チームからよく言われることとして、「サイズの適正化をすると、コミットメントのカバレッジに影響を与え、無駄が生じるかもしれないので、サイズの適正化はしたくない」といったものがあります。かつてはこれらの懸念は妥当であり、ライトサイジングの際には注意が必要と考えられていた時期もありました。しかし、今はもう違います。今では3大クラウド事業者のすべてが、はるかに柔軟性の高いいくつものオプションを提供しており、安心してサイズの適正化をできるようになりました。柔軟性のある予約を使用すれば、使用量の削減努力によって影響を受けたとしても予約を調整することができます。これらの柔軟性の概念については、16章と17章で詳しく説明します。

15.6　コンピューティングの範囲を超えて：クラウドコストを管理するためのヒント

クラウド利用料金の大部分をコンピューティングリソースが占めているクラウド請求書は多いものの、その他にも多くの使用量の最適化ポイントがあるため、一般的に最適化が可能とされる他のサービスについても検討することが重要です。ここではコンピューティングリソース以外のクラウドサービスの最適化ポイントの例を見ていきます。

15.6.1 ブロックストレージ

クラウドのコンピューティングインスタンスと密接に関連しているのが、それらに接続されているブロックストレージデバイスです。3大クラウドサービス事業者を見てみると、ブロックストレージサービスとしてAWSではElastic Block Store（EBS）、Azureではマネージドディスク、Google CloudではPersistent Diskが提供されています。

15.6.1.1 孤立したボリュームを削除すること

ブロックストレージの大きな特徴は、コンピューティングインスタンスが停止したあともボリュームが永続的に保持されることです。これはデータ保持の観点では良いのですが、不要になったストレージに対して課金されてしまうといったデメリットもあります。使用されていないボリュームは、**未接続**または**孤立したボリューム**と呼ばれ、ステータスを確認すると**利用可能**として表示されます。これらのボリュームは、コンピューティングインスタンスに接続されていない状態ではトラフィックを処理することができないため、そのままでは使い物になりません。節約のための大きな第一歩は、それらを削除することです。

未接続のボリュームを単に削除するという選択肢もありますが、それはデータが確実に不要だと自信を持って言える場合にのみ行うようにしてください。念のため、そのボリュームが最後に接続されたのがいつだったのかを確認してください。もしそれが数か月前ならば、そのボリュームはもう不要である可能性が高いです。これは本番環境以外の環境においてよく当てはまります。一部のクラウド事業者では、スポットコンピューティングインスタンスを削除するときにブロックストレージを利用可能な状態のままにすることができるため、行動を起こす前に、このデータに対してデータ保持の必要性がないかを確認する必要があります。

FinOpsPodポッドキャストのエピソード13『FinOops: Lessons Learned the Hard Way（つらい経験から学んだ教訓）』（https://oreil.ly/QL7l3）では、なんと9年間も接続されていなかったボリュームの削除が本番環境での問題を引き起こした、というとても興味深い話が紹介されています。ぜひSpotify（https://oreil.ly/pmwT6）やApple Music（https://oreil.ly/c1nkU）でチェックしてみてください。

もっと慎重なアプローチとしては、最初にボリュームのスナップショットを取得したうえでボリュームを終了するといった方法があります。スナップショットは常にオリジナルのボリュームよりも安価です。空白スペースの除去、データの圧縮をしたうえで、AWSのS3やGoogle CloudのCloud Storageのようなより安価なストレージ階層に格納されます。必要に応じてスナップショットからボリュームを復元することができます。

15.6.1.2 ゼロスループットやゼロIOPSに注目すること

未接続のボリュームを削除したあとは、接続されているボリュームの中に何も処理をしていないものがないかを探していきます。これらは関連するインスタンスがオフにされたままボリュームの存在が忘れられてしまった場合によく見られます。これらのボリュームを見つけるには、ボリュームのネットワークスループットとIOPS（input/output operations per second）を確認してください。過去10日間にスループットやディスク操作がなければ、おそらくそのボリュームは使用されていないと考えられます。

15.6.1.3 ブロックストレージのコスト管理を優先すること

ブロックストレージボリュームの場合、ストレージとパフォーマンスという主に2つの属性に対する料金が発生します。ストレージは保存されたギガバイト単位で、ロケーションやボリュームタイプに基づいた料金が発生します。パフォーマンスについては、IOPSであれスループットであれ、より性能が高いほど料金も高くなります。驚くべきことに、クラウド支出を最適化する際にボリュームは無視されていることが多いです。

15.6.1.4 高IOPSボリュームの数を削減すること

高いIOPSが保証されたボリューム（例えば、AWSのプロビジョンドIOPSボリュームやAzureのプレミアムディスク）は安価ではなく、それらは比較的簡単に変更することができます。過去のメトリクスデータを使用して使用率の低いディスクを特定し、可能であればエンジニアに変更してもらうことでディスクの料金を大幅に削減することができます。

15.6.1.5 エラスティックボリュームを活用すること

AWS EBSでは、使用中にボリュームのサイズを拡張したり、パフォーマンスを調整したり、ボリュームタイプを変更したりすることができます。この操作はアプリケーションがボリュームに対してアクティブにI/Oを実行している間でも行うことができます。メンテナンスウィンドウやダウンタイムは必要ありません。ストレージの過剰なプロビジョニングをする必要がなくなるため、大きなコスト削減の効果があります。エンジニアリング組織は一般的に、変更チケット、ダウンタイムウィンドウ、サイズ変更を元に戻したい場合に追加のダウンタイムが必要となるリスクを考慮する必要がないため、ダウンタイムが発生しない推奨事項については受け入れやすくなります。

15.6.2 オブジェクトストレージ

無制限のストレージとして言及されることが多いオブジェクトストレージサービスは、大部分のデータを保管する場所になっている可能性が非常に高いです。オブジェクトストレージサービスには、AWSのS3、Google CloudのCloud Storageバケット、AzureのBlob Storageなどがあります。

15.6.2.1　データ保持ポリシーを実装すること

オブジェクトストレージサービスへのデータ保存の容易さと、これらのデータストアが理論上は上限なしであるという事実は、エンジニアがデータを簡単に永久に保存できてしまう要因になります。データセンターでは利用可能なディスク容量に制約があるため、無制限のストレージ増加を避けるためにデータ保持ポリシーを実装する必要がありました。クラウドに移行することでストレージ容量の確保という課題は解決されますが、データ保持ポリシーの必要性がなくなるわけではありません。

15.6.2.2　データに適したストレージ階層／クラスを選択すること

デフォルトでは、オブジェクトストレージサービスに送信されたデータは多くの場合、標準／ホットストレージクラスに格納されます。標準ストレージは、可用性と耐久性には最も優れていますが、一般的には最も高価なストレージクラスです。データを分類し、データの種類に適したストレージクラスを選択することで、オブジェクトストレージのコストを大幅に削減することができます。AWSのIntelligent-Tieringストレージクラスのように、自動的なデータの分類およびデータクラスの選択を提供するクラウドサービス事業者もあります。

15.6.3　ネットワーキング

ネットワークトラフィックが、クラウドコンピューティングインスタンスやオブジェクトストレージバケットのような名前の付いたリソースではないためなのか、ネットワークコストは見落とされることが多いです。ネットワークコストを最適化する方法はいくつかありますが、その多くは組織内のネットワークを管理するチームとの強い連携が必要になります。

15.6.3.1　使用されていないIPアドレスを削除すること

クラウドサービス事業者から固定のIPアドレスを割り当てることができますが、これらのアドレスは稼働中のコンピューティングインスタンスに関連付けられていない場合、1時間ごとに料金が発生することが多いです。未使用のIPアドレスを保持するビジネス上の理由がないのであれば、それらを削除することでネットワークにかかる費用を削減することができます。

15.6.3.2　ネットワーク経路を最適化すること

一部のクラウドサービス事業者では、パブリックIPアドレスを使用したり、ネットワークアドレス変換（NAT）サービスを経由してトラフィックをルーティングさせなくても、サービスAPIにアクセスできるようにするネットワーク機能（AWSのVPCエンドポイントなど）を提供しています。これらのネットワーク機能を利用することで、アプリケーションとクラウドサービス間のデータ転送コストを削減することができます。

雲の上から（小原 誠）

クラウドコストに関する悩みどころについて、NetAppが日本国内のクラウド利用企業にアンケートをとったところ、以下のような結果が得られました（複数回答可、2023年）。

- コンピューティングリソース：25%
- ネットワークリソース：38%
- ストレージリソース：88%
- その他：13%

このようにストレージリソースに関するコストの悩みが最も多かったことには、いくつかの理由があります。

1. オンプレミスからクラウドにシステムをリフトして移行するときに、コンピューティングリソース（インスタンス）の絞り込みは十分考慮される傾向にあるが、ストレージについてはあまり考慮されていない。
2. データは溜まり続ける一方で簡単には減らせない。また増え方も年々大きくなっている。
3. コンピューティングリソースは、リザーブドインスタンス（RI）などのコミットメント割引を活用した料金の最適化により、システムに手を入れなくとも手っ取り早くコストを削減できる。しかしストレージリソースにはそのような手軽な術がない。またコストを意識しながらも下手に作り込んでしまうと、データの取り回しがやりにくくなってしまう。

ストレージリソースはその他のリソースと異なり、基本的にその利用量は増え続ける一方です。このコストを最適化するには、データの使われ方（アクセス特性）と、データのライフサイクル（作成から廃棄までの一連の流れ）に着目し、キャッシュや階層化、圧縮や重複排除などの機能を活用しながらシステムを設計することが大切です。

15.7　再設計による使用量の削減

最も複雑な使用量の削減方法は、サービス自体を再設計することです。エンジニアリングチームによるソフトウェアのデプロイ方法を変更したり、アプリケーションを書き直したり、あるいはソフトウェアそのものを変更することで、クラウドネイティブサービスの利点を活用できるようになります。

15.7.1　スケーリング

リソースのサイズ変更がいつも最適な答えとは限りません。例えば、営業時間中はすべてのリソースを使い切っているかもしれませんが、営業時間外はそうではないかもしれません。もちろんそのような状況で、インスタンスのサイズを小さく変更すれば、営業時間中にリソースが枯渇してしまい、おそらくパフォーマンスの問題を起こしてしまうでしょう。

本番サービスをよりクラウドネイティブな設計にすることで、クラウドの弾力性を活用できるようになる可能性があります。最も一般的なアプローチは、ビジーな時間帯にはサービスを水平方向にスケールアウト（つまり、より多くのリソースを提供）し、オフピーク時にはスケールを元に戻すというものです。この動的なスケーリングを実現するには、サービス自体がこの機能をサポートする必要があり、そのためにはアプリケーションコードの再設計が必要になる場合もあります。また、特にコードが公開されていないソフトウェアなど、スケーリング自体が不可能な場合もあります。

モノリシックなアプリケーションの代わりに、よりサービスベース、疎結合、モジュール化、ステートレスなアーキテクチャのアプリケーションを構築するモダンな手法は、クラウドやコンテナ環境でのサポートによって勢いを増しています。そのため、スケーリング機能を備えたアプリケーションは、今後ますます増えていくでしょう。

15.7.2　スケジュールされたオペレーション

開発環境やテスト環境は、チームが寝ている間も稼働させたままにされていることが多いです。例えば、地理的に集中した開発チームがリソースを週に40～50時間使用し、残りの118時間以上は全く使用していないとします。もし開発リソースを週の70%程度オフにすることができれば、組織にとって大幅な節約が可能となるでしょう。分散したチームの所在地にもよりますが、全員が週末となる時間がほぼ確実に24時間はあります。エンジニアリングチームが新しいプロジェクトやエンジニアリングの取り組みに節約した分を使用できるようにするなど、営業時間外にリソースをオフにすることへの成功報酬を与えることで、クラウド使用に対する文化的なアカウンタビリティを向上させることができます。

リソースが不要なときに自動的にオフにする方法を提供することは、営業時間外にリソースを確実に停止させるようにするための最良の方法です。自動化については後ほど、FinOpsライフサイクルのOperateフェーズで説明します。

15.8 リザーブドインスタンスへの影響

「(使用量の削減が) 私の予約にどんな影響があるの？」とよく質問されることがあります。Savings Plans (SP)、確約利用割引 (CUD：Commit Use Discount)、リザーブドインスタンス (RI) などのコミット済みの予約がある場合、使用量の変化によって予約が十分に活用されなくなるのではないかという懸念が常にあります。一般的には、RIやCUDなどの料金の最適化をする前に、使用量の最適化を行うことでこの問題を回避します。

使用量の削減には時間がかかることが多く、当初の予想よりもはるかに長くなることが一般的です。ほぼ毎日、誰かが「インフラをきれいにしたあとに (RIやCUDなどの) コミットをします」と言っているのを耳にします。調査によると、10回に9回はクリーンアップに予想よりも時間がかかる (通常は数か月) ことがわかっており、その間も過剰なリソースに対して、より高いオンデマンド料金での支払いを続けることになります。

> ライトサイジングは非常に繊細な作業で、長いプロセスを必要とします。エンジニアはインフラに対して真剣に取り組んでいます。「もっと大きな／小さなインスタンスにするべきだ」と簡単に言えるものではありません。これらの変更を行うには、テストサイクルと実際の作業が必要です。そのため、RIとコミットメントを一元管理し、適切な投資を行い、RIの未使用率 (無駄) を低く抑えることができれば、いずれはライトサイジングが追いつくであろうというアプローチをとっています。
>
> ――Jason Fuller, HERE Technologies

優先順位は変わる傾向にあり、定期的に火急の対応が必要になることがあります。これらを人生の事実として受け入れ、どれだけの無駄があったとしても、コミットベースの割引の一部をすぐに適用できるようにする必要があります。よくお勧めする戦略としては、20%～25%程度のカバレッジから小規模に始め、クリーンアップ作業と並行して徐々にカバレッジを拡大していくというものです。効果的なコミットメント戦略の作成方法の詳細は、18章を参照してください。

クラウド使用量のすべての部分にコミットしていない限り、使用量の最適化はまだ可能です。今後は、料金の最適化をコミットする前に、組織で適用できる使用量の最適化の量を考慮していく必要があります。ほとんどのクラウドサービス事業者は、新しい使用状況に合わせてコミットを交換または変更する機能を提供しています。ある程度の計画を立てることで、誤ったコミットに縛られることを回避しつつ、使用量の削減を行いながら料金の最適化を調整することができます。異なるファミリー間でインスタンスのライトサイジングを行うことで、カバレッジを向上させながら同時にインスタンスの費用を削減できることがよくあります。すでに購入済みのRIと割引を最大限活用し、より多くのワークロードを効率的に配置できるように、ワークロードを「テトリス」のように詰め込むという手法が効果的です。割引を無駄にしてしまうリスクを恐れてライトサイジングを無視するよりも、ワークロードのサイズを適正化して割引を適用した方が、多少の割引キャパシティが未使用で残る可能性があったとしてもコスト効率は高くなります。

15.9 労力 対 効果

使用量の削減のための推奨事項を検討する際は、節約可能額だけではなく、エンジニアリングの労力と本番サービスへのリスクとのバランスを考慮することが重要です。もし変更の調査や実装にかかる時間が、節約可能額を上回る場合は、これらの推奨事項を無視することが最善かもしれません。理想としては、価値の低い推奨事項および／またはリスクの高い推奨事項はフィルタリングして除外することです。

FinOps Foundationのメンバーの中には、クラウド支出をエンジニアの工数に換算して評価しているチームもいます。彼らは、節約可能額がどれくらいの工数に相当するかで検討します。もし工数をたったの3時間使うだけで、1,000時間の工数を節約できるのであれば、彼らはその作業をするでしょう。一方で、節約できる工数がたったの5時間であれば、それほど魅力的ではありません。

節約をエンジニアリングの工数に換算して考えることで、チームが生み出した節約を、彼らのチームに追加できる新しいエンジニアのように捉えることができます。工数を節約すればするほど、追加人員が承認される可能性が高くなります。

変更を行う前に、それらの変更による影響を調査することをお勧めします。チームによっては、変更による影響を理解しないままで変更を行ったり、さらに悪いケースだと、リソースのサイズ変更を強制的に行う自動化の設定をしたりすることがあります。これは、本番サービスで問題を引き起こしてしまう可能性があります。

使用量を削減するための変更に時間を費やす前に、変更を元に戻す可能性を評価する必要があります。今後数週間でワークロードの増加が予想されている場合は、サイズの縮小を行ったとしても、その直後にサイズを拡張しなければいけないため、そのような変更に時間をかけるメリットはないでしょう。また、変更を加えることで得られる効果を検討する場合は、他のプロジェクトについても考慮する必要があります。今後数日でサイズ変更したインスタンスが置き換わるほどの新サービスのリリースを予定している場合、サイズ変更に時間を使うよりも、他の作業に時間を費やした方がビジネスにとってより有益でしょう。

節約可能額は、特に全体のクラウドコストと比較すると少ないように見えるかもしれませんが、その金額は時間とともに積み重なっていくことを覚えておくことが重要です。不要なリソースを削除することで、その後の毎月の請求書からそのリソースに対する課金を防ぐことができます。

15.10 サーバーレスコンピューティング

サーバーレスコンピューティングは、クラウド事業者がサーバーを実行し、マシンリソースの割り当てを動的に管理するモデルです。価格は、事前購入されたキャパシティ単位ではなく、実際に実行される時間に基づいています。

これにより、本章で前述した未使用または低使用率に関する問題の多くが解消されます。サーバーレスでは、実際に使用している分だけを料金として支払います。未使用リソースを放置しておくことは、一般的には簡単ではありません。必要に応じて新しいサーバーインスタンスを起動し、ソフトウェアをデプロイする場合と比較して、サーバーレスアーキテクチャの方が、一般的にリクエストを迅速に処理できるようになります。

サーバーレスへの移行はコストをかけずにできるわけではなく、無駄の問題に対する万能薬でもありません。最近、FinOps Foundation内で、アプリケーションのサーバーレスコストと現在のコンピューティング重視のアーキテクチャのコストを予測、比較する最良の方法についての活発な議論が行われていました。いくつか優れた方法が提案され、最終的には議論を通じてこのプラクティスがまだまだ進化し続けていることがわかりました。

結局のところ、サーバーレスへの移行計画構築の複雑さは実行にあり、コストの節約とはほとんど関係ありません。大きなサーバーインスタンスから多数の並列サーバーレス実行へ移行するという推奨事項は、あまり意味はありません。なぜなら、移行のために必要なエンジニアリングの労力に比べて、それに伴うコストの節約効果は微々たるものだからです。ほとんどの場合、サーバーレスの予測や最適化に悩むことはありません。なぜなら、本当のコストはクラウド請求書ではなく、アプリケーションの再設計にあるためです。簡潔に言えば、サーバーレス自体の料金は安価ですが、サーバーレスへのリファクタリングは安価ではないということです。そのため、既存アプリケーションよりも新規プロジェクトにおいて、サーバーレスはより良い選択肢となることが多いです。

しかし、全く異なる観点から、サーバーレスを評価することができます。それは**総所有コスト（TCO：Total Cost of Ownership）**、つまりソリューションの構築に必要なエンジニアリングチームのコストの観点であったり、市場投入までの時間がサービスの成功と収益性に与える影響の観点などです。サーバーレスでは、多くの責任をクラウド事業者に委任できることを覚えておいてください。DevOpsエンジニアが通常行う作業（サーバー管理、スケーリング、プロビジョニング、パッチ適用など）は、AWS、Google Cloud、Azureの責任となり、差別化できる機能をより早くリリースすることに開発チームが集中できるようになります。

本書の中でも、インフラ自体のコストに焦点が当てられていることが多いです。しかし、ソフトウェア開発における最大のコストは、一般的に人件費です。サーバーレスの議論をする際には、インフラと人的リソースとの両面をよく検討する必要があります。モノリシックアプリケーションからサーバーレスアプリケーションへの移行を検討する際に、人件費（給与など）はインフラによる節約分を帳消しにしてしまう可能性があります。得られる効果と労力の比較に話を戻すと、サーバーレス用にサービスを再設計する際の全体的なコストと、サーバーレス化によるコスト削減の可能性とを比較検討する必要があります。

しかし、最初から新規でサーバーレスサービスを構築する場合、人件費の節約効果は十分に価値のあるものになるかもしれません。サーバーレスは、市場投入までの時間を短縮できること（既製の機能を再構築する手間を省くことで）と、継続的な運用要件を大幅に削減できることの両方を覚えておいてください。これらの利点により、サーバーを維持保守する代わりに、製品開発にリソースを向けることができるようになります。

サーバーレスに関する議論は、FinOpsの目標とする「お金を節約することではなく、お金を生み出すこと」に基づいている必要があります。クラウド請求書を見ると、サーバーレスは実際、あるアプリケーションにとってはより高額になってしまうこともありますし、他のアプリケーションにとっては大幅なコスト節約になる可能性もあります。実際に節約の効果が表れるコストは人件費ですが、サーバーレスから得られる本当のメリットは市場投入時間の短縮にあるかもしれません。そして、競争上の優位性に関して言えば、機会費用は多くの実際のコストを上回ります。

15.11 すべての無駄が無駄とは限らない

過剰に見えるリソースを持つすべての人に対して怒鳴り始めると、最終的にはチームからも反発が起こってしまうでしょう（もちろんFinOpsを行う際には、チーム間のコラボレーション、信頼、合意されたプロセスがあるため、怒鳴る必要はありません）。FinOpsを成功させるには、異なる部門のチーム同士で会話をすることが重要です。リソースを過剰に設定する正当な理由があることを理解することで、ライトサイジングを促す際の言葉遣いやトーンを変えることができます。多くの財務リーダーが、過剰なリソースのリストを持って経営層にアプローチし、広範囲で無駄が蔓延していると主張することで、エンジニアリングリーダーとの間に緊張関係を生み出してきました。

非効率の改善をすることが、常に重要事項であるとは限りません。無駄を解消することと他のすべての課題の優先順位付けは、エンジニアリングのリーダーシップによって設定される必要があります。これらの意思決定を行う人は、クラウド環境とビジネスの優先事項の双方についての確かな情報と理解に基づいて、意思決定を行う必要があります。節約の機会は、競合する優先事項と同一条件で比較できる方法で伝達する必要があります。システム上の無駄が意図的に選択されたものである場合、それらをフィルタリングする仕組み（理想的には、時間を区切ってあとで見直せるようにする）を取り入れ、本当に対処可能な機会をわかりにくくするノイズを発生させないようにすることが重要です。項目をレビュー対象から除外するプロセスにも監視が必要です。

リソースを担当するチームから確認が得られるまでは、過剰なプロビジョニングに妥当な理由がないかどうかは確認できません。重要なのは、誰かが時間を割いてリソースが過剰なサイズである理由を調査し、そのサイズを調整するか、リソースがそのようなサイズになっている理由の背景や意味を提供することです。これが、使用量の削減を各アプリケーションの担当チームに分散させる理由です。FinOpsの中心チームは、ライトサイジングに関する推奨事項やベストプラクティスを提供するのには役立ちますが、最終的なアクションはアプリケーションまたはサービスのオーナーが行う必要があります。

過剰なプロビジョニングをする正当な理由の1つは、ホット／ウォームスタンバイによる災害復旧です。本番トラフィックを迅速に移行し、サービスの目標復旧時間（RTO）を満たせるように、リソースは適切なサイズに設定されます。障害発生時に追加のキャパシティを必要とする場合も、同様のことが当てはまるでしょう。日々の定常運用では、サービスに追加のサイズは必要ありません。しかし、障害発生時には追加のサイズが求められます。

すべて最適化されたチームであっても、驚かされることがあります。最適化の機会は、多くの場合、チームが制御できない外的要因によって現れるからです。価格の低下、パフォーマンスの向上、サービスのリリース、アーキテクチャの変更、あるいはこれらに類似したイベントが起因となって最適化やライトサイジングが必要になってくる可能性があります。しかし、これらのイベントを予測したり、計画を立てたりすることはできません。そのため、外的要因によるスコア付けは、必ずしも公平とは言えないかもしれません。

繰り返しになりますが、FinOpsはチーム間のコラボレーションが重要です。リソースを管理するチームからのインプット情報なしにリソースのサイズ変更を行うと、提供するサービスに問題が発生するだけでなく、将来の最適化に向けた取り組みにも支障をきたす可能性があります。

節約よりもアプリケーションの健全性とパフォーマンスを優先しない限り、エンジニアリングチームはライトサイジングを懐疑的に見る傾向があります。パフォーマンスを重視したライトサイジングの推奨事項が一度信頼され、受け入れられると、エンジニアリングチームの受け入れレベルが上昇し始めることがわかるでしょう。

使用量の最適化ワークフローでは、これらの理由を追跡できるようにする必要があります。このワークフローを定義し、コミュニケーションや調査の記録を残すために、チケット管理システムを活用することができます。チケット管理システムを使用することで、時間経過に伴うアクションを追跡し、未解決タスクとその現在のステータスを把握することが可能になります。

リソースの過剰なサイジングにビジネス上の理由がある場合、それはもはや無駄とは分類されません。リソースを所有するチームからリソースのサイジングの正当な理由を提供された場合に、調査済みのリソースとして印を付けるプロセスを設けることで、追跡からの節約推奨事項を除外するのに役立ちます。

最終的に実行されない節約の機会に関する調査であったとしても、FinOpsチームが製品やアプリケーションチームと協力して作業を進め、アプリケーション環境についてさらに学び、信頼を築くための重要な機会となり得ることを覚えておいてください。

15.12　成熟した使用量の最適化

FinOpsでは、一度に劇的な変化を目指すのではなく、小さな改善を積み重ねていくことが重要で、それは使用量の最適化にも当てはまります。一度にすべての無駄な使用を解決しようとするべきではありません。その代わりに、組織にとって最も節約効果が期待できる使用量の削減方法を特定していくことが大切です。そして初期段階においては、一般的にアイドル状態のリソースがその対象となります。

その作業を進める一方で、問題の大きさや節約の可能性を示すレポートを作成し、組織に対して示すことが重要です。次に、リストの上位10項目を最適化し、エンジニアの取り組みの効果をレビューします。チームの取り組みの結果を示すフィードバックループを持つことで、プロセスに対する信頼が高まり、組織に対して継続的な取り組みが有益であることを示すことができます。

使用量の削減を可能にする戦略の多くは、顧客にサービスを提供するために使用されるリソースおよび／またはソフトウェアの変更を伴うため、小規模から始めることは組織にとってリスクを軽減することになります。一度に行う変更の数を減らすことによって、これらの変更がビジネスに大きな影響を与える可能性を低くすることができます。

まずは未使用のボリュームや未使用のIPアドレスのクリーンアップなどの、最も影響の少ない推奨事項から始めることをお勧めします。非本番環境でライトサイジングの推奨事項をテストし、ニーズに合わせてリソースのサイズを変更することで、使用量を最適化できるクラウドのメリットに組織全体で慣れていくことが重要です。この弾力性はビジネスに大きな利益をもたらしますが、それは組織がこのふるまいを取り入れることができる場合に限ります。ブロックストレージボリュームのライトサイジングの推奨事項を適用するためのアクションは、ダウンタイムを必要とせず、リスクも非常に低いため、ライトサイジングの世界へのもう1つの優れた入り口となります。FinOpsの原則6、「**クラウドの変動費モデルを活用する**」を覚えておいてください。

15.13　高度なワークフロー：自動オプトアウトライトサイジング

使用量の最適化において最も難しいのは、チームに責任感を持たせて、必要なアクションを実行させていくことです。節約を実現するためには、変更を実装するためのワークフローと実践が重要であり、推奨事項単体ではさらなる効率化はできません。

雲の上から（FinOpsコミュニティ）

ここで紹介するのは、あるFortune 500のバイオテクノロジー企業が、どのように高度な最適化ワークフローを実装しているかの実例です。この企業のFinOpsチームは、クラウドベースのコンピューティング（AWSとAzure）への完全移行をリードする責任と、クラウドプラットフォーム、FinOps、オンプレミスのコンピューティングサービス、データセンターに対するグローバルな責任を担っています。

このチームは2週間ごとにミーティングを行って、さまざまな最適化タスクのステータス確認、障害とその修正方法の議論、将来のライトサイジング、RIの購入、RIの変換などの将来の最適化を計画します。これらの予定は、共有カレンダーでスケジュールが組まれ、あとで計画された最適化のためのスケジュール追跡ツールへと読み込まれます。

図15-3では、オーナーが割り当てた最適化タスクが、進行状況に応じた棒グラフで表示されています。

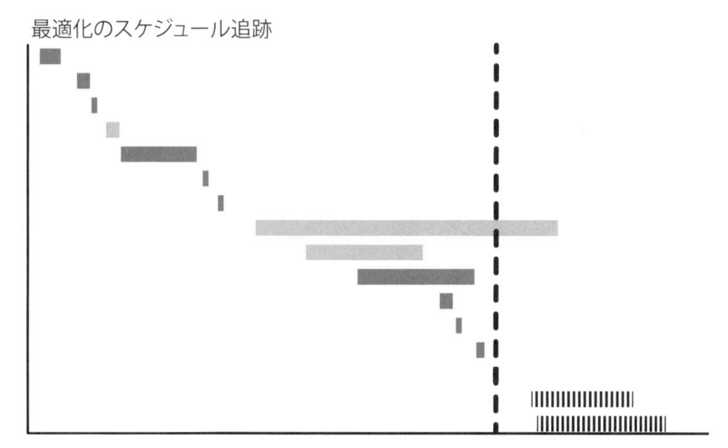

図 15-3　最適化タスクのスケジュール追跡

この企業のライトサイジングプロセスは完全に自動化されています。FinOpsチームは最初に、FinOpsプラットフォームのAPIと連携するライトサイジングスクリプトを起動します。次に、推奨事項がテーブルにクエリされ、すべての非本番インスタンスの変更レビューのために変更リクエストが送信されます。変更が承認されると、アプリケーションオーナーに電子メールが送信され、ライトサイジングによる節約の機会があることが通知されます。

自動化ワークフロー（図15-4を参照）が開発され、組織全体に周知されたことにより、誰もがこのプロセスに自信を持てるようになりました。アプリケーションオーナーがライトサイジングの適用を許諾する意思表示（オプトイン）をした場合、指定された日時に自動的に実行されます。

ライトサイジングの推奨事項が実行されると、その後、ライトサイジングに関連するコスト回避の情報が公開されます。チームがライトサイジングの適用を許諾しない意思表示（オプトアウト）をした場合、そのデータもテーブルにクエリされ、**オプトアウトウォール**と呼ばれるものが作成されます。そして、オプトアウトする理由をより深く理解するために分析が行われます。

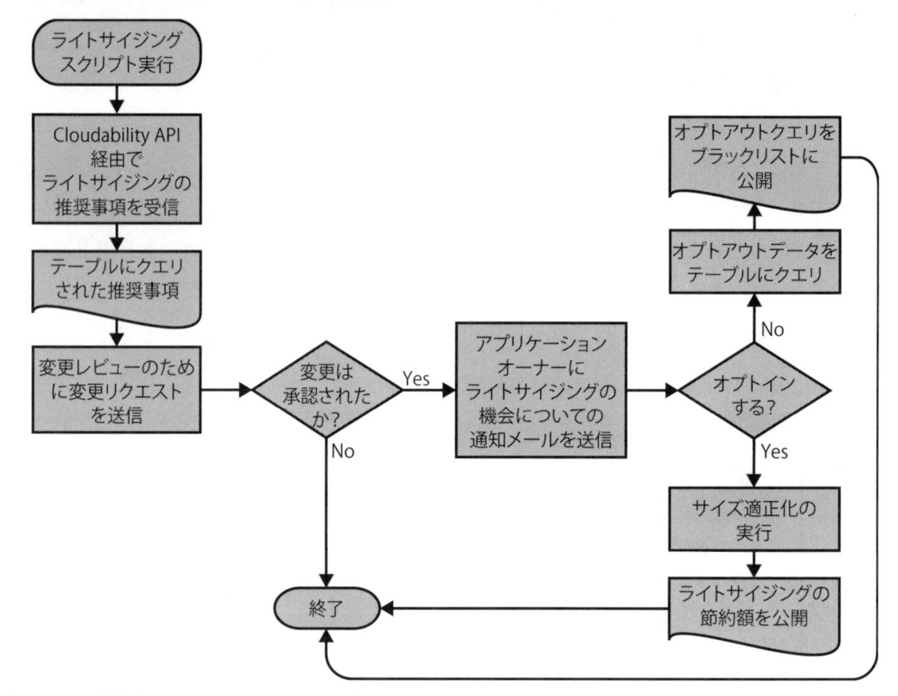

図 15-4 自動化されたライトサイジングワークフロー

図15-5は、ライトサイジングの候補が見つかった際にアプリケーションオーナーに通知されるメールのサンプルを示しており、対象インスタンスの情報、推奨される変更内容、節約効果に関する情報が含まれています。

こんにちは、
あなたのAWSインスタンスは、ライトサイジングの候補として識別されました。
- インスタンスID: i-09876543as
- 名前: dev-test-01
- アカウント: 1234-5678-9901
- 現在のインスタンスタイプ: c5.16xlarge
- 推奨されるインスタンスタイプ: m5.xlarge

この変更をオプトアウトしない場合、FinOpsチームはライトサイジングの推奨事項を2009年9月23日に適用します。
ライトサイジングのプロセスは次のとおりです:
- インスタンスの停止
- インスタンスタイプの変更
- インスタンスの起動

オプトアウトするには、次のリンクにアクセスしてください:
https://finops.internal.example.com/rightsizing/opt-out/instanceID=i-09876543as

以上

図 15-5　自動化されたライトサイジングのメール通知のサンプル

環境への変更の自動化は、高度なFinOpsプロセスであり、成熟したプラクティスを持つ場合に推奨されます。最低でも、推奨事項を追跡し、必要な変更をチームに手動で実装させることを検討するべきです。

チケットを利用してライトサイジングの推奨事項を追跡する方法についてはすでに説明しましたが、これは単にフィードバックの監視だけが目的ではありません。チケット管理システムを利用することで、次のような情報を特定できるようになります。

- 推奨事項に対する調査件数
- 調査のうち、節約に至った件数と何もアクションをしなかった件数
- 推奨事項を提示してから何らかのアクションが取られるまでの平均時間
- 推奨事項の変更を積極的に実行しているチームの数
- ビジネス上の正当性やライトサイジングを行わない技術的な正当性を含む、推奨事項に対するフィードバックの種類

> エンジニアは一般的にJIRAを使って計画を立てているため、ライトサイジングについてもJIRAのチケットとしてチームに割り当てるのが効果的です。そのため、無駄に対する最適化の推奨事項がチケットタイプXとしてチームYに割り当てられた場合、そのチームは実行の計画を立てるか、そのチケットをクローズする必要があります。
>
> ——Jason Fuller, HERE Technologies

チケットを責任感のあるオーナーに割り当てることで、より良い成果が得られることが多いで

す。チームメンバーにチケットを割り当てると、一般的にコストの無駄遣いに対する責任を、メンバーがより感じるようになります。

> 1回限りの自動変更や稼働中のリソースに対するサイズ変更は、一般的には成功するパターンではありません。インフラのコード管理（IaC：Infrastructure as Code）を利用している組織では、問題の修正方法としては出てきた問題に対して逐次対応するといったもぐらたたきゲームのような対応ではなく、実際のコードを変更し、環境へ再適用するのが正しい方法です。なぜなら、コードを更新せずに環境へ再適用してしまうと、非効率な以前の設定に戻ってしまうからです。
>
> ——Jason Rhoades, Intuit

15.14 節約の追跡

料金の最適化とは異なり、使用量の最適化によって得られた割引や節約の詳細は、クラウドの請求書には表示されません。インスタンスサイズの変更が使用量の削減の取り組みによるものだと直接結び付けられるようなプロセスがない場合、それらのすべての効果を追跡することは困難となります。

使用量の最適化は、**コスト回避**としても知られています。なぜなら、請求書上で節約が確認できる唯一の目印としては、課金が発生していないことだからです。請求書を見て、使用量の減少に気づいた場合に、使用量の最適化の取り組みによる節約としてまとめたくなるかもしれません。しかし、特定のリソースのサイズ変更を推奨したからと言って、チームがその推奨事項に基づいて変更を行ったとは限りません。逆に、推奨するライトサイジングの変更をチームが実施しているにも関わらず、リソース使用量が増加している場合もあります。さらに言えば、使用量の削減が他のプロジェクトの新たなリソース使用量によって隠されてしまう可能性もあります。そのため、クラウドリソース全体における個別の節約効果を示すことは非常に困難となります。

> 私たちのFinOpsチームは、特定した節約の機会をすべて「ミニビジネスケース」として文書化しています。これらはチケットが理想的ではありますが、小さなドキュメントであったり、共有スプレッドシートの1行であってもかまいません。ライトサイジングのオプション、取り残されたリソース、VMのモダナイゼーション、ライセンスの変換など、どのような機会であっても、それぞれ文書化します。そして推奨した機会の台帳を作成するために、理想的には実際に実行されたものも含めて、それらを長期にわたって追跡します。FinOpsチームにとって、これは、年間を通じて活動成果の追跡と定量化を行うため、そしてコスト回避の主張を正当化するための重要な作業です。
>
> ——Rob Martin, Director of Learning, FinOps Foundation

一部の推奨事項は、コストへの影響を追跡することが比較的容易です。例えば、AWSのr5インスタンスはr3インスタンスよりも料金が45%安いです。つまり、r3インスタンスを使い続け、r5への移行を行わなければ、毎日お金を無駄にしていることになります。ただし、r5インスタンスへの移行を妨げる重要な技術的な理由が存在する可能性（例えば、実行するAmazon EMR［Elastic MapReduce］のバージョン互換など）もあるため、機会価値に加えて、実装にかかるコストや実装を妨げる技術的な障壁についても把握する必要があります。

また推奨される変更には、他のプロジェクトに取り組んでいる重要なチームリソースを必要としたり、他のシステムのクラウド移行を遅延させるなど、機会損失が発生する可能性もあります。これらの結果によっては、財務上の理由で変更の実施をお勧めできなくなることもあります。

外部のチームからの最適化の推奨事項を受けると、身構えてしまうことがあります。FinOpsチームには、チーム間での会話を始めるための糸口として、これら推奨事項の活用を推奨しています。正当な理由やサービスの使用について、ビジネスケースとして提示するのではなく、質問する必要があります。正式なビジネスケースは、明確で建設的な方向性を提供するように見えますが、過去の行動や選択を正当化するためにチームに大きなプレッシャーをかける可能性があります。機会ではなく、ビジネスケースの前提や内容を攻撃しているように感じられてしまうかもしれません。このような経験が、将来的にFinOpsチームとの連携を敬遠する原因になってしまうことがあります。

チーム（または上位の使用者）と定期的にミーティングを行っているFinOpsチームの場合、ミーティングごとに推奨される最適化についての議論を行うことが効果的です。これにより、あるミーティングで潜在的な機会として提起され、どれが可能か／推奨できるかを調査でき、当月中にFinOpsチームと協力してミニビジネスケースを作成し、活動のスケジュールを立てることができます。そして次回のミーティングでは、進捗状況およびコスト回避に関する報告をすることができます。これにより、節約（または実施されなかった理由）がFinOps台帳やミーティング議事録に記録されます。さらに、FinOpsの中心チームがコミットメントと割引活動を評価する際に活用できる情報を提供することもできます。

使用量の最適化の取り組みを追跡する別の方法は、行われている推奨事項を確認することです。現在のすべての推奨事項を導入した場合の節約可能額の合計を算出し、過去のある時点での節約額と比較することで、組織がより最適化されているのか、そうではないのかを判断することができます。さらに、この節約可能額の合計が、同じリソースタイプに対する合計支出に対して何パーセントに相当するかを計算することにより、節約可能率を求めることができます。

例えば、サーバーインスタンスの推奨事項について、節約可能額の合計が1万ドルあったとします。もし現在、サーバーインスタンスに10万ドルを費やしている場合、10%の節約可能額があると言えます。推奨される節約額と総支出を分割すると（12章で説明したタグとアカウント割り当て戦略を使用して）、チーム間を比較することができるようになります。

最適化による節約可能額を算出する際は、プラスの効果が持続する期間を考慮する必要があります。例えば、孤立したオブジェクトを終了することで1,000ドル／月の節約できた場合、この1,000ドルをいつまでカウントし続けますか？ その月の残りの期間、四半期、それとも年間でしょうか？ 考えられる回答の1つは、「FinOpsの無駄を削減する活動がなかったら、この状況がいつまで続いていただろうか」を検討し、実際に修正された時点からこの期間までの時間の差を考慮することです。これらの期間は、無駄の種類やチームによって異なるため、適用するための絶対的なルールはありません。

節約額の計算方法や長期にわたって追跡する方法については、どのような方法を選択するにしても、一貫性を持って行い、前提条件を文書化し、いつでも説明できるように準備しておくことが重要です。なぜなら、多くのFinOps実践者が報告していることの1つが、遅かれ早かれFinOpsチームを担当する責任者が訪れ、最適化によってどれだけの節約をFinOpsチームが実現できたかを尋ねてくるからです。そして一般的には、即時の回答が求められます。

効果的なFinOps実践者は、節約可能率が最も高いチームに焦点を当てます。そして、推奨事項を理解するための支援、適切な場合にはオプトアウトの方法の説明、リソースのサイズ変更の影響に関する専門知識の提供をそれらのチームに対して行います。

最適化の作業にゲーミフィケーションを用いることは、特に安定稼働フェーズやメンテナンスモードにあるチームにとっては行動を促す有効な手段になる可能性があります。企業の文化にもよりますが、非協力者をリスト化し、最も無駄が多いチームとして注目させることで、推奨事項に対して真剣に取り組むように圧力をかけることができるかもしれません。ただし、無駄遣いに関するネガティブな指標や、特定のチームを名指しで非難するようなことは逆効果になってしまう可能性があります。**(総コストー節約可能コスト)／ 総コスト**の式は、パーセント最適化の指標としてポジティブに表現できます。もし100%の最適化が達成されると、スコアは100になります。そうでなければ、スコアは低くなります。最適化されていない累計コストを長期にわたって追跡することもできますが、最終的には最適化作業と最適化されたアーキテクチャの両方を促進していくことが重要です。

ポジティブな行動を促す効果的な方法の1つは、各組織に時間の経過とともに推奨事項の適用によって達成された節約額の累計を可視化する節約累計グラフを提供することです。節約額は累計効果があるため、ライトサイジングに真剣に取り組むほど、節約額のグラフが急激に上昇し、月ごとの伸びが指数関数のような印象的な軌跡を描くようになります。毎月10件の推奨事項を適用した場合、6か月後にはライトサイジングの推奨事項60件の累積効果が得られます。最初の数か月は直線的な成長曲線のように見えるかもしれませんが、時間の経過とともに節約額が増えていくことで、驚くほど大きくなっていきます。

15.15 本章の結論

使用量の最適化は、一般的に複数のチームが協力して正しい推奨事項、調査、適切なチームによる変更の実施をしていく必要があるため、料金の最適化よりも難易度が高くなることが多いです。しかし、使用量の最適化による節約効果は、かなり大きなものになる可能性があります。

要約：

- 使用量の最適化とは、ワークロードに必要なリソースのみを使い、そのワークロードが実行される必要のあるときにのみ使用することである。
- 無駄を可視化することで、無駄による影響をよりチームが意識するようになり、組織全体としてより無駄のない文化へとつなげることができる。
- 高品質なライトサイジングの推奨事項を使用し、ライトサイジングの取り組みの停滞やエンジニアリングチームからの不要な反発を回避すること。
- エンジニアリングチームに対して最適化の選択肢を提示する際は、すべての事実を踏まえたうえで正しい意思決定ができるように、一方的な指示ではなく議論や質問を交えるようにすること。
- 使用量の最適化に関する形式的なワークフローは、特に自動化と組み合わせることで最良の結果へと導くことができる。
- 使用量の最適化は、クラウドのコストを削減するための最も困難なプロセスであり、段階的に改善するアプローチを使用して慎重に実装する必要がある。
- FinOps活動による効果を示すために最適化の節約を綿密に追跡し、チームと協力して定期的に改善の余地がないかを調査すること。もちろんすべてに対応できるわけではないことも覚えておく必要はある。

使用量の最適化は、コミットした使用量が推奨事項に基づいて移動（または再移動）されることにより、料金の最適化に関する問題を引き起こす可能性があります。料金の最適化を実行するときは、使用量の最適化を考慮して、変更される使用量にコミットしないようにすることが重要です。

本章では使用量の最適化について説明したので、次は料金の最適化に進み、クラウドリソースの料金を低減することでさらなる節約を実現していきましょう。

16章
支払いの低減：料金（レート）の最適化

5章では、**クラウドコスト = 料金 × 使用量**であることを学びました。前章では、必要なサイズのリソースを必要なときにのみ使用するという、方程式の**使用量**の部分を管理する方法について説明しました。本章とそれに続く2つの章では、方程式の残りの半分に焦点を当て、継続的に使用するリソースに対する支払いを低減するための料金（レート）の最適化方法について説明します。

この作業は主に、組織全体のクラウド使用量を最も包括的に把握し、特別割引を購入するための専門的なスキルと知識を持ち、ビジネス全体のクラウド料金を管理する責任を持つ、組織における集中型のFinOps機能によって管理されます。

クラウドに支払う1ドルで得られる価値が、単純な1ドル分ではないことはすでにご存知でしょう。複数の購入オプション、時間単位やボリューム単位でのさまざまな課金、豊富な支払い構造やコミットメントオプション、さらにクラウド事業者ごとの独自性により、顧客は購入に関して膨大な選択肢を持っており、それぞれの選択肢ごとに財務的な影響が異なります。本章では、料金を管理する際に利用できる基本的な料金オプションについて説明します。予約、Savings Plans（SP）、リザーブドインスタンス（RI）、確約利用割引（CUD：Committed Use Discount）、フレキシブルCUDは、多くのサービスの料金を調整するための主要な手段ですが、これらは非常に複雑なため、17章で特に詳しく説明します。そして、18章では、すべての料金最適化ツールを包括的な方法でまとめるために使える戦略について説明します。

16.1 コンピューティング料金

料金の最適化と使用量の最適化のどちらも、一般的にコンピューティングの使用量、つまりクラウド上で実行するAWSのEC2インスタンス、Google Compute Engine、Azure Virtual Machines、マネージドコンテナ、またはサーバーレスの利用に対する課金内容を調べることから始まります。その主な理由は2つあります。1つ目は、ほとんどの顧客にとって、コンピューティングコストは最も大きなコスト分類であり、他よりも圧倒的に大きくなることが多いからです。そして2つ目は、コンピューティング料金は、クラウド事業者から提供されるサービスの中で最も古く、最も成熟した1つであり、コミットメントに基づく料金割引を得るためのオプションが最も多いからです。

クラウドサービス事業者や使用するリソースによって、クラウドリソースにはさまざまな料金設定があります。また、クラウドサービス事業者によって、同じような料金オプションでも異なる用語を使用しています。まずは、表16-1で3大クラウド事業者を比較してみましょう。

表16-1　3大クラウドサービス事業者間の予約オプションの比較

	AWS	Google	Azure
一般価格	オンデマンド	オンデマンド	従量課金制
スポット	スポット	スポット／プリエンプティブル	スポットVM
継続利用割引	N/A	継続利用割引（SUD）*	N/A
予約	RI/SP	CUD ／フレキシブルCUD	Reserved VM instances ／節約プラン
ボリュームディスカウント	ボリュームディスカウント	ボリュームディスカウント	ボリュームディスカウント

*顧客はCUDの予測可能性を好むため、新世代のインスタンスファミリーに対するSUDは段階的に廃止されている

16.1.1 オンデマンド／従量課金制

通常のリソースをリクエストし、（予約のような）事前コミットメントを行わずに実行する場合、定価またはオンデマンド／従量課金制の料金が適用されます。これは通常、リソースの使用にかかる費用として最も高い料金となります。その一方で、ペナルティなしでいつでも利用を停止できるため、最も柔軟性のある料金オプションでもあります。

16.1.2 スポットリソースの活用

ほとんどのクラウドサービス事業者は、クラウドプラットフォームの余剰なキャパシティを利用してリソースを実行する方法を提供しています。スポット料金を利用する場合は、一般的にはリソースに支払ってもよい上限料金を設定します。この上限料金は、オンデマンド料金よりも高く設定することもできますが、通常ははるかに低い料金を設定します。設定した料金の閾値を超えるか、リクエストを満たせる利用可能なスポットキャパシティがなくなるまで、スポット料金でスポットリソースを利用できます。クラウドサービス事業者に回収される際には、リソースの使用を停止するための短い猶予期間が与えられます。スポット料金は、本来であればアイドル状態となるクラウ

ドキャパシティを有効活用することにより、低い料金が実現されています。

この料金オプションは、オンデマンド料金に比べて大幅な節約（最大91％！）を提供し、通常はリソースを実行する最も安い方法となります。ただし、常にリソースを失うリスクがあるため、スポットリソース上で実行するサービスは、リソースの可用性の低下に対応できるようにしておく必要があります。スポットリソースの一般的な用途としては、リソースが失われた場合でも再開や再起動のできるバッチ処理が挙げられます。

16.1.3 コミットメント割引

コミットメント割引は、予約、リザーブドインスタンス、Savings Plans、フレキシブルCUD、確約利用割引などの料金割引オプションに対する一般的な用語です。一般的に、このようなタイプの割引は、コンピューティング、データベース、AI/ML（人工知能／機械学習）などの特定のタイプのクラウドリソースを（場合によっては特定の場所や特定のパラメータで）一定の期間、一定の使用量（または支払い金額）で実行することを、クラウドサービス事業者と長期的に約束する必要があります。その見返りとして、コミットした一定の使用量やコストに対して、クラウドサービス事業者は通常のオンデマンド料金から割引を行います。コミットメント内容がより具体的なほど、コミット期間がより長いほど、前払い額がより多くなるほど、割引率が高くなる傾向があります。先ほど述べたように、17章では、コミットメント割引に関する詳細を深く掘り下げて説明しています。

16.2 ストレージ料金

ストレージ料金を削減するためのAzure Storageの予約容量以外にも、すべての主要なクラウドサービス事業者では、可用性、耐久性、パフォーマンス、キャパシティを異なるレベルで提供するさまざまなストレージサービスを提供しています。一般的にデータのパフォーマンス、耐久性、可用性がより高くなるほど、料金も高くなります。重要なのはデータストレージの料金、可用性、品質の適正なバランスを見つけることです。通常はそれを使用量の最適化と見なしますが、今回の場合はコスト削減のために保存するデータ量を削減するのではなく、ストレージのさまざまな階層に対して支払う料金の違いについて言及しています。

保存したデータのアクセスパターンに基づいて、ストレージ階層を最適化することが重要です。これにより、ストレージボリュームを削減することなく、大幅な節約が可能になります。それぞれの主要なクラウド事業者は、データへのアクセス頻度に応じて選択可能なさまざまなストレージ階層オプションを、頻繁に機能を進化させて提供しています。

顧客に提供する本番データで考えてみましょう。この場合はほぼ確実に、最もパフォーマンスに優れた、可用性の高いストレージサービスに保存する必要があるでしょう。しかし、このデータのバックアップは、おそらく同じ高コストのストレージサービスである必要はありません。バックアップデータは古くなるにつれて、緊急時に必要とされる可能性が低くなっていきます。そのため、古くなったバックアップデータは耐久性はそのままに、パフォーマンスレベルや可用性の低いストレージ階層へ格納することができます。このようにデータを移動することを、**データライフサイクル管理**と呼んでいます。

クラウドサービス事業者のストレージサービスの中には、データのライフサイクル管理を自動的に行えるものもあります。AWSのS3では、ルールに基づいて自動的に、より可用性の低いストレージ階層にデータを移行することができます。例えば、S3では1か月後にデータをより可用性の低いストレージへと移行し、12か月後にはGlacierと呼ばれるデータの取り出しに数時間かかるものの非常に安価な「コールド」ストレージサービスへ移行することができます。

データの分類と適切なサービスへの配置に注力すればするほど、データストレージに対するコストを節約できます。クラウドサービスの組み込み機能を使用して、データライフサイクルを自動化することで管理作業の負担を削減することができます。とても重要なことはもちろん、必要な可用性と耐久性を備えた適切なサービスにデータを格納することです。

雲の上から（松沢 敏志）

ストレージ料金を抑えるため時間経過に伴いデータを自動的にS3 Glacierへ移行するライフサイクルルールを追加したところ、逆に高くなってしまったというFinOpsならぬFinOopsな失敗談を耳にしてきました。

S3 Glacierに移行することで単価自体は半分以下になるのに、なぜこのような結果となってしまったのでしょうか？

S3 Glacierの移行には、大きな2つの落とし穴があります。1つ目は、アーカイブされるオブジェクトごとに、メタデータ用として追加で32KBのストレージが移行時に追加されることです。もともとのオブジェクトが非常に小さいサイズの場合、このメタデータ分の料金増加は無視できないものとなります。

2つ目は、ストレージ階層の移行には、ストレージ階層に応じたリクエスト料金がかかるということです。リクエスト料金自体は非常に安価ではあるものの、オブジェクトを毎日大量に生成している場合は、ライフサイクルルールによるリクエスト料金が無視できないものとなります。

小さいオブジェクトを大量に保有している場合は、そのままライフサイクルルールを適用するのではなく、オブジェクトを結合して1つのオブジェクトのサイズを大きくしたうえでアーカイブすることによって、期待どおりの節約効果を得ることができます。

16.3 ボリューム／階層型ディスカウント

ほとんどのクラウドサービス事業者は、一部のサービスに対して使用量が増えるにつれてコストが削減される組み込みの料金プランを用意しています。使用量が多い場合には、これらの自動的な値下げは大幅な節約につながる可能性があります。一般的にこれらのボリュームディスカウントは、使用量ベースまたは時間ベースのどちらかになります。

ボリュームディスカウントは、リージョンレベルで適用されることがあります。つまり、リージョンをまたいだ使用量の組み合わせでは、割引を受けることができない可能性があります。ボリュームディスカウントを最大限に活用するため、将来的にクラウドリソースをより少数のリージョンへと集約できないか検討してください。

クラウドサービス事業者は、大口のクラウド利用者向けの割引制度であるボリュームディスカウントを設けることで、大企業が自社のプラットフォームを使い続けるメリットを保証しています。クラウドプラットフォーム上で見積コストを正確に算出するためには、適用されるボリュームディスカウントの種類を特定する必要があります。使用量の削減による節約額を算出する際には、どの階層の料金が削減する使用量に適用されるのかを把握しないといけません。正しい階層の料金を使用することにより、コスト（および節約可能額）を正確に算出することができます。

また、ボリュームディスカウントは通常、指定されたボリュームを超えた部分にのみ適用され、指定されたボリュームを下回る使用量については、支払う料金が一般的に変更されないことにも注意してください。

16.3.1 使用量ベース

リソースの実行時間の長さではなく、使用量の合計に基づいて割引が適用される場合、それは**使用量ベースのボリュームディスカウント**と呼ばれます。1時間あたりの使用量を合計し、階層の閾値を超えた部分の使用量に対して料金割引が適用されます。

図16-1は、使用量ベースのボリュームディスカウントの動きを示しています。この図では、料金階層はY軸（使用量）上に表示されています。（設定された時間内に）使用量がティア2の閾値を超えた場合は、その閾値を超えるすべての使用量にティア2の料金が適用されます。使用量に対する割引は、時間ごとにこれと同じ計算を使用して適用されます。

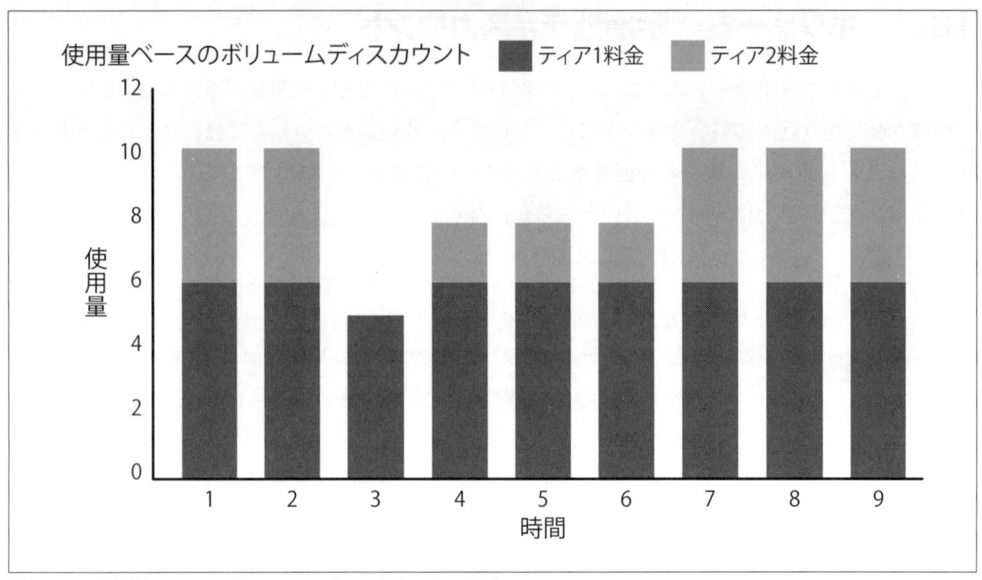

図16-1　使用量ベースのボリュームディスカウントの動き

無料利用枠は、少量のクラウド使用量に適用される特別なタイプのボリュームディスカウントです。クラウドサービス事業者は、顧客がより低コストでサービスを試せるように、多くのサービスでこれらの無料利用枠を提供しています。無料利用枠の中には、短期間のみ利用できるものもあれば、継続的に利用できるものもあります。大規模なクラウド環境を持つ組織では、無料利用枠によって生み出される節約は、微々たるものであることが多いです。

16.3.2　時間ベース

リソースの実行時間が一定期間を超えた際に、より低い料金が適用される場合、それは**時間ベースのボリュームディスカウント**と呼ばれます。Google Cloudの継続利用割引（SUD：Sustained Use Discount）は、このタイプの割引の良い例です。SUDでは、コンピューティングの実行時間が長くなるほど、使用量に対する料金は低くなります。ただし、Google CloudのSUDは、段階的に廃止される予定であるという点には注意が必要です。時間ベースの割引の中には、特定のリソースにのみ適用され、そのリソースが削除されるとすぐに適用が終了するものがある一方で、リソースの使用タイプに一致していれば、複数のリソースに対して長期にわたって適用されるものもあります。時間ベースのボリュームディスカウントは、同時に実行されている他のリソースとは組み合わされないことに注意してください。例えば、同じ1時間に100個のリソースを実行することは、1つのリソースを100時間実行することと、同等ではありません。

図16-2は、時間ベースのボリュームディスカウントがどのように機能するのかを示しています。最初の1時間で、10個のリソースが使用され、10個の独立したボリュームディスカウントの計測が

始まります。最初の5時間はティア1の料金が適用され、その後はティア2の料金が適用されると仮定しましょう。使用量ベースのシナリオとの重要な違いは、X軸（時間）にボリュームディスカウントが適用されるため、最初の1時間に10個のリソースがあっても、すべてティア1の料金がそれらに適用される点です。1時間が経過するごとに、リソース使用量に基づいて10個のタイマーが開始されたり停止されたりします。

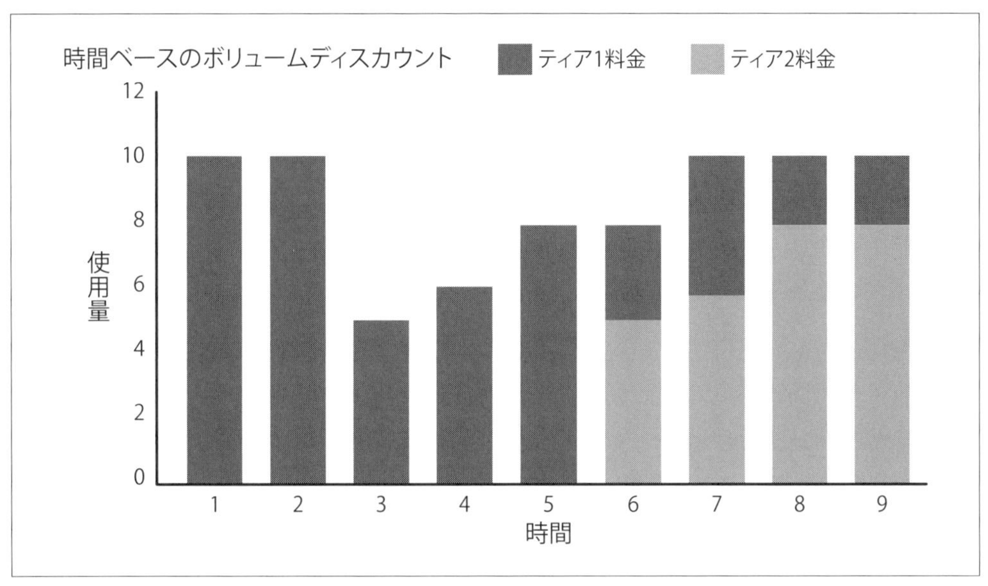

図16-2　時間ベースのボリュームディスカウントの動き

常に実行されているリソース1の場合は、グラフの5時間後からティア2の料金が適用されます。しかし、時間の経過とともに停止と開始を繰り返すリソース6の場合は、ティア2の料金が適用されるまでにグラフ上では8時間かかります。

16.4　交渉料金

場合によっては、クラウドサービス事業者、クラウド再販事業者、マーケットプレイスでソフトウェアライセンスを販売するサードパーティー（16.4.2で説明）と交渉することで、より良い料金設定を得られる可能性があります。

16.4.1　カスタム料金

クラウド事業者が公開しているいくつかの料金ページでは、サービスの使用量が大規模となる場合、料金についてクラウド事業者へ問い合わせを行うようにアドバイスをしています。このようなトップクラスの使用量となる場合、クラウドサービス事業者が、公開されている料金よりも低い料金を提示してくることがあります。ただし、これらの取引の内容については、秘密保持契約（NDA）が結ばれていることが多いため、ここでは詳しく述べることはできません。

公開されているボリュームディスカウントの階層を超えた場合は、早めにクラウド事業者と協議を開始し、クラウド料金全体、特定のリージョン、またはサービスレベルで、より深い割引の機会があるかどうか確認するようにしましょう。

16.4.2 販売者のプライベートオファー

クラウド上でサードパーティーのソフトウェアを使用する場合、ライセンス契約をきちんと行ったうえで、通常はそのサードパーティーに対して直接ライセンス料の支払いを行います。そして支払いが終わったあとで、ソフトウェアを実行するためのクラウドサーバーへライセンスを適用します。これは、ソフトウェアを実行するためのリソースに対する請求はクラウドサービス事業者から、ライセンスに対する請求はソフトウェアベンダーから、別々の請求書が発行されることにつながります。その後、AWS Marketplace、Google Cloud Marketplace、Azure Marketplaceのようなサービスの登場により、サードパーティーベンダーはこれらのチャネルを通じてソフトウェアを提供できるようになりました。この場合は、顧客からクラウド事業者に対してライセンス料とリソース料の支払いを直接行い、クラウド事業者からサードパーティーベンダーへライセンス料の払い戻しが行われます。

マーケットプレイスを利用すると、サービスの実行にかかる総コストを算出する手間を軽減する一方で、ライセンス料については固定の一般料金を支払うことになります。サードパーティーベンダーと直接ライセンス契約を行っていたときは、組織にとってより良い料金を交渉することができました。幸いなことに今では、AWS Marketplaceなどのサービスでは、ベンダーからプライベートオファーを提供することができるようになりました。この仕組みでは、顧客はサードパーティーとライセンス料金を交渉し、一般公開されていないページを介して顧客専用のカスタムマーケットプレイスの内容を作成することができます。マーケットプレイスから直接これらのサービスを使用することで、ライセンス料にカスタム料金を適用しつつ、クラウド事業者への一元的な支払いの利便性を維持することができます。

16.5 BYOLの考慮事項

あるクラウドサービス事業者では、クラウドコストを削減するために、組織内ですでに締結されている既存のライセンス契約をクラウド上へ持ち込むことができるようになっています。これは、BYOL（Bring Your Own License）モデルとして知られています。その一例が、Windows Server向けAzureハイブリッド特典です。ソフトウェアアシュアランスやサブスクリプションライセンス

（Enterprise Agreementサブスクリプション［EAS］など）、サーバーおよびクラウド加入契約（SCE）サブスクリプション、またはOpen ValueサブスクリプションのいずれかのWindows Serverライセンスを組織で保有している場合、Azureプラットフォームにサーバーをデプロイするときにこれらのライセンスを再利用することができます。

特にデータセンターからクラウドへの移行時には、既存のライセンスが再利用できるかを見極めることで、不要なライセンスコストを回避し、組織に大きな節約をもたらすことができます。

一方で、所有／永続ライセンスや非クラウド用に購入したライセンス権を、クラウド上で利用するための手続きは非常に複雑であり、ルールや要件が変更されることも多いです。もし組織で大量のライセンス取得済みソフトウェアを使用していたり、クラウド上で使用する予定の他のソフトウェアベンダーと多数の契約を結んでいる場合は、BYOLの影響を考慮し、これらの権利を最も効果的かつ適切に活用する方法について調達やソフトウェア資産管理の観点からアドバイスを得られるように、専門家を巻き込むことを強くお勧めします。

16.6　本章の結論

クラウドサービス事業者は、サービスのパフォーマンス、可用性、耐久性を変えることで、同じようなサービスを異なる料金で提供することができます。効果的なFinOpsチームはこの機能を一元管理し、エンジニアがワークロードの特性に最適なサービスを利用することに集中できるようにします。使用量の最適化と料金（レート）の最適化を併用することで、大幅な節約が実現できます。

要約：

- 料金の最適化とは、同じリソースに対してより低い料金を支払うことである。
- コンピューティング料金は、スポットの活用、長期的な使用契約、ボリュームディスカウントの達成、割引交渉、またはすでに所有しているライセンスの適用によって削減することができる。
- ストレージ料金は、ニーズに合わせてサービスの適切な階層を選択することで、削減することができる。
- 使用量が多い場合は、クラウドサービス事業者と直接、またはサードパーティーのソフトウェアライセンス事業者と、より良い料金を交渉することができる。

同じクラウドリソースに対して、料金を削減する複数の方法があることを認識することが重要です。次は、最も一般的で、最も複雑な料金低減の仕組みである、リザーブドインスタンス、Savings Plans、確約利用割引（CUD：Committed Use Discount）、フレキシブル確約利用割引（フレキシブルCUD）について説明します。

17章 コミットメント割引の理解

コミットメント割引は、FinOpsが提唱するコラボレーションとデータに基づく意思決定の良い見本です。これらは、技術チームと財務チームの間のギャップを埋めるため、難しい調整を必要とすることもあります。しかし、うまく調整できれば、コミットメント割引はクラウドのユニットエコノミクス改善という形で、大幅なコスト効率化のメリットをもたらし、同じコンピューティング能力を大幅に割引された状態で利用できるようになります。

本章は、クラウド事業者が常にサービス内容へ新しいアップデートを加えているため、本書が出版される前にすでに情報が古くなる可能性が最も高い章の1つです。そのため、本章の詳細については、利用するクラウドサービス事業者の最新情報と照らし合わせることをお勧めします。しかし、心配することはありません。長年にわたってサービス内容に多くの変更が行われてきましたが、予約に関する基本的なベストプラクティスについては変わっていません。

17.1 コミットメント割引の概要

リザーブドインスタンス（RI）、Savings Plans（SP）、確約利用割引（CUD：Committed Use Discount）、フレキシブル確約利用割引（フレキシブルCUD）は、総称してコミットメント割引と呼ばれ、クラウドサービス事業者が提供する最もポピュラーで、最も重要なコスト最適化手法です。これは、コミットメント割引がクラウドで実現できる最大の割引率を提供しており、請求書に含まれるクラウド支出の大部分に対して適用されるためです。

本章では、主にコンピューティングサービスに対するコミットメント割引に焦点を当てて説明します。データベースやAI/MLを含む、他のクラウドサービスにも割引サービスはあります。しかし、コンピューティングコストは多くの組織にとって、クラウド支出の中で最も大きな割合を占めている項目となります。もちろん他の割引サービスについ

ても、ここで紹介するいくつかの概念を適用できる可能性はありますが、必ずクラウドサービス事業者が提供するドキュメントを確認するようにしてください。

各クラウドサービス事業者は、独自のルールを持ったさまざまなコミットメント割引を提供しています。そして各組織は、それぞれの組織特有の導入モデルやビジネスプロセスに合わせて、さまざまなコミットメント割引を活用することができます。

コミットメント割引は素晴らしい仕組みです。事前に特定のリソースを一定期間使用すると約束することで、大幅な割引を受けることができます。このアイデアはシンプルに見えます。しかし、これから説明するように、実際には学ぶべき細かい違いがたくさんあります。

数年前、AWS、Cloudability、AdobeがRIの能力についてウェビナーを行った際、Adobeは図17-1を見せ、RIを購入しただけでEC2の支出を60%削減したことを示しました。

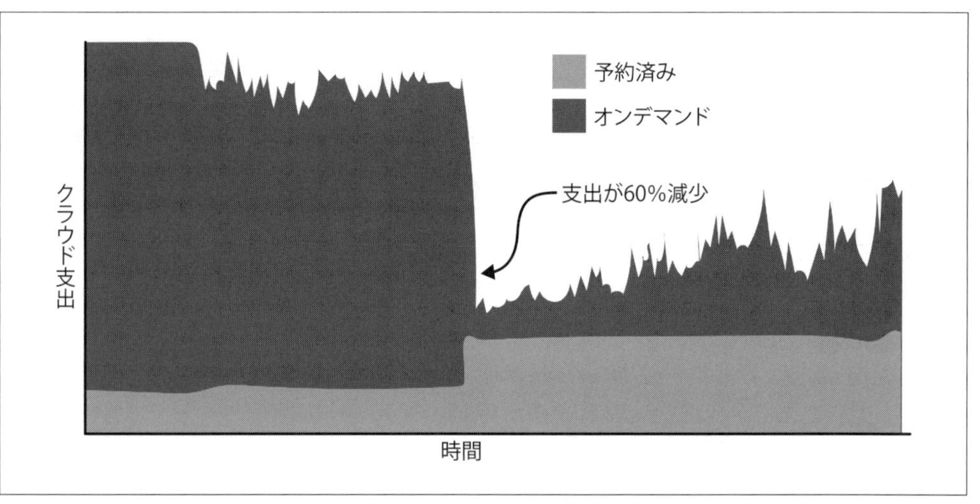

図17-1 予約がクラウド支出に与える影響

Adobeは、資金の約10%をオンデマンド料金の支払いから割引された予約料金の支払いに移行することで、全体的な**予約カバレッジ率**を高め、コンピューティングリソースの総コストを60%削減するという劇的な成果を上げることができました。Adobeのような成功事例を見れば、予約／コミットメントを利用するという判断は当然のように思えるかもしれません。しかし、多くの組織にとって、RIを利用していない状態から良好なカバレッジへと至るまでには、多くの組織的な教育と調整を必要とします。

雲の上から（J.R.）

イギリスのFTSE 100企業（ロンドン証券取引所の上場企業のうち、時価総額上位100社で構成される株式指数）の小売業者と仕事をしたことがあります。その企業はAWSに対して数百万ポンドのクラウド利用料を毎月払っていましたが、RIは一切利用していませんでした。彼らも、たとえ少額のRI購入であったとしても、多くのお金を節約できることは理解していました。実際、彼らのインフラを詳細に分析してみると、今後3年間で数百万ポンドの節約が可能であることが判明しました。彼らは小売業者であり、利益率が厳しいため、RIの購入は経営陣から命じられた重要なコスト削減目標の達成に役立つ可能性がありました。

しかし、これほどのメリットがあるにも関わらず、彼らが最初のRIを購入するまでには実に9か月もかかりました。何が起こったのでしょうか？トップダウンによる積極的なコスト削減目標が掲げられていたにもかかわらず、なぜこの組織はこのような明らかなコスト削減施策の採用までに時間がかかってしまったのでしょうか？その答えは、RIの購入が何を意味するのかについて、組織内の多くのステークホルダーを教育し、足並みをそろえる必要があったためです。長年にわたるデータセンターでのハードウェア購入の経験から、RIに対する誤解が根付いており、その誤解の払拭にも時間がかかりました。

まず、財務チームにRIの財務会計処理のやり方を理解してもらう必要がありました。RIへの前払いは、前払いが発生することから財務チームには、物理資産のように減価償却をする必要のある資本的支出（CapEx）に見えることがあります。しかし、RIは事業運営費（OpEx）の無形前払いであり、使用期間にわたって償却する必要があります。

次に、技術チームに現在のインフラに対するコミットメントを受け入れてもらう必要がありました。クラウドの強みは、必要なものだけを使用し、ワークロードの形状に合わせてインフラを適応させることができる点です。将来的に、サーバーレスやコンテナ化のような新しいアプローチを取り入れ、新しいクラウドサービス上でインフラを完全にリファクタリングするという見込み（または恐れ）もありました。インフラを変更するリスクを考慮すると、チームは1年や3年という予約期間にわたって現在のスタックをコミットすることを躊躇してしまいます。インフラを改善するという立派な計画に基づいていたこれらのチームによる足の引っ張り合いは、予約購入の遅延を何度も引き起こしました。

このような事例は、残念ながら珍しくありません。組織が初めて予約を導入する場合、すべてのチームを巻き込むには長い時間がかかり、節約の機会損失は最大で数百万ポンドにもなる可能性があります。この小売業者が9か月の期間中に、ビジネスチームに教育を行いながら一部のRIを購入していれば、大幅な節約を実現し、何百万ポンドもの不必要なオンデマンドの支出を回避できたでしょう。

17.2 コミットメント割引の基本

各クラウドサービス事業者が提供するサービスの詳細は異なりますが、いずれの事業者も、一定期間にわたって特定のリソースの使用量をコミットするシンプルな機能を提供しています。コミットメントを行うことで、クラウドサービス事業者に対して継続的に利用することを保証し、その見返りとしてより低い料金で利用できるようになります（料金の最適化）。割引率はとても優れており、場合によっては最大で80%に達することもあります。

すべての3大クラウド事業者において、実際には特定のサーバーインスタンスを予約したり、特定のリソースにコミットしたりするわけではありません。サーバーに名前を付けるというデータセンターの概念は過去のものであることを思い出してください。割引は、クラウドサービス事業者によって請求時に適用されます。実際、予約は課金のための仕組みです。AWSのRIの一部では、割引以外にもキャパシティ予約機能が提供される場合もありますが、そもそもAWSリザーブドインスタンスは当初、割引ではなくキャパシティ予約**のみ**を提供していました。

コミットメント割引は、通常は個々のリソースに対して自動的に適用されます。AWSやAzureのSPでは、最も節約効果が大きいところに割引が自動的に適用されますが、特定のリソースを選んで適用することはできません。Google Cloudでは、割引クレジットと料金の割り当て方法を選択することができます。提供オプションは、**アトリビューションなし**、**比例アトリビューション**、**優先アトリビューション**の3つです。最適な割り当てモデルは、組織内でCUDの購入と管理を集中型で行っているか、分散型で行っているかによって異なります。

クラウドサービス事業者がコミットメント割引を適用するのは、ある程度の緩いルールに基づいており、割引がいつどこへ適用されるのか、その詳細はかなり不透明です。SPの場合、節約効果が最も高くなるように優先順位を付けるだけでなく、事業者は予約を購入したアカウント、サブスクリプション、プロジェクト内のリソースにランダムに割り当てます。そして、割り当てられていない予約が残っている場合は、（適用を制限する設定をしていなければ）別のアカウント、サブスクリプション、プロジェクト内のリソースに適用されます。このランダムな割引適用には、戦略やチャージバックの面で多くの考慮事項をもたらしますが、これについては18章で詳しく説明します。リソースレベルの課金データを提供するクラウドサービス事業者では、割引がリソースに直接適用されないか、少なくとも期待していたリソースに適用されない可能性があります。

予約／コミットメントについてより理解を深めるために、こんなたとえ話が役に立つかもしれません。あるレストランが、食事券の冊子を購入できるキャンペーンを行っているとします。各食事券を使うと、そのレストランで食事をすることができます。この冊子には、1日に1枚ずつ使える1

か月分の食事券が含まれています。指定のレストランで食事をする際には、食事券を使って食事代を支払うことができます。他の場所で食事をすることにした場合は、その日の食事券は失効し、他の施設での食事代を全額支払うことになります。

例えば、この冊子が750ドルで、30枚の食事券が含まれてるとします。また、1枚の食事券を出すと、通常50ドルの食事を提供してもらえるとします。750ドルを30枚で分割すると、1枚25ドルの食事券ごとに50ドルの食事ができ、1日あたり25ドルの節約になります。毎日このレストランで食事をすれば50%の節約になりますし、半分の日数しかこのレストランで食事をしなければ節約にはなりません。食事券を半分以上使うのであれば、この冊子を買った方がお得になります。

この考え方をRIに適用すると、予約したい期間が決まったら、クラウドサービス事業者から特定のリソースタイプとリージョン（特定の場所にある特定のレストランの食事）に対応した予約（食事券冊子）を購入します。この予約によって、対応するリソースを毎時間（または毎秒や毎ミリ秒）実行できるようになります。予約に対応するリソースを実行しなければ、節約の機会を失うことになります。予約期間中に十分なリソース使用量があれば、割引の恩恵を受け、お金を節約することができます。

ここでの重要なポイントは次のとおりです。

- コミットメント割引は、リソースに適用されているかどうかにかかわらず、支払いが発生する。
- 予約には費用がかかるが、アカウント内のリソースのコストと相殺することができる。
- お金を節約するためにコミットメント割引をすべて使い切る必要はない。

コミットメント割引の具体的な購入オプションや適用できるリソースは、クラウドサービス事業者ごとに異なります。非常に限定的な用途に適用されるものもあれば、幅広い用途に適用されるものもあります。

コミットメント割引全般にわたって、多くのオプションを選択することができます。

- **使用時間**（予約、CUD）または**時間あたりの支出**（SP／フレキシブルCUD）の量
- 任意の場所で稼働するさまざまな**コンピューティング**リソース
- 特定の**コンピューティング**タイプ、または他のリソース一覧から選択
- 異なるタイプの予約に変更する権利の有無
- 特定のリージョンやロケーションでの実行
- 特定の運用モデル（専用や共有）
- 特定のサイズ（またはインスタンスサイズの柔軟性による柔軟なサイズ）
- 特定のオペレーティングシステムやデータベースタイプの実行
- 非常に限定的なアベイラビリティゾーン
- 1年または3年（一部サービスでは5年）

一般的に、コミットメント内容がより限定的であるほど、割引率は高くなります。言い換えると、柔軟性を犠牲にすることで、より大きな節約を実現することができます。長い期間をかけて、クラウドサービス事業者はさまざまなレベルの柔軟性を導入してきました。ここでは一般的なものを取り上げ、各事業者の節（17.4以降）で詳しく説明します。

17.2.1 コンピューティングインスタンスサイズの柔軟性

クラウドサービス事業者は、数百もの異なるサーバーインスタンスのタイプやサイズを提供しています。通常、これらはファミリーと呼ばれるグループに分類されており、仮想マシン（VM）やインスタンスの名前から、どのグループに属しているか判断することができます。

以下は、さまざまな事業者のインスタンスタイプの例です。

- AWSのm5.xlargeインスタンス：「第5」世代の「m」ファミリーの「xlarge」サイズのインスタンス
- Azureのstandard_D2_v5インスタンス：「第5」世代の「D」シリーズの「2」サイズのVM
- Google Cloudのn2-standard-128インスタンス：「N2」ファミリーの「128CPU」を持つ「Standard」サイズのインスタンス

コミットメント割引の多くは、特定のリソースタイプの使用パラメータに合わせて購入されます。つまり、同じインスタンスファミリーを幅広く使用する場合であっても、使用するさまざまなサイズのインスタンスをすべてカバーするには、数百もの個別のコミットメントを行う必要があります。このプロセスを簡素化するために、クラウドサービス事業者は、一部の予約で**インスタンスサイズの柔軟性**（ISF：Instance Size Flexibility）を提供しています。

特定のファミリー内では、さまざまなサーバーインスタンスのサイズ（異なるvCPUとメモリの量）から選択することができ、サイズが大きくなるほどコストも比例して高くなります。例えば、AWSでは同じタイプの場合、2つのlargeインスタンスは1つのxlargeインスタンスと同じ料金（例えば、2つのm5.largeインスタンスのコストは、1つのm5.xlargeインスタンスと同じ）です。そのため、購入済みの2つのlargeサイズ向けRIの割引を、1つのxlargeサーバーインスタンスに適用することも、その逆も可能となります。

ただし、ソフトウェアライセンス料の部分において1点注意が必要です。ソフトウェアライセンス料が関係する場合、2つのmediumインスタンスは、1つのlargeインスタンスと同じではありません。2つのmediumインスタンスには、1つのlargeインスタンスに必要なライセンスの2倍のライセンスが必要になります。そのため、AWSではライセンス付きソフトウェアが導入されたサーバーからのISFを除外しています。一方、Azureでは予約のソフトウェアライセンス料は切り離して請求されます（コンピューティング時間のみに割引が適用されます）。Azureハイブリッド特典と予約を組み合わせると、ソフトウェアライセンス料もゼロになることに留意してください。

Google Cloudでは、同一マシンファミリー内のすべてのインスタンスのvCPUとメモリの合計に対して課金が行われる料金体系上、自然にISFが実現されています。CUDは、個々のインスタンスではなく、合計値に対して適用されます。

ISFは、コンピューティングサービスやデータベースサービスにおいて特定のファミリーを使用しつつ、ワークロードのニーズの変化に応じて起動するインスタンスのサイズを柔軟に変更したいエンジニアリングチームにとって、非常に有用な機能です。ISFは、これらのチームにより高い柔軟性を与えるとともに、異なるサイズのインスタンスへ予約の適用対象を移すための操作も自動的に行われるため、FinOpsチームの作業負荷も劇的に軽減することができます。

17.2.2 変換とキャンセル

コミットメント割引プログラムの中には、コミットメント内容を変換したり、別のタイプと交換したりすることができるものもあります。AWSのコンバーティブルRIは、交換できないスタンダードRIよりも割引率は低くなりますが、別のファミリーやサイズ（ISFが適用されない場合）の予約との交換オプションが用意されています。予約を変換できることにより、リソースの使用状況に合わなくなった予約を抱えてしまうリスクを低減することができます。リソースが更新されて既存の予約が適用できなくなった場合は、適用できる予約と交換することができます。なお、予約の交換や変換は、通常、最初に購入したリージョンに限定されます。

また、RIを別のタイプに変換するには、FinOpsチームによる分析と作業が必要なことにも留意が必要です。そのため、選択肢を検討する際には、このコストを全体の計算に含めることも考慮してください。

ここで注意すべきは、執筆時点でのAWSのSPは、RIと同じ割引率で提供されていますが、最初から変換機能が組み込まれているという点です。例えば、Compute SPは、複数のリージョンや任意のファミリーのコンピューティングインスタンスをカバーしており、変更するための分析や変換の作業は必要ありません。また、特定のリージョンで特定のファミリータイプを対象とするコンバーティブルRIと同じ割引率が適用されています。SPについては、AWSの節で詳しく説明します。

Azureでは、コンバーティブルRIは提供されていませんが、毎年一定額の予約をキャンセルして交換することができます。これには手数料が発生する場合があり、さらに通常は予約の期間を交換時点から新たに始め直す必要もあります。AzureのSPは、予約の代わりとして利用可能になり、AWSのSPと似た機能を提供するようになりました。AzureのRIよりも高い柔軟性を提供しています。

Google Cloudでは、コミットメントの分割や統合をする機能が提供されています。分割により、プロジェクトや組織全体でリソースを再分配することができます。コミットメントの統合により、割引の有効期限も1つにまとめられるため、割引の管理を容易にすることができます。また、Google Cloudでは、AWSやAzureのSPと同様の柔軟性をもたらすフレキシブルCUDも提供するようになりました。

一般的に、変換を行う際は、もともとのコミットメントと同等か、それ以上の価値や期間にする必要があります。つまり、クラウドサービス事業者の使用量を減らしたとしても、全体的なコミットメントの価値や期間が下がるような予約の変換はできません。

AWS利用者には、残りの期間が十分にある特定のタイプのRIを、リザーブドインスタンスマーケットプレイスで販売するという追加の選択肢があります。通常、これは変換できないスタンダードRIで、期間が半分以上残っている場合にのみ実行できます。

17.3 3大クラウドが提供する利用コミットメントの概要

表17-1は、3大クラウド事業者が提供するサービスを比較したものです。

表17-1 3大クラウドサービス事業者間の予約サービスの比較

	AWS	Google	Azure
プログラム名	リザーブドインスタンス／Savings Plans	確約利用割引／フレキシブルCUD	予約／節約プラン
支払いモデル	全額前払い、一部前払い、前払いなし（割引率は異なる）	前払いなし	全額前払い、月払い（同じ料金）
期間	1年、3年	1年、3年	1年、3年、5年
インスタンスサイズの柔軟性	ある	N/A	ある
変換や交換	できる（スタンダードRIは変換不可）	できる（分割と統合）	できる
キャンセル	できない（ただし、一部はマーケットプレイス経由で販売可能）	できない	できる（年間一定額まで）
継続利用割引	ない	ある*	ない

*顧客はCUDの予測可能性を好むため、新世代のインスタンスファミリーに対する継続利用割引（SUD）は段階的に廃止されている。

3大クラウドサービス事業者のサービスは、期間の長さやサイズの柔軟性などにおいて非常に似ていることがわかります。割引サービスの違いは、主に予約の具体的な適用方法と、割引適用後のクラウドリソースの課金方法の違いに起因しています。

17.4 Amazon Web Services

AWSは2009年に初めてRIを提供しました。長い歴史を持つため、AWSの予約プログラムは最も複雑なものとなっています。しかし、これはAWSが最も柔軟で、最も設定できる項目が多いことも意味しています。予約は、EC2インスタンス、RDSデータベース、Redshiftノード、ElastiCacheノード、OpenSearchノード、DynamoDBリザーブドキャパシティなどに利用できます。

DynamoDBリザーブドキャパシティは、他の予約とは異なります。DynamoDBでは、このサービスに対する一定量の読み込みと書き込みを予約します。残りの予約タイプは、それぞれ機能は微妙に異なるものの、すべてに共通しているのは、1年または3年の期間で購入をすることです。予約の支払いは、前払いなし、一部前払い、全額前払いのいずれかを選択でき、前払いが増えるごとに割引率が数パーセントずつ上がります。RIを購入する際は、AWSが**リース**と呼ぶ方法で、同じ設定値を持つ1つ以上のRIをまとめて購入します。

一部前払いや前払いなしのRIモデルと、全額前払いのRIモデルで対象となるリソースに対して支払う合計金額の差は、前払い分の融資に対するAWSへの利息と考えることができます。（リソースごとのRIによって異なる）この利息を計算することによって、利息と内部資本コストとを比較することができ、現金を前払いに投資するほうがよいのか、割引率を低く抑えて前払いを減らす（または全くしない）ほうがよいのかを判断できます。

RIは、紛らわしい名前が付けられています。なぜなら、実際には特定のインスタンスを予約しているわけではないからです。また、特定のリソースに予約が適用される保証もありません。RIは、どの関連リソースに対して適用されるかを事前に予測ができないクーポンを購入するようなものだということを覚えておいてください。

RIは、リソースのコストに対して適用される割引率として考えられていることが多いです。しかし、RIは購入時点でのオンデマンド料金よりも一定額安い固定料金を持っているという考え方も正しいと言えます。どちらも同じように聞こえるかもしれませんが、AWSがオンデマンド料金を値下げしたとしても、既存のRIの料金は1年または3年の期間中は変わらないということを理解しておくことが重要です。

値下げは、どのRI構成を購入するかという決定に影響を与える可能性があります。これについては、本章の後半で説明します。過去のAWSによる値下げを分析したところ、AWSでは通常、3年間のRI料金を下回るほどのオンデマンド料金の値下げはしていないことがわかっています。

17.4.1 RIは何を提供するのか？

AWSの予約には、2つの要素があります。1つは料金低減のメリットで、もう1つは特定のアベイラビリティゾーンで購入したリソースタイプに対するキャパシティ予約の機能です。RI購入の大部分は、料金低減を目的として行われています。しかし、一部の企業ではキャパシティ予約も必要としており、特定の場所で特定のタイプのリソースを確保し、稼働させたいときに使用できるようにRIを購入しています。

ここ数年、AWSによるインフラの拡張に伴い、キャパシティ予約はRI購入においてそれほど重要な要素ではなくなってきました。しかし、大規模で弾力性のあるインフラを運用している一部の企業では、依然として容量の最適化も行っています。最近では、AWSとAzureがオンデマンドキャパシティ予約（ODCR：On-Demand Capacity Reservations）を提供するようになり、RIとは別にキャパシティ予約をできるようになりました。Google Cloudでは、Compute Engineゾーンリソースと呼ばれる同様の概念があり、特定のVMタイプの容量の取得に対して非常に高いレベルで保証する機能を提供しています。AWSのRIとオンデマンドキャパシティ予約を組み合わせて使用する場合は、RIがキャパシティ予約を割引できるように、RIをリージョン用として設定することが重要です。

17.4.2 AWSのコミットメントモデル

AWSが提供するさまざまな形式のコミットメント割引について、もう少し詳しく見ていきましょう。

AWSのコミットメントがどのように機能するかについて、より詳細に説明をしていきます。
同じ概念やモデルの多くが他のクラウド事業者にも適用でき、中でもAmazonが最も成熟度が高く、複雑であるからです。

17.4.3 AWSのリザーブドインスタンス

特定のリージョン内の特定のリソースタイプに対して、AWSのRIを購入します。AWSは、請求書を作成する際に、これらの条件に基づいて、購入されたRI**クーポン**を該当するリソースに割り当てます。

主要なパラメータは次のとおりです。

リージョン

リソースはどこに配置されているのか？（US-West-2やEU-West-1など）

スコープ

予約はゾーン用か、それともリージョン用か？ゾーン用の場合、特定のアベイラビリティゾーン（US-West-2Aなど）での使用量に対して適用される。リージョン用の場合、RIはリージョン内の任意のアベイラビリティゾーン（US-West-2AやUS-West-2Bなど）に適用される。なお、キャパシティ予約が適用されるのはゾーン用のRIのみだが、リージョン用の予約でもオンデマンドキャパシティ予約を購入できることに留意しておくこと。

アベイラビリティゾーン

ゾーン用のRIの場合、具体的にどのアベイラビリティゾーンに適用する必要があるのか？（US-West-2Aなど）

インスタンス特性

タイプ

インスタンスファミリー（m5、c4、t3など）とサイズで構成される。インスタンスサイズはファミリーごとに異なるが、一般的にはlarge、xlarge、2xlargeなどの値がある。

テナント属性

リソースが共有されているか、専用であるかを決定する。

オペレーティングシステム

インスタンスに含まれるオペレーティングシステムとソフトウェアライセンスを指定する（Red Hat Enterprise Linux、Microsoft Windowsなど）。

RIのパラメータが実際の使用量と正確に一致しない場合、RIによる割引は適用されません。そのため、正しいパラメータで予約を購入しているか確認することが非常に重要です。

AWSは、関連リソースに対して適用されるクーポンのように、ランダムに選択されたリソースに対して事前に予測ができない方法で割引を適用します。また、ISFは最小から最大のインスタンスまで適用できますが、現在のところ、条件が一致するリソースではなく、特定のリソースに割引を適用することを保証する方法はありません。

17.4.4 メンバーアカウントのアフィニティ

顧客がRIの適用方法に影響を与えることができる方法の1つは、メンバーアカウントのアフィニティを利用することです。AWS Organizationsは、**一括請求（コンソリデーティッドビリング）**と呼ばれる機能を提供しており、各アカウントを組織のメンバーとして登録し、コストを1つの管理アカウント（以前は支払いアカウントと呼ばれていました）に統合することができます。1つのAWS組織内に存在できる管理アカウントは1つのみで、各アカウントは1つのAWS組織にしか所属できません。しかし、もちろんビジネス上のさまざまな理由で、管理アカウントを複数持つ場合もあります。

RIの購入は、管理アカウントまたは任意のメンバーアカウントで実施できます。RIは、同じAWS組織内のアカウント側で割引を共有することができます。ただし、RIは所属するローカルアカウントに対するアフィニティを持っているため、特定のアカウントで購入したRIは、まずはそのアカウント内のリソースに対して適用されます。これは、この後で説明するSPでも同じように機能しますが、この項ではRIを使用してアカウントアフィニティの仕組みを説明していきます。

ローカルアカウントにRIの対象となる使用量がない場合、同じAWS組織に所属する他のAWSアカウント内の対象となる使用量に割引が適用されます。

RIの共有は、AWSアカウントごとに無効にすることもできますが、デフォルトでは有効になっています。RIの共有が無効に設定されている場合、そのアカウント内のRIは、アカウント外には割引を適用しません。つまり、アカウント内のどの使用量もRIの対象とならない場合は、どこにも割引は適用されません。FinOpsでは、これを**未使用率**または予約の無駄と呼んでいます。共有しないことが予算の関係で重要となる場合、共有を無効にすることでRIを効果的にメンバーアカウントへ固定することができます。共有を無効にする際は、未使用時に割引が他へ共有されないことによって、結果として無駄となることを覚えておいてください。これは合理的ではないように見えますし、通常であれば共有を無効にする必要はありません。しかし、予算が特定の目的にのみに使うことを承認されている場合、例えば政府機関のような資金の使用が非常に制限されている場合には、無駄になるとわかっていても共有を無効にする必要があるかもしれません。また、RIの共有が無効になっているアカウントに対しては、同じAWS組織内の他のアカウントのRIの適用も行われません。

RIの共有の仕組みは、多くの人々が誤解をしています。正しく理解するために、図17-2の例を見てください。

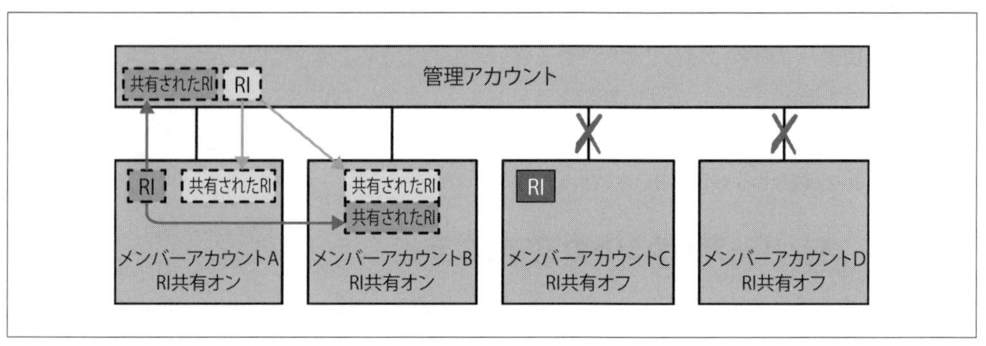

図17-2 RI共有と割引の仕組み

図17-2は、管理アカウントと複数のリンク済みメンバーアカウントを持つ、典型的なアカウント構造が示されています。この図では、管理アカウント内、メンバーアカウントA内、メンバーアカウントC内で購入された3つのRIが確認できます。アカウントアフィニティにより、アカウント内のRIは、まずローカルアカウントに対して割引を適用しようとします。同じアカウント内にRIの対象となる使用量がない場合は、RIの共有を通じて他のメンバーアカウント内の使用量に対してRIの割引を適用することがあります。

図17-2に示されている例では、次のようなことが起こる可能性があります。

- 管理アカウントのRIは、アカウントAまたはアカウントBに適用することができる。これは両アカウントでRIの共有が有効になっているためである。
- アカウントAは、アカウント内で購入したRIと管理アカウント内のRIの両方の恩恵を受けることができるが、アカウント内のRIが優先される。
- アカウントBは、アカウントAと管理アカウントの両方のRIの恩恵を受けることができる。
- アカウントCではRIの共有が無効になっているため、そのアカウント内のRIはアカウントC外には割引を適用せず、RIの対象となる使用量がない場合は使われずに残る。
- アカウントDは、RIの共有が無効になっており、アカウント内でRIの購入もないため、RIの割引を受けることはない。

この一覧をもう一度読み返してみてください。それだけの価値がこの一覧にはあります。長年の経験から、多くの人々がRIの仕組みの一部を誤解していることが多く、その結果、RIの割引が期待するところに適用されないことがあります。RIが適用されるところと適用されないところを制御する方法を知ることで、どこで予約を購入するかについて最適な戦略を選択できるようになります。

17.4.5 スタンダードRI対コンバーティブルRI

AWSからRIを購入する際に、1つのリース契約で複数のRIを一括で購入することができます。**スタンダードリザーブドインスタンス（SRI）**では、最初の購入時にパラメータを指定することができます。

SRIでは、アベイラビリティゾーンやスコープ（リージョン用やゾーン用）などの一部のパラメータを変更することができます。Linux/UNIXのRIでは、同じRIリースの一部を分割したり結合したりすることができます（例えば、2つのmediumサイズは、1つのlargeサイズになります）。ただし、期間の長さ、オペレーティングシステム、インスタンスファミリー（m5、c5）、テナント属性（共有または専用）など、他の多くのパラメータは変更することはできません。スタンダードRIを購入した場合、RIの期間（1年または3年）は、これらのパラメータに合致するリソースの実行を約束したことになります。

EC2インスタンスでは、より柔軟なオプションである**コンバーティブルリザーブドインスタンス（CRI）**が利用できます。割引率は低くなりますが、代わりに契約期間中に異なるRI予約と交換することができます。ただし、交換にはまだいくつかの制限があります。

いずれにせよ、AWSへの全体的なコミットメント金額を減らすことはできません。例えば、交換によってコミットメント金額が低くなる場合は、高価なRI予約をより安価なRI予約に交換することはできません。その場合は、より多くのRIまたはより高価なパラメータを含む変更内容とするための調整費用が必要となります。RIの交換によってコミットメント金額がより高くなる際は、AWSは前払い金額の差額を請求します。

CRI予約を分割して、1つのRIリース内のすべてのRIではなく、一部のRIのみを変換できるプロセスがあります。同様に、複数のCRI予約を結合するプロセスもあり、それらをすべて1つの新しいCRI予約に変更することができます。ただし、CRIの一部のパラメータは契約期間中に変更することはできません。

- CRIのリースは特定のリージョンに対して購入され、他のリージョンと交換することはできない。
- CRIのリースはEC2インスタンス専用であり、他のサービスに変換することはできない。例えば、データベースをEC2インスタンスからRDSに移行する場合に、CRIをRDSのRIと交換することはできない。

- CRIの契約期間は変更できない。ただし、CRIを結合する際に、期間を1年から3年に延長できる場合がある。

これらの制限を除けば、全体的にCRIの方が組織にとってのリスクはかなり低くなります。契約期間中にEC2の合計使用量を減らす可能性がない限り、契約期間中にEC2の使用パラメータを変更し、パラメータに合致する予約にCRIを交換することができます。ただし、どの変換を行うかを決めるための分析と、変換を手動で行うための労力には、引き続きFinOpsチームの時間と労力が必要となる点には留意してください。

EC2のRIには、**キャパシティ予約**と呼ばれる機能も含まれています。ゾーン用（つまり、特定のアベイラビリティゾーンのリソースに適用される）として設定されたRIは、契約上、サーバーの容量が保証されます。この容量は、RIと同じAWSアカウントでのみ利用でき、選択したアベイラビリティゾーン内の特定のリソース設定にのみ適用されます。アカウント内に未使用のRIがある状態で、予約に合致するEC2インスタンスのリクエストをAWSにする場合、容量の確実な利用を保証することができます。RI割引と同様に、キャパシティ予約を特定のインスタンスに割り当てることはできません。そのため、アカウント内で最初に合致するインスタンスにて、このキャパシティ予約が利用されます。

リージョン用として設定されたEC2のRIは、そのリージョン内の任意のアベイラビリティゾーンのリソースへ割引を適用しますが、キャパシティ予約は提供しません。しかし、リージョン用RIは、関連AWSサービスであるオンデマンドキャパシティ予約（ODCR）と組み合わせることができます。ODCRのインスタンス予約は、稼働中のEC2インスタンスと同様にオンデマンド料金が適用されます。しかし、所有するRIでカバーすることもできるため、キャパシティ予約のあるリージョン全体のRIの割引を実現することができます。

17.4.6 インスタンスサイズの柔軟性

EC2 RIは、特定のインスタンスサイズ（small、medium、large、xlargeなど）に合わせて購入されます。RIは、そのサイズに一致するリソースに割引を適用します。ただし、リージョン用Linux/UNIX RIの場合は、前述した**インスタンスの柔軟性（ISF）**と呼ばれる機能を利用することができます。現在所有している、もしくは購入を計画している予約が、Linux、リージョン用、共有テナントの属性を持つ場合、自動的にISF RIとなります。

ISFにより、RIは同じファミリー（m5、c5、r4など）内の異なるサイズのインスタンスに割引を適用することができます。1つの大きなRIは、複数の小さなインスタンスに割引を適用でき、1つの小さなRIは大きなインスタンスに部分的な割引を適用することができます。ISFにより、RIによる割引を失うことなくインスタンスのサイズを変更できる柔軟性が得られます。RIの正確なサイズを指定する必要はなく、さまざまなサイズのインスタンスをすべてカバーできるため、RIの購入を小さなパラメータのバリエーションにまとめることができます。

図17-3は、ISFの適用方法に関する考え方を示しています。各列は、特定の時間に実行されたインスタンスを表しています。r5およびc5インスタンスでは、large（L）サイズが最小のインスタンスサイズです。この例で、100％のRI使用率を目指す場合、29個のlargeサイズのRIを購入する必要があります。これは、ファミリー内で最小サイズのLEGOブロックを購入し、それらを組み合わせて、より大きなインスタンスサイズをカバーすると考えてください。これは、全体的な使用量に合わせて購入するRIのサイズが、1つだけになることを意味します。インスタンスサイズが変動する場合でも、正規化された使用量が同じか、全体的に増加する場合は、RIはすべて使用され続けます。

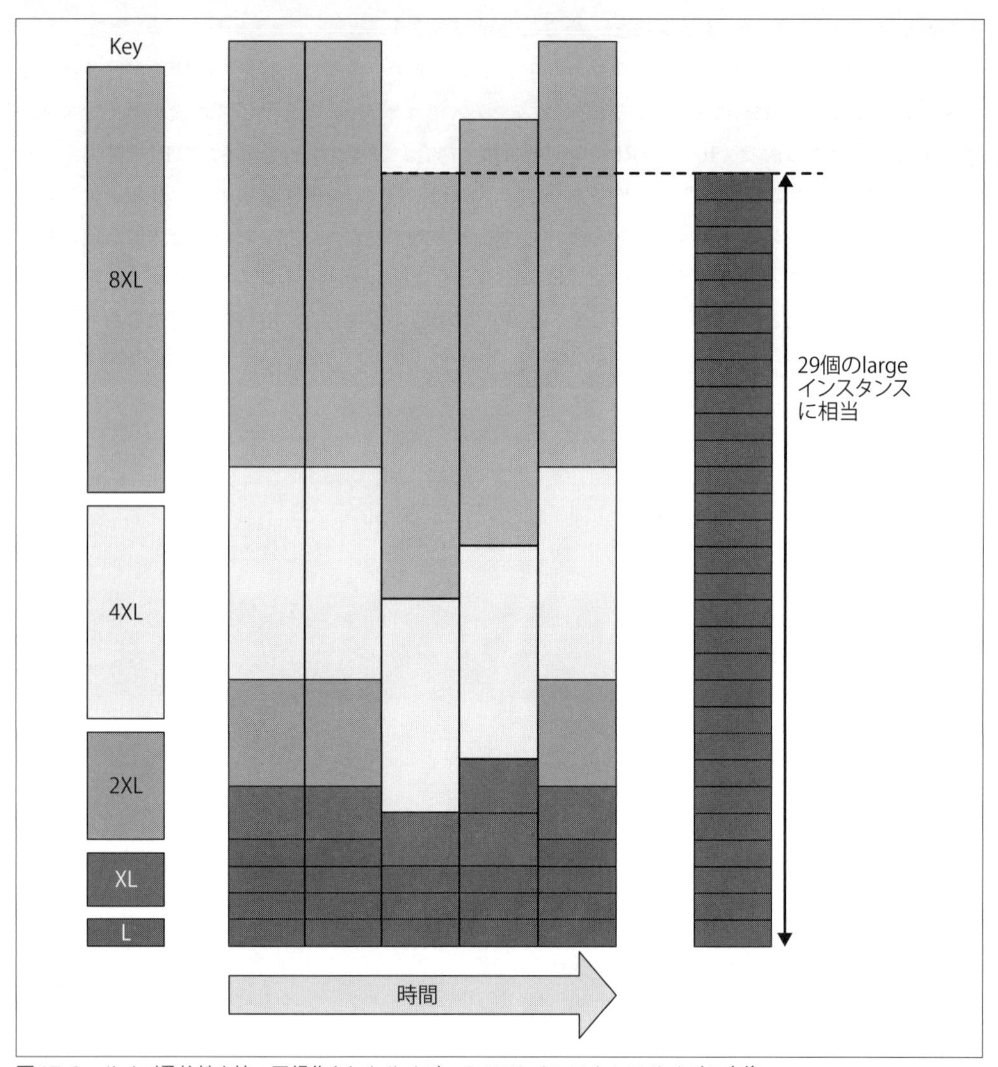

図17-3　サイズ柔軟性を持つ正規化されたサイズへのAWSインスタンスサイズの変換

AWSは、ISFを持つ特定のRIがどのように適用されるかを決定するために正規化係数を使用します。これを使用することで、特定のサイズのインスタンスがいくつの正規化された単位（正規化ユニット）を持つかを計算することができます。RIは、同じ正規化係数を使用して、時間あたりに適用できる割引の正規化ユニット数を決定します。

表17-2の正規化係数は、ファミリー内のインスタンスサイズ間の変換方法を示しています。例えば、2xlargeサイズ（16ユニット）のRIを所有している場合、代わりに2つのxlargeサイズ（各8ユニット）または4つのlargeサイズ（各4ユニット）のインスタンスに適用できます。また、2xlarge

サイズ（16ユニット）のRIを使用して、1つのxlargeサイズ（8ユニット）と2つのlargeサイズ（各4ユニット）のインスタンスに適用することもできます。

表17-2 AWS予約における正規化係数

インスタンスサイズ	正規化係数	インスタンスサイズ	正規化係数
nano	0.25	6xlarge	48
micro	0.5	8xlarge	64
small	1	9xlarge	72
medium	2	10xlarge	80
large	4	12xlarge	96
xlarge	8	16xlarge	128
2xlarge	16	18xlarge	144
3xlarge	24	24xlarge	192
4xlarge	32	32xlarge	256

ISF RIの課金は、所有するRIに対して実行するインスタンスのサイズによって異なります。図17-4では、4つのsmallサイズの予約があるため、4つのsmallサイズのインスタンスをカバーできます。ISFを持つsmallサイズのインスタンスがない場合、予約は2つのmediumサイズのインスタンスに適用されます。mediumサイズのインスタンスもない場合は、1つのlargeサイズ、xlargeサイズの半分、または2xlargeサイズの4分の1をカバーすることができます。より大きなインスタンスは、より小さなサイズのRIでカバーでき、そのインスタンスサイズでカバーされていないユニットの残りの部分については、按分されたオンデマンド料金が発生します。

一部のインスタンスファミリーでは、一部のサイズのインスタンスが提供されていないことがあります。そのため、ISF RIを購入する場合は、ファミリー内で最小サイズのインスタンスを探すようにしてください。

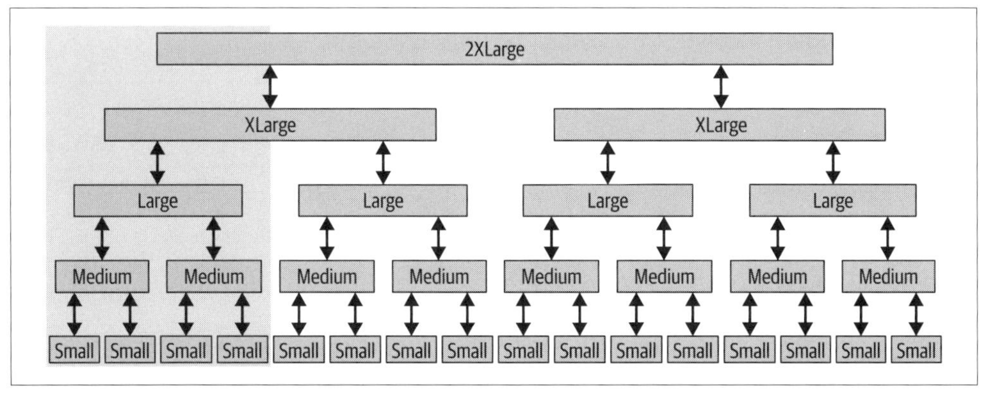

図17-4 ISFを持つ予約の適用

17.4.7 AWSのSavings Plans

2019年後半、Amazon Web ServicesはSavings Plans（SP）を発表しました。これは当初、EC2インスタンス、Lambda、およびAmazon独自のコンテナサービスのマネージド型サービスであるFargateに対する割引を提供していました。最初のリリース以降、AWSは機械学習サービスであるSageMakerに適用できるSPサービスを追加しました。機械学習SPの追加により、AWSの顧客からデータベースやストレージなど他のサービスをカバーするSPをリリースしてほしいという需要が高まっています。この顧客の需要に基づいて、追加のサービスが本書のリリース後に発表されることを私たちは期待しています[*1]。ここで学んだRIに関する内容の多くは、SPにも適用されます。AWSは、**全額前払い**、**一部前払い**、**前払いなし**、および1年と3年の期間の支払いオプションを引き続き提供しています。

ただし、SPとRIの最大の違いは、RIのコミットメントがリソース単位（特定のサイズのEC2インスタンスの数）であるのに対し、SPのコミットメントが金銭的（顧客が割引されたコンピューティングまたはその他の対象サービスに支出することをコミットする金額）であるという点です。

SPでは、3つのPlanタイプが提供されています。

Compute Savings Plans

EC2、Lambda、Fargateのコンピューティング全般に適用され、CRIと同等の節約を提供します。このPlanタイプでは、CRIよりも広範囲、任意のリージョンのコンピューティングリソースが対象となるため、Planの高い使用率を維持する労力を減らすことができます。これらは一般的に、CRIと同じ割引率が適用されます。

EC2 Instance Savings Plans

単一リージョンの単一ファミリーのEC2使用量に対して、サイズやその他の設定に関係なく適用できます。このPlanタイプは、Compute SPよりも制限は厳しいですが、より高い割引を提供します。また、SRIよりも制限が少なく、SRIと同じ割引を提供します。

Machine Learning Savings Plans

SageMaker用のMachine Learning SPは、SPのコスト／時間モデルに準じています。AWS顧客がSageMakerに費やす支出額をコミットすることにより、その見返りとしてSageMakerの次のようなコンポーネントのコストを削減できます。

- Studioおよびオンデマンドノートブック
- 処理
- Data Wrangler

---

*1　訳注：2024年12時点、追加のサービスはまだ発表されていません。

- トレーニング
- リアルタイム推論
- バッチ変換

このSPは、AWSリージョンおよびインスタンスファミリーに関係なく、SageMakerの使用量へ自動的に適用されます。

ただし、RIとSPには大きな違いがいくつかあります。

- EC2インスタンスに割引を提供するどちらのSPタイプも、RIと比較して適用できるコンピューティングの柔軟性が高いため、テナント属性、オペレーティングシステム、インスタンスファミリー、インスタンスサイズを考慮する必要がなくなる。最も重要なことは、Compute SPはすべてのリージョンに適用されるため、カバー可能な使用量が大幅に改善されることである。
- RIでは、アカウント内のインスタンスに対応する予約を購入する。一方、SPは、コミットされた時間単位の支出額として購入される。コミットする支出額は、割引後の金額である。例えば、オンデマンド料金が100ドル／時間のEC2を実行していて、SPが50%の割引を提供している場合、50ドル／時間のSPを購入する必要がある。
- RIとは異なり、SPはAWS FargateやLambdaの使用量にも割引を適用する。これは、複数のサービス全体の使用量に割引を提供する最初のAWSサービスである。これらの他サービスは異なる割引率で割引されるため、次の章で詳しく説明しているように、SPから得られる全体的なメリットに影響を与える可能性がある。
- Amazon SageMaker向けの同等のRIサービスはない。

AWSは、最も大きな割引を提供するリソースにSPカバレッジを適用します。これは、すべてのタイプのコンピューティングやインスタンスが同じ割引率で割引されるわけではないため、素晴らしいことだと言えます。また、カバレッジが増えるにつれて、受け取る割引率の増加幅が小さくなることも意味しています。

17.4.8 Savings Bundle

2021年初頭、AWSはCloudFront Security Savings Bundleと呼ばれる新たな概念を導入しました。これは、AWSのコンテンツ配信サービスであるCloudFrontの使用量を対象とした新しいタイプのコミットメント割引で、サービスへの時間あたりの支出レベルをコミットすることで、CloudFrontサービスの30%割引と、AWSのWebアプリケーションファイアウォールサービスであるWAFの使用に対するクレジットを得ることができます。割引されたあとの支出レベルにコミットするため、Savings BundleはSPと非常によく似ています。しかし、無料のWAF使用量がバンドルされているため、この割引に対して新しいマーケティング名が付けられているとおり別のタイプの特典となっています。

今後、よく一緒に使用されることの多い他のサービスに対して、同様にSavings Bundleが提供される可能性はあります。繰り返しになりますが、これらのAWSのコミットメント割引はすべて請求の仕組みでしかなく、AWSはこれらの使用パターンを認識し、効果的な予測と長期的な使用をコミットできる顧客へ、割引によるメリットを与えることができるようになっています。これは、予測を上手に行い、エンジニアリングチームを将来の計画策定に参加させる大きな理由となります。そうすることで、FinOpsチームが過剰購入することなく、可能な限り最高の料金最適化を実現できるようになります。

17.5 Microsoft Azure

Azureでは、予約とSPの両方が提供されています。

17.5.1 Azureの予約

Azureの予約オプションは、大部分がAWSが提供するコミットメント割引モデルと同じですが、いくつかの追加の柔軟性、変換やキャンセルのオプションが提供されています。

2022年後半の時点において、Azureの予約は、27種類のさまざまなサービスやリソースに対して利用可能であり、非常に幅広い範囲をカバーしています。対象サービスには、VM、Blobやディスク、ファイルストレージなどのストレージ、SQLやCosmos DBなどのデータベース、Azure Synapse Data Explorerなどの分析サービス、Azure App Service、Azure VMware Solution、Red HatやSUSE Linuxなどが含まれています。この一覧は継続的に更新されているため、最新の一覧についてはAzureの予約に関するドキュメントを参照してください。

Azure Databricksのような一部のサービスでは、容量予約が他の予約とは少し異なる方法で提供されています。Azure Databricksでは、一定量のDatabricksユニット（DBU）を予約し、そのDBUを期間全体を通じて消費していきます。厳密な時間単位のコミットメントは必要ありません。

Azureの予約は、特定のAzureリージョン（該当する場合）、SKUやサイズ、そして期間（1年、3年、5年）の使用量をカバーするために購入されます。オペレーティングシステムや可用性ゾーンは、一部のAWSのサービスほどAzure VMの予約では細かく指定されていません。

Azure RIは、ワークロードやアプリケーションの変更に合わせて、任意のリージョンや任意のシリーズへの交換ができます。ただし、2024年1月以降、Azure RIではコンピューティング予約の交換ができなくなったので注意が必要です。コンピューティング予約を交換するオプションが必要な場合は、節約プランから始めてください。コンピューティング以外の予約では、引き続き交換をサポートしています。残りの時間に基づいて日割りで払い戻しが行われ、交換の一部として新しいRIに適用されます。

Azure RIの交換先は、交換元のRIと同等以上の価値を持っていなければいけません。「上乗せ」という概念はありませんが、新しい予約の価値がより大きい場合は、入金額を超える追加投資が必要になります。また、「交換」では単に手数料を支払ってRIの購入全体をキャンセルすることも可能です。

現在、購入した容量が不要になった場合は、調整済みの払い戻しを受けるためにAzureの予約をキャンセルすることができます。ただし、キャンセルには12%の早期解約手数料がかかり、キャンセルの上限は年間5万ドルまでとされていることに注意してください。

2024年1月以降、コンピューティングサービスに関するAzureの予約では、交換と払い戻しが提供されなくなりました。しかし、より柔軟なAzure節約プランの導入によって、この変更の影響を軽減することができます。

Azureでは、容量の優先順位付けはありますが、保証はありません。つまり、リソースの要求を満たすのに十分な容量がない場合、予約を持つ利用者には、予約を持たない利用者よりも優先的に容量が提供されます。ただし、保証はないため、特定のリソースタイプの容量がAzureで不足している場合、リソースの要求が拒否される可能性があります。

Azure RIは、Enterprise Agreementの請求アカウント（加入契約）、Microsoft顧客契約の課金プロファイル、管理グループ、サブスクリプション、リソースグループレベルで割り当てることができるため、組織、部門、アプリケーションレベルでRIの使用を管理することができます。これにより、他のクラウド事業者のサービスと比較して、RIの適用方法と恩恵を受ける対象者をより細かく制御することができます。組織全体でのお金の節約を目的とするのであれば、単純にRIを請求アカウントや課金プロファイルレベルで割り当てればよいです。

特定のビジネスユニットが予約を自分たちで利用するためだけに購入する場合は、RIを管理グループ、サブスクリプション、リソースグループレベルで割り当てることで、そのグループのみが節約のメリットを得ることができます。この機能の欠点は、未使用のRIをサブスクリプション外のマシンには使用できないことです。そのため、RIを購入したアカウントで使用しない場合は、他のメンバーアカウントに自動的に適用されるAWSと比べて、無駄が増える可能性があります。加入契約やサブスクリプションレベルでのRIの指定については、購入後に必要に応じて変更することができます。

Azure VMの予約は、コンピューティングコストのみをカバーしており、ソフトウェアライセンス料金はカバーしていません。オンデマンド（予約なし）の使用では、コンピューティング時間とソフトウェアライセンス料金の両方をカバーするため、予約された使用では、該当する場合に個別のソフトウェアライセンス料金の追加レコードが生成されます。Windows Server、Red Hat Linux、SUSE Linux、SQL Serverのライセンス料金は、Azureハイブリッド特典を利用して、オンプレミスのライセンスを実行中のコア数に基づいてVMやSQLインスタンスに割り当てることで、追加の節約が可能なことも覚えておいてください。

Azure RIは、Aシリーズ、A_v2シリーズ、Gシリーズを除くすべてのVMファミリーで使用できますが、VMファミリーによってはすべてのリージョンでRIが提供されているわけではありません。購入したいRIが、特定のVMで利用可能かどうかについては、Microsoftのドキュメントを確認してください。

Azureの予約は、前払いまたは月払いで購入できます。前払いの支払いオプションは、AWSの**全額前払い**オプションと同様に、期間全体の支払いを開始時に一括で行います。月払いは毎月同じ日に処理され、AWSの**前払いなし**オプションに似ています。ただし、AWSとは異なり、前払いの有無による割引率の差はありません。

17.5.2 インスタンスサイズの柔軟性

Azure ISFは、AWSとほぼ同じように機能します。Azure VMの「サイズグループ」を「インスタンスファミリー」に、「比率」を「正規化された単位」に置き換えるだけです。

同じサイズシリーズグループ内のインスタンスであれば、予約のサイズに関係なく予約を適用できます。小さな予約サイズでも大きなインスタンスに部分的な割引を適用でき、大きな予約は複数の小さなインスタンスに割引を適用することができます。各サイズシリーズグループには、特定のインスタンスサイズごとの比率テーブルがあります。これもAWSの正規化された単位と全く同じように機能します。これらの比率を使用して、VMインスタンスをカバーするために必要なユニット数を判断できます。

これがどのように機能するかを明確にするために、例を見てみましょう。（表17-3を参照）

表17-3 DSv3シリーズインスタンスの比率テーブル

サイズ	比率	サイズ	比率
Standard_D2s_v3	1	Standard_D16s_v3	8
Standard_D4s_v3	2	Standard_D32s_v3	16
Standard_D8s_v3	4	Standard_D64s_v3	32

この特定のサイズシリーズのVMインスタンスの使用状況を一定期間にわたって見ると、その期間に使用されている比率ユニット数を把握することができます。（図17-5を参照）

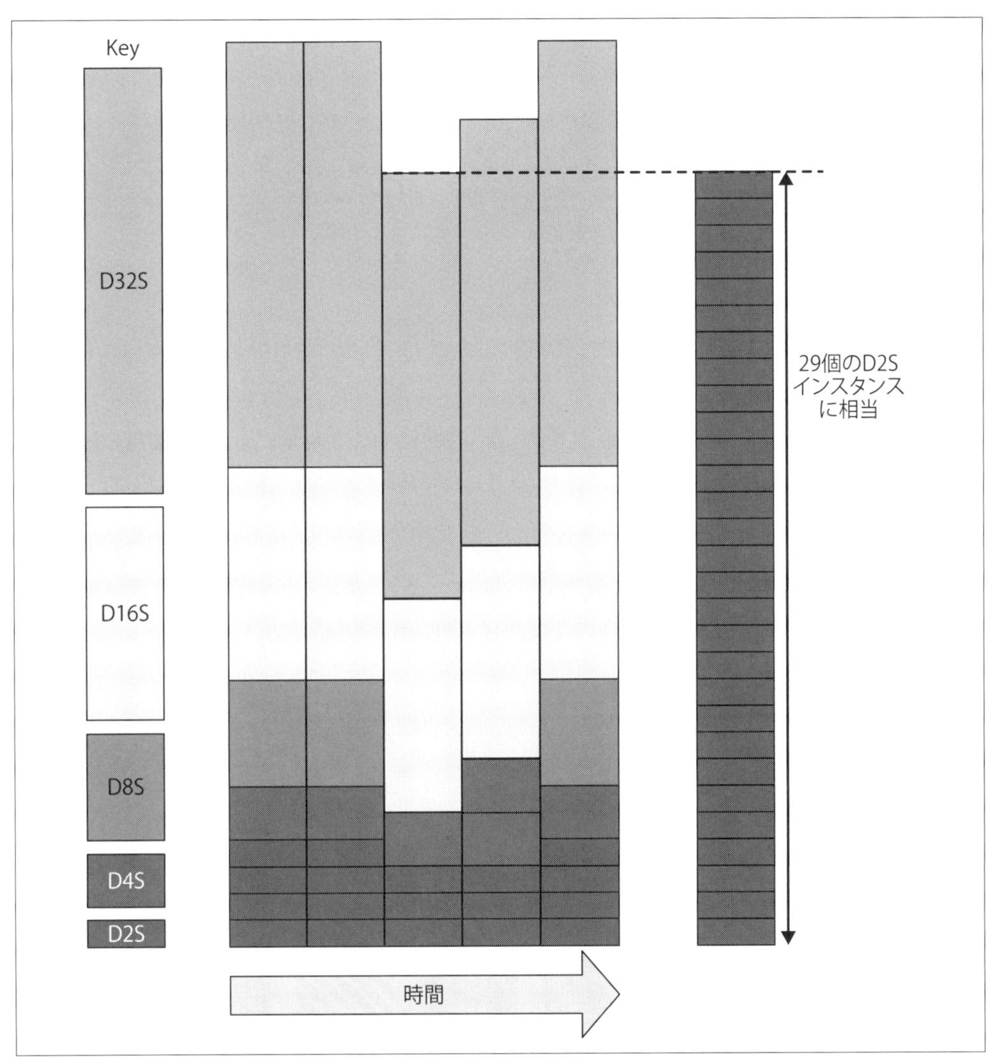

図17-5 Azureインスタンスサイズをサイズの柔軟性を備えた正規化されたサイズに変換

図17-5から、VMインスタンスが常に29の比率ユニットを100%の時間使用していることがわかります。このユニット数に基づいて、必要な予約数を決定することができます。

17.5.3 Azure節約プラン

Azure節約プランは、一定期間の使用時間に対して割引を適用する仕組みです。1年または3年の期間、コンピューティングサービスに対して時間あたりの固定料金の支払いをコミットすることで、お金を節約することができます。Azureは、従量課金制の料金から最大65%の節約を宣伝しています。割引率は、時間単位のコミットメント期間（1年または3年）に応じて異なり、時間あたりのコミットメント金額によって変わることはありません。

Azure節約プランが時間あたりのコストに与える影響は、その時間内の支出額とコミットメント内容によって異なります。Azureドキュメントの節約プランに関するページ（https://azure.microsoft.com/ja-jp/pricing/offers/savings-plan-compute/#How-it-works）から引用した図17-6では、特定の状況でプランがどのように適用されるかを示しています。

1時間目

使用量が節約プランの金額と完全に一致するため、すべての使用量が割引料金となります。

2時間目

使用量がコミットメント金額を下回っているため、割引された使用量に加えて**未使用の節約プラン**分の金額が請求されます。つまり、コミットされた時間あたりの料金を支払うことになります。

3時間目

使用量がコミットメント金額を超えています。コミットメント金額までの使用量には割引が適用され、コミットメント金額を超える使用量は**従量課金制**の料金が適用されます。

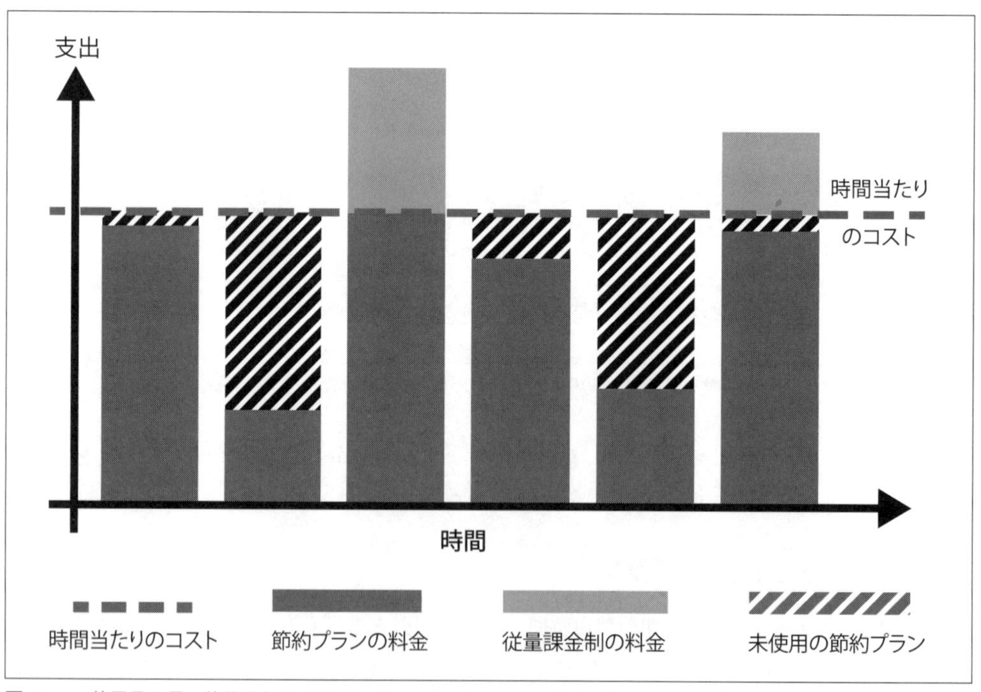

図17-6 使用量不足と使用量超過の時間に対する節約プランの動作（出典：Azureドキュメント）
https://azure.microsoft.com/ja-jp/pricing/offers/savings-plan-compute/#How-it-works

毎時間、コミットメント金額に達するまではコンピューティング使用量が割引されます。それ以降の使用量については、従量課金制の料金が適用されます。

節約プランのコミットメントは、Microsoft顧客契約やMicrosoftパートナー契約の顧客の場合はUSドルで、Enterprise Agreementの顧客の場合は現地通貨で価格設定されています。

1つ以上の有効な予約を、新しい節約プランに交換することができます。予約を節約プランへ交換する際には、予約はキャンセルされ、未使用の予約特典を日割りした残存価値が、同等の節約プランの時間単位のコミットメントに変換されます。節約プランの価値をその残存価値より下げることはできませんが、ニーズに合わせて増やすことは可能です。

節約プランを購入したあとは、該当するリソースに自動的に割引が適用されます。予約と同様に、節約プランは請求額への割引を提供しますが、リソースの実行状態には影響しません。

節約プランは前払いか、月払いで支払うことができます。前払いか月払いかに関わらず、節約プランの費用は同じです。月払いを選択した場合でも、追加の手数料は発生しません。

Azure節約プランは、VM、専用ホスト、Container Instances、Azure FunctionsのPremiumプラン、Azure App Serviceなどのコンピューティングサービスによる使用を対象としています。

17.6 Google Cloud

Google Cloudでは、一定期間の利用コミットメントと引き換えに大幅な割引を提供する料金プランとして確約利用割引（CUD：Committed Use Discount）と、本章の後半で説明するフレキシブル確約利用割引（フレキシブルCUD）の2種類を提供しています。

17.6.1 Googleの確約利用割引

Google Cloudによると、CUDは1年または3年の期間で利用でき、（カスタムを含む）ほとんどのマシンタイプでは最大57%、メモリ最適化マシンでは最大70%の割引が適用されます（https://oreil.ly/G5ZeY）。

CUDは、購入と消費の両面においていくつかの柔軟性の度合いを提供しています。まず、CUDはアカウント内の特定のコンピューティングインスタンスや形状に限定されず、リージョン内の特定のリソースタイプの月を通じた合計使用量に適用されます。CUDは、さまざまなVMの形状、オペレーティングシステム、テナントをわたったリソース全体に適用されます。さらに、フレキシブルCUDと呼ばれる新しいサービスでは、コミットメントを複数のVMファミリーやリージョンに拡張することも可能です。CUDは、リージョン内のすべてのゾーンにまたがったリソース全体にも適用されるため、CUDによる節約を活用しながら柔軟なクロスゾーン展開モデルを実現することが可能です。コミットメントは、特定のリージョンと特定のプロジェクトに対するものです。しかし、アカウントでCUDの共有を有効にすることで、請求先アカウント内のプロジェクト間で共有することも可能です。12章で説明したように、プロジェクトはすべてのGoogle Cloudリソースを論理的なグループに分けて管理します。他の事業者とは異なり、リージョン内でのゾーンの割り当てを考慮する必要はありません。

17.6.2 Googleでの時間ではなくコアへの支払い

当たり前のことかもしれませんが、Google CloudがVMインスタンス時間を課金対象としていないという事実は、他の事業者との大きな違いであり、多くの意味を持っています。GoogleのVM製品は、Google Compute Engine（GCE）と呼ばれ、CPUコア、RAM、ローカルディスクの個別にSKUが設定されています。これは間違いなく、CPUコアとメモリの比率を思いのままに設定した完全なカスタムマシンを作成できるという事実に基づいています。影響の一部を次に示します。

- Googleが請求データ内でリソースレベルの情報を公開する際は、インスタンスにはさまざまなパーツに対応する複数行のデータが各時間ごとに存在することが予想される。これにより、インスタンスレベルのコストへまとめることができるようになる。
- CUDを購入する際は、CPUコアまたはメモリ（ローカルストレージは対象外）に特化したコミットメントを行う。購入は選択した比率（範囲内）で行われるため、基盤となるインスタンスと同じ数がカバーされない可能性が非常に高くなる。例えば、5つのインスタンス分のCPUコアはカバーできるが、メモリは4インスタンス分しかカバーできないといった可能性があり得る。そのため、コアとメモリに対して別々にCUDの計画を行う必要がある。

この明確な分割により、コンテナのリソースとコストの割り当てがよりシンプルになります。なぜなら、基盤となるコンポーネントがすでに分割されているからです。対照的に、基礎となるコストがVMインスタンスの場合（AWSの場合など）、コストを分割するために特別な計算が必要になります。

17.6.3 Googleの請求とCUDの共有

Googleの組織、フォルダ、プロジェクトという概念の中で、CUDの請求と適用がどのように行われているのかを見ていきましょう。図17-7は、これらの階層構造を示しています。

これらにはAWSの管理アカウント構造の概念との類似点があります。請求先アカウントでは、アカウント上でCUDの共有を有効にすると、接続されているすべてのプロジェクトでCUDを共有することができます。これは、CUDがさまざまなマシンタイプへ適用できる柔軟性と、複数のプロジェクトに適用できる柔軟性の両方を持つことを意味しています。

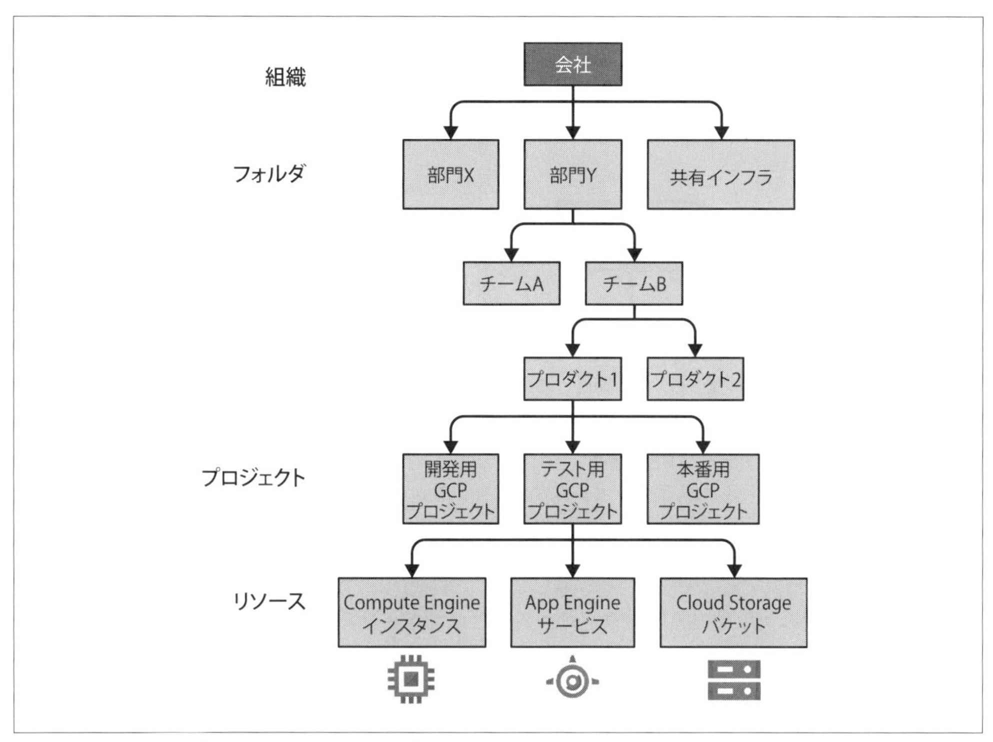

図17-7 Googleのプロジェクトとフォルダの階層

AWSとは異なり、RIが複数のメンバー（リンク済み）アカウントで自動的に共有されるのに対し、CUDは請求先アカウントで共有を有効にした場合にのみ共有されます。これにより、より公正なチャージバックか、もしくは無駄の最小化か、アカウントにとって最も重要なことを選択する柔軟性が提供されます。特定のプロジェクトから資金を割り当ててコミットメントを行いたい場合は、CUDの共有をオフにすることで、AWSがRIを処理する方法よりも公正なチャージバックオプションが提供されます。ただし、CUDの共有をオンにすることで、未使用のコミットメントが複数のプロジェクト間で共有されるようになるため、結果として無駄が減少する可能性があります。

CUDは、組織に最適な共有モデルを選択できるオプションを提供しています。多くのプロジェクトを持つ組織の場合は、共有をオンにすることで、組織全体の規模を活かした経済効果を得ることができます。

17.6.4 Googleの請求先アカウントと所有権

請求先アカウント、組織、プロジェクト間の相互作用は、所有権と支払いリンクという2つのタイプの関係によって管理されています。

図17-8は、プロジェクトの所有権と支払いリンクの関係を示しています。**所有権**は、メイン組織

からのIAM（Identity and Access Management）権限の継承を指しています。**支払いリンク**は、特定のプロジェクトの支払いを行う請求先アカウントを定義しています。図では、組織がプロジェクトA、B、Cの所有権を持ち、請求先アカウントが3つのプロジェクトの費用を担当しています。

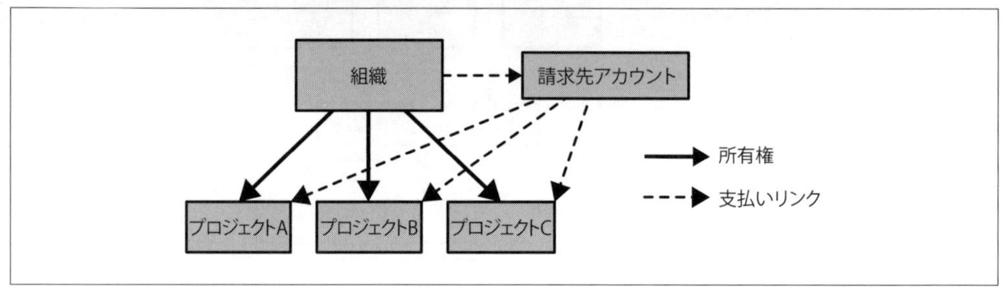

図17-8 Googleの請求先アカウントと所有権

17.6.5 プロジェクトでのCUD適用

CUDは、短期間の使用量の急増をカバーすることはできません。50 vCPU分のCUDを購入した場合、その月の半分の期間で100 vCPUを実行しても、完全な割引を受けることはできません。クーポンのたとえでもう一度考えると、単一の**クーポン**を同時に複数のリソースに適用することはできません。

CUDは特定のインスタンスファミリーに対して購入され、1つのタイプのCUDを他のリソース使用タイプに適用することはできません。N2（汎用）のCUDを購入した場合、M1（メモリ最適化）インスタンスには割引が適用されず、その逆も同様です。

CUDは、1年または3年の期間で購入され、デフォルトでは自動更新はされません。コミットメントの自動更新を希望する場合は、各コミットメントで自動更新設定を手動で有効にする必要があります。CUDは、vCPUとメモリ使用量の合計に適用されます。4 vCPUのコミットメントは、より多くのvCPUを持つインスタンスに対して部分的な割引を適用することができます。例えば、16 vCPUで実行されるインスタンスでは、4 vCPUをCUDの料金とし、残りの12 vCPUを通常の料金とすることができます。

最後に、CUDは最も高価なマシンタイプに、非常に特殊な順番で割り当てられることに注意してください。

1. カスタムマシンタイプ
2. 単一テナントノードグループ
3. 事前定義されたマシンタイプ

これにより、適用時に可能な限り最大の割引が保証されます。

17.6.6 Googleのフレキシブル確約利用割引

本書を作成する最終段階の2022年後半に、Google Cloudはフレキシブル確約利用割引（フレキシブルCUD）という新しいコミットメントサービスをリリースしました。ここでCUDについて学んだことの大部分は、フレキシブルCUDにも当てはまります。

AWS SPと同様に、GCEのフレキシブルCUDは1年または3年の期間、GCEに一定レベルの時間あたりの使用量分の費用をコミットする代わりに、通常料金から大幅な割引を提供する費用ベースのコミットメントです。

フレキシブルCUDは、標準のCUDがすでに提供している柔軟性に、2つの要素を追加します。もちろん標準のCUDと同様に、インスタンスのサイズやゾーンを変更することができます。加えて、フレキシブルCUDでは、ほとんどの汎用やコンピューティング最適化のファミリー間で、インスタンスファミリーを変更することもできます。さらに、VMを実行するリージョンを変更することもできます。

フレキシブルCUDは、予測可能なクラウド支出のニーズを持つ顧客や、クラウド予算をコミットする必要はあるが、特定のリージョンやマシンタイプに制限されたくない顧客に最適です。フレキシブルCUDにより、クラウド投資に対する財務上の意思決定を、ワークロード固有のVMの選択から切り離すことができます。

顧客は、1年または3年の期間において、時間あたりのオンデマンド支出に相当する料金で計測される一定の支出額をコミットします。その代わりに、コミットメントの対象となる使用量に対して割引料金が適用されます。

CUDは、任意の請求先アカウントから購入でき、その請求先アカウントで支払われるプロジェクトの対象となる使用量に割引が適用されます。これらの章で紹介したCUDのテクニックの多くは、フレキシブルCUDを選択する際の評価に役立ちますが、フレキシブルCUDに関する具体的なベストプラクティスはまだ確立されていません。FinOps FoundationのGoogle関連フォーラムでは、実践者同士による最新のベストプラクティスに関する議論を続けていますので、引き続きそちらに注目してください。

17.7 本章の結論

クラウド利用者にとって最も複雑な最適化は、RI、SP、CUD、およびフレキシブルCUDです。予約プログラムを成功させることで大幅な割引を得られる可能性があります。

要約：

- 主要な3つのクラウドサービス事業者はいずれも、一定期間の利用コミットメントと引き換えに大幅な割引を行う料金プランを提供している。それぞれの料金プランには、特徴、仕組み、提供する割引に違いがある。

- 予約から最大限の利益を得るためには、サイズの柔軟性や購入後に適用できる変更など、すべての機能を理解する必要がある。
- RI、SP、CUDの管理を一元化することで、各チームが料金プランの複雑さや料金の心配をせずに、使用量の削減に集中できるようになる。その結果、最良の結果を得ることができる。
- RIはその複雑さから誤解をされやすいため、エンジニアリングチームや財務チームなどの利害関係にあるさまざまなチームへの教育が重要である。
- RI、SP、CUD、フレキシブルCUDなどの割引は、一定期間の利用コミットメントと引き換えに提供されるため、適用したいリソースタイプに対する将来の使用量を明確かつ正確に予測することが不可欠である。これには、エンジニアリングチームとFinOpsチームの良好な協力関係が必要である。

予約の仕組みを理解したところで、組織内で予約を正しく、効果的に導入するための戦略と考慮事項について見ていきましょう。

18章 コミットメントベースの割引戦略の構築

前の2つの章で説明したコミットメント割引の基礎を理解したところで、コミットメント割引に関するとても難しい重要な質問をいくつかしたいと思います。

- どれくらいコミットするべきなのか？
- 何をコミットするべきなのか？
- いつコミットするべきなのか？
- このプロセスには誰が関わるべきなのか？
- コミットメントが十分に活用されているかどうかをどうやって知るのか？
- 再購入をするタイミングをどうやって見極めるのか？
- それらの支払いを誰がするべきなのか？
- コミットメント期間中にコストと節約をどのように配分するのか？

残念ながら、これらに対する明確な答えはありません。特定の時点におけるその企業にとっての適切な答えがあるだけです。なお、これらの答えは、FinOpsの成熟度曲線上のどこに位置しているか、クラウド事業者によるコミットメントモデルの更新、企業の手元資金の変化につれて大きく変わる可能性があります。

18.1 よくある間違い

コミットメントベースの割引プログラムを利用する際に、企業がしてしまう多くのよくある間違いをいくつか見てきました。それは次のようなものです。特に順序に意味はありません。

- コミットメントを長期間遅らせる

- 過度に保守的なコミットメントを行う
- ウォーターラインではなくインスタンスの数に基づいてコミットをする（本章の後半で説明）
- 購入後にコミットメントを管理しない
- 間違ったタイプのコミットメントを購入する

ほとんどの人が、初期における戦略の一部を間違えます。しかし、これ自体は問題ではありません。これが初期の成熟段階だからです。正しくできるようになるまでに試行錯誤が何度か必要な、例えば自転車の乗り方を習ったり、初めてコードを書いたりするのと同じような学習プロセスだと考えてください。

> 失敗はつらいものですが、同時に多くのことを教えてくれます。うまくいく方法の発見には、常にうまくいかない方法の発見がつきものです。
>
> ——Bob Sutton, Professor of Management Science at Stanford University

雲の上から（小原 誠）

私たちはこれまで、日本国内のさまざまな現場で、コミットメント割引にまつわる残念な状況を幾度となく目の当たりにしてきました。これらは、コミットメント割引に対する誤解や考慮不足、またクラウドの利用に即していない既存の購買プロセスによる制限など、さまざまな理由によるものです。

- クラウドの予算が余ったので、とりあえずRIやSPを購入したが、結局使わないままになっている。
- 価格改定計画が発表されたので、値上げ前に駆け込みで、将来必要になるRIやSPを前倒しで購入した。しかし値上げ分を考慮しても使いたいときに購入したほうがオトクだった。
- 分割払いよりも割引率に優れることから全額前払いのRIやSPを購入したが、その後の為替変動を考慮すると、分割払いにしたほうがコスト削減効果は高かった。
- すべてのITシステムをオンプレミスからクラウドに、3年かけて全面移行することとなり、移行計画に合わせてRIやSPを計画的に購入する前提で業者と契約した。しかし社内事情により移行作業が遅延し、RIやSPが無駄になり、移行計画で定めるROIの目標達成が難しくなってきた。
- 数万台のコンピューティングインスタンスを年に一度、IT部門が総出で棚卸しして、1台1台、RIやSPの購入を判断している。そのため適切な時期を逃してしまいコスト削減効果が十分に得られていない。
- RIやSPを購入するとコストの配賦先が誰なのかわかりにくくなってしまうことから（RIやSP

は1台1台のコンピューティングインスタンスに紐付けて購入・管理するものではないため)、毎月数百万円のコスト削減余地があることはわかっていても、RIやSPの購入は社内で禁止されている。

- 請求代行事業者を介してクラウドを割引価格で契約して利用し始めたが、RIやSPを自分で購入しようとしたところ、事業者からは、ユーザー側での購入はできないと言われてしまった。

18.2 コミットメントベースの割引戦略を構築するためのステップ

最初のコミットメント戦略の構築には、6つの重要なステップがあります。

1. 各プログラムの基礎を学ぶ
2. クラウドサービス事業者に対するコミットメントのレベルを理解する
3. 再現可能なコミットメント割引のプロセスを構築する
4. 定期的かつ頻繁に購入する
5. 測定して反復する
6. 前払いのコミットメントコストを適切に割り当てる

この節では、各ステップについて順に説明していきます。

18.2.1 ステップ1：各プログラムの基礎を学ぶ

朗報です！ 17章のおかげで、リザーブドインスタンス（RI）／Savings Plans（SP）や確約利用割引（CUD）／フレキシブルCUDのような、コンピューティングの割引に使用される一般的なサービスの基礎については、ほぼ習得できています。

ただし、説明していない概念がいくつか残っています。1つ目は、コミットメントプログラムの損益分岐点です。この節から学んだことを他に一切思い出せなくても、これだけは絶対に忘れないでください。

お金を節約するために、1年間のコミットメントを12か月間すべての期間で使用する必要はない。

そうです。その期間の支払いにはコミットしていますが、購入に経済的な意味を持たせるために、コミットメント期間のすべての時間にわたって、コミットメントを実際に利用する必要はありません。

3年間のコミットメントは、最も献身的なクラウド利用者でさえも怖いと思わせるものです。これはある意味では、ジャストンタイム、スケーラブル、オンデマンドでの使用といったクラウドの魅力すべてに反することになります。しかし、クラウド事業者に対する1年または3年のコミットメントは、莫大な費用を節約し、クラウド利用の経済的側面を大きく改善することができます。

1年間のコミットは、わずか4～6か月で損益分岐点に達する可能性があります。また、3年間のコミットは、わずか9～12か月で損益分岐点に達する可能性があります。これらの損益分岐点に関するデータを組織内に共有することで、クラウドへのコミットメントに対する不安を和らげることができます。それでは、コミットメント損益分岐点のさまざまな構成要素を分解していきましょう。

18.2.1.1 コミットメント損益分岐点の構成要素

図18-1では、1年間にわたるリソースの累積コストを、オンデマンド料金とコミットメント料金の両方で示しています。この例では、コミットメントに300ドルを超える金額が前払いされているため、コミットメントの線は300ドルを超えたところから開始しています。もし**前払いなし**のコミットメントを使用していた場合は、オンデマンドの線よりも下からの開始となります。また、もし**全額前払い**のコミットメントを使用していた場合は、前払い費用の値でフラットな線として描画されます。

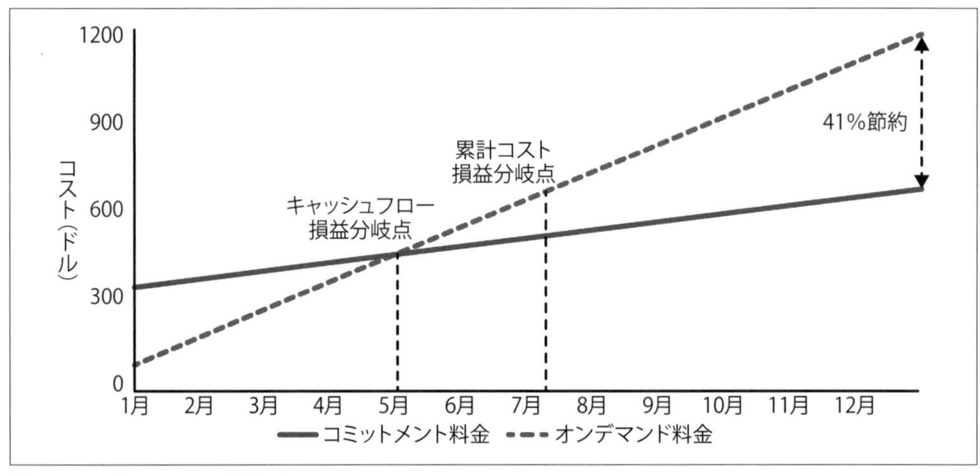

図18-1 コミットメント割引のキャッシュフロー

キャッシュフロー損益分岐点は、コミットメントの費用がオンデマンド料金を使用していた場合と同じ金額になる日付のことです。キャッシュフロー損益分岐点を**クロスオーバーポイント**と呼ぶ人もいますが、これには明確な理由があります。キャッシュフロー損益分岐点に達した時点で、コミットメントによる支出は回収され、実質的な損失はありません。ただし、コミットメントの継続的な（時間単位の）コストは引き続き支払う必要があります。そのため、キャッシュフロー損益分岐点で使用を停止してしまうと、オンデマンド料金と比較して損失が発生してしまう可能性があります。

累計コミットメントコスト損益分岐点は、リソース使用量のオンデマンド費用がコミットメントの累計コストを上回るポイントです。これが本当の損益分岐点であり、ここでコミットメントに一致する利用を停止したとしても、割引プログラムにコミットしなかった場合と比較して損になることはありません。損益分岐点の時点で、オンデマンドで利用した場合とコミットメントを利用した場合で、同じ金額を支払っていたことになります。そして、損益分岐点を過ぎると、コミットメントによる節約効果を実感できるようになります。

オンデマンドの線と累計コスト損益分岐点との差が、コミットメントによって得られた節約（または損失）となります。このグラフでは、12か月間にわたってコミットメントに一致する1つのリソースを実行するか、その期間中にさまざまな対象リソースを実行するかは重要ではありません。

コミットで割引が適用されるすべての使用量を合計することで、コミットメントの累計コストと、オンデマンド料金で同じ使用量に対して支払ったであろう金額を比較することができます。この比較により、いつ損益分岐点に達したのか、どれだけの節約額を実現できたのかを把握することができます。

適切に計画されたコミットメントベースの割引プログラムは、多くの場合、想定よりも早く損益分岐点に達します。戦略に関して言えば、通常、最初に何を購入するかを決めることよりも、コミットメントの購入方法について組織の足並みをそろえることに本当の課題があります。

18.2.1.2 コミットメントのウォーターライン

次のプロセスに進む前に、前章で説明しなかったもう1つの基本的な概念として、コミットメントの**ウォーターライン**があります。ご存知のように、特定のインスタンスに対してコミットメントを購入するわけではなく、またコミットメント割引をどこへ適用するかを指定することもできません。選択したコミットメント割引の条件に一致するリソースが複数ある場合に、どのリソースに適用されるかを事前に予測できない方法でコミットメントは適用されます。

クラウドの弾力性をうまく活用している場合、日／週／月の全体にわたってリソース使用量は異なり、穏やかな時間帯は使用量が少なく、ビジーな時間帯は使用量が多くなります。

図18-2は、時間経過に伴うリソース使用量を示しています。この図では、単位よりも概念の方が重要です。AWSのRIの場合、単位は、購入を検討しているRIのタイプに一致する個々のインスタンスの実行時間かもしれません。SPの場合、単位は、割引が適用されたドル、または時間あたりに費やしている金額かもしれません。しかし、これらはすべて、私たちが検討しているコミットメントに合わせて、置き換え可能なコミットメントの単位です。

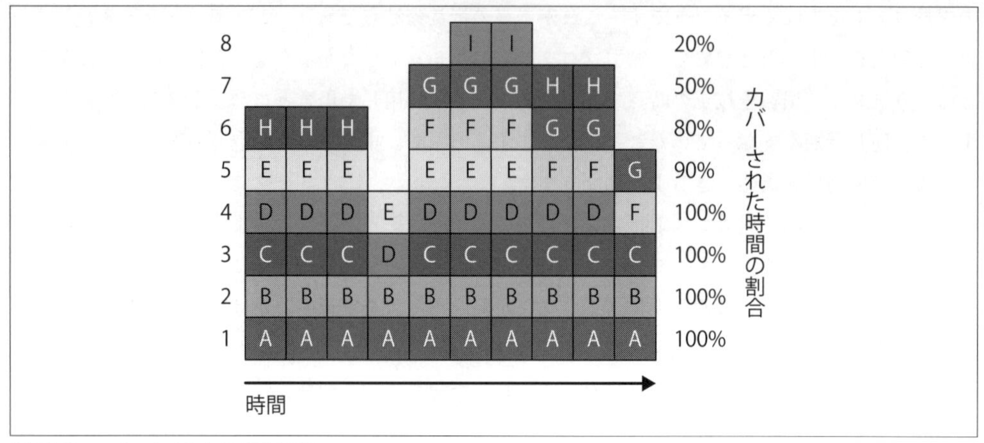

図18-2 コミットメントの使用状況

4ユニットのコミットメントを購入した場合、各ユニットの使用率は100%になり、5番目のコミットメントは90%の使用率、6番目は80%の使用率となります。コミットメントによって25%の節約ができる場合、オンデマンドのコストと比較してお金を節約するためには、75%以上の時間でコミットメントを使用する必要があります。

これを知ったうえで、コミットメントを7つにした場合、7番目のコミットメントについてはオンデマンド料金よりも多く支払うことになります。つまり、6つのコミットメントを超える使用量については、コミットメントではカバーできないことがわかります。

3行目以上では、単一のコミットメントが異なるリソースに適用されるかもしれません。さらに、これらのリソースは、クラウド環境内の異なるアカウントに分散しているかもしれません。リソースの共有と、それに伴うスケールメリットにより、集中型によるコミットメント購入がFinOpsのベストプラクティスにおける基本的な考え方となります。チームレベルだけでコミットメントの購入を推進すると、間違ったコミットメント数になってしまう可能性があります。過去の経験上、チームの日常業務から料金の最適化を切り離し、リソース使用率の最適化に集中できるようにすることが最善であることがわかっています。

このウォーターラインチャートは、検討中のコミットメントでカバーされる可能性のあるものだけを対象としており、また、リソース使用量はさまざまなコミットメント（SRI、Compute SP、EC2 SPなど）によってカバーされる可能性があります。そのため、私たちのプロセス（ほとんどの場合、自動化された推奨ツール）では、常に変わらない使用量と、最も節約効果の高いカバレッジ率のバリエーションを多数検討し、FinOpsチームへ慎重に検討する必要のある選択肢を提供することになります。このようなウォーターライン分析を手作業で行うことは今ではほとんどありませんが、この分析がどのように行われているかを知っておくことが重要です。そうすることで、ツール、ベンダー、チームから受け取るさまざまな推奨事項をバランスよく検討することができます。

調達の新しい役割は、コミットメントや交渉料金を通じて、企業が消費するリソースに対して可能な限り最良な料金を得られるような戦略的調達部門となることです。

18.2.2 ステップ2：クラウドサービス事業者に対するコミットメントのレベルを理解する

どのクラウドサービス事業者を利用するにしても、コミットメントの目標は可能な限りの節約をすることです。コミットメント戦略を策定する前に、考慮すべきことがいくつかあります。企業の特徴や状況は、コミットメント戦略に影響を与えます。また、クラウドサービス事業者に対する全体的なコミットメントのレベル、購入の決定に反映する必要のある交渉料金、支払いプロセス、コスト配賦への影響、そして前払いのために利用できる全体的な資金などについても考慮する必要があります。

クラウドサービス事業者とのコミットメントを作成すると、前払い料金や時間単位の料金が発生します。全期間にわたるすべての料金を合計すると、総コミットメントコスト、つまりクラウドサービス事業者に対して支出することを約束している金額になります。

すべての3大クラウドサービス事業者は、1年または3年のコミットメントを選択することができ、より長いコミットメントの方がより大きな節約を得ることができます。2つのオプションのどちらを選択するかを決めるためには、クラウドサービス事業者へのコミットメントを考慮する必要があります。この期間中に、使用量を削減する可能性はどのくらいあるでしょうか？

仮に、今後12か月以内に現在のクラウドサービス事業者から移行する可能性は非常に少ないと予想しているものの、今後3年間のコミットメントについては自信がないとします。その場合、3年間のコミットメントベースの割引プログラムにはコミットするべきではありません。3年の期間が満了する前に利用を停止した場合、得られる追加の節約は実現されません。

18.2.3 ステップ3：再現可能なコミットメント割引のプロセスを構築する

コミットメント戦略を構築するための2つ目のステップは、適切な購入の決定をできるだけ迅速に行うために、定期的かつ繰り返し実行可能なプロセスを構築することです。これがなぜ重要なのでしょうか？ 理由は、クラウドではジャストインタイムの購入がすべてだからです。必要なときにだけリソースをスピンアップします。同様に、必要なときにだけコミットメントを購入するべきで、早すぎても遅すぎてもいけません。

ビジネス承認プロセスも、コミットメントを頻繁に行うことができない原因となる場合があります。もし、ビジネスプロセスが承認を得るまでに数週間かかる場合、月単位でのコミットメントの実行は難しいでしょう。FinOpsは、プロセスを改善することでビジネスがさらに節約できるという理解のもと、コミットメントを実行するための新しいプロセスを構築することで、ビジネスに利益をもたらすことができます。

これを行うには、プロセスに関わる人、コミットをする前に考慮すべき決定基準、承認プロセスがどのようなものなのかを把握する必要があります。誰が責任を持つのか、どのように承認をするのか、そして理想的には一定額のコミットメント購入の事前承認プロセスの概要について、企業のポリシーに明記することを検討してください。また、コミットメントの決定プロセスに影響を与える新製品の発表（新しいSPサービスなど）のような重要なイベントのあとに、ポリシーの見直しをするための機会を設定してください。

成功している企業では、FinOpsチームにコミットメントのための四半期ごとの予算を割り当て、全体のコミットメントがこの予算を超える場合にのみ追加の承認を必要としていました。追加で必要となるコミットメントと既存のコミットメントの期限切れを予測することで、今後12か月間のコミットメントに対する予想支出を財務チームに提供することができるはずです。ほとんどの場合、承認プロセスに関わる人や事務処理の量を減らすことで、コミットメントの頻度を高めることができます。メトリクス駆動型コスト最適化については、22章で詳しく説明します。そこでは、事前承認された支出額を持つことで、自動的なコミットメント購入へとつなげていくための方法について説明します。

クラウド上のインフラは、インスタンスタイプの迅速な変更、移行、弾力性、使用量の急増などに対応できるように、流動的である必要があります。これらの変更をサポートするためには、コミットメントもそれに合わせて迅速に適応させる必要があります。変化の速度に追いつくためには、月単位での購入を必要とする可能性があり、ポートフォリオの交換、修正、調整をより頻繁に行うことになります。

そのため、コミットメントプロセスはFinOpsチームが担当することになります。FinOpsチームは、コミットメントの仕組みを深く理解する必要があり（17章を参照）、コミットメントを行うリソースを実行しているチームのモチベーションや将来の計画に敏感である必要があります（3章を参照）。また、コミットメントを遂行するために、財務チーム、技術チーム、エグゼクティブチームとのインターフェースを持つ必要があります。

なぜコミットメントを集中管理する必要があるのでしょうか？ 簡単に答えると、集中管理によって企業のクラウド請求額を10%〜40%節約できるからです。より繊細なニュアンスを含めて答えると、どのタイミングでどれだけのコミットメントを購入するかを決める仕事は、個々のチームが個別で行うよりも集中管理で行った方がより効率が良いからです。すべてのリソース使用量をコミットメントでカバーできるほど、1年や3年もの間、すべてのリソースを毎時間、コンスタントに使用し続けるチームはほとんどありません。コンスタントな実行が十分にない、急増したり変動したりする使用量は、コミットメントでカバーされずオンデマンド料金で企業はそれらの費用を支払うことになります。組織内のすべてのチームから、それらのオンデマンド料金で支払っているわずかな使用量を積み上げると、全体として10%〜40%の効率が低下することになります。

加えて、効率的なリソースの実行に重点を置いている技術チームや運用チームによるコミットメントの購入は、一般的にうまく行われていません。また、クラウド事業者が提供するコミットメントベースの割引プログラムの詳細を把握するために、貴重な時間をそれらのチームに費やしてほしいとも望まないでしょう。FinOpsチームが**料金の最適化**を実行し、ライン部門チームが**使用量の最適化**を実行するという職務分担を作成しようとしていることを忘れないでください。

集中型のFinOps機能は、組織全体の使用量を見ることができ、1つのチームだけでなくすべてのチームのウォーターラインの使用量を見て、カバレッジを最大化するための最善の仕事をすることができます。前章で学んだように、コミットメントの恩恵はアカウント、サブスクリプション、プロジェクト間で共有することができます。そのため、組織の全体的な支出を最もよく把握しているチームに、コミットメントの購入プロセスを任せる必要があります。

コミットメントの購入に対する意思決定戦略があり、エンジニアリングチームやライン部門チームから入手した使用量のウォーターラインと今後のリソース使用計画に基づいて、集中型のFinOpsチームがこれらの購入を行っている場合、次に決めることはコミットメントをどこで購入し、どこで適用するかということです。

17章で学んだように、アカウント階層のさまざまなレベルでコミットメントを購入でき、さまざまな方法でリソースに適用することができます。例えば、3つのメンバーアカウントがリンクされているAWSの管理アカウントを運用している場合、コミットメントを管理アカウントで購入するか、メンバーアカウントのどれか1つで購入するかを選択することができます。

管理アカウントに重要なリソースがない（もちろん良いポリシーです）と仮定した場合、その管理アカウント内でコミットメントを購入すると、すぐに他の3つのアカウントのリソースに流れ込み、他のアカウント内の最小リソース（インスタンスサイズの柔軟性［ISF］ベースのRIの場合）または割引が最高となるリソース（SPの場合）へランダムに適用されます。

もう1つの選択肢は、相当な数のリソースがあるメンバーアカウントの1つでコミットメントを購入することです。カバレッジの適用方法により、AWSのRIやSPは、まずそのアカウント内の**すべての**対象リソースに適用され、次に他のアカウント内のリソースに適用されます。そのため、例えば1つの本番アカウントがあり、そこのリソースが最もコンスタントに実行されることが期待され、その本番アカウント内のすべてのリソースに対して最初にコミットメントの適用を望む場合は、そのアカウントでコミットメントを購入するとよいでしょう。あるいは、コミットメントの前払い料金を支払い、そのリソースを最初にカバーしたいと考えているチームがあるかもしれません。この場合も同様に、そのアカウントでコミットメントを購入するとよいでしょう。

SPに関して、ここで特に注意すべき点が1つあります。SPは、さまざまなタイプのサービス（EC2、Fargate、Lambda）へ個別に適用され、これらのサービスに対する割引率は大きく異なります（EC2では最大75%、Lambdaでは最大17%）。そのため、EC2とLambdaの両方のリソースを持つメンバーアカウントでSPを購入した場合、そのコミットメントはまずそのアカウント内の**すべての**対象となる使用量に適用されることに注意してください。つまり、節約効果がはるかに高くなる他のアカウントへSPが流れる（結果としてより大きな金銭的な節約になる）前に、SPのかなりの量をLambdaのサーバーレス使用量でカバーしてしまう可能性があります。

そのため、コミットメントをどこで購入するかを決めるための戦略では、この点を考慮する必要があります。

一部のより高度な顧客や、コミットメント管理をas a Serviceとして提供するベンダーの間で使用されているアプローチの1つは、コミットメント**のみ**を含み、それ以外の使用量は一切ない専用のメンバーアカウント、いわゆる**サイドカー**アカウントを活用することです。特別に指定されたアカウントでコミットメントを購入することで、FinOpsチームが管理アカウントにアクセスする必要性がなくなり（繰り返しますが、ここでアクセスを制限することは常に良いことです）、顧客が組織ユニット間でコミットメントを移動して、時間経過に合わせて異なる適用ができるようになります。

これは、マネージドサービス事業者（MSP）や、合併や買収を通じてビジネスの一部を定期的に売買する企業にとって、特に価値のあるアプローチとなります。売却予定のシステムを運用しているアカウントにコミットメント割引が割り当てられている場合、それらのアカウントを売却先での新しい管理アカウントに移行する際に、コミットメントを含むサイドカーアカウントは組織内で簡単に再配置することができます。コミットメントがそれらのアカウント内で購入されていた場合、リソースと一緒にそれらも移動していたでしょう。

コミットメントはすべてを1つのサイドカーアカウントで購入することも、複数のサイドカーアカウントで購入することもできます。これにより、カバー範囲を調整することができます。すべての組織がこのレベルの制御を必要とするわけではありませんが、必要な場合は、これは全体的なコミットメント戦略の重要な要素になることがあります。

18.2.4　ステップ4：定期的かつ頻繁に購入する

クラウドは、ジャストインタイムでの購入を想定して設計されています。データセンターのようにインフラを運用したり、キャパシティの購入（つまりコミットメントの購入）をしたりするべきではありません。

数年前、AWSのホームページに図18-3のようなグラフが掲載されていました。左側のグラフは、データセンターやハードウェアの世界におけるキャパシティの購入方法を示しており、ハードウェアに対する制約や長いリードタイムが存在していました。右側のグラフは、必要なときにだけ起動する、クラウドにおける理想的なインフラの運用方法を示しています。コミットメントの購入にも同じことが当てはまります。

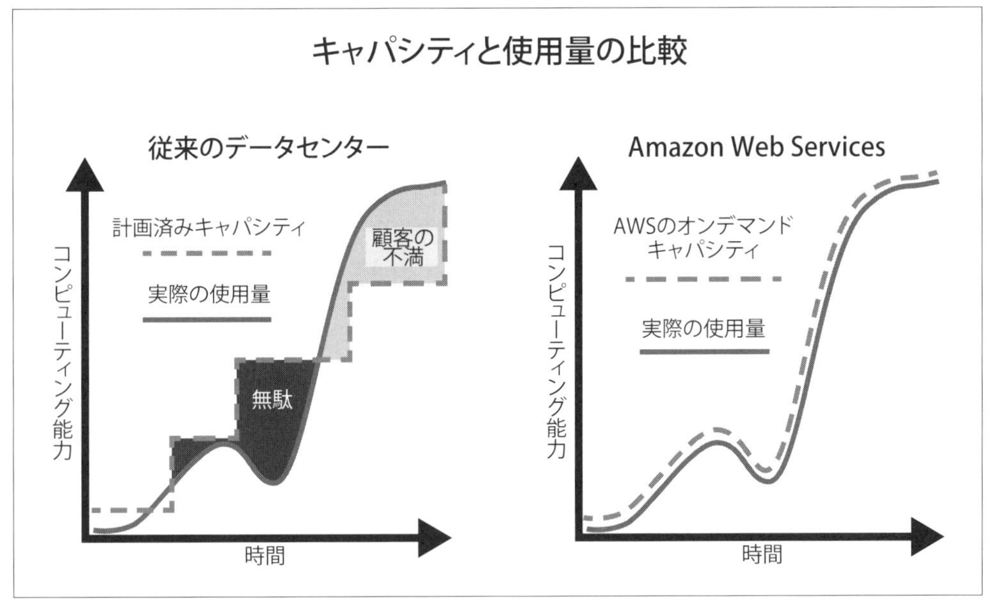

図18-3　かつてAWSがWebサイトに掲載していた図

18.2.5　ステップ5：測定して反復する

コミットメントを誤って購入した企業の悲惨な話をたくさん聞いてきました。このよくある失敗の発生リスクを減らすために、最初の購入は小さくすることが重要です。また、閾値を含む指標を慎重に設定する必要があります。これらはシンプルな指標から始めることができます。例えば、割引プログラムでカバーされるべきクラウド支出が、実際に割引プログラムでどれだけカバーできているかを示す割合などです。逆に言えば、既存のコミットメントにおける無駄の量（または未使用率）を追跡し、それらが最大限に活用されていることを確認する必要があります。コミットメントの管理に使用する指標については、22章のメトリクス駆動型コスト最適化にて詳しく説明します。

コミットメントの過剰購入や誤った購入のよくある原因の1つが、どの種類のコミットメントを購入するかを推奨するツールです！ コミットメントの推奨事項は、（クラウド事業者やサードパーティーから提供される）FinOpsツールやプラットフォームによって実行される自動化プロセスと同様に、主に過去の使用量に対する専門的な分析に基づいています。将来の使用量が過去の使用量と全く同じであれば（可能性は低いですが）、これらの予測は非常に正確である可能性があります。ただし、推奨事項を生成するために過去何日分のデータを利用するのか、ルックバック期間（振り返り期間）を調整することが大切です。

あるコミュニティメンバーが、多額のオンデマンドコストをカバーするために大量のAWS RIを購入したという話を教えてくれました。その購入はすぐに目に見える効果を示し、そのわずか2週間後にはカバレッジを拡大するために追加でRIを購入することを、この企業は同意しました。しかし、推奨事項を生成するツールには30日間のルックバック期間があったため、その新しいRIが適用されている2週間と、適用されていない2週間に基づいて推奨事項を生成していました。そのため、2回目の購入では、あまりにも多すぎるRIを購入するように推奨されてしまいました。

コミットメントの購入で重要なことは、リスクを管理することです。コミットメントを多くすればするほど、それらが十分に活用されなくなるリスクが高くなります。予測能力（13章を参照）が向上すればするほど、より大きなコミットメントを安全に行うことができるようになります。

コミットメントを購入する際には、考慮するべきことがたくさんあります。そのため、時間をかけて購入の影響を分析し、カバレッジの拡大に向けた段階的なステップを確実なものにしていくことが重要です。経験とプロセスに対する自信が高まるにつれて、購入の頻度と規模の両方を高めることができます。

18.2.6 ステップ6：前払いのコミットメントコストを適切に割り当てる

4章では、費用は受け取った価値が発生した期間に記録されるべきであるという費用収益対応の原則を紹介しました。AWSでは、コミットメントが部分的であっても前払いされた場合、長期間（1年または3年）にわたる使用量に割引が適用されます。そして、前払い金については、期間にわたって分配する必要があります。前払い金の分配は、**償却**と呼ばれています。AWSでは、全額前払い、一部前払い、前払いなしのオプションが提供されています。前払いで支払う金額が多いほど、コミットメントに対する割引率が高くなります。Azureでは、前払いまたは月払いのオプションがあり、価格に違いはありません。そして、Google Cloudでは月払いなので、償却を追跡する必要はありません。

前払いをするかどうかの決定には、2つの重要な考慮事項があります。

会計

最初の考慮事項は、会計プロセスへの影響です。17章では、コミットメント割引がクラウド使用量全体へランダムに適用されることが強調されています。前払い金の一部をあるチームに割り当て、別の一部を別のチームに割り当てる必要がある場合、コミットメントが割引を適用した箇所を正確に追跡し、それに応じて償却をする必要があります。

粒度

コミットメントを毎月均等に分割することはできません。すべてのコミットメントが月の最初の日の最初の時間から開始されるわけではありませんし、2月は3月よりも10%短いです。そのため、償却にはより細かいアプローチが必要です。

コミットメントの費用を誰が負担するかについては、本章の後半で説明します。

コミットメントはお金の節約になる一方で、前払い料金へ適用するための現金が必要になる場合があります。一部の組織にとっては問題ではないかもしれませんが、他の組織にとってはビジネス活動の妨げになる可能性があります。組織によっては、会計年度の終わりまでに予算を使い切らねばならないなど、特定の期間内に資金を使う必要がある場合もあります。

資金が利用可能な場合、経験豊富なFinOps実践者は、**加重平均資本コスト（WACC）**と現金の**正味現在価値（NPV）**を考慮しています。これらの計算により、ビジネス資本をコミットメントの前払いに適用することが、他への投資と比較して良い投資かどうかを判断します。前払いをしないことによって割引率は低くなりますが、ビジネスの別の場所に資金を投資することで、より良い財務結果をもたらす可能性があります。

前払いなしと**一部前払い**の購入オプションのそれぞれに対してAWSが請求する割増金は、購入の前払いではない部分を融資したベンダーに対する利息に相当するものと考え、その利息は金利で計算されると考えてください。これを**前払いなし**や**一部前払い**の購入オプションの**暗黙の利息率**と呼んでいます。

クラウドリソースの消費者が**全額前払い**または代替の支払いオプションを選択するかどうかは、コミットメントの支払いを先送りするためにサービス事業者が請求する暗黙の利息率よりも、消費者のWACCが低いか高いかによって異なります。

消費者のWACC（**内部資本コスト**と呼ばれることもあります）は、企業の債務に対する利息コストと企業の自己資本コストの形で表される、クラウド消費者にとっての金融資本コストです。どちらのコストがより大きいかを決定するプロセスには、**全額前払い**と**前払いなし**のシナリオそれぞれについて、購入キャッシュフローのNPVを算出する必要があります。

このプロセスは、消費者のWACCを決定することから始まります。ほとんどの企業では、このタイプの意思決定のために財務部門が使用する標準的なWACCがあり、一般的にこの数字を既定値として考えることができます。

Excelのゴールシークのような手法を使用して計算された割引率が、顧客のWACCを上回る場合、顧客は**全額前払い**のコミットメントを購入した方がよいでしょう。この数値が消費者のWACCよりも低い場合、AWSの**全額前払い**オプションよりも、**前払いなし**のコミットメント購入オプションの暗黙の利息率の方が、消費者にとってより安くなります。

購入したコミットメントの組み合わせによって、各購入に対するこの暗黙の利息率が変化するため、購入の決定ごとにこれを実行することもできます。また、顧客が前払いなし、一部前払い、全額前払いでRIやSPを購入し、たまにしか見直さないという方針を設定するのに役立てるために、代表的な購入に対して実行することもできます。なお、このことは、前払いをすることで割引が変動する唯一のものである、AWSのコミットメントにのみ適用されることに注意してください。

雲の上から（松沢 敏志）

米ドル以外の通貨で支払いをしている場合、コミットメント割引を購入する際には当然のことながら為替の影響を考慮する必要があります。

例えば、AWS上でm6i.xlargeインスタンスの使用に対してCompute Savings Plansを購入する場合、3年間全額前払いで割引率は53%、3年間前払いなしで48%とわずか5%の差しかありません。

一方、米ドル／日本円の為替レートは2022年1月時点では1ドル115円前後でしたが、2024年6月末で160円超、同年9月中旬には140円前後と二桁パーセントを超える大きな変動がありました。

割引率が最大になるからと全額前払いオプションを無条件で選びがちですが、購入するタイミングによっては全額前払いのほうが米ドルとしての総額は少なくても、日本円ではむしろ多く支払ってしてしまう可能性があります。もちろんその逆の結果も十分ありえます。

ここで言いたいのは、全額前払いオプションが常に正解とは限らないということです。特に歴史的に見ても異例な、未曽有の円安が続いている2025年1月現在においては、前払い額を減らしてリスクヘッジをするという選択肢もある、ということを覚えておいてください。

18.3　コミットメント戦略の管理方法

個々のチームがコミットメントを独自に管理する必要性を減らすためには、FinOpsチームが各チームのリソースに適用されている割引の内容と、達成された全体的な節約を可視化することが重要です。この可視化がなければ、各チームは節約を得るために自分たちで使用量をコミットしようとするでしょう。集中型のコミットメントベースの割引モデルで運用しているときに、分散したチームにコミットメントを購入させるのは、オーバーコミットになってしまう可能性が高くなるため危険です。

集中型のコミットメントベースの割引モデルは、必ずしも個々のチームが意見を述べることを妨げるものではありません。FinOpsチームは、運用チームが実装を計画しているロードマップ項目、特にこれらの変更がクラウド上の使用量に影響を与える可能性のある項目について、把握しておく必要があります。コミットメントを変換したり交換できる場合、FinOpsチームが必要に応じてコミットメントを変換できるため、個々のチームからのインプットは少なくて済みます。コミットメントを変更できない場合は、対象となるリソース使用量を所有する個々のチームに、行われているコミットメントについて意見を述べる機会を与えるべきです。コミットメントとその使用量への影響を、責任を担うチームに認識させることで、将来のリソース使用量の変更を計画する際に、コミットメントを考慮するようになります。

18.4 ジャストインタイムでのコミットメントの購入

コミットメント割引の購入タイミングに関するさまざまな意見を聞いてきました。重要なことは、コミットが早すぎる場合の影響と、遅すぎる場合の影響を理解することです。必要以上に早くコミットすると、割引がアカウントに適用されていない状態でコミットメントの支払いを行うことになります。必要以上の使用量にコミットすると、コミットメントの支払いを期間全体（1年または3年）にわたって、節約が一切ないまま行うことになるかもしれません。しかし、遅すぎると、使用量に対してオンデマンド料金を支払うことになり、早期にコミットしていれば得られたであろう節約の機会を逃すことになります。

これをより理解するために、図18-4では、クラウド請求書における一部のリソース使用量を示しています。もし1月に1年間のコミットメントを購入した場合、最初の3か月間はリソースの使用がないため、割引が得られないままコミットメントの支払いを行うことになり、コミットメントの25%（12か月分の3か月）を無駄にすることになります。4月にリソースの使用が開始されると、この使用量に対して割引料金がすぐに適用され、年末まで続きます。もしこのコミットメントによる節約が25%以上とならなければ、コミットメントを行わなかった場合よりも多くの支払いをして年末を迎えることになってしまいます。

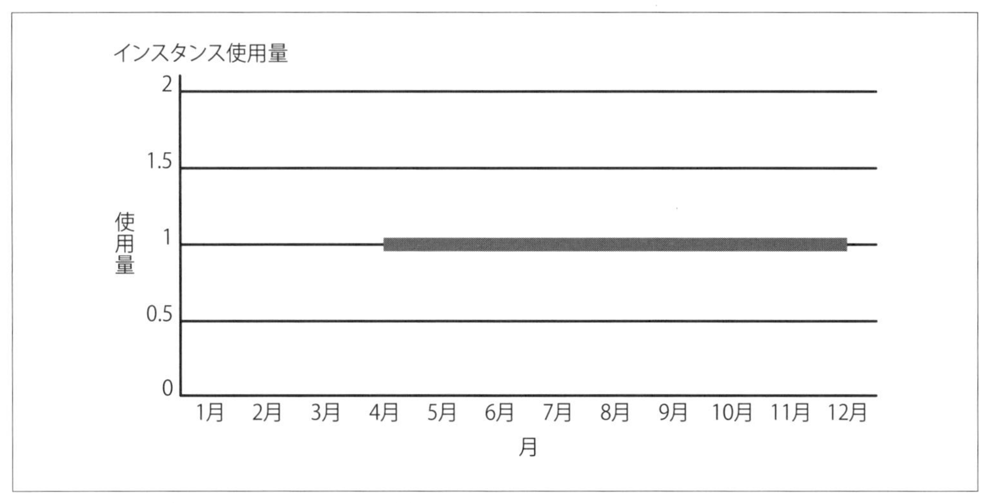

図18-4 4月から始まる9か月間のリソース使用量

逆に、9月まで待ってからコミットメントを行った場合、5か月間をオンデマンド料金で支払うことになり、実現できたであろう節約の機会を逃すことになります。

22章では、必要なときにのみコミットメントを行うといった、より成熟したモデルについて説明します。ほとんどの企業は、年次、四半期、または月次などの決められたスケジュールでコミットメントを行うことから始めています。スケジュールが決められている場合、企業は各サイクルで最大の節約を達成するためにコミットメントを過剰に行う傾向にあります。

例えば、年次でコミットメントを行う企業は、必要な量よりも30%多くのコミットメントを行ってしまう可能性があります。これは、時間の経過につれてクラウド支出が増加し、予備のコミットメントがすぐに割引を適用し始めるであろうという発想によるものです。ただし、その年の前半では、割引が適用されないこれらの余分なコミットメントに対して、企業は過剰に支払いを行ってしまいます。先ほどの例で示したように、未使用のコミットメント費用を超える割引が適用されないというリスクが、これらのコミットメントにはあります。

コミットメントを購入する頻度を増やすことにより、オンデマンド料金で課金される時間を減らすとともに、過剰にコミットしたくなる誘惑を取り除くことができます。ただし、より高頻度でコミットメントを実行するには、いくつかの障害があります。保有するコミットメントと必要なコミットメントの量を分析するのにかかる時間が、コミットメントの実行頻度を遅くする可能性があります。クラウドサービス事業者に、コミットすべき内容を推奨するサービスが組み込まれている場合は、そこから始めるのがよいでしょう。FinOpsチームが成熟するとともに、サードパーティーのツールと独自に築き上げた分析の両方を活用することで、推奨事項の品質を向上させ、分析プロセスを加速させることができます。

18.5 サイズの適正化とコミットのタイミング

15章では、ライトサイジングがコミットメントベースの割引プログラムにどのように影響するかを説明しました。そのため、多くの人々が最初にライトサイジングを行い、その後にコミットを行うことが最適なアプローチだと考えています。このアプローチは正しいように思えますが、常に正しいわけではありません。これは必然的に、不必要なオンデマンド支出によって節約の機会を失うことにつながります。

使用量の最適化やライトサイジングは難しく、負債をなくし、積極的に取り組むようになるまでに長い時間がかかる可能性があります。これにはエンジニアリングチームが関与し、コストについて教育を受け、変更を行うことに同意してもらう必要があります。それは一夜にして実現するものではありません。多くの場合、チームは機能の提供に注力しており、使用量の最適化にすぐに取り組むことはできません。エンジニアがコストを効率の指標として考慮する文化へと変わるには、通常6か月以上かかります。その間、何もコミットしなければ、非常に長い間、オンデマンド料金で無駄に支払いを続けることになります。また、ライトサイジングが行われる際は、エンジニアの進行中のプロセスに最適化を組み込み始めるため、通常は大規模な変更を一度に行う（ビッグバンリリースとも呼ぶ）のではなく、段階的なプロセスとなります。

そのため、全体的な支出を最適化する方法として、ライトサイジングとコミットメントの両方を見ることが重要です。これらの概念は対立しているように見えますが、それはあくまで全体として見た場合の話です。大きな影響を与える項目に対して（タイムリーに仕事を終わらせるためのエンジニアリングリソースが利用可能であることを確認しながら）少しずつライトサイジングを行い、最もコンスタントに使用されるリソースをカバーするために少しずつコミットメントを購入していきます。そのプロセスを繰り返し行うことで改善が積み重なり、ビジネスを段階的により良いコスト最適化へと着実に導くラチェット効果が生まれます。

FinOpsの実践が未熟な企業がやってしまいがちな最大の間違いの1つは、使用量の最適化が**完了する**まで何もコミットしないことです。FinOpsのライフサイクルを何度も繰り返し、そのたびに最も重要な最適化を行うことを忘れないでください。ライトサイジングが先か、コミットメントが先かを議論するべきではありません。料金の最適化と使用量の最適化の間でバランスを取りながら、企業の目標に基づいて推進することが重要です。

私たちは集中管理されたコミットメント計画を提唱していますが、適切なリソースの最適化は分散され、常に改善されるべきです。最も効果的なFinOpsの実践は、あとから修正しようとするのではなく、最初から最適化されるようにより多くの労力を注ぐことが重要です。エンジニアリングプロセスにコストをシフトしてください。リソースのサイズを事前に考えましょう。しかし、どんなに上手でも、ワークロードのライフサイクルの中には、リソースがオーバーサイズになってしまう期間が常にあります。現在では適切かもしれませんが、5回のデプロイメントのあとの方がより効率的かもしれません。ライブラリをアップグレードしたら、メモリの使用量が半分になるかもしれません。「最初から適切にやっているため、サイズの適正化は必要ない」ということはありません。これは反復、進化などで状況が変化するためです。

使用量の削減の初期段階では、接続されていないストレージボリュームを削除したり、開発アカウントやステージングアカウントにある100%アイドル状態のマシンの電源をオフにできるかもしれません。料金低減の初期段階では、カバレッジの最初の10%（AWSを使用している場合は、**前払いなし**のRIでもよい）を購入できるかもしれません。それぞれの成熟度と複雑さが増すにつれて、部門やチームを超えてのコラボレーションや多くの教育が必要になります。

最良の方法は、両方に対して保守的な目標を設定し、最初から並行してプロセスを開始することです。クラウドのコンピューティング支出の大部分が無駄になっている可能性は低いため、サイズが変更される可能性も低くなります。したがって、特に移行や新しいアプリケーションによって、クラウド使用量が時間の経過とともに増加している場合は、インフラの50%をコミットメント割引で安全にカバーできる可能性が高いです。

最初は、コミットメントのカバレッジ目標を25%～30%程度に小さく設定し、クラウドリソースの一部をコミットすることで早期に節約を実現することが重要です。無駄を削減するにつれて、残りの使用量のより大きな割合に対して、新たに購入したコミットメントが適用されるようになります。インスタンスの柔軟性（ISF)、AWSのコンバーティブルRI、AzureのRIをキャンセルする機能などのプログラムにより、コミットしたあとでもインフラの使用量を最適化する余地があることを覚えておいてください。

アカウント内の未使用のコミットメントの量を測定できるため、カバレッジ目標を再評価し、時間の経過に伴って理想的には目標を引き上げることができます。成熟しつつあるFinOpsの実践では、FinOpsチームが定期的にコミットメントを購入する一方で、エンジニアリングチームは定期的に未使用のリソースをクリーンアップし、使用率の低いリソースに対してサイズの適正化を行います。そして、より高度な実践では、メトリクス駆動型コスト最適化（22章）に取り組むことになります。

18.5.1 ゾーンアプローチ

多くのコミットメントベースの割引プログラムは、グローバルには適用されず、同じリージョン（場合によっては同じアベイラビリティゾーン）にのみ適用されます。また、17章で詳しく説明したように、同じ属性を持つリソースにのみ適用されます。これを踏まえると、コミットメント割引は、使用量の低いエリアではあまり購入されません。使用量の低いリージョンでのコミットメントは、カバーされないリスクがあり、節約するどころかコストがかかってしまう可能性があるためです。同様に、旧世代のインスタンスタイプに対するコミットメント割引にも類似のリスクがあります。

使用量の低いリージョンにインフラを構築する場合や、コミットするにはリスクが高すぎると判断されるインスタンスタイプを使用する場合、割引を得られない可能性があります。HERE TechnologiesのSenior DevOps ManagerであるDave Van Hovenの事例では、情報に基づいてエンジニアがどのように構築するかを決定できるように、特定の使用タイプやロケーションをカバーしないという意思決定を可視化するアプローチをとっています。

ゾーンアプローチは、集中型のFinOpsチームによるコミットメント購入に自動的に組み込まれるロケーションやインスタンスタイプ（許可されたゾーン）と、FinOpsチームに問い合わせをしない限りコミットメントでカバーされないロケーションやインスタンスタイプ（制限されたゾーン）に関する情報を、事業部門に公開することです。

許可されたゾーン

許可されたゾーンは、エンジニアにとって最も簡単なゾーンです。より新しく、より一般的なインスタンスタイプを使用して構築することを選択し、企業全体でより広く採用されているビジネスサポートリージョンにデプロイすることで、エンジニアは日常的な検討においてコミットメントベースの割引プログラムを無視することができます。この許可されたゾーンは、エンジニアリングの意思決定を、ビジネスが最もサポートしたいエリアへと導くのに役立ちます。

制限されたゾーン

制限されたゾーンでは、エンジニアは自分でコミットメントを管理するか、FinOpsチームと密に連携して特殊なコミットメントを購入する必要があります。インフラに変更があった場合、そのコミットメントを他のチームで使用できるように修正できる可能性は低いため、エンジニアリングチームは常に自分たちが行った特別なコミットメントについて考慮する必要があります。制限されたゾーンは、余計な労力を必要とするため、結果としてエンジニアリングチームにとって魅力的な選択肢ではなくなります。

ブロックされたゾーン

制限されたゾーンのコンセプトを少し拡張したものが、ブロックされたゾーンであり、組織が購入を**承認していない**ロケーションやコミットメントの種類を明確に示します。これは、エンジニアがインフラを構築すべきではない場所を区別するために役に立ちます。

ゾーンアプローチは、集中型のコミットメントの実践がどのように機能するかをより明確にします。これは、コミットメントが自動的に適用されない場所をチームに示し、不明瞭な使用にコミットメントを適用するためのプロセスを定義します。集中型のFinOpsのコミットメントプロセス（許可されたゾーン内）だけでなく、制限されたゾーンによって生成される効率と節約についても強調するために、レポートを提供する必要があります。

SPやフレキシブルCUDなどの柔軟なコミットメントオプションを使用して、使用量の少ないエリアのリソースをカバーすることで、FinOpsチームは通常のRIカバレッジが得られないリージョンでの雑多な使用をカバーできるようになります。このようなコミットメントタイプの混合は、保有する資産をさまざまな種類のリスクから守るために、異なるタイプの投資を組み合わせてリスクヘッジを行うのとよく似ています。この場合、どのリージョンにも適用されるより柔軟な（ただし割引率は低い）カバレッジを使用することで、使用量の少ないリージョン内のRIカバレッジからチームが外れてしまうリスクを軽減することができます。

18.5.2 誰がコミットメントのコストを負担するのか？

コミットメント割引の**購入**をする許可をFinOpsチームに与えることは、必ずしもFinOpsチームがコミットメントの料金を負担することを意味するものではありません。コミットメントのコストには、前払い料金と時間単位の料金という2つの主要な要素があります。コミットメント割引の中には、この2つの要素のうちの1つだけで構成されているものもあります。**全額前払い**と**前払いなし**のコミットメントです。

前払いがある場合、そのコストは償却される必要があります。つまり、コミットメントはクラウド請求書に適用されたあとに、リソースのコストに適用され、最終的に時間ごとに割引が提供されます。コミットメントの未使用キャパシティ（FinOpsでは**未使用率**と呼ぶ）は、請求書に直接課金され、最初の前払い料金から償却されないままとなります。この未使用率のコストは、通常コミットメントを購入したアカウント、サブスクリプション、プロジェクトで見つけられます。

月末にコストが適切に償却されると、最終的には次のような結果になります。

- 将来の月に償却される残りの前払い料金分を前払い費用として計上
- その月に発生したクラウドリソースコストの償却（タグ、ラベル、アカウントを通じて割り当てられたコスト）
- 未使用コミットメントの未償却コストを課金データ内で一元的に請求

FinOpsチームはコミットメントの購入に対して支出することが承認された際に、前払い費用の未収額に資金を追加します。月々のコストに関しては、事業費ではありません。会計では、一般に認められた会計原則（GAAP）における費用収益対応の原則を使用すると、事業の未払い費用は資産として記録され、クラウドコストに償却すると費用になります。したがって、FinOpsチームはコミットメントの購入予算を事業費として報告しません。

コミットメントの前払い費用をどのように処理するかを会計チームに確認し、それに合わせてレポート内容を調整してください。

コストがクラウドリソースに償却される際は、コスト配賦戦略に従って、タグ、ラベル、アカウントを使用して、その償却をショーバックレポートに含めることができます。コミットメントコストは、ショーバック／チャージバックのコスト配賦プロセスに割り当て、他のクラウドコストと同様に処理することができます。

ただし、未使用のコミットメントについては、料金は一元的に請求される（購入したアカウントに対して）ため、それらを適切に割り当てるプロセスが必要になります。ここでは、この未使用のコミットメントコストを処理するために使用されている4つの戦略を紹介します。

アカウントベースの割り当て

コミットメントを割引を適用する対象の使用量に近い、チームが所有するアカウント内で購入された場合、コミットメントを購入したアカウントに基づいて、未使用のコミットメントコストを割り当てることができます。この場合は、料金はアカウントを所有する各チームに割り当てられます。

ブレンド償却

償却率に未使用のコミットメントコストを追加することで、そのコミットメントの対象となるリソースの料金に、未使用のコストを効果的にブレンドすることができます。なお、ここで言及しているのは、4章で説明したAWSの請求データの概念である**ブレンドレート**のことではありません。これにより、コミットメントの対象とならないリソースは通常のオンデマンド料金のままになります。コミットメントが適用される具体的なリソースの変動性により、リソースに割引が適用される場合もあれば、適用されない場合もあります。この割引の割り当ての変化により、チームのコストを追跡するのがより難しくなる可能性があります。これは、チーム自身がコントロールできない料金の最適化の差分により、定期的なコストにばらつきが生じる可能性があるためです。クラウド事業者がコミットメントカバレッジを適用する方法によってのみ発生するこのばらつきに対して、経営陣や財務部門がエンジニアリングチームを不当に批判しないようにするために、これらのグループがこのことを認識していることが非常に重要となります。ショーバック／チャージバックを行う際には、リソースブレンド料金を使用することを推奨しています。なぜなら、このようなばらつきがあるにも関わらず、実際の割引がどのように適用されたかを反映し、クラウド事業者のツールによるコストレポートの内容と一致するためです。

リソースブレンド料金

ここでは、請求書全体のリソース料金の合計コストをブレンドすることで、コミットメントに対する新しい料金を作成します。なお、繰り返しになりますが、これはAWSの請求データに表示されるAWSのブレンドレートとは異なります。この概念では、コミットメントの対象となるすべての使用量（オンデマンドと割引済み）を取得し、前払いの償却と未使用コミットメントの金額を適用したあとに、すべての使用量にわたる新しい料金を作成します。つまり、コミットメントが請求データに適用されたかどうかに関わらず、そのタイプの使用量を使用するすべての人が同じ料金になります。これは、コミットメントカバレッジに応じて料金が変化する各リソースタイプに対して、実質的にオンデマンドと割引価格の間に位置する企業独自の平均料金を作成することになります。これにより、コミットメントが適用される箇所によって生じる**ランダムな勝者と敗者**を回避することができます。ただし、このモデルのレポートをすべての人に理解できるように作成するには、かなりの労力が必要となります。また、このブレンド料金のレポートと、ユーザーがクラウド事業者のネイティブツールで表示されるコスト情報との間には、わずかな違いが生じることになります。

節約プール

財務チームと連携して、オンデマンド料金を使用してすべてのレポート、予算、予測を行い、節約を一元化するプロセスを構築します。エンジニアリングチームは、使用量に対する適切なCUD料金について考慮する必要がなくなり、コミットメントの予測不可能な使用量への適用はもはや問題ではありません。すべての節約額はFinOpsチームに一元的に報告され、そこから未使用コミットメントのコストが差し引かれます。この節約額はリバースバジェットとして機能し、FinOps

チームが期待する一定の節約額にどれだけ近づけたかに基づいてパフォーマンスが測定されます。この集中型の節約プールは、よりコントロールされた適切な方法で事業部門に分配されます。このアプローチは、カバレッジの適用方法のばらつきを排除することができ、エンジニアリングチームが使用量の最適化へ完全に集中できるようにします。ただし、エンジニアはオンデマンドのコストを見ることになるため、財務チームとプロダクトチームは実際のプロダクトの利益率を正しく計算するためにブレンド償却コストの指標を見なければいけない可能性があります。一方で、この方法では、「リソースがコミットメントでカバーされていない」あるいは「カバーできない」といった支出の重要な側面を隠すことで、エンジニアリングチームがリソースの最適化に努力を注ぐことができます。なぜなら、エンジニアリングチームはどのリソースがカバーされ、どのリソースが割引されているのかを見ることができないためです。

コミットメントのコストを割り当てるアプローチは、ビジネスプロセスによって異なり、FinOpsの実践が成熟するにつれて変化する可能性があります。クラウドコスト管理の多くの側面と同様に、コストを見る方法は数多くあり、その中には、一部のチームや利害関係者のペルソナにとって不公平だったり、不平等だったり、変動が大きすぎたり、あるいは完全に懲罰的に見えるものもあります。しかし、コストを透明に表現するアプローチを作成し、すべての利害関係者のペルソナをコストの分配構造に関与させることで、1つのチームにとって不公平に見える場合でも、全員の目から同じように見えることを認識し、対応においてそれを補ったり、説明したりして、調整することができます。

18.5.3 戦略のヒント

コミットメントベースの割引戦略を構築する際に、次のポイントが役に立つかもしれません。

最初に可視性を構築する

何度も聞いてきた話に、「コミットメントを購入したけど、請求額が上がってしまった」といったものがあります。多くの場合、コミットメントはクラウドコストの増加を抑えるために購入され、組織内のクラウドの成長フェーズにおける最初の段階で実装されます。ほとんどの場合、クラウドの成長はコミットメントで得られる節約額よりも大きいため、コミットメントによる節約額が可視化されなければ、クラウド支出は増える一方となります。

コミットメントの仕組みを理解する

17章から、コミットメントベースの割引プログラムがいかに複雑であるかを理解できたと思います。コミットメントを購入する際の最もよくある間違いは、コミットメントを正しく理解せず、間違ったタイプのコミットメントを購入したり、間違ったロケーションのコミットメントを購入したりすることです。コミットメントが期待する使用量と一致しない場合、非常に大きなコストの増加につながる可能性があります。

支援を受ける

FinOpsの実践者は、すべてを1人で行うことで自分自身の価値を証明するわけではありません。FinOps Foundationで最も成功している実践者は、何らかの形で外部の支援を受けています。FinOps Foundationは、それ自体が外部のリソースであり、FinOpsの実践者をサポートするために存在しています。

仲間からの学び、トレーニングコースの受講、認証資格の取得、クラウドサービス事業者のサポートチャネルの活用によって、コミットメントベースの割引プログラムを成功させる可能性を高くすることができます。コミットメントが組織にとって初めてのものである場合は、経験豊富なコンサルタントを利用して始めることを検討してください。

クラウドベンダーからのサポートに料金を支払っている場合は、テクニカルアカウントマネージャー（TAM）の時間に対しても料金を支払っていることを忘れないでください。TAMに積極的に助けを求めない顧客もいますが、コミットメントの購入はTAMに検証してもらうのに最適な仕事です。実際、コミットメントの購入を検証できるすべての人に関与してもらうことには価値があります。関与する人の目が多いほど良く、購入前に自分の意思決定を全員に正当化しなければならないことが明確になります。私たちが知るほとんどの実践者は、コミットメントを誤って購入した経験を持っているため、特にこの分野では助けを求めるようにしてください。

ゼロからヒーローになるのを避ける

実践の成熟度が初期段階にある場合は、コミットメントの購入は1つだけにすることをお勧めします。これにより、リスクの低い購入を通してナレッジを確かめることができます。また、より大きな購入をする前に、よくある間違いをすべて回避できたことを検証できます。「ゼロからヒーロー」になろうとすると、失敗に終わることがよくあります。前述のゾーンアプローチを考慮し、コミットメントの恩恵を受けられるリスクの最も低い使用量を特定し、それから徐々に購入する量を増やすことができます。これは、戦略に自信を持つための優れた方法であるとともに、コミットメントの更新時期をずらすことで、コミットメントが期限切れになるたびに、コミットメントを段階的に調整することが可能になります。

しかし、購入を遅らせてはいけません。ゆっくり段階的に始めることをお勧めしますが、全く始めないというのはよくある大きな間違いです。購入しないことで間違いを回避しようとすると、過剰な支出が続くことになります。繰り返しになりますが、低リスクのコミットメントを見つけて購入し、それからその節約効果が見え始めるように、レポートプロセスの学習と成長を継続するようにしてください。

始めたばかりの頃は、コミットメント目標を低めに設定することをお勧めします。許可されたゾーンで25%～30%のコミットメントカバレッジを検討してください。自信がついてきたら、目標を上方修正しましょう。組織が目指す一般的なカバレッジ量は、90%のコミットメントカバレッジです。

全体的な影響を考慮する

コミットメントは、クラウド請求書に対してある程度ランダムに適用されます。そのため、既存のコストレポートが存在する場合やチームが支出を厳密に追跡している場合、コミットメントの購入によってあるエリアでは支出が減少したが、別のエリアでは減少しなかったという混乱が生じる可能性があります。コミットメントを購入したことを伝え、事業部門が使用するレポートを繰り返し作成し、それらが生み出す節約の影響を正確に反映させることが、混乱を避けるための鍵となります。

これらのヒントは、心に留めておく必要のある最も重要なものだと考えています。しかし、最大限のサポートを得るには、業界の仲間とつながり、経験豊富な請負業者を利用し、コミットメント割引の購入への第一歩を踏み出すためにFinOpsプラットフォームを活用することも重要であるということを、心に留めておいてください。

18.6 本章の結論

コミットメントを管理するためのFinOps戦略は、組織によって異なります。しかし、コミットメント群を効率的かつ適切な管理へと導く、いくつかの一般的なプラクティスがあります。FinOpsチームによる集中管理は、最も重要なものの1つです。

要約：

- 戦略を構築する際には、利用可能なあらゆる支援を活用するべきであり、1人で構築するのは避けるべきである。
- コミットメントを購入する前に、コミットメントの仕組みを学び、可視性の構築に時間を費やさなければいけない。
- コミットメントの購入を遅らせるべきではない。最初にリスクの低いコミットメントを購入し、それからカバレッジを高めるためのプロセスを構築すること。
- 混乱を避けるために、誰が何をしているのか、どのようにコストを正確に把握するのかについて、組織全体でコミュニケーションをとることが重要である。
- 全体的なコミットメント目標を達成するために、さまざまなタイプや設定のコミットメントを使用する可能性がある。
- 小さく始めること。それから成熟度を高め、戦略に自信を持ち、購入した各コミットメントの影響を確認しながら段階的に影響力を高めていくこと。

適切に実装されたコミットメント割引戦略は、組織に大きな節約をもたらしながら、FinOpsとともに進化、成熟をしていきます。理想としては、すべてのFinOpsプロセスにおいて、指標に基づいた評価を行うことが望ましいです。

次の章では、持続可能性（サステナビリティ）に焦点を当て、GreenOpsと呼ばれる新たに出てきた手法の成長を、FinOpsがどのように促進しているかについて詳しく見ていきます。

19章

持続可能性（サステナビリティ）：FinOpsとGreenOpsの連携

ここ数年の間に、クラウド消費に関連する持続可能性への認識と関心が大幅に増し、世界中のクラウド事業者やクラウドチームの間で、クラウドのカーボンフットプリントの測定と削減が話題になることが急に増え始めました。

持続可能性とは、環境、社会、経済の3つの主要な柱から構成されます。本章では、クラウドデータセンターからの排出に関連する環境の柱に焦点を当てます。

本章の後半で、なぜFinOpsの実践者にとってこれが重要なのか説明しますが、その前にまず、なぜ組織がこのことを気にかけるべきかを考えてみましょう。デジタルサービスのカーボンフットプリントに組織がより重点を置くようになったのは、内外の多くの重要な利害関係者からの圧力によるものです。

- 投資家や株主は、ESG（環境、社会、ガバナンス）の取り組みや、公的に報告された持続可能性基準の影響により、CEOや取締役会に対し、総排出量に対する説明責任を果たすよう求めている。
- 政府は環境報告要件と規制を厳格化しているため、**グリーンウォッシング**（企業が実際よりも環境に優しいと偽って主張したり、宣伝したりすること）の余地が少なくなり、行動に一層の重点が置かれている。
- 顧客は購入決定の判断を、候補企業の持続可能性に対する取り組み状況を含む倫理的基準に基づき行うようになってきている。
- 従業員は勤務先の持続可能性の向上を望んでおり、転職先を選択する際に、転職先候補が持続可能性にどのように取り組んでいるかを大変重視している。

これらの圧力が重なり、取締役会内での持続可能性への注目が高まることにつながり、持続可能性目標および／またはネットゼロ（正味ゼロ）達成期限への注目が一層高まり、説明責任、透明性、そして測定可能な改善の実現が重視されるようになりました。

> ボーナスに影響することほど、企業の最高責任者を動機付けるものはありません。つまり、持続可能性に注目するために予算や時間といった重要なものが確保されつつあるということです。
>
> ――Mark Butcher of Posetiv Cloud、ポッドキャスト「FinOpsPod」の第8話「FinOpsPod Voicemail: GreenOps（https://oreil.ly/iAzJQ）」より

それではなぜ、クラウドの世界で持続可能性が重要なのでしょうか？ それは、クラウドサービスによって生み出されるカーボンフットプリントの規模が非常に大きいためです。比較的最近まで、ESGの専門家はITサービスのカーボンフットプリントを無視し、その他のビジネス領域を重視しており、特にITとクラウド消費は、他のより直接的に汚染を引き起こしているビジネス領域と比較して無関係であると見なしていました。

しかしクラウドサービスの成長に伴い、産業界やメディアは、データセンターのカーボンフットプリントについて、より声高に主張するようになってきました。データストレージやコンピューティングリソースに対する尽きることのない需要に応えるために、どれだけの電力や水が消費されているかに重点が置かれています。多くの企業が自社の小規模データセンターを閉鎖し、クラウドに集約している昨今、このような動きが起こっているのは理にかなっています。事業規模の発電所の排出量に対処するほうが、個々の工場の自家発電所や非常用発電機に変更を加えるよりもより大きな効果があるように、多くの小規模データセンターからクラウド事業者が運営する巨大なデータセンターにワークロードを集約することで、クラウド事業者が実施する全体的な効率向上は、それがわずかであっても、より大きな影響を与えることができます。

クラウドを構成するデータセンターは、全世界のエネルギー消費の約1～4%にのぼると報告されており、これは航空など他の業界を大きく凌駕し、10年以内に10%まで高まると予想されています。さらにデータセンターは、水を大量に消費しており、水蒸気の形で排出物を生み出します。2021年のNBCニュースのインタービュー（https://oreil.ly/q95FV）において、テキサス工科大学水資源センター長のVenkatesh Uddameri教授は、「典型的なデータセンターは、1日あたり約300万～500万ガロンの水を使用します。これは3万～5万人規模の都市と同等です」と語っています。

2022年の『Time』誌の記事では、「Googleは、水の使用量を企業秘密と見なしており、企業の消費量を公開している公務員でさえ、その情報の公開を禁じられている。しかし、地元の電力会社と自然保護団体との法廷闘争を通じて、情報が漏れ出すことがある。オンラインで公開されている公的記録や法的提出書類によると、Googleは2019年だけでも3つの異なる州でデータセンター用に、23億ガロン以上の水の使用許可を申請もしくは取得している」と報じています。

企業が自社のデータセンターから離れ、クラウド消費が爆発的に増加するにつれて、持続可能性

対策もそれに追随する必要があるのです。

19.1 クラウドの炭素排出量とは何か？

デジタルカーボンフットプリントを管理し削減するためには、関係者全員が、炭素排出量とは何か、そしてその測定方法について共通の理解を持つ必要があります。持続可能性に関してはその分野に固有の専門用語が使われますが、そのほとんどは本書では扱いません。これらの用語の一覧とその意味の説明は、FinOps Foundationのウェブサイトを参照してください（https://www.finops.org/assets/terminology/）。本章で重要なことは、温室効果ガスとは何か、そしてカーボンレポートによく見られる測定単位はどのようなものかを理解する必要があるということです。

温室効果ガス

温室効果ガスは、大気中の熱を吸収して再放出する、大気中の気体のことです。一般的に、大気中のこれらの気体が多ければ多いほど、地球は高温になります。温室効果ガスには、二酸化炭素（CO_2）、水蒸気、メタン（CH_4）、一酸化二窒素（別名：亜酸化窒素、N_2O）、オゾンなどが含まれます。

CO_2e

CO_2eは二酸化炭素（CO_2）の表記と混同されがちですが、**二酸化炭素換算（CO_2 equivalent）**のことであり、すべての温室効果ガスを1つの標準化された指標に換算したものです。各種ガスの地球温暖化係数を利用して、二酸化炭素が環境にもたらす影響に相当する量に変換します。CO_2eは、すべての温室効果ガスを合わせた影響を表す単一の指標を提供します。

CO_2eは、CO_2eq、CO_2-e、CO_2equivalent、CDEなど、異なる方法で表記される場合があります。

ネットゼロ（正味ゼロ）

組織活動により生じる総排出量が、炭素排出量を削減する施策により相殺された状態を示しています。排出量は組織によって削減され、測定され、そして相殺されるべきです。ネットゼロについては、Science Based Targetsのウェブサイトで詳しく読むことができます（https://sciencebasedtargets.org/net-zero）。

組織が責任を負う総炭素排出量は、**スコープ1、2、3**と呼ばれる3つの分類に分けられます。3つのスコープとは、企業が自社の事業活動や、より広範な**バリューチェーン**（供給業者や顧客など）が排出するさまざまな種類の排出量を分類するものです。この名称は、世界で最も広く使用されている温室効果ガス算定基準である「温室効果ガスプロトコル」に由来します。

すべてのスコープを網羅した温室効果ガス排出量の完全な明細を作成することで、企業はバリューチェーン全体にわたる排出量を把握し、削減機会の最大化に努力を集中させることができるようになります。これは極めて重要なことです。なぜならIT業界はこれまで、3つのスコープにおける排出量の全体像を把握することなく、電力のみを炭素排出の主な排出源として重点を置くという過ちを犯してきたからです。

19.2 スコープ1、2、3の排出量

基本的に、スコープ1と2は企業が所有または管理している排出量であり、スコープ3は、企業活動の結果ではあるものの、企業が所有または管理していない排出源から排出される排出量です。

スコープ1の排出量

企業が直接所有または管理している排出源からの排出量です。例えば、オンプレミスのデータセンターの発電機でディーゼル燃料を燃焼させる場合などが含まれます。

スコープ2の排出量

企業が購入、使用するエネルギーが生産されるときに間接的に排出される排出量です。これは、購入して使用するエネルギーが生成された際のものです。例えば、オンプレミスのデータセンターにおいて、そのデータセンターへの電力供給のための発電時の排出量が、この分類に含まれます。

スコープ3の排出量

企業自身によって排出されたものでも、所有または管理している資産からの活動の結果でもない、企業が間接的に責任を持つ排出量です。これには、バリューチェーンの上流や下流の排出量を含みます。例えば、供給業者から製品を購入、使用、廃棄する場合が挙げられます。スコープ3の排出量には、スコープ1と2に含まれないすべての排出源が含まれます。スコープ3には、皆さんが使用しているクラウド事業者の排出量の100%が分類されます。

クラウド事業者が自身のスコープ1、2、3の排出量について語るとき、排出量の分類について混乱が生じやすくなります。しかし単純化すれば、クラウド（またはアウトソーシングサービス）事業者の観点から見たスコープ1、2、3の排出量の100%が、その事業者に対するあなたのスコープ3の排出量となります。それは図19-1に示す、入れ子人形のようなものだと考えることができます。

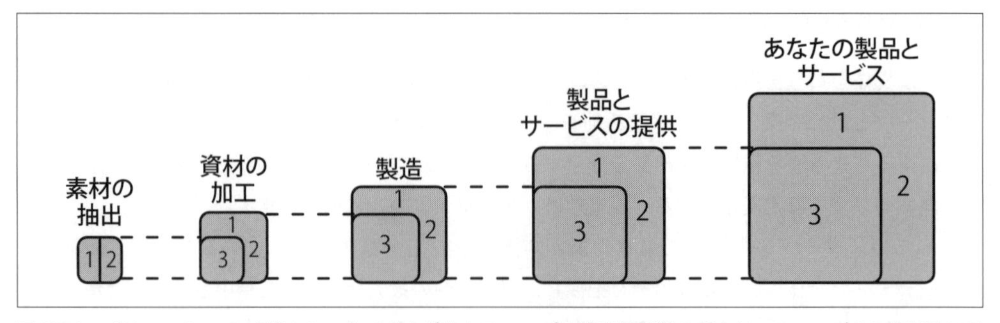

図19-1 バリューチェーンを進むにつれてさまざまなスコープの排出量が積み重なり、スコープ3の排出量に反映されていく様子

19.3　クラウド事業者は環境に優しいのか？

これには2つの見方があります。一方では、クラウド事業者はその性質上、できる限り効率的に運営しようとする傾向があります。これは単に、クラウド事業者にとって効率化と利益の最大化を意味するからであり、これには何も問題はありません。平均的なクラウド事業者のデータセンターは、電力や水といった貴重な資源の使用を抑制する最新かつ最高の技術を駆使しており、ほぼすべてのオンプレミスのデータセンターよりもあらゆる点で優れています。

ほとんどのクラウド事業者は再生可能エネルギーをできる限り使用していますが、これだけでは全体の排出量に顕著な影響を及ぼすには十分ではありません。クラウド事業者が再生可能エネルギーを使用しているという事実自体が、彼らが環境に優しい、あるいはネットゼロであるということを意味するものではありません。

一方、多くのクラウド事業者は主に、スコープ1および2に注目しています。しかしスコープ1および2に関連する排出量の問題は、それらが全排出量のごく一部でしかないということです。はるかに大きなスコープ3の排出量を考慮に入れると、様相は全く異なってきます。多くの場合、スコープ3はスコープ1および2よりもはるかに大きくなります。Microsoftのホワイトペーパー『A New Approach for Scope 3 Emissions Transparency』（スコープ3排出量の透明性の新しいアプローチ、2021年）によれば、Microsoftの2020年の排出量1,600万トンのうち、1,200万トンがスコープ3であったと報告しています。

クラウドサービス事業者が炭素排出量の3つのスコープすべてについて、より明確かつ包括的な報告を提供し始めるまで、クラウドがどれほど環境に優しいのかという質問に真に答えることは難しいでしょう。

主要なクラウド事業者は自社の排出量の報告において異なるアプローチを取っており、その成熟度も異なります。これまでのところ、クラウドの持続可能性に関する報告の発展は、5章で解説したクラウド請求データの略史の中で私たちが見てきたクラウド請求データと、同じ道をたどっているようです。当初は非常に要約され更新頻度の低い報告でしたが、より詳細で更新頻度の高い、アクセスしやすいデータセットへと向かいつつあります。真の持続可能性の測定と最適化に必要なデータセットが得られるようになるまでに、同じような年月がかからないことを願うばかりです。

残念ながら、主要なクラウド事業者から発表されている現在の炭素排出量に関する報告は、一貫した方法論と完全性に欠けており、不透明なものです。例えば本書の執筆時点で、この分野におけるAWSとGoogleからの報告はスコープ1と2の排出量のみを対象としており、スコープ3は無視されています[*1]。このため、Azureだけが3つのスコープすべてにわたる炭素排出量を報告している事

＊1　訳注：2024年12月現在（日本語版への翻訳時点）、スコープ3の排出量にも対応しています。
https://sustainability.aboutamazon.com/
https://sustainability.google/reports/

業者となり、各事業者の使っている炭素データは、平均値だったり、年代が異なったりしており、統一されていません。

主要なクラウドサービス事業者からの最新の報道発表を読むと、上位3位のクラウド事業者はなんらかの形でカーボンレポートを提供しているため、クラウドのカーボンフットプリントの測定は解決済みの問題であると思われるかもしれません。これは正しい方向への一歩ではありますが、クラウドのカーボンフットプリントの持続可能性を理解するには、まだ多くの問題に取り組む必要があるのです。

19.3.1 アクセス

主要なクラウドサービス事業者は、持続可能性に関するツールや炭素使用量報告書を発表していますが、その他のクラウド事業者の多くは、持続可能性に関するデータを提供する機能を持たないか、クラウドの利用者からの求めに応じて監査を実施するための契約費用を要求しています。持続可能性に関するデータの更新頻度は、都度（要求に応じて）から月次までさまざまです。データ自体は、PDFレポート、クラウドプラットフォームのウェブインターフェースを介してアクセス可能なカスタムダッシュボード、または限られた事例では、独自の分析レポートで使用するためのAPIデータのいずれかを通じて提供されます。

利用可能なデータとアクセス方法が標準化されていないため、サードパーティーベンダーのプラットフォームが提供する持続可能性に関する機能は限られています。オープンソース分野の選択肢の1つは、Cloud Carbon Footprint（https://www.cloudcarbonfootprint.org/）と呼ばれるアプリケーションです。Cloud Carbon Footprintは、クラウドサービス事業者の請求データとクラウドサービス事業者によって提供される持続可能性に関するデータを使用します。そして収集したデータから、クラウド使用量に対するカーボンフットプリントの推定値が生成されます。このアプリケーションは、報告の問題に対する革新的なアプローチであり、興味深い視覚化手法を提供しますが、（クラウド事業者によって提供されるデータを含む）利用可能なデータと計算方法の妥当性、成熟度に依存していることを、念頭に置いておく必要があります。

19.3.2 完全性

クラウドサービス事業者が提供する持続可能性に関するデータの完全性について理解しようとすると、さまざまな困難に直面するでしょう。データを理解するうえでの難しさの多くは、クラウドサービス事業者がカーボンフットプリントを計算するために使用している方法に起因します。スコープ3の欠落については前に述べましたが、クラウドサービス事業者が提供するすべてのサービスが報告に含まれているわけではなく、計算には大量の平均化が適用されています。平均化に伴う問題は、異なる地域、データセンター、または個々の製品について、誤解を招きかねないカーボンフットプリントを提示してしまう恐れがあることです。例えば、低炭素のインスタンスと、比較的非効率的で老朽化したその他のインスタンスが、同じカーボンフットプリントのように見えてしまうかもしれません。現在、一部のクラウドサービス事業者は、クラウド支出を炭素排出の影響を表す直接的な代替手段として使用することを提案していますが、これは不正確です。より高価であるほど炭素排出量が多いとは限りません。

提供されるデータの信頼性を高めるには、クラウドサービス事業者は、すべてのクラウドサービスを網羅し、計算方法や対象となる温室効果ガスについてより情報を公開し、平均値の使用を減らす必要があります。

19.3.3 粒度

クラウド事業者により提供されるデータのほとんどは、国や地域ごとに集計されています。そのため、あるクラウドサービスをどのリージョンにデプロイするのがよいか、持続可能性の観点から判断することはできません。現在、どのクラウド事業者も、クラウドリソースのレベルで真に正確な炭素データを提供しておらず、代わりにクラウドサービス事業者のサービスごとの総炭素排出量として、要約したデータを提供しています。リソースレベルのデータがなければ、どのリソースタイプが他よりも効率的なのか判断できません。例えば、リージョン内で特定のロケーションが持続可能性や炭素効率に優れるのか劣るのかを特定することは不可能であり、リージョン間や場所間でインスタンスやサービスを比較することは、どのような精度であってもできません。

現在のところ、クラウドサービス事業者は、すでに提供しているクラウドコストの見積もり機能のように、排出量の見積もりができる機能は提供していません。ワークロードの想定排出量を事前に見積もる方法がなければ、組織がその影響を知る唯一の方法は、実際にサービスを展開してみて、最新のカーボンレポートを待つことになってしまいます。

完璧を追求することが進歩の妨げになってしまわないようにしましょう。今日、クラウドサービス事業者から入手できる持続可能性に関するデータには、改善の余地がたくさんあります。しかし適切なデータがすべて揃うのを待っていては、組織は、クラウド導入を持続可能性に基づいて最適化し意思決定するために必要な文化とスキルの育成を妨げるだけです。

19.4 エンジニアとの持続可能性に関する提携

新たな傾向として、FinOpsと関連しているもののFinOpsとは異なる、GreenOpsの実践があります。GreenOpsの目標は、エンジニアをクラウドの持続可能性に関与させる実践を作り上げることです。GreenOpsとは、クラウドの導入や、データセンター、インフラストラクチャプラットフォーム、ソフトウェア開発など他のIT分野の持続可能性を高めるために、組織が推進する実践を表す用語です。

AWSがWell-Architected Frameworkに最近加えた拡張では、持続可能性に関する共有責任モデルについてその概要を説明する、持続可能性の柱を導入しています。これに着想を得て、2つの重要な違いを説明するために、図19-2が作成されました。「**クラウドの持続可能性**」と「**クラウドにおける持続可能性**」です。前者は事業者（Microsoft、Google、Amazonなど）に、後者は消費者である皆さんに責任があります。

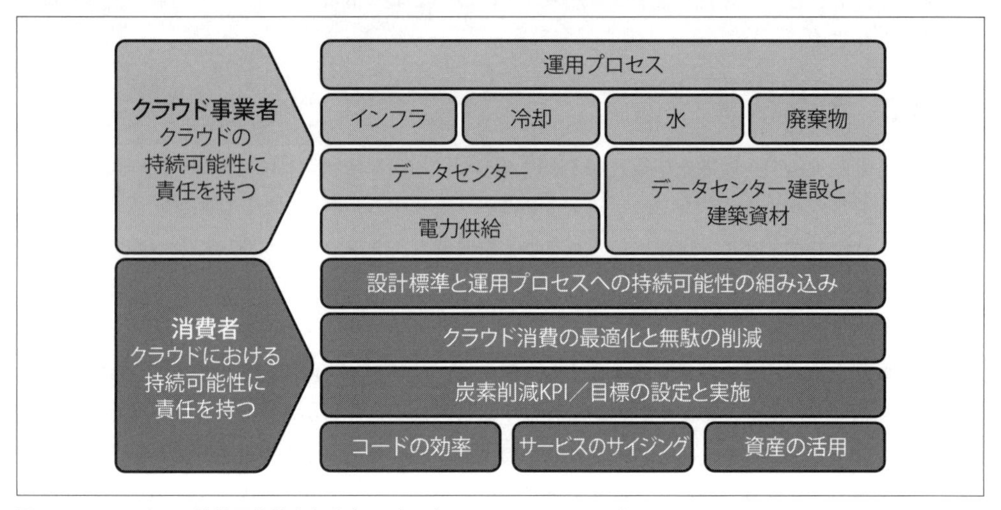

図19-2 クラウドの持続可能性責任共有モデル（Mark Butcherによる）

クラウドにおける持続可能性は、持続可能なクラウド戦略の重要な要素であり、基本的にはFinOpsの原則と直接合致しています。端的に言えば、持続可能性を**非機能要件**（**NFR**）としてIT組織全体に浸透させ、アクセシビリティ、セキュリティ、パフォーマンス、コスト、可用性といった他の領域と並ぶ重要な考慮事項とする必要性を述べています。

クラウド内でリソースをデプロイする際に常に最も持続可能な決定をすることができるとは限りませんが、少なくとも持続可能性を考慮すべき重要な基準とし、決定を文書化し記録することが重要です。1章で述べたように、プリウス効果は、使用状況に関する情報が目の前にあるときに、最適化するための適切な決定を下すのに役立ち、それが正当な場合には、より多くの支出や使用を明示的に行うことを可能にします。

19.5 FinOpsとGreenOpsの相乗効果とは?

さまざまな理由から、持続可能性の実現には、FinOpsですでに行っていることにもう1つの指標を加える必要があります。その狙いは、組織の意思決定にコストの影響という観点を加えてきたのと同様に、環境への影響という観点を加えることです。これは、FinOpsの実践者が新たな

GreenOpsの実践者になることを示唆しているのではなく、コストデータを意思決定プロセスに取り入れる作業の多くは、炭素データを用いたGreenOpsでも同様に繰り返される必要があることを示唆しています。

> コスト最適化を目的として綿密に調整されたFinOps戦略は、GreenOpsをも同様に拡大するでしょう。その逆もまた真であり、GreenOps戦略はワークロード効率にプラスの影響を与え、結果としてコスト削減につながります。
>
> ——Bindu Sharma, Senior Manager of FinOps at Guidewire,
> FinOps X 2022における講演より（https://oreil.ly/YLoaz）

あなたの組織が災害復旧環境をどのリージョンに構築するかを検討する際の、意思決定プロセスを少し想像してみてください。エンジニアの観点からは、ネットワークレイテンシー、目標復旧時点（RPO）、目標復旧時間（RTO）を考慮に入れるでしょう。エンジニアリングの指標は、災害発生時の顧客影響を考慮しています。FinOpsは異なるリージョンでの運用コストの違いという観点をもたらし、ビジネスが財務を考慮した決定を下せるようにしました。そして今、GreenOpsは、検討されているリージョンの環境影響と炭素コストの観点をもたらし、組織の持続可能性目標にどのような影響を与えるかの助言を提供します。

FinOpsがエンジニアリング上の意思決定にコストデータを取り入れるために取り組んできたすべてのことと同様に、GreenOpsも持続可能性に関するデータについて同じことを行う必要があります。GreenOpsを導入するチームは、既存のシステムやプロセスに必要な変更を加えるために、誰とどのように協力すべきかを考えるのではなく、FinOpsチームと提携して知識を共有し、場合によっては持続可能性に関するデータの展開を支援することを検討すべきです。

FinOpsが組織内へのGreenOpsの定着を支援することは、相互に利益をもたらします。多くの従業員は環境に深く関心を寄せており、持続可能性に関するデータは、FinOpsの最適化を促進する側に行動の天秤（3章に記載）を傾ける、必要な動機付け要因となり得ます。

> 現在のフットプリントの基準を構築しましょう。自分が立てている仮定をすべて文書化し、空白がある場合には明確にします。各チームの行動が組織の炭素排出量にどのような影響を与えているのか、その説明責任を果たす文化を促進するために、持続可能性に関する運営グループを立ち上げることを検討しましょう。基準値ができれば、削減可能炭素量の評価を始めることができます。炭素の無駄遣いが頻発している箇所を評価し、変革を始めるためのロードマップとともに、改善文化を構築しましょう。
>
> ——Mark Butcher, Founder, Posetiv Cloud,
> FinOps X 2022における講演より（https://oreil.ly/YLoaz）

通常、持続可能性を実現するには企業に追加の費用がかかる可能性がありますが、確立された

FinOpsの実践により、クラウドのコストを削減しながらクラウドのカーボンフットプリントも削減することができます。FinOpsとGreenOpsの世界は、不要または最適化されていないリソースの使用量を削減することでクラウドの無駄を省くという点において、明らかに一致しています。クラウドネイティブやサードパーティーのSaaS型FinOpsプラットフォームの進歩により、十分に利用されていないEC2をひと目で見分けることができます。より見分けるのが難しいのは、例えば、EC2が持続可能な方法で展開されていないといったことです。FinOpsは、クラウド内のリソースを最適化するだけでなく、クラウドの使用に関するプロセスと実践を最適化するために、GreenOpsと連携することができます。ワークロードを展開する際には、リージョンやリソースタイプを選択する際の意思決定プロセスにおいて、コスト、パフォーマンス、セキュリティなどの他の重要な基準と同様に、持続可能性を考慮することが重要です。そのためには例えば、Electricity Maps（http://www.electricitymaps.com/）など炭素強度に関するほぼリアルタイムな標本値群を見つけることができる情報源から炭素強度メトリクスを確認するなど、クラウド事業者以外の情報源を確認することが必要になるかもしれません。

少なくともFinOpsチームは、GreenOpsチームが確立され、組織のさまざまな利害関係者とより良い関係を築くことができるように支援することができ、分類法、タグ付け、報告方法を共有することができます。FinOpsチームが、ITAM（IT Asset Management）、SAM（Software Asset Management）、セキュリティ、TBM（Technology Business Management）といった既存のグループに、報告を一元化するための支援を求めたのと同様に、GreenOpsを推進させるためにその恩に報いるときが来ました。GreenOpsチームとの連携を開始するには、25章を参照してください。そこでは、関連する技術フレームワークと連携する方法について、一連の考え方を示しています。

19.6 GreenOpsによる改善

FinOpsの観点から見ると、コスト削減の達成を目指すにあたってまず取り組むべきよく知られた領域がいくつかありますが、GreenOpsについても同様のことが言えます。以下の一覧は網羅的なものではありませんが、サービスのコスト効率と持続可能性の両方を確保したいと考えているすべてのFinOps専門家にとって、良い出発点となるでしょう。

- サイズが大きすぎるコンピューティングインスタンス
- 実行したまま孤立したインスタンス
- 古く非効率なインスタンスで稼働しているサービス
- サイズが適切でないマイクロサービス
- 終了されていない、あるいは開発環境が稼働したままになっているコンピューティングインスタンス
- ストレージスナップショットの過剰な保持

- 間違ったストレージ階層に保存されたデータ
- 間違ったリージョン／アベイラビリティゾーンで稼働しているサービス

この一覧は氷山の一角にすぎず、明らかにこれらの他にもたくさんあります。しかし重要な第一歩は、現在の状況を評価し、実際の指標に基づいてサービスを最適化するための、合理的な期限付きKPIを設定することです。また、エンジニアリングチームと協力してコードを最適化するためにできることもたくさんあるでしょう。そうすることによって、優れた利点が得られる可能性がありますが、それには明らかに多くの検討、計画、そしてエンジニアリングの時間が必要になります。自動化（22章参照）はこれらの無駄な領域の管理に役立ち、FinOpsのみならず、GreenOpsにも利益をもたらします。

19.7　GreenOpsの妨げとなるFinOpsの回避

FinOpsのすべてのケイパビリティがGreenOpsの目標と一致しているわけではなく、実際にはGreenOpsの目標に反して積極的に作用するものもあります。例えば、**料金の最適化**にしろ、費用の節約のためのクラウドリソースのコミットにしろ、炭素排出量の削減にはつながりません。コストと持続可能性は異なる方向に向かう可能性があります。十分に利用されていないリソースにコミットメントを適用して料金を低減させることは、クラウドのコスト効率向上につながるかもしれませんが、クラウド使用量を削減し、ひいては炭素排出量を減らす力を制限してしまうかもしれません。未使用リソースの料金の低減は、コストを削減するかもしれませんが、そのリソースをオフにするのではなくそのままにしておくことを促すことにつながりかねません。これでは、実際には必要ないかもしれないクラウドリソースによる炭素排出量の削減を妨げることになりかねません。

クラウドサービスを運用するリージョンを比較するとき、コストと持続可能性は必ずしも一致しません。表19-1は、異なるGoogle Cloudリージョンで運用される、単一のe2-highcpu-32コンピューティングリソースの比較を示しています。このデータは、Google Cloudの価格情報のページ（https://oreil.ly/IKmCC）と、Google Cloudのカーボンフリーエネルギーのページ（https://oreil.ly/NAiM3）から引用しています。表19-1に記したリージョンを純粋に価格だけで比較すると、アイオワ、サウスカロライナ、コロンバス、オレゴンはすべて月額578ドルと同額です。そこでコストに加えて持続可能性を考慮すると、リージョン間の選択はアイオワとオレゴンが有利になり、サウスカロライナはグリーンエネルギーの使用量が最も少ないことがわかります。この表はまた、国全体の平均を用いることの問題も浮き彫りにします。グリーンエネルギーの割合は平均54%であるにも関わらず、実際には9つのリージョンのうち5つで54%未満です。

表19-1 Google Cloud内の単一のe2-highcpu-32インスタンスが使用するグリーンエネルギーと価格の比較

リージョン	ロケーション	グリーンエネルギーの割合	月額
us-central1	アイオワ	97%	$578
us-east1	サウスカロライナ	25%	$578
us-east4	北バージニア	64%	$651
us-east5	コロンバス	64%	$578
us-south1	ダラス	40%	$682
us-west1	オレゴン	88%	$578
us-west2	ロサンゼルス	53%	$694
us-west3	ソルトレイクシティ	31%	$694
us-west4	ラスベガス	21%	$651
平均		**54%**	**$631**

世界的な観点から見れば、この問題はより明らかになります。本書の執筆時点では、ノルウェーの電力の炭素強度は31g-CO2e/kWhであるのに対し、米国北バージニアでは620gであり、その差は20倍にもなります。

純粋に財務上の影響に基づいてサービスを運営するリージョンを決定すると、GreenOpsの持続可能性の目標に悪影響を及ぼす可能性があります。持続可能性のトレードオフを行う際には、コストと持続可能性のバランスについて共通の合意を目指しましょう。グループ間の合意形成により、エンジニアリングチームと協力し、衝突を避けることができるようになります。

19.8 本章の結論

本章では、GreenOpsのような持続可能性の実践がFinOpsとどのように交わるのか、簡単に説明しました。持続可能性への世界的な注目が高まるにつれ、FinOpsチームとクラウドの持続可能性に焦点を当てたチーム間の連携が重要になると、私たちは信じています。そしてこれら2つの分野の連携によって、コストと排出量の両方を考慮した効率化が可能になるでしょう。

要約：

- 持続可能性は、政府、顧客、従業員など、さまざまな関係者によって推進され、組織にとって非常に重要なものになりつつある。
- クラウドは従来のオンプレミスプラットフォームよりも環境に優しい可能性があるものの、必要なデータがすべて揃わなければ、実際にクラウドがどれだけ持続可能かを判断することはできない。
- 既存のFinOpsの実践は、同様の改善手順、報告方法、部門横断の連携を活用することで、組織におけるGreenOpsの成功を支援することができる。
- 持続可能性に関するデータの粒度を細かくすることで、クラウドの導入にあたり持続可能な選択をするように、FinOpsがチームを支援できるようになる。

- 現在利用可能なデータの限界を受け入れ、まず動き出す。良い影響を与え始める前に完璧を待つことは避ける。
- 持続可能性は、FinOpsの実践者が組織全体でより幅広く関与する機会を提供し、FinOpsの改善活動をあと押しする新たな手段として機能する。
- FinOpsの会話において、コストとともに持続可能性を指標として考慮する。
- DevOpsやエンジニアリングなど他のチームとの会話で持続可能性を活用し、効率化と最適化の文化を促進する。

これで本書のOptimizeフェーズは完結です。この時点で、組織でどのような最適化が可能かを把握し、達成したい目標が設定されているはずです。第4部では、目標を達成するために必要なプロセスを構築する、FinOpsライフサイクルのOperateフェーズについて解説します。

第4部
Operateフェーズ

本書の最後の部では、プロセスの実装や自動化により行動を起こす、FinOpsライフサイクルのOperateフェーズを取り上げます。また、組織全体でFinOpsを加速させるパートナーシップの構築についても詳しく説明します。最後に、FinOpsの究極の姿であるデータ駆動型の意思決定について、そしてFinOps成功の秘訣を説明します。

20章

Operateフェーズ：ビジネスゴールへのチームの適合

目標を達成するためには、行動のためのプロセスが不可欠です。FinOpsのOperate（実行）フェーズでは、前の2つのフェーズ（Inform、Optimize）で特定されたさまざまな要素を支持、強化することになります。

本章では、プロセスについてより広範に見ながら、プロセスが自動化を可能にするばかりでなく、組織がFinOps目標を達成するために役立つことを確認します。

20.1 目標の達成

Optimize（最適化）フェーズで設定された目標に向けて、Operateフェーズでは行動に移ります。Operateフェーズでは新たな目標設定は行われず、ビジネスケースとコンテクストに基づき、これまでのフェーズですでに設定された目標に取り組むため、意思決定や計画実行を行います。

必要ない時間帯にリソースをオフするというアイデアを例にとり、正しい実行順を考えてみましょう。**Inform（可視化）フェーズ**では、停止することが有益と思われるリソースを特定します。続く**Optimize（最適化）フェーズ**では、節約可能額を計測し、この指標をもとにして目標とする節約額を設定します。そして**Operate（実行）フェーズ**では、リソースの停止・再開のプロセスを定義し、この新たなプロセスがリソースに適用される可能性を高めるためには自動化を有効にすることもあります。全組織を横断して適用可能なプロセスを定義し、スケーラビリティや複製を導入するのもこのフェーズです。

Operateフェーズが必ずしも行動へとつながるわけではありません。Optimizeフェーズでは最適化の機会を特定し、アクションに向けたミニビジネスケースをつくるのに対して、Operateフェーズでは行動を実行するか、あるいは実行**しない**かの決定に至ります。

> 大半の情報は重要ではありません。無視してもよい情報を知ることが、時間を節約し、ストレスを軽減し、意思決定を改善します。
>
> ——Shane Parrish, Farnam Street

ライフサイクルを反復するたび、新たなゴールに焦点が当たり、そのゴールを達成するための新たなプロセスと自動化が構築されていきます。プロセスの構築を通じて、達成したいゴールがさらに明らかになることもあるでしょう。そうした場合は、新たなプロセスでの目標を正確に計測・設定するためにInformフェーズやOptimizeフェーズに戻る必要があります。変化を正確に計測するには、ライフサイクルの反復を小さく、また素早くとどめることが肝心です。

20.2 FinOpsチームの人員確保と拡張

3章で触れたように、チームを社内で編成するため、多くの企業・組織が経験豊富なFinOpsの実践者を雇用するようになります。しかしながら、この領域での新規求人は近年爆発的に増加しており、転職活動中のFinOps経験者の総数を大きく上回っています。IDCの推計（2022年）では、すでにFinOpsチームが存在しているか、構築中のエンタープライズ企業は60％にのぼります。熾烈な人材獲得競争があることでしょう。

多くの企業や組織がFinOpsチームの立ち上げ・拡張をまずFinOpsコンサルタントに頼るのは、FinOpsトレーニングによって内部の人材のスキルアップを図ると同時に、外部人材を引き付けたいと考えているためです。Accenture、Delotte、EY、KPMG、PwCなどの主要なグローバルコンサルティングファームや大手会計事務所、またHCL、SADA、SoftwareONE、Virtasantといったシステムインテグレーターは、FinOpsの事例を喧伝しています。

ただし、それらの事例は成熟度や規模にかなりばらつきがあるため、事例の公開者がFinOps認定サービスプロバイダー（https://oreil.ly/nmDcx）として認証されているか否か、また、在籍しているFinOps認定プロフェッショナル（https://learn.finops.org/）の人数を確認しましょう。

20.3 プロセス

ライフサイクルループを初めて実行する際、たいていの組織は現在のコストを理解することに焦点を当てます。持っているアカウントを把握するプロセスの構築や、請求の構成について特定すること、また、より高度なケイパビリティ（完全なチャージバックやコンテナレポートなど）を実現するために支出分析ツール（クラウドサービス事業者の提供するネイティブツール、もしくはサードパーティーのFinOpsプラットフォーム）を導入することなどが、現在のコスト理解のためのステップに含まれます。

その後、組織の最重要目標に従って構築したプロセスを推進します。コストに敏感な組織にとっての最重要目標はコスト効率に焦点を当てたものになるでしょうし、イノベーションの速度を重視する組織であればイノベーションを加速できるような目標を立てるでしょう。

FinOpsの成功事例を生むには多くのプロセスが相互に作用します。自動化はプロセスに従います。

自動化を構築する前に、その自動化が従うべきプロセスを構築することが必要です。

プロセスの責任を誰が負うのか（「オーナー」）、組織内のどの部門がプロセスに従わなくてはならないのか、そのプロセスはいかなる組織目標に貢献するのかを定義することが重要です。明確に定義された運用モデルでは、スタッフに求められることがシンプルに示されます。

サードパーティーの自動化ツールを採用する場合は（21章参照）、プロセスの実行方法を明示するようにツールが求めることもあります。ツールを使用する場合は、定義されたプロセスをツールに合わせて調整する必要が生じることもあります。

以降、新しいプロセスにアイテムを追加する方法（**オンボーディング**）、チームからの期待（**責任**）、プロセスに従うべきタイミングやその結果得られる成果をチームに通知する方法（**可視性・通知**）、そしてプロセスに従って動き始めること（**行動**）、と順を追って、プロセスを説明します。

20.3.1 オンボーディング

状況は常に変わるものです。クラウドを使用している場合はなおさらです。既存のクラウド構成を増やすこともあれば、企業の合併が起きることもあるでしょう。クラウドの利用増加に伴って何が変化するのかを、いかなるプロセスも明確に定義する必要があります。さもないと、現在は機能しているプロセスもすぐに機能しないようになってしまいます。現在のことだけにとらわれず、何が将来起こりうるかを想定し、将来アップデートしなくてはならないのはプロセスのどの部分かを事前に考えておくことが、来るべき変化とその先の成功への備えとなることでしょう。プロセスを実行することになるチームからの賛同は、その行動が必要になるよりも前に取りつけておき、また、習熟するにつれてプロセスが変化し得ることも理解させておきましょう。新しいプロセスが達成しようとする目標と成果を、チームに伝えてください。

コラム：雲の上から（Mike Fuller）

Atlassianでは、クラウドの新たなアカウントを立ち上げる際の具体的なプロセスが存在します。これらのプロセスは、その新しいアカウントを既存の請求構造の中に追加する方法や、FinOpsツールを新たなアカウントに追加する方法を定義しています。アイドルリソースの管理やライトサイジングのレコメンデーションが可能になるよう、ガバナンスツールもアカウントに接続されます。アカウントで購入されたRIも、FinOpsチームの中央管理のもとに置かれます。このようなガバナンスによってアカウント管理方法が標準化され、個別のチームでRIを管理する必要がなくなり、次第に節約できる額も大きくなります。FinOpsの実践に習熟していくにつれてガバナンス対象となるアイテムも進化します。例えばAtlassianでも、Trusted Advisorでのコンピューティングの最適化からCompute Optimizerのレコメンデーションを用いるように変わりました。この変化によって、基本的なコンピューティングを超えてより多くのクラウドサービスをカバーできるようになったのです。ガバナンスの責任を負う中心チーム（FinOpsチーム）は、管理すべき規模が一段階大きくなったときでも扱えるように、より良いツールをコンスタントに提供しています。

20.3.2 責任

それぞれのプロセスにオーナーを割り当てる必要があります。誰が何を、いつ、どのように行うかを明確に定義することによって、プロセスは効果的なものとなるのです。特定のプロセスの実施頻度が毎日なのか、毎週なのか、毎月なのか、あるいはその他のなんらかの頻度なのかをチームが理解していなくてはなりません。また、FinOps実践者が行うプロセス（コミットメントの購入など）と、各チームで行われるプロセス（ライトサイジングや使用量の最適化など）があることを覚えておいてください。

チームに割り当てられる責任は、プロセスが成熟するにつれて増加します。何を、いつ行うべきかを自分たちは知らなかったとチームが主張してくるような可能性を減らすためにも、チームが負うべき期待が増加することを定期的に伝えることも必要でしょう。

FinOpsライフサイクルを反復するたびに、これらのプロセスを構築していきます。例えばコストの可視化を進める初期段階において、コストレポートを受け取ったときにチームに求められることは、せいぜいレポートに目を通すことくらいでしょう。次第に、閾値を超過したコストについて調査・説明がチームに求められるようになります。そしてさらに、目標未達成が見込まれる場合には、予算と予測の修正が求められるようになることでしょう。

つまり、FinOpsは時とともに成熟していくものなのです。よく練られたコスト配賦戦略や正確に予測された予算がまだ整っていないFinOpsライフサイクルの初期において、コストをチームに調査するよう求めることは不可能です。すべてのプロセスを一度に構築しようとすると、一つひとつのプロセスの影響を追跡できなくなってしまいます。プロセスを1回実行するサイクルに要する時間は最小限に抑えましょう。

写真スタジオや劇場の照明デザインの照明技師には、「**一度に動かす照明は1つだけ**」という行動原則があります。こうすることで、1つずつの変更による影響を確認して、さらに調整を加えるかを検討できるのです。本章で扱っているトピックについても同じことが言えます。もしライトサイジングまたはタグ付けに関するプロセスとリザーブドインスタンス（RI）やSavings Plansに関するプロセスを一度に変更してしまったら、どの変更が請求書に影響を与えたのか特定するのは難しくなることでしょう。

20.3.3 可視性

行動が行われる前と後の双方において、可視性（Visibility）の構築が不可欠です。Operateフェーズでは、可視性を担保するプロセスによって、必要な変更とすでに行われた変更を全員が意識するようになります。イベント発生に気づけるように自動生成したレポートやアラートを送るのは、可視性に関する最も一般的な運用プロセスです。

レポートは4章で定義したFinOpsの共通言語を使用して、明快で理解しやすいものであるべきです。すべてのスタッフがこうした専門用語に慣れるようにトレーニングやドキュメントが利用できるよう整備する必要もあります。アラートと異常検知は、問題が生じるより前にスタッフが対応できるよう、現在のメトリクスに基づく予測で生じるようにするべきです。アクションが必要となる時期を早期に特定するため、ターゲットラインに到達してしまうまで待つのではなく、近い未来の予測が重要です。支出の月末着地予想額に基づくアラート設定が可能なAWS Budgetsは、その良い例と言えます。

プロセスとコミュニケーション経路の重要度と洗練度は、時とともにいずれも増していくことでしょう。FinOpsチームは、開発部門・財務部門・事業部門とのコミュニケーションを通じて、各部門のより効果的な計画立案・意思決定に資する情報は何かを理解し、また、各部門の計画に関する情報を得ます。提供される情報の量や種類は次第に増加します。コミュニケーション方法の継続的な改善はFinOps実践者にとって重大なトピックとなるでしょう。

多くのFinOpsチームは、アプリケーションを構築・運用する技術部門との月次あるいは四半期ごとのミーティングを持つことから着手します。お互いの求めているものを理解していない中で行われる最初のミーティングは、ぎこちなかったり、居心地が悪かったり、いくぶん緊張感のあるものになることがあります。議論が続くにつれて、FinOpsチームはIT部門と協力するようになります。FinOpsチームはIT部門の意見を代弁し、IT部門がコスト理解・制御のために採用しているステップの良さを広める一方、事業部門のビジネスゴールや財務部門の求める要件についてのIT部門の理解を深めます。これらのミーティングでは、チームが検討するクラウドの複雑な決定について深く語られます。当初はしぶしぶ自部門のコストデータを持ってくるような姿勢だった参加者も、次第にコストを節約するアイデアを持ってミーティングに臨むようになります。

明確に定義された責任と役割を可視性に結び付けることによって、信頼が醸成され、部門間の連携がうまく機能するようになります。組織内のさまざまな部門との協働は、FinOpsチームが構築する必要のあるプロセスの1つです。ライトサイジングやコミットメントベースの割引プログラムの検討など、クラウドサービス事業者に焦点を当てたプロセスを構築する際、FinOpsチームを首尾よく運営するためのプロセスを見落とさないように注意しましょう。

20.3.4 行動

実際に何かが起こるのが行動（アクション）の段階です。新しいレポートの生成から実際のクラウドリソースのオン／オフまで、組織がFinOpsの目標を達成するための活動を含むプロセスが行動に移されるのが、この段階なのです。自動化の対象となりやすいのは、行動のプロセスです。15章でのライトサイジングに関する議論では、通常、FinOpsの中心チームによって生成されたレコメンデーションが、その後、各エンジニアリング部門へと渡され、エンジニア部門側ではそのレコメンデーションが妥当なものであればリソースの調査・調整が行われると述べました。ライトサイジングのレコメンデーションの生成方法や、またはエンジニアに期待されることに関するコミュニケーションについて明確なプロセスを欠いていれば、ライトサイジングはうまくいかないことも多いでしょう。

FinOpsの中心チームは、さまざまなFinOpsのケイパビリティの実行を洗練させていく方法についても、重要な情報源となります。組織が大規模だったり複雑であればなおさら、組織内での知識共有、プロセスリポジトリ、ツールは非常に有益です。スクリプト、プロセスドキュメント、ハウツー資料は、行動や意思決定の記録とログとともに、組織内の皆が利用できるように収集されるべきです。同一組織内においてもグループが異なれば、FinOpsライフサイクルの成熟度も段階も異なることを忘れないようにしましょう。だからこそ、うまく機能するプロセスを参照できる場所が明確になっている必要があるのです。

決定に至ったアクションが直接的なアクションであるとは限りません。ライトサイジングを行うことがぴったりのビジネスケースがあったとしても、中核スタッフが他の戦略的イニシアティブに集中しなくてはならない場合、ライトサイジングが実行可能ではないようなケースもあることでしょう。また、別のケースでは、クラウドアーキテクチャについて懸案中の決定事項があり、それ次第では検討中のサービスの需要を根本的に変える可能性があるような場合、コミットメントの購入を2週間延期するようなこともあるかもしれません。最適化の機会が常にアクションや具体的な節約につながるとも限りません。

しかし、そうした決定とその背後にある根拠を記録し、文書として残すことは同様に重要です。これによって、行動の記録を提供し、将来の決定を導くのです。

20.4　責任はいかに組織文化を促進するか

行動をとるチームを定義するプロセスは、異なるチームがどのように協力するかについての文化を構築するのにも役立ちます。各チームは、自分たちの貢献によってどのように組織の目標達成に近づけるのかを理解すべきです。自分たちの努力がいかに組織目標に貢献できているのかがわからないチームは、プロセスを遵守しないこともしばしばあります。

20.4.1　「アメとムチ」アプローチ

プロセスの遵守が生むプラスの効果を強調して報告することは、各チームがそのベネフィットを実現するために努力するよう促します。また、各チームが**遵守していない**プロセスを追跡・報告し、そのもたらす影響を測定することも重要です。貢献者リストと非協力者リストの作成も、組織の目標達成を助けることでしょう。こうした報告の組織内での共有方法を決定するのが組織文化です。成功はオープンに称賛する一方で、十分に努力していないチームを秘匿するような組織もあれば、非協力者リストを内部で公表するような組織もあります。

従来型のIT組織は、否定的な指標よりも肯定的な指標で動くのが典型ですが、パブリッククラウドとFinOpsの世界では大きく違う点が1つあります。無駄や好ましくない行動を止める権限を各チームが持っている点は、データセンターの頃とは全く異なります。すでに減価償却済みのストレージ・エリア・ネットワーク（SAN）のストレージ容量を無駄にしたことでチームを罰することは、ほとんど意味がありません。一方で、数クリックで終了できるにもかかわらず、使われていないまま何時間も会社に費用のかかっているリソースを強調して知らせることには意味があります。

使用量の最適化では、チームに変更を実装させることに問題が生じるのはよくあることです。チームにとって節約可能な額と、すでに他のチームが節約した額を示せることは、各チームをプロセスに取り組むよう説得するのに役立ちます。

エンジニアとの協働を生み、「**われわれとやつら**」的対立関係を避けるためにアメを用いるのがよいでしょう。残念なことですが、前述のような「**アメ**」が常に効果的であるとは限らないので、FinOpsチームの手引を遵守していないチームと協力する必要もあります。

支出が他のチームよりも顕著に多いと想定されるチームもあることに留意しましょう。そのため、支出額のみに基づいて「非協力者」を挙げることは生産的ではありません。チームAの支出額がチームBの支出額より大きいことが話題となることもあるかもしれませんが、チームAの支出額は予算どおりであるのに対してチームBは予算を超過していることを知ることのほうがもっと重要です。議論の的を重要な点に絞り、重要でない点の議論で時間を浪費しないことがFinOpsの共通言語づくりに役立ちます。

20.4.2 怠慢への対処

組織全体の成功には目標の達成が重要だというメッセージを組織内に広めることは、経営層にとって大事な仕事です。これを理解すると、各チームが自らの全体的なパフォーマンスを報告することに、より注意を払うようになります。十分なスピードを得るために支出を犠牲にしたいような場合は、経営陣層がそれを承認する必要があります。こうした例外も、その後予算に組み込むべきでしょう。

組織が支出しすぎていることを気にしないスタッフはめったにいません。つまり、FinOpsチームのアドバイスを遵守していないチームがいるようなときは、それらのチームには他の優先事項があることがほとんどです。チーム間での意見の衝突は、それぞれの優先事項を理解することによって回避することができます。

プロジェクト遂行の速度を、コストに増して重視することがあります。事業にとって、あるプロジェクトを早く終わらせることが全体的に市場優位性につながり得るということです。あるチームがデプロイしたものに問題がある場合、お金を節約するためにチームがその問題に対処するのを止めることは、事業の利益に反する可能性があります。

他のプロジェクトのタイムラインを遵守するため、FinOpsの目標達成に時間を割くことをためらっているチームメンバーがいるような場合、ロードマップの計画責任者が最適化のために具体的な時間を割り当てるか、予算編成担当者が、最適化に割ける時間がない状況を承知して、支出の増大を予算に反映するかのいずれかが必要です。

また、目標を超過してしまうことに正当な理由がある場合は、目標設定段階で詳細の検討がされなかった可能性があります。「非協力者」リストに載らないためには、目標設定段階に時間を使うことが重要です。

自分たちの目標に取り組むことを優先せず、かつ、必要な変更を行うことに後ろ向きなチームがいる場合、どうすればいいでしょうか？ そのときこそ、どの目標が設定されていないか、そしてチームを軌道に戻すために利用可能な機会は何かを、FinOps実践者がビジネスユニットの予算編成担当者にアドバイスするタイミングなのです。

20.5 Operate（実行）の具体例

アイドルリソースの除去による使用量の最適化の例を見てみましょう。FinOpsチームは、アイドルリソースを検出し、節約可能額を試算するプロセスを定義します。FinOpsライフサイクルのOptimizeフェーズで、FinOps実践者はアイドルリソースの量を測定します。

コスト回避できる見込みが15万ドルあると仮定し、そのうち5万ドルを節約目標額として設定するとしましょう。FinOpsチームは、責任を割り当て、エンジニアリング部門に何が期待されているかを明確に説明するプロセスを定義し、レコメンデーションに対してどれだけ迅速に対応することが期待されているか、および各チームが自分のリソースをプロセスから除外するために何をすべきかを説明します。FinOpsチームは、これらのアイドルリソースのレポートを作成し、当該リソースに責任を持つ部門に共有します。

アイドルリソースが除去されるにつれて、節約可能額は当初の15万ドルから減少します。エンジニアリング部門は、自分たちに割り当てられたレコメンデーションの件数も減少しているのを見るでしょう。どちらの結果も、チームの努力のインパクトを示すのに有益です。

プロセスを遵守しないチームがいる場合、当該チームに対するレコメンデーション件数と節約可能額は変わらないか、増えることさえあります。アイドルリソースを除去するプロセスを遵守することが重要であると繰り返し強調し、プロセスを適用していないチームに圧力をかけることが経営陣の仕事です。FinOpsチームは、目標を達成していないチームと協働し、どのように支援できるかを決定します。これは、24章で詳しく説明します。

5万ドルのコスト回避が達成されると、より野心的な新たな目標が設定されることでしょう。

20.6 本章の結論

目標の達成には、誰が何をいつまでにしなくてはならないかを明確に定義したプロセスがいかなる組織においても必要です。

要約：

- Optimize（最適化）フェーズで設定したゴールを達成するためのプロセスを組み上げるのがOperate（実行）フェーズです。
- FinOpsの成熟度アプローチがプロセスにも適用されます。すべてを一度に達成しようとしないようにしましょう。
- 少しずつの積み重ねでプロセスを構築することで、ゴールへの進捗が計測可能になります。
- 経営層による承認は、必要なタスクを完了していない部門を助けることができます。
- 社外のFinOps実践者と協働して、すでに他社で機能すると証明されたプロセスを採用しましょう。FinOps Foundationに参画したり、FinOpsを業務委託者に任せるか、経験豊富なFinOps実践者を雇用するかを検討しましょう。

自動化に適している多くのプロセスがあります。レポート生成とアラートは2つの主要な候補です。次章では、FinOpsにおいて自動化は明確に定義されたプロセスにのみ従うべきであることを説明します。

雲の上から（新井 俊悟）

2024年8月に来日して多くの日本企業を訪れた原著者J.R.は、「日本におけるFinOps受容はいまだ早期段階にあり、2017年の米国、2019年の英国の状況を思い起こさせる」と総括していました。さて、FinOpsは、本書で紹介されるままの形で受容されていくのでしょうか？ 本コラムでは、わが国の一般的な組織内外でFinOpsに関与することになるであろう人々について考察してみます。

本書6章「FinOpsの導入」では、FinOpsに関わる組織内のペルソナ（経営幹部のほか、エンジニアリング、ファイナンス、プロダクトなど）が整理されていましたが、社内に十分なエンジニアリソースもあり、エンジニアリング以外の部門にも高度な専門教育を受けたスペシャリスト（ファイナンス部門におけるFP&Aなど）がいるような、米国型の事業会社を前提としているように見えます。一方、わが国では、一般的に、社内に抱えるエンジニアリソースが十分でなく、システムインテグレーターなどの社外リソースと協力することも多く、また特に大企業では経営企画・戦略部門が組織内の重要プロジェクトを主導しているようなケースも珍しくありません。

本書で書かれているFinOpsの導入に際しては、組織やリソースに関して海外と日本では異なるということを意識する必要もありそうです。本章20.2節でもFinOpsチームの編成に際して、コンサルティングファームやシステムインテグレーターなど外部リソースの起用が触れられていましたが、日本ではそうした傾向がより強くなると見込まれ、(1) 内部リソースでの自走型(self-driven)、(2) 外部パートナーによる伴走型（partner-assisted)、(3) 外部パートナー主導型(partner-led）といったパターンに大別されるようになるのではと考えられます。

2024年11月にはFinOps Foundation Japan Chapterが発足し、国内事例や知見を共有するプラットフォームが整備されていきます。今後、わが国でどのようにFinOpsが受容されていくかも、FinOpsコミュニティで共有・議論されていくことになるでしょう。

21章 コスト管理の自動化

繰り返し実行する必要がある作業がある場合、自動化はその労力を取り除き、一貫性を維持します。FinOpsでは、自動化する機会が豊富にあります。本章では、一般的に自動化されるFinOpsのタスクと、自動化の利点と課題について見ていきましょう。

FinOps自動化という用語は、単純な請求処理から直接的なインフラストラクチャ管理まで、さまざまなことを意味します。これには、請求データの処理、異常通知、レポートの配信と作成、リザーブドインスタンスやSavings Plansの管理、タグ付け／アカウント／サブスクリプション／プロジェクト作成と健全性の管理、使用量の最適化と適切なサイジング、リソースのスケジュールに基づく停止と開始、需要に基づく予測的オートスケーリング、デプロイ時のインスタンスサイズの選択、スポットとオンデマンド間のワークロードの移行、クラウド支出データを外部システムに提供することなどが含まれます。

自動化の定義は、皆さんの会社のクラウドとFinOpsの成熟度、スタッフの技術能力、そして繰り返しのプロセスを人間からコンピューターに移行することに対する一般的な快適さによって異なります。

自動化するかどうか

そもそも自動化するかしないか？これはまず問いかけるべき質問です。その答えは、組織の2つの側面を見ることで決定できます。まず、自動化で達成したい成果を明確にする必要があります。次に、組織内において手動で追跡されているプロセスと自動化を比較し、特定した成果を達成するためのより良い方法が自動化であるかどうかを判断する必要があります。

自動化すべきか？結局のところ、答えは「それは状況による」となることが多いです。この質問に答えるためには、自動化から得られる利益に目を向ける必要があります。

21.1 どのような成果を得たいのか?

成果を達成する自動化手法だけでなく、実際のビジネス成果を特定することが重要です。例えば、アイドル状態のリソースのガバナンスを再検討する場合、クラウド環境から**アイドル状態のリソースを取り除く**ことが目標だと考えても差し支えないでしょう。しかし、実際には、これらのリソースがコストを発生させているため、その**コストを削減する**ことが成果です。これが重要なのです。なぜなら、そのような目標を設定して、自動化のパフォーマンスを測定するからです。

アイドル状態であると特定されたリソースの数を単純に測定しても、実際の影響がクラウドの請求にどのように表れるかはわからないでしょう。それを知るには、リソースを停止することによって回避されたコストを測定する必要があります。無駄な使用に気づくためのプロセスを自動化する習慣を身につけておくことで、将来的に高額な請求書に驚かされるリスクから自分を守る手助けになります。また、新しいクラウド製品における無駄がどこで発生するかを考える健全な習慣を、組織に植え付けることができます。

別の例として、タグのガバナンスは、タグ標準への遵守を促進することを目指しています。タグ標準への遵守を実現するために、タグが標準に一致しない場合にリソースを削除するか、警告を出します。自動化の影響を測定するには、時間の経過とともにタグ標準を満たさないリソースの数を追跡します。

スケジュールされたリソースでは、営業時間外のリソースの使用を減らすことにより、コストを低減したいと考えます。

21.2 自動化 対 手動のタスク

一見すると、自動化対手動を考慮することは馬鹿げた取り組みのように見えるかもしれません。結局のところ、誰もがすべてを自動化したいと思っているのではないでしょうか?

しかし、目指している目標から一歩下がってみて、自動化が正しい解決策であることを検証することには利点があります。目標がお金を節約することであれば、提案された自動化が生み出す節約可能額を、自動化の購入または構築のコストと比較することを少し考えるべきです。外部ツールを使用する際の内部セキュリティの認識や、社内での管理を考慮することが重要です。

サードパーティーのプラットフォームを使用してタスクを自動化する場合、継続的なコストを検討する必要があります。計画された自動化が合理的な期間内に組織のコストを節約しない場合、または自動化の維持コストが節約可能額を超える場合、その自動化を導入することには明確なビジネス上の利点がありません。

自動化の目標が必ずしもコストを節約することでは**ない**場合があることも念頭に置いてください。これはタグガバナンスによく当てはまります。ここでは、タグ付けの標準を普及させ、最終的にはショーバックの精度を高め、実際にはクラウド支出に対するチームの責任を促進することが目的です。

いずれの場合も、自動化が皆さんの目標達成に役立つかどうかを確認するようにしてください。例えば、無効なタグが付いたリソースに対するアラートが、企業方針と結び付いていない場合を考えてみましょう。この場合、自動化によって目標であるコンプライアンスの向上を達成することはできず、日常的にノイズを増やしているだけだと判断するかもしれません。

小規模または変化の少ないクラウド環境では、アラートを自動化するツールを導入して管理するほうが、単に誰かに手動プロセスを実行させるよりも多くの労力を要するかもしれません。しかし、クラウド環境が成長したり、よりダイナミックになるにつれて、自動化はより重要になります。チームが実行するタスクが増えるにつれて、手動プロセスはリストの下に落ちたり、完全に忘れられたりする傾向があります。一方で、自動化はタスクを同じ方法で、そしてスケジュールどおりに完了することを保証します。

ときに、自動化する労力が手動でタスクを実行する労力を超える場合がありますが、それでも価値があることがあります。人間は間違いを犯しますが、自動化は間違いを正すために使用できます。人間はタグの大文字小文字を区別するキー／値のペアを誤って入力する場合があります。自動化はそのような間違いをしませんし、チームの労力を軽減するという追加の利点があります。エラーと労力を削減するためのFinOpsにおける自動化を使用した良い例は、リソースに補足的なタグデータを追加するプロセスを自動化する場合です。チームはリソースに単純な識別子をタグ付けし、その後、自動化によってその識別子とCMDBなどの外部データソースとの間の相関関係に基づいた、より詳細な情報が付加されたタグが追加されます。チームがコストセンターや環境の種類に紐付いたプロジェクト識別子を使用したり、識別子に基づいて外部のCMDBからプロジェクト識別子のタグ自体を自動的に識別できるようにすることは一般的です。自動化により、そのプロジェクト識別子が検索され、リソースに追加のタグが付与されます。また、可視化または将来の自動化のための関連するクラウド支出データをチームのシステムに配信します。そして、異常通知などのチームのクラウド支出レポートを生成します。これにより、チームが適用する必要のあるタグの数が減り、人為的なエラーを避け、追加のタグデータが一貫した方法で適用されることが保証されます。そして、そのデータはエンジニアが普段利用しているシステムやツールに届けられます。

コスト削減などの目標を達成するために自動化を使用する**方法**だけでなく、**なぜ**自動化が課題を解決するための正しい方法かを把握することが重要です。これを把握したうえでビジネス部門と会話をすることは、自動化の実装と維持のコストをより徹底的に考慮することを可能にするでしょう。

FinOpsライフサイクルを反復的にサイクルする際に、自動化の利益とコストを繰り返し再評価することが重要です。すなわち、当初は自動化することが理にかなっていないと思われるものが、ある程度の規模に達したら自動化する価値が証明されるかもしれません。または、初期に自動化したものが予想よりも管理やトラブルシューティングが複雑であるため、一時的に手動プロセスに戻ることになる場合があるでしょう。クラウドの使用範囲が広がるにつれて、また無料やオープンソースのツールが広く利用可能になるにつれて、あるいは他の理由で導入したツールに自動化が一部含まれている場合、コストと利益を分析した結果、追加で自動化を行うほうがよいという判断につながるかもしれません。

21.3 自動化ツール

ビジネスツールに関しては、避けられない議論があります。すなわち、購入するか、構築するかについてです。FinOpsについては、サードパーティーツールから始めることをお勧めします。初期は、クラウド事業者が提供するネイティブツールを使用し、後に支出の規模と複雑さが増加した場合にはSaaSプロバイダーに移行します。自作ツールは、一般的に、利用可能なさまざまな商業ソリューションを使って得られた、組織にとって何が有効で何が無効かについての深い理解を経てこそ、成功するものです。

FinOps自動化への旅を始めるとき、多くの人がたどった学習プロセスを繰り返すことになります。確立されたサードパーティーツールを使用することで、一般的な落とし穴を回避し、自動化の提供時間を加速させ、その後、組織にとって何がうまく機能し何が機能しないかについての理解を深めることができます。これはすべて、8章で紹介した「**内製ツールか、サードパーティープラットフォームか、ネイティブツールか**」の会話の一部です。

自社開発するか購入するかは会社によって異なりますが、利用可能なソリューションの限界に達する前に自分自身でFinOpsソリューションを構築しようとするべきではないと、私たちは考えています。そのプロセスを通じて、FinOpsのプロセスに固有の複雑さや、その過程で鍛えられたツール（ネイティブ、サードパーティー、オープンソースのいずれか）を理解することができるからです。私たちの経験では、たとえチームのエンジニアリング能力がどれほど優れていても、新しい実践者が新たにFinOpsツールを構築するのは無駄な努力となります。

21.3.1 コスト

コストとメリットを考慮する際、古い格言「知らないことは知れない」は確かに当てはまります。FinOpsの自動化に関して、どのような実践やプロセスが必要かについて知識豊富な企業や業者は数多く存在します。実際彼らは、提供するツールのメリットを、組織全体で最大化できるように導くことができます。

また、自分で構築できるものと購入できるものを現実的に考えることも重要です。タスクを完了するために構築する必要最小限のものと比較するという罠に陥りやすいです。しかしこれでは、構築したツールがどのように動作し、期待どおりに動作していないときにどのような影響を及ぼすかについて十分な情報が得られません。サードパーティーツールは、そのメリットと価値を示す準備ができており、ツールの維持と改善に専念するチームがいるため、皆さんのチームがそれをする必要はありません。

21.3.2 その他の考慮事項

購入か構築かを決める際に、コストがすべてではなく、またそうあるべきではありません。セキュリティへの影響も考える必要があります。また、ツールが提供する機能が環境と互換性がなかったり、またはすでに使用しているアプリケーション（アラートや通知のためのチャットやチケットアプリケーションなど）と統合できないこともあるかもしれません。一部の業界にはFedRAMP、HIPAA、SOC 2、またはPCIのような特定のコンプライアンス要件があり、サードパーティーツール事業者が現在、適切な認証を持っていない場合があります。適切な認証を持ったベンダーを見つけることで、コンプライアンスの観点から自動化プロセスを容易にすることができます。

自動化されたアクションが監査可能かどうかは、特に自動化が本番環境とやり取りする場合には重要です。この知識は透明性を構築します。

サードパーティーの自動化ツールは通常、よく文書化されており、スタッフが学べるトレーニング資料を提供しているため、新しいスタッフを雇うとき、彼らがすでにそのツールに慣れている可能性が高くなります。自分たちで自動化ツールを構築する場合、既存および新しいチームメンバーに対して継続的なトレーニングを提供する意思と能力が必要です。そして、ツールの構築と維持に責任を持つ人々が組織を離れるリスクがあります。ツールとその実装に精通している従業員が数名以上いない限り、「キーパーソンリスク」に遭遇します。

既成の製品を購入するのではなく、自動化ツールを自前で構築することを決断した場合は、十分な情報に基づくべきです。必要なすべての機能を構築するための労力、すなわちツールの効果を測定する方法、継続的なメンテナンス、実装が必要なアップデートを、購入できるソリューションと常に比較する必要があります。そして、サードパーティー事業者ツールの欠落している機能やコンプライアンス要件を慎重に特定する必要があります。

21.3.3 ツールのデプロイ方法

ほとんどのソフトウェアと同様に、自動化ツールの導入方法に関するいくつかの考慮事項があり、それが導入方法の選定プロセスに影響を及ぼします。

クラウドネイティブ

クラウドサービス事業者や広範なコミュニティが、クラウドアカウント内で実行される自動化スクリプトを提供します。これらは、Function-as-a-Serviceプラットフォーム（AWS Lambdaなど）

内のクラウドアカウントで実行されます。

自己構築

自社のスタッフメンバーが構築し、運用するソフトウェアです。機能開発は内部チームによって実行されます。組織内に多くの異なるDevOpsチームがある場合、それぞれが独自の自動化バージョンを使用して同じ問題を解決することがわかるかもしれません。しかし、集中管理チームがクラウド環境全体にサービスを提供する自動化ツールを運用するのが最善です。ツールの集中管理は、組織内での重複作業を減らしますが、それには「すべてに適応する」ソリューションが必要となります。

サードパーティー製品の自社ホステッド型

既製の自動化ソリューションに関しては、無料およびオープンソースのツールが利用可能であり、有料のソフトウェアライセンスオプションもあります。このデプロイモデルでは、チームはサードパーティーのソフトウェアを使用しますが、自分たちの環境内で実行し、サービスを自分たちで維持および管理します。オープンソースにおいて、一般的に推奨されるツールの1つがCapital Oneのチームによって作成されたCloud Custodianアプリケーションです（https://cloudcustodian.io/）。サードパーティーの自社ホステッド型ソリューションの運用コストやカスタマイズの可能性を考慮する必要があります。

サードパーティー SaaS

このオプションは、ソフトウェアの実行および管理の必要性を取り除きます。サードパーティーがホストするソフトウェアソリューションは、最も簡単な設定と自動化への最速の道を提供します。通常、ベンダーは、ベンダーのプラットフォームが顧客の環境と統合するために、クラウドアカウント内で必要な設定を処理する簡単なツールを提供します。複雑なメトリクスと構成はすでに開発されており、使いやすいダッシュボードと設定画面が付随していることが多いです。通常、ツールのユーザーは月額使用料を支払うことになりますが、その支払いはツール自体の価値に対する対価と言えます。このモデルにはセキュリティへの影響がありますが、これについては後ほど説明します。

常に構築か購入か、というわけではありません。企業によっては**購入と増強**のハイブリッドのアプローチを取るところもあります。彼らは、既成ツールのAPIデータや推奨事項を自社の内製自動化と組み合わせることで、FinOpsのデータ取り込み／管理機能を構築することを避けつつ、実際にインフラストラクチャに触れるコードを所有することができます。

HERE TechnologiesのJason Fullerは、レポーティングや推奨事項を推進するためにベンダーのFinOpsプラットフォームを活用していると共有してくれました。一方で、彼らは環境の変更を加えるために（オープンソースツールの1つであるCloud Custodianに基づいた）内製の自動化ツールにも依存していると言及しています。この構築対購入のハイブリッド実装は、彼が4つの大規模なクラウド利用者で10年間にわたりFinOpsを行ってきた後に磨き上げた、三本柱（ベンダー＋オープンソース＋カスタムコード）のアプローチです。

21.4　自動化との協働

自動化ツールは、単独で動作することはほとんどありません。特にクラウド環境が時間とともに成長するにつれて、複数のツールが併用される可能性が高くなります。

21.4.1　統合

ツール間の統合は非常に強力なものであり、探求し利用すべきものです。同じことをする独立した多くの別々のツールを持つのを避けてください。例えば、組織に既存のチケットシステムがある場合、別のタスク追跡システムを構築するのではなく、その既存システムでアクションアイテムのためのチケットを生成するFinOpsツールを実装するのが理想的です。

選択した自動化ツールが他のソフトウェアツールと直接統合していない場合でも、自動化ツールが拡張可能なイベント処理をサポートしている可能性があります。そのとき、自動化ツール内で生成されたイベントについての通知を受け取ることができ、そのイベントを他のソフトウェアパッケージのいくつかに接続する拡張機能を構築できます。これは機能の拡張には良い方法です。例えば、特定のタスクが完了したことをチャットアプリケーションに通知したり、必要なフォローアップタスクのためにチケットシステムでチケットを生成したり、検出から独自の自動修復タスクを実装したりするためです。

21.4.2　自動化ツールのコンフリクト

複数の自動化ツールをデプロイする場合、それらが互いにコンフリクトしないように注意する必要があります。1つのツールがサーバーの起動を試みている間に別のツールがそれをシャットダウンしようとしている場合、自動化が互いの行動と対立する可能性があります。特定の機能のために自動化ツールを導入する場合、そのツールに含まれているが使用するつもりのない別の機能についても、その無効にした機能がクラウドアカウントで変更を行わないようにサービスの権限を削除できるかどうかを検討してください。

異なる機能を提供するために異なる自動化ツールを導入した企業がありますが、両方のツールが同じリソースを制御しようとしていることが判明しました。また、あるチームが既存の自動化と競合する独自の自動化を実装することもあります。

これは解決が難しい問題です。それを防ぐためには、**組織全体に現在の自動化について教育し、**チーム間で協力してクラウドアカウント内で計画された自動化が与える影響を理解するようにする必要があります。

理想的には、自動化はそれが外部の何かと競合するときに通知してくれるべきです。例えば、自動化が短期間に設定された回数以上にサーバーインスタンスを停止した場合、アラートを送信し、これ以上の変更を防ぐべきです。

自動化サービスが他のツールではなく人とコンフリクトしている場合もあります。サーバーインスタンスを停止する自動化が動いている一方で、チームメンバーがそのサーバーへのアクセスを必要としている場合があります。これは、チームメンバーがインスタンスを起動しても、自動化によってそれが停止させられるという状況を引き起こす可能性があります。再度、リソースを自動化から除外する方法を含め、チームがよく教育されていることを確認する必要があります。

Joe Daly（元Cardinal HealthおよびNationwideのDirector of Cloud Optimization）が、手動で非本番環境におけるリソースを削除し、それが自動化によって本番環境に結び付いていたため、誤って本番環境を停止させたという話をしています。先に述べたように、組織で使用されている自動化についての教育は重要です。全話を聞くには、FinOpsPodポッドキャストのエピソード13「FinOops—Lessons Learned the Hard Way」（https://oreil.ly/uJCld）をチェックしてください。

21.5 安全性とセキュリティ

セキュリティは、任意のFinOps自動化ツールにとって主要な関心事です。FinOps自動化はしばしば、アカウント内で設定されたすべてがどのように構成されているかを説明するだけでなく、リソース自体を（起動／停止／削除するなど）変更する能力まで、クラウド環境への非常に高いレベルのアクセスを必要とします。そのようなアクセスは、サービス拒否攻撃、データ喪失、破損、または機密性の違反に直接つながる可能性があります。

セキュリティは、組織内でサードパーティーのツールが使用されない主要な理由としてしばしば引用されます。クラウドアカウントへの広範なアクセスを必要とするサードパーティーのツールの使用にセキュリティチームの承認を得るのは、困難です。しかしながら、ただちに自身のチームがソフトウェアを書いたからといって、それが完璧に安全であるというわけではありません。導入するすべての自動化ツールが、必要なタスクを実行するために最小限の権限しか持たないようにし、同時にソフトウェアを外部の脅威から保護することを確認しなければなりません。

成功したサードパーティーのベンダーは、セキュリティに多くの時間と労力を費やしている可能性が高いです。彼らのドキュメントや以前のセキュリティアナウンスメントを確認すると、そのベンダーがセキュリティにどのくらい真剣に取り組んでいるかを測ることができます。

FinOps成熟度モデルからインスピレーションを得る場合、最初は読み取り専用モードでサードパーティーのSaaSツールと統合することを選んでもよいでしょう。その後、そのツールからの通知を受け取り、自身のツールを使用して修復アクションを自動化してもよいでしょう。ベンダーが信頼できると思えたら、必要なすべての機能を有効にするまで、彼らにあなたの代わりにより多くのアクションを実行させることができます。

21.6 自動化の始め方

一度にあまり多くの自動化を導入しようとするべきではありません。必然的に問題を引き起こし、デプロイした自動化が効果的に機能しているかを確認するのに苦労することになるでしょう。以下に自動化についてのいくつかのヒントを挙げます。

シンプルに始める

シンプルなツールと自動化の目標から始めます。非常に複雑な自動化を構築しようとしたり、一度に複数のツールを調整しようとすると、しばしば不必要な課題に直面します。

まずは通知モードで使用する

最初の自動化は通知モードで開始し、潜在的な問題の発見とアラートを自動化しますが、それらの修正は行わず、変更を有効にした場合に何を行うかを知らせます。

自動化に自信を持つ

自動化が導入されたあと、どのような行動をとるかを学習します。自動化の導入に対するチームの安心感を得るために、結果を共有して信頼を築くことが重要です。

十分なテストを行う

自動化に自信を持ったら、最初に開発／テストアカウントでアクションを強制し、その後、より小さなグループでテストしてから、より広いユーザーに拡大していきます。

すべて自分で構築しない

商用またはオープンソースのツールに頼りましょう。時間を節約するだけでなく、最新の実践でテスト済みのソリューションを確実に得ることができます。

パフォーマンスを測定する

自動化は、望ましい効果を持っているかを確認するために測定されるべきです。事業全体にわたって自動化が拡大されるにつれて、パフォーマンスが低下していないことを測定することが重要です。

再度強調しますが、経験豊富な実践者とつながるFinOps Foundationのようなグループに参加することをお勧めします。彼らが使用しているツールや得られる利点について学ぶことができます。

小さく始めることの重要性は十分に強調されることがありません。Gallの法則[*1]が鋭く指摘しているように、「機能する複雑なシステムは、機能していた、よりシンプルなシステムから進化したものである」と覚えておいてください。

21.7 自動化するもの

成功しているFinOpsの実践者は、多くの自動化ツールを使いこなしています。一部の自動化は、自分たちの組織が運営する方法に非常に特化している必要があります。しかし、成功したFinOps実践を持つ組織で何度も実施されてきた共通の自動化ソリューションも、いくつかあります。

21.7.1 タグガバナンス

組織に対して定義されたタグ付け標準を持っている場合、それが実行されていることを確認するために自動化を使用できます。まず、タグが欠落しているか、誤って適用されているリソースを特定し、そのリソースに責任を持つ人々がタグ違反を対処することから始めます。次に、リソースを停止またはブロックしてオーナーに行動を促し、場合によってはこれらのリソースに対して削除ポリシーを適用する方向で進めます。ただし、リソースの削除は高い影響を持つ自動化なので、多くの会社がこのレベルに到達することはありません。問題のあるリソースを削除する前に、まずは早期の段階で影響の少ない自動化の手法を試すことをお勧めします。

21.7.2 スケジュールされたリソースの開始／停止

リソース管理と自動化により、使用されていないとき（例：オフィスを離れている間）にリソースを停止するようにスケジュールすることができ、それを再び使用する必要があるときにオンラインに戻すことができます。この自動化の目標は、チームへの影響を最小限に抑えながら、リソースがシャットダウンされている時間に大量の節約を実現することです。この自動化は、営業時間外においてはリソースを利用しない開発およびテスト環境にしばしば導入されます。ただし、チームメンバーが遅くまで作業しサーバーをアクティブな状態に保つ場合に備えて、チームメンバーがスケジュールされた活動をスキップできるようにしておくべきです。また、予定されたタスクがキャンセルされた場合、リソースを自動化から完全に削除するべきではなく、その回の実行だけをスキップするようにするべきです。

21.7.3 使用量の削減

15章は、リソースの適切なサイジングやアイドル状態のリソースの検出などの項目を示しました。削減自動化は、そのような無駄を取り除くか、少なくとも責任を持つメンバーに警告を送るこ

*1 訳注：6章の6.9節を参照。

とで、より良いコスト最適化を実現します。AWSが提供するTrusted Advisorやサードパーティーのコスト最適化プラットフォーム、あるいは直接的にリソースメトリクスからリソースデータを取り込む自動化により、リソースに責任を持つチームメンバーに警告を簡単に送ることができます。

21.8 本章の結論

自動化は、FinOpsの実践とプロセスの信頼性と一貫性を高めるために、チェックとアラートを提供する機会を提供します。自動化で達成しようとしている真の目標を理解し、自動化が無料ではないことを認識することが重要です。

要約：

- 小さく始め、達成された結果と利益を測定し、Gallの法則に密接に従いながら自動化をゆっくりと反復していく。
- 自動化のコストは、ソフトウェアの購入または構築から生じる。すなわち、自動化自体によって消費されるリソース、および自動化の管理、維持、監視の考慮が必要である。
- 自動化の取り組みから期待する明確な目標を持って出発することにより、自動化のコストと潜在的なビジネス上の利益を測定することができる。
- 自動化を一から自分で構築する道を選ぶ前に、サードパーティーのSaaSまたはソフトウェアベンダーから評価の高いソリューションを購入することを検討する。
- しかし、外部ソリューションを導入する前には、クラウド環境に対するセキュリティと機能に関する影響を考慮する必要がある。

次の章では、メトリクスとアラートを使用してタイミングよく最適化を実現する高度なFinOpsプロセスを探ります。

22章
メトリクス駆動型コスト最適化

メトリクス駆動型コスト最適化（MDCO：Metric-Driven Cost Optimization）は、最適化の推進力となります。MDCOは、潜在的な最適化を測定し、そして最適化のための運用プロセスを進めるための目標と数値ターゲットを設定します。組織がコミットメント型プランを購入している場合、すでにOperateフェーズにあります。MDCOを用いて、行動するときに適切な決定のためにメトリクスの閾値を使用します。

MDCOはまた、「クラウドコスト管理に対する怠け者のアプローチ」と表現することもできます。MDCOの主要なルールは「何もしないこと」です。つまり、自分の行動による影響を測定するメトリクスを定義するまで、何もしないということです。最適化をしようとして、支出が有益なのか無益なのかを説明できるメトリクスがないのであれば、MDCOを行っていることにはなりません。

本章の終わりまでに、メトリクスを使用してコスト最適化を正しく推進する方法を知ることができます。

22.1 基本原則

MDCO実践を定義するいくつかの基本原則があります。

自動測定

測定はコンピューターによって行われ、人間によってではない。

ターゲット

ターゲットがなければ、メトリクスは単なるきれいなグラフにすぎない。

達成可能な目標

現実的な成果を決定するためにデータを適切に理解することが必要である。

データ駆動型

活動によってをデータを推進しているのではなく、データによって行動するように推進する。

これらの原則それぞれについて、本章を通じて明らかにします。

22.1.1　自動測定

請求データの読み込み、レポートの生成、最適化のための推奨事項の生成はすべて、自動化またはFinOpsプラットフォームを介して行うべきタスクです。クラウドサービス事業者から大量の請求データが提供されると、これらの活動はすべて自動的に開始する必要があります。FinOps実践者がその場しのぎのデータ処理やレポート生成を試みるとMDCOが遅くなり、その結果、異常値に対する反応が遅くなります。

繰り返し可能で信頼性の高いデータの処理により、目の前の本来の仕事——すなわちお金を節約すること——に集中することができます。その後、時間をかけて、実行されているプロセスを改良し、どのようにデータやメトリクスにコスト最適化プログラムが反映されるかをより深く理解することができるようになります。

22.1.2　ターゲット

MDCOにとって、数値ターゲットは重要です。数値ターゲットを設けることで、グラフに対してどのようにより多くの背景や意味を与えるかについて14章で書きました。私たちは常に、数値ターゲットなしのグラフは存在すべきではないという信念を持っています。数値ターゲットがなければ、グラフが示す基本的な情報に対する決定しかできず、グラフがあなたの組織にとって何を意味するのかについてはわかりません。数値ターゲットは、アラートと行動の引き金を引く閾値を作り出します。

人間は非常に大きな数値を理解するのは得意ではないため、状況に合わせたターゲットがとても重要です。これに対抗するために、最近のFinOps Foundation月次サミットでSpotifyのAnders Hagmanが引用したHans Roslingの著書『Factfulness』(Flatiron Books刊、2020年)[*1]からのヒントがあります。その本の中で、Roslingは読者に「誰かがあなたに大きな数値を与えたら、それを測定するための別の数値を求めるように」と伝えています。MDCOでは、メトリクスが価値を提供するためには、測定するターゲットが必要です。

*1　訳注：邦訳は『FACTFULNESS（ファクトフルネス）―10の思い込みを乗り越え、データを基に世界を正しく見る習慣』(ハンス・ロスリング、オーラ・ロスリング、アンナ・ロスリング・ロンランド 著／上杉 周作、関 美和 訳、日経BP刊、2019年)。

22.1.3 達成可能な目標

コスト最適化プログラム全体で監視するいくつかのメトリクスがあります。各メトリクスが正しく追跡されていることで、コスト最適化に対する運用戦略を可能にします。個々の最適化は、実現される節約にさまざまな影響を与えるため、すべての最適化アプローチを等しく扱うべきではありません。メトリクスを組み合わせる場合、最適化による節約可能額に基づいてデータを正規化する必要があります。

最も誤って測定されがちなメトリクスの1つであり、MDCOにおいて達成可能な目標であることがわかりやすいのが**コミットメントカバレッジ**です。

コスト最適化のパフォーマンスを測定する方法は複数あり、それぞれの方法は効率に関する特定の視点を持っています。使用する方法によっては、100%の最適化は達成できないかもしれません。MDCOでは、最適化を実行する正しい時期を決定するために、達成可能な測定が必要です。

これについて詳しく説明するために、コミットメントカバレッジを見てみましょう。

22.1.3.1 コミットメントカバレッジ

コミットメントカバレッジは、オンデマンド料金と割引料金からどれだけの使用量が課金されているかを示すメトリクスです。一般的に、組織はターゲットとするカバレッジを設定します。通常、それは90%です。さまざまな方法を比較しましょう。

従来モデルでは、合計のコミットメント利用の時間を数え上げ、それを期間中における稼働時間で割ることで適用範囲を測定します（図22-1を参照）。

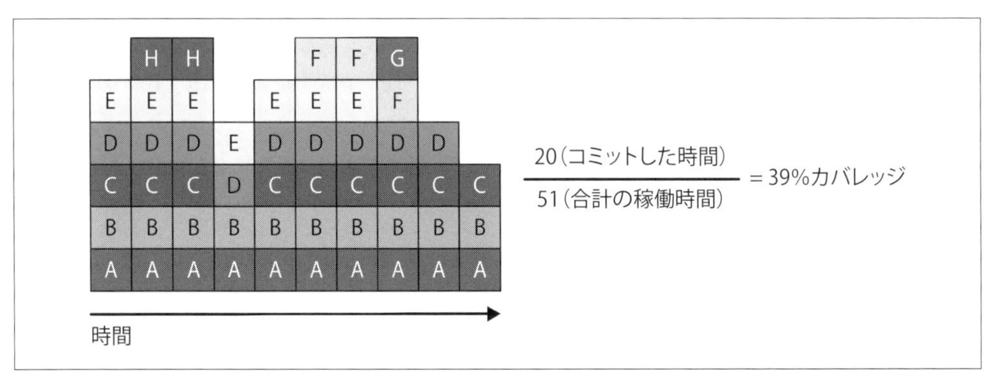

図22-1 稼働時間で算出されたコミットメントカバレッジ

図22-1において測定されたカバレッジは正しいとしても、これがあるべき方法ではないかもしれません。弾力性のあるインフラストラクチャでは、リソース容量が頻繁に変動するため、コミットメント利用の対象とすべきではない時間帯がいくつかあります。これは、その期間内にコミットメント利用を保証するのに十分な使用量がないためです。理想的には、損益分岐点の閾値を下回る使

用量をすべて含めないことです。損益分岐点の閾値を下回ると、コミットメント利用により節約できる費用よりもコストが高くなります。これらの適用可能でない時間を除外することで、適用範囲を、適用可能な時間で測定することができます（図22-2参照）。

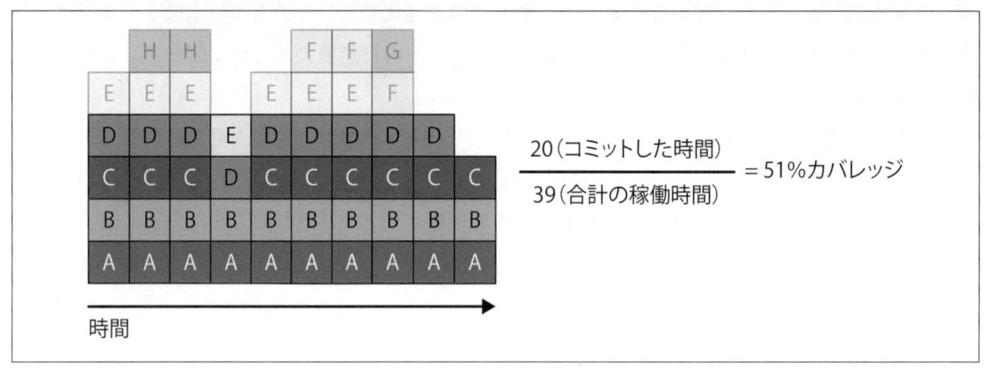

図22-2　適用可能な時間で計算されたコミットメントカバレッジ

グラフにおいて（図22-2でH、F、G、Eとして示されている）ピーク時の適用すべきではない時間を削除することで、あるべき適用率を明確に把握することができます。AとBはコミットメント利用が適用され、残りの時間はリソースC、D、Eによってオンデマンド料金が適用されます。追加の2つのコミットメント利用を購入すると、100%の適用範囲となり、2つの追加コミットメントにより節約できます。

これまで、グラフ内のセルをすべて同じものとして扱ってきました。BはAと同じで、Cとも同じです。しかし実際には、各セル（または時間または秒）は大きく異なる使用量かもしれません。Aとして記された使用量は1時間あたり1ドル以上のコストがかかる可能性があり、Bは0.25ドルのコストかもしれません。それぞれのコミットメントで節約できる金額は大きく異なります。主に、節約のためにコミットメントを利用するので、セルごとの使用量が大きく異なる場合において、一律したものとして測定することは誤解を招きます。目標は、どのくらいのカバレッジによって実際に節約できているかを把握することです。

時間単位のセルをコミットメントカバレッジによる節約額に換算することで、クラウド請求に対するコミットメント利用の影響が明確にわかります。各使用タイプの相対的な節約量に応じてグラフを調整することで、全く異なる結果が得られます（図22-3参照）。

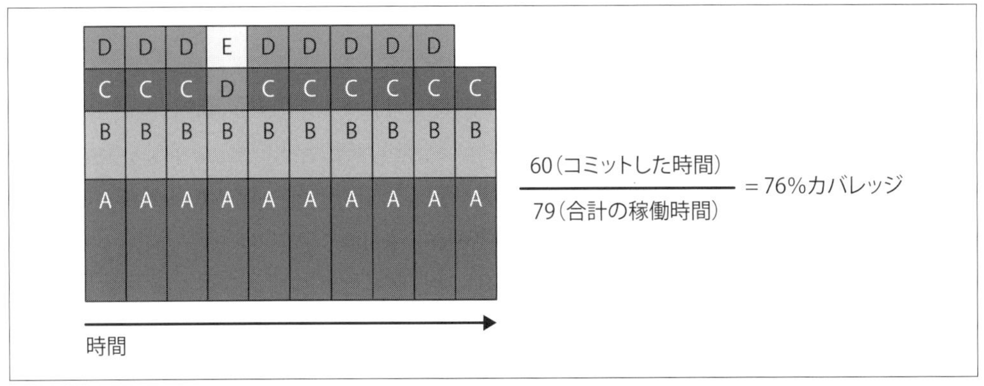

図22-3 重み付けされた適用可能時間に基づいたコミットメントカバレッジ

図22-3は、実際は、達成可能な節約量が76%に近いことを示しています。図22-1での元の評価は、非常に低い適用範囲にあると示していました。しかし実際にはコミットメント利用が適用されるべきではない時間を削除した、新しい重み付けされた状態において、実際はそこまで悪くないことを示しています。

主なポイントは、異なるリソースへのコミットメント利用が異なる節約量を実現するということです。すべての使用が適用可能範囲ではないため、それをすべてコミットメントカバレッジに含めると、目標を設定するためにより困難なメトリクスになります。しかし、達成可能な適用範囲の観点から考えることで、どこで、どのように改善を行うかをより正確に決定できます。

22.1.3.2 すべての人にとって意味のある節約量のメトリクス

コミットメントすべきすべての節約額を合計すると、**総節約可能額**の理解が得られます。例えば、図22-3のすべてのセルにコミットメント利用が適用された場合、年間10万2,000ドルが節約できると仮定しましょう（節約可能額の合計）。したがって、10万2,000ドルの76%が現在実現されている節約額であり、残りの24%が適用されず、オンデマンド料金となります（実現されていない節約可能額）。

FinOpsの共通言語に戻り、結び付けて考えましょう。使用時間とコミットメントカバレッジ率について話すことから、「現在、10万2,000ドルの節約可能額のうち76%を実現しています」という会話に移行することで、組織内のすべての人に対して、現在どこの立ち位置で、どこに進むことができるかを伝えることができます。さらに、コミットメントベースの割引の複雑さを深く理解する必要がなくなり、組織内での会話が可能になります。相互理解のための共通辞書を作成することができました。

22.1.3.3 メトリクスの統合

コミットメント利用に対する効果のメトリクスを決定するために、特定の期間にわたってコミットメント利用がどの程度適用されているか、あるいは適用されていないかを測定します。これは**コミットメント使用率**と呼ばれます。個々のコミットメントレベルでは、コミットメント利用がリソース使用量に割引を適用した時間（または秒）と、コミットメント利用が割引を適用するための使用量がなかった時間（または秒）の割合を時間で監視します。

しかし、コミットメント使用率を1つの全体的な効果を測定するメトリクスとしてまとめると、個々の効果の低いコミットメントが隠されてしまいます。その代わりに、個々のコミットメント利用を測定し、それぞれの効果が低い場合に警告します。これを図22-4の例で見てみましょう。

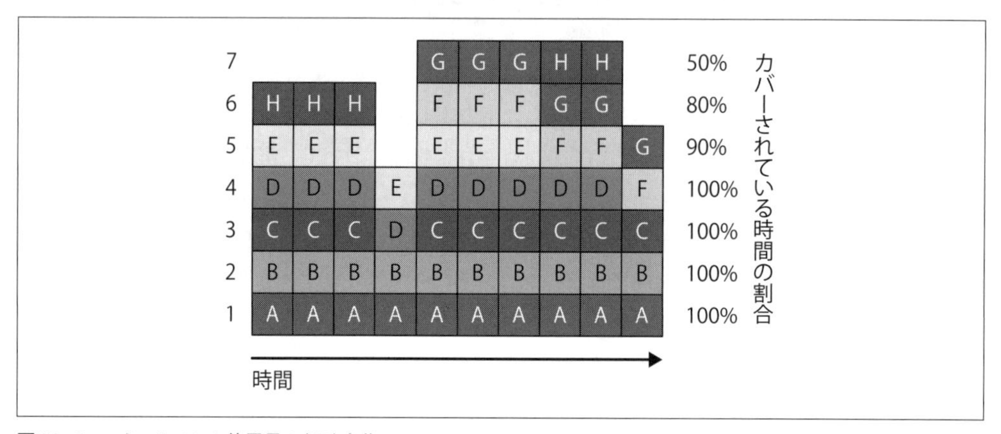

図22-4 コミットメント使用量の経時変化

図22-4における使用率を用いて、7つのコミットメント利用を保有している場合のコミットメント使用率を決定します。最初の4つのコミットメント使用率が100％であることがわかります。5番目のコミットメントは90％の使用率となり、6番目は80％の使用率、最後のコミットメントはたった50％の使用率となります。

使用率を単純に平均化すると (100％ + 100％ + 100％ + 100％ + 90％ + 80％ + 50％) / 7で、使用率は88.5％となります。全体の使用率が88％であることは表面上はかなり良好であり、懸念を引き起こすことはありません。80％の目標使用率を設定していた場合、MDCOは変更の必要はありません。ただし、50％の使用率しか達成していない個別のコミットメント利用が存在していて、それには注意を払い、修正する必要があることに注意してください。

22.1.4 データ駆動型

何年もの間、チームはサービスのパフォーマンス、リソースの使用率、リクエスト率などの項目を監視するためにメトリクスを運用してきました。これにより、閾値を超えたり、イベントが引き起こされたときにチームに警告する早期警告システムとして機能し、必要な調整を行うことができます。

メトリクスを使用せずにFinOps最適化を運用すると、最適化がいつ目標を達成したかを特定する実際の方法が得られません。実際、メトリクスがなければ目標を設定することさえできません。追跡されるメトリクスは、9章で説明したフィードバックループに基づいて構築されます。メトリクスは、最適化されていない領域や効果が少ない領域を特定し、改善するために役立ちます。言い換えれば、メトリクスは、コスト最適化によってどれだけ節約できたかを測定するのに役立ちます。

MDCOをFinOpsに適用することで、コスト最適化の望ましい成果を測定することができます。メトリクスはやり方の変更が成功していないことを示している場合、さらなる調整を必要とする早期警告として使用することができます。また、完全に元に戻すこともできます。

FinOpsPodのエピソード11（https://oreil.ly/ZxXh2）で、Box.comのTJ Johnsonは、FinOpsでのほとんどの可視化が、MDCOアプローチと密接に結び付いている4つの主要な質問に答えるのに役立つことを説明していますが、彼はやや異なる用語を使用しています。

- **これまでどの程度できているか？** 現在の位置を測定する。
- **どうやって改善するか？** 最適化を行える領域を特定し、取り組む領域を選択する。
- **実際に改善されているか？** 時間が経つにつれてどのように改善しているかを測定し、主要な推進力指標（KMI：key momentum indicators）を形成することで、時間が経つにつれて改善しているか、それとも悪化しているかを監視する。
- **目標に達したか？** 以前に設定した目標を達成しているかどうかについてのフィードバックを提供する。

これら4つの質問に答える測定は、DevOpsの考え方に影響を与えます。DevOpsでは、アプリケーション、財務、ビジネス部門の意思決定に影響を与えるように、データが継続的に流入します。Box.comで彼が実施したことの全貌を把握するために、エピソードを聞いてみてください。

22.2　メトリクス駆動型 対 ケイデンス駆動型プロセス

18章において、コミットメントベースの割引戦略について議論しました。ほとんどの企業は、コミットメント利用を始めるとき、（月次、四半期ごと、または年次で）定期的なスケジュールでコミットメント利用を購入します。私たちはこれを**ケイデンス駆動型コスト最適化**、もしくは**スケジュール駆動型コスト最適化**と呼んでいます。

ゆっくりとした周期で購入すると、コミットメント利用が適用されていない対象が多く発生することになります。図22-5は、時間の経過に対する使用量を示しており、濃い灰色が保有しているコミットメントカバレッジです。グラフからわかるように、コミットメント利用の購入は比較的定期的なサイクルで行われ、これらの購入の間にリソースの使用量は増加し続けます。コミットメント利用をより頻繁に購入することで、より大きな節約を達成することができます。

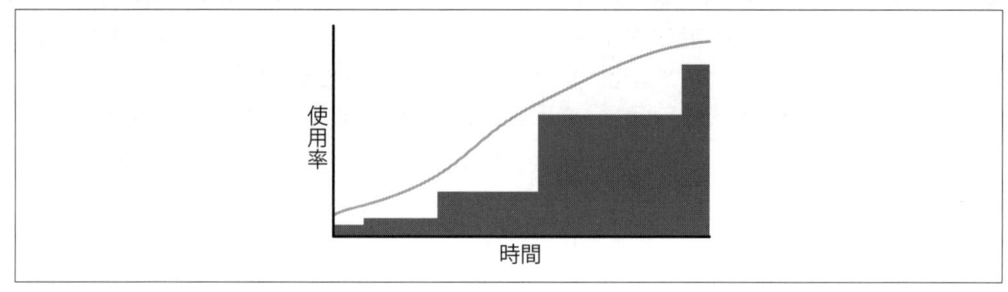

図22-5　まれに実行されるときのコミットメントカバレッジ

図22-6は、はるかに頻繁なコミットメント利用の購入を示しています。頻度は時間の経過とともに常に同じではありませんが、結果として得られるコミットメントカバレッジはリソース使用量の成長に密接に追従しています。

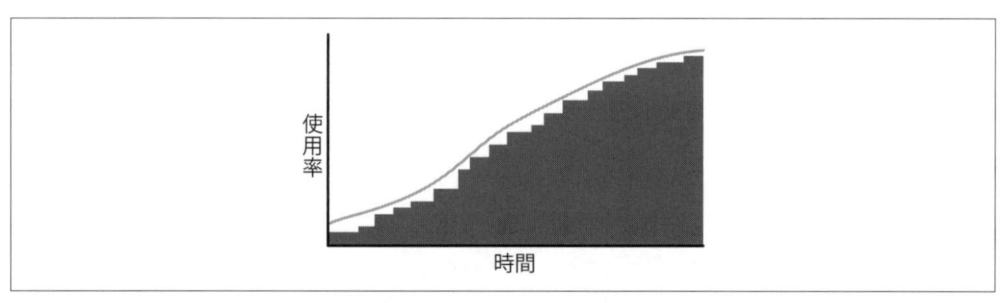

図22-6　頻繁に実行されるときのコミットメントカバレッジ

スケジュール駆動型コスト最適化は始めは良いのですが、購入を継続することで少しずつ節約の効果がなくなっていきます。しかし、あまりにも頻繁にコミットメント利用を確認すると、時間の無駄になるので、バランスをとる必要があります。

目標を逃している場合は、設定されたターゲットのあるメトリクスを使用してすぐに特定することができます。

メトリクスによってアラートが鳴り、必要な場合にのみ最適化が実行されます。MDCOは、利用可能な最適化の全範囲に適用することができます。メトリクスを正しく測定することが重要です。それにより、最適化が適切なタイミングで実行されます。また、達成可能なターゲットを設定することも重要です。

22.3 ターゲットの設定

コミットメントカバレッジのようないくつかのメトリクスに対しては、最初は保守的な目標を設定し、その後、80%などの高い目標に向けて取り組むことをお勧めします。ただし、コミットメント使用率に対して低いターゲットを設定することは意味がありません。コミットメント使用率を「低く始める」と、節約額よりも多くのコストがかかってしまうことがあります。

雲の上から(Mike)

Atlassianでは、私のチームはコミットメント使用率を90%に保つことを目指しており、可能な限り多くの節約を実現しています。個々のコミットメント使用率が90%未満に低下すると、コンピューターがチケットを作成し、変更が必要であることを私に知らせます。その時点で、使用率を引き上げるために、影響を受けるコミットメント利用の修正または交換が行われます。このプロセスは、正しく測定され、行動に移されたメトリクスが、データ駆動型の意思決定を促進する方法を示しています。

メトリクスを使用量の削減方法に適用する方法を見てみましょう。使用されていないリソースの削除と使用率が低いリソースのサイズ変更も、節約につながります。コストに占める総節約可能額の割合は、**損失率**として言及されます。月に10万ドルを費やしているチームが5,000ドルの節約可能額がある場合、5%の損失率と言うことができます。一方、月に1万ドルを費やし、2,000ドルの節約可能額があるチームは、20%の損失率と言うことができます。このように測定することで、チームを比較し、損失率に対して一般的な目標を設定することができます。損失率が設定された量を超えると、それを削減することに焦点を当てることができます。

22.4 行動を起こす

私たちは、MDCOがFinOpsライフサイクルの3フェーズすべてを包含していると述べました。このデータを使って可視性を構築し、潜在的な最適化を測定し、これらの数字に基づいて目標を設定する方法を示しましたが、これらすべてはInformフェーズ並びにOptimizeフェーズのタスクでありながら、本章をあえてOperateフェーズに配置しました。それは、MDCOの成功は、MDCOの報告とアラートを設定することと、設定したアラートが発生し、最適化の効果において必要な変更に対応するように要求することを実行したあとの組織の行動に依存しているためです。

以前述べたように、明確に定義されたプロセスとワークフローがなければ、組織のFinOps目標を達成することは難しいでしょう。MDCOのアラートに対して行動する責任者は誰で、新規コミットメント利用の購入などの正しい承認プロセスは何で、そして既存のコミットメント利用を変更または交換するための正しい運用順序が何か、を明示することが重要です。

組織内に、事前承認されたコミットメント購入プログラムを用意してください。FinOpsチームに必要に応じてコミットメント利用を購入する自由を与えること（月に一定額まで）で、コミットメント利用の適用範囲に対するアラートから、不足を補填するためのコミットメント利用の購入までの遅延を短縮することができます。プロセスの改善は、行動を起こすまでの遅延を減らすのに役立ちます。

プロアクティブとリアクティブの間には微妙なバランスがあります。何に対してリアクティブであるべきでしょうか？ 何に対してプロアクティブであるべきでしょうか？ ケイデンス駆動型コスト最適化のように時間に反応するのではなく、MDCOが可能にするコストデータに反応することを目指してください。データを使ってより速く反応してください。予測するケイパビリティは、起こる前に求められている閾値を超えるときを予測するのに役立ち、予防的になることを可能にします。このプロアクティブなデータ駆動型の予測を確保することで、クラウドの請求書に大きな影響を及ぼす実際のコストシナリオに迅速に反応する準備が整います。

22.5　すべてを1つにまとめる

MDCOは、メトリクスが組織に対して必要に応じて適応するように発動してくれる、という信用を与えてくれます。これにより、カレンダー上の任意のスケジュール（毎月のRI管理など）に対応するのではなく、データの変更に対応できるようになります。ただし、即興で反応するのは避けましょう。すなわち、追加のRIコミットメントの購入など、メトリクスが限界を超えた場合に実行する機能的な行動について、計画を整えることを目指します。そして、誰がどの行動を実行するかを必ず計画してください。

Ashley Hromatko（元Director of Cloud FinOps at Pearson）は、表22-1に示すように、上記の例を提示しました。FinOps FoundationのFinOps Assessment（https://www.finops.org/framework/capabilities/finops-assessment/）からの評価と組み合わせたMDCOを使用して、コストの脅威に必要な変更を決定する人を明確に定義し、環境内の変更を自動的に実行する仕組みを構築することで、その結果、大幅なコスト削減が実現したと話しています。

表22-1　マルチパートアップロードを管理するために導入されたポリシーの変更と自動化プロセス

フェーズ	レンズ	プロセス	行動
Inform	知識	変化による影響の認識	800以上のAWSアカウントがあり、S3の不完全なマルチパートアップロードに対してライフサイクルルールが設定されていない
Inform	プロセス	意思決定者	不完全なマルチパートアップロードに毎月11,000ドルを費やしており、単一アカウントが1,000ドルを超えることはない
Optimize	メトリクス	成功のための基準線となるKPI	FinOpsはポリシーをクラウドガバナンス委員会に確認のために提出し、実装へ向けた投票を行う
Optimize	可決	実装はどのように伝達されるか	14日後に修正の決定が行われ、オプトアウト可能
Operate	自動化	反復的なタスクをツールに受け渡す	クラウド管理ポリシーはクラウド管理エンジニアリングチームによって作成される

その成果、すべてのS3バケットにライフサイクルポリシーが適用され、14日後に、不完全なマルチパートアップロードが自動的に削除されるプロセスが完成しました。図22-7に示すように、このポリシーにより、翌月には大幅な自動化コスト削減が実現しました。

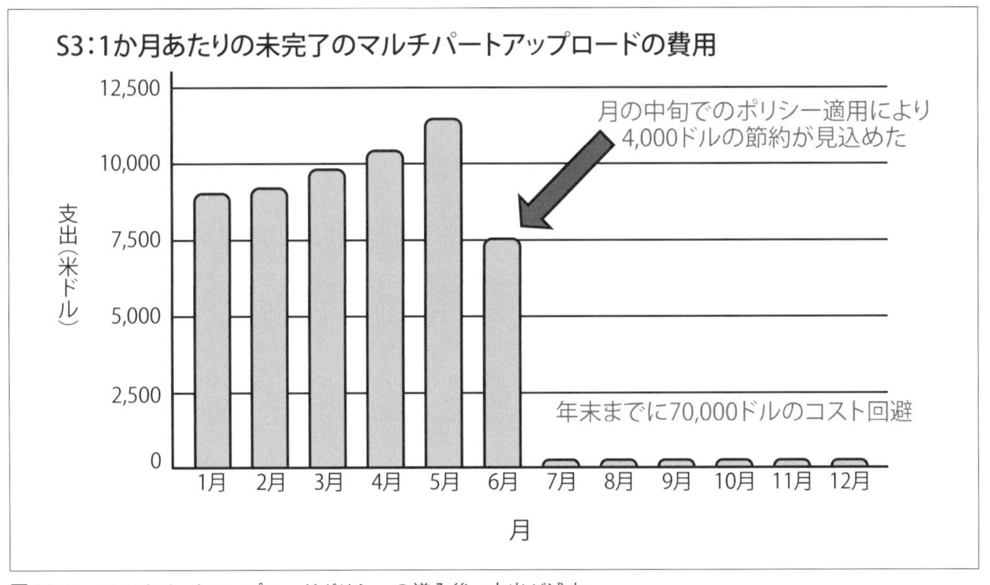

図22-7　マルチパートアップロードポリシーの導入後、支出が減少

22.6　本章の結論

メトリクス駆動型コスト最適化には、FinOpsライフサイクルの3つのフェーズすべてが含まれており、可視性とターゲットがコスト最適化プロセスを推進します。自動化は、反復可能で一貫したプロセスを提供するうえで重要な役割を果たします。

要約：

- すべてのコストの最適化はメトリクスによって推進され、すべてのメトリクスには達成可能なターゲットが必要である。
- コンピューターはデータ分析を繰り返し実行し、メトリクスが目標から外れた場合に警告を発する必要がある。
- 実行されたすべての変更はメトリクスに反映される必要がある。最終的にはコスト削減が増加し、コスト最適化効率が高い状態を維持できるはずである。
- MDCOは、最適化プロセスを実行する最適な時期を正確に知ることを目的としている。

このFinOpsの世界を制御できるようになったと信じているまさにそのとき、エンジニアはコンテナ化を使用してクラウド上に全く新しい世界を革新し、導入します。次は、コンテナを使用したクラスター化の影響と、これによって生じる新たな問題を解決するために、既存のFinOpsの知識をどのように活用できるかを検討します。

23章
コンテナの世界におけるFinOps

マイクロサービスアーキテクチャの採用を後押しする仕組みとして、コンテナ技術が注目を集めています。ここ数年で、組織が運用するコンテナ環境の数が急増しています。実行中のコンテナインスタンスが1つだけであれば管理はとても簡単ですが、何百、何千、何万ものコンテナを複数のサーバーインスタンスにまたがって実行するとなると管理は難しくなってきます。そこで登場したのがKubernetesのようなオーケストレーションソリューションでした。Kubernetesを用いることで構成の保守、コンテナ群のデプロイや管理を、DevOpsチームがオーケストレーションできるようになりました。

コンテナとコンテナオーケストレーターは、多くのチームにとって一般的な選択肢となってきています。そのため、FinOpsを実践するにあたって、これらのコンテナ化されたワークロードが与える基本的な影響を理解しておくことが極めて重要になります。

コンテナ環境がFinOpsに大きな影響を与える最も重要な理由は、ほとんどのコンテナ環境が複雑な共有環境であるということです。共有されたクラウドコンピューティングインスタンス上で実行されるコンテナのような共有リソースは、コスト配賦、コストの可視化、リソースの最適化に関する課題を引き起こします。コンテナ化された世界では、従来の仮想マシン（VM）のみを前提としたFinOpsのコスト配賦は機能しません。リソースのコストに、タグやラベルを単純に割り当てることはできません。なぜならクラウドやオンプレミスの各リソースは、それぞれが異なるアプリケーションをサポートし、常に変動する複数のコンテナを実行している可能性があるためです。さらに、組織内の異なるコストセンターに関連付けられる場合もあります。しかし、心配はいりません。本章では、コンテナ化された世界でもFinOpsの実践を成功させるための変更や調整について見ていきます。

23.1 コンテナ入門

コンテナについて詳しくない方のために、まずはコンテナの基本について簡単に説明していきます。また、本章を通して、これらのコンポーネントについて共有の理解を形成するのにも役立つでしょう。

コンテナは、簡単に言えば、ソフトウェアをパッケージ化する方法です。アプリケーションの実行に必要なコードやライブラリ、設定情報のすべてが、デプロイ可能な1つのイメージにまとめられます。Kubernetesのようなコンテナオーケストレーションツールは、エンジニアがサーバーにコンテナを管理・保守のしやすい方法でデプロイするのに役立ちます。

本章の全体にわたって使用する重要な用語をいくつか紹介します。

イメージ

実行が必要なソフトウェアを含むコンテナのスナップショットです。

コンテナ

コンテナイメージのインスタンスです。同じイメージから複数のコピーを同時に実行することができます。

サーバーインスタンス／ノード

サーバー（EC2インスタンス、VM、物理サーバーなど）です。

Pod

これはKubernetesの概念です。Podは、少なくとも1つのコンテナで構成されますが、コンテナのグループを含めることもでき、クラスター上でスケジューリングやスケーリングができるように1つのリソースの塊として扱われます。

コンテナオーケストレーション

オーケストレーターは、サーバーインスタンスのクラスターを管理するとともに、コンテナ／Podのライフサイクルも保守します。コンテナオーケストレーターの一部はスケジューラーであり、サーバーインスタンス上でコンテナ／Podを実行するようにスケジュールを行います。例としては、KubernetesやAWSのElastic Container Service（ECS）です。

クラスター

コンテナオーケストレーションによって管理されるサーバーインスタンスのグループです。

Namespace（名前空間）

Kubernetesのもう1つの概念であるNamespaceは、単一のクラスター内でリソースのグループを論理的に分離するための仕組みであり、Pod／コンテナを他のNamespaceとは切り離して展開することができます。

Kubernetesクラスター（図23-1を参照）は、Pod内でコンテナを実行する複数のノード（サーバーインスタンス）で構成されています。各Podは、さまざまな数のコンテナで構成されます。ノード自体は、Podのグループを分離するために使うNamespaceをサポートしています。

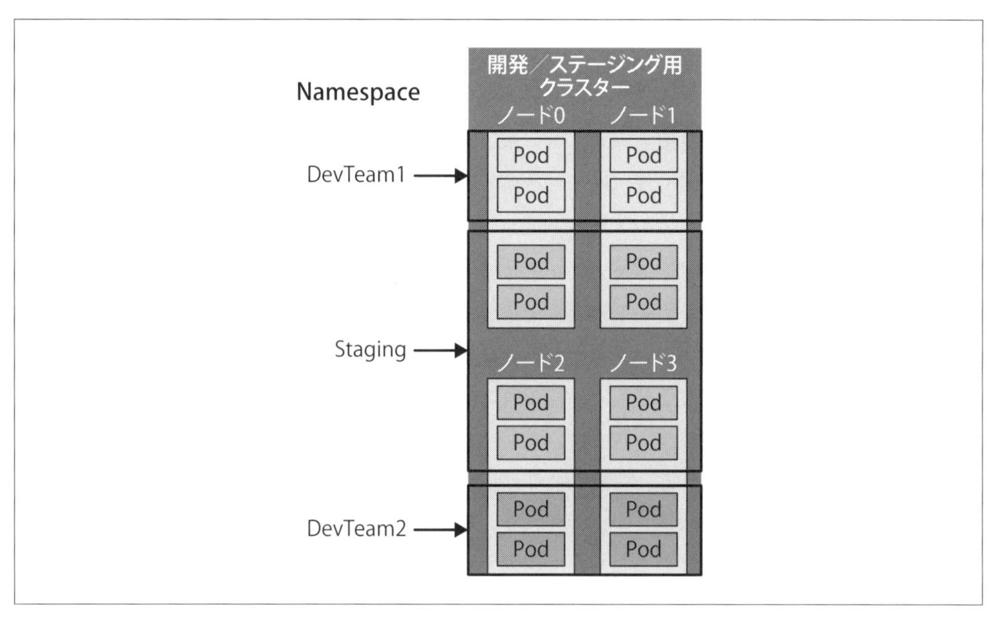

図23-1　Kubernetesクラスターの基本的な考え方

23.2　コンテナオーケストレーションへの移行

エンジニアは、可用性、信頼性、拡張性、管理の容易さなど、さまざまな理由でコンテナへの移行を選択します。FinOpsは、事業にとって最良なことを行っているかを確かめるための手法です。コストと技術的なニーズのバランスを取り続けることを忘れないでください。**コストだけがコンテナ移行の原動力ではない**ものの、コンテナモデルとVMモデル（両サイドの付随するすべてのコストと影響を考慮して）でアプリケーションのコストを見積もる能力は、ビジネスにとって有益な情報になります。

多数の個別クラウドサーバーインスタンスからKubernetesのようなクラスターオーケストレーションソリューションに移行する場合、通常はより少ない台数の、よりスペックの大きなサーバーになります。複数のコンテナワークロードをこれらのよりスペックの大きなサーバーに詰め込む（**ビンパッキング**とも呼ばれる）ことで、同じノード上に分離された多くのコンテナを実行し、リソースの利用効率を高めることができます。

クラスター内の各サーバーインスタンスは、テトリスゲームのようなもの、と考えるとイメージしやすいかもしれません。コンテナはさまざまな形や大きさのブロックであり、コンテナオーケストレーターは、サーバーにこれらの「ブロック」（＝コンテナ）をできるだけ多く配置しようとします。

Kubernetesのようなプラットフォームでは、さまざまなリソース保証を設定できるため、より多くのコンテナをサーバーインスタンスに詰め込むことができます。リソース保証の詳細については、本章の後半で詳しく説明します。

単一のサーバーインスタンス上で複数のコンテナを実行している場合、クラウドサービス事業者は基盤となるサーバーインスタンスの使用量に対してのみ課金データを提供するため、各コンテナの個別のコストを把握することができません。サーバーインスタンス上で複数のコンテナを実行している場合、使用コストを分割するために、より多くの情報が必要になります。

言い換えると、複数のワークロードが共有する各クラウドリソースには、各ワークロードがクラウドリソースをどれだけ使用したかを示すための補足情報が必要となります。コンテナはサーバーを均等に消費するわけではありません。一部のコンテナは、他のコンテナよりも多くのサーバーインスタンスを使用するように設定できます。コンテナによっては、数週間から数か月にわたって実行されるものもあります。しかし、調査によると、ほとんどのコンテナは平均12時間未満という短期間しか実行されず、中には数秒しか実行されないものもあります（https://oreil.ly/Nek9-)。さまざまなサイズのコンテナがさまざまな頻度で起動と停止を繰り返すため、クラスターの使用状況のスナップショットを頻繁に取得しても、詳細なコスト配賦に必要となる十分なサンプリングは得られません。すべてのコンテナの起動と停止を追跡する詳細なデータがあれば、個々のサーバーコストをどのように分割するか、サービスAのコンテナとサービスBのコンテナがサーバーをどれだけ使用したのかを特定するのに役立ちます。このデータの詳細は、「23.4.2　コンテナの割合」で紹介します。

しかし、このデータを収集する難しさの1つは、その膨大な量にあります。そもそもクラウドの課金データファイルは非常に大きいのですが、コンテナの数はVMの何倍にもなり、さらに各コンテナがリソース間を何度も移動するため、そのたびに新しいデータ行が作成されます。これは、詳細かつきめ細かな方法で解決しようとすると、専用のツールが必要となる難しい課題です。

FinOps実践者は、共有リソースがコストの可視性とコスト配賦プロセスに与える影響について、チームに準備させる必要があります。コンテナの世界でFinOpsの実践を成功させるために必要な要件を明確に理解し、それをDevOpsチームに確実に実装させることが重要です。

23.3　コンテナのFinOpsライフサイクル

コンテナ化がFinOpsにもたらす課題、つまりコストの可視化、コストのショーバック／チャージバック、コストの最適化について考えると、すぐにクラウドへの移行の際に直面した課題と非常に似ていることに気がつきます。コンテナは、クラウド仮想化の上に、コンテナ化とも呼ばれる仮想化の別レイヤーを乗せたものです。後戻りしたように感じるかもしれませんが、これらの課題を解決するために必要なすべての知識、プロセス、プラクティスはすでに蓄積されていることを覚えておいてください。単純に、クラウドで課題を解決した方法をもとにして取り掛かればよいのです。

したがって、コンテナ化におけるFinOpsの課題も、より広いクラウドFinOpsを適用するときと同様に、Inform、Optimize、Operateのライフサイクルに分割することができます。

23.4　コンテナのInform（可視化）フェーズ

最初に取り組むべきは、チームが運用しているクラスター上の個々のコンテナのコストを特定できるレポートを作成することです。言い換えると、コンテナの支出を可視化する必要があります。

23.4.1　コスト配賦

クラウドサービス事業者は、クラスターを構成するサーバーインスタンスごとに料金を請求します。コンテナがクラスターにデプロイされると、CPU、メモリ、ストレージなど、クラスターのリソース容量の一部が消費されます。コンテナ内のプロセスが、そのコンテナに割り当てられたリソースをすべて消費していなくても、場合によっては他のコンテナからこの容量の使用がブロックされているため、割り当てられた分の料金を支払う必要があります。これはクラウドサービス事業者で、サーバーをプロビジョニングする場合と同じです。そのサーバーリソースを、使っても使わなくても料金は発生します。また、サービス間のネットワーク通信コストの課題は、コンテナでも同様に考慮する必要があります。単一のノードやサーバーインスタンスに関連するネットワークコストは、複数のコンテナをサポートしている可能性があり、関連するコストは個々のコンテナの使用量に応じて分割する必要があります。ネットワークは、公平な分割方法が求められる共有コストの1つになります。理想的な分割方法は、各コンテナが実際に使用したネットワークトラフィック量を評価し、これらの量に基づいてネットワークコストを割り当てることです。

クラスター上で実行しているコンテナに個々のコストを割り当てるには、個々のコンテナが基盤となるサーバーのリソースをどれだけ消費したのかを測定する何らかの方法が必要です。詳細は次のセクションで説明します。

実行中のクラスターの周辺コストも考慮する必要があります。管理ノード、クラスターの状態を追跡するために使用されるデータストア、ソフトウェアライセンス、バックアップ、ディザスタリカバリのコストは、コスト配賦戦略の一部です。これらのオーバーヘッドコストは、すべてクラスター運用の一部であり、コスト配賦戦略で考慮する必要があります。

23.4.2 コンテナの割合

クラスター管理における最大の課題は、基盤となるリソースを共有しているため、クラウドの課金情報のみでは配賦を完全に把握できないことです。クラウドサービス事業者は、彼らのマネージド型サービスを使用する場合を除いて、VMハイパーバイザーが提供するメトリクスのみを観測でき、オペレーティングシステムやプロセスは観測できないことを覚えておいてください。この可視性の欠如により、事業者はコンテナとサーバーの使用量を追跡することができません。そのため、FinOpsチームが基盤となるサーバーのコストを適切なチームやサービスに分割するには、コンテナクラスターを運用するチームに、各サーバーインスタンス上で実行されているコンテナを報告してもらう必要があります。各コンテナが使用している各サーバーの割合を記録することで、クラウドの課金データを充実させることができます。

23.4.2.1 カスタムコンテナの割合

各コンテナが、基盤となるクラウドサーバーインスタンスを消費している割合を測定するのは複雑なプロセスです。しかし、vCPUやメモリの使用量を測定することから始めることができます。

表23-1は、このデータを理解するのに役立つ例を示しています。

この表には、時間あたり1ドルのコストがかかる、4つのvCPUと8GBのメモリを持つサーバーインスタンスがあります。このサーバーはクラスターの一部であり、特定の1時間の間にコンテナ1から4を実行します。

表23-1 サーバーインスタンスでのコンテナ割り当ての例

サーバーID	コンテナID	サーバーラベル	vCPU	メモリ（GB）	時間（分）	割合
i-123456	1	A	1	2	60	25%
i-123456	2	A	1	2	60	25%
i-123456	3	B	0.5	1	60	12.5%
i-123456	4	C	1	2	15	6.25%

コンテナ1と2を見ると、割合の計算は非常にシンプルに見えます。これらのコンテナは、課金対象時間全体でvCPUとメモリの4分の1を使用しているため、サーバーコストの4分の1を割り当てます。また、これらのコンテナは両方とも同じサービス（A）を実行しているため、サーバーコストの50%をサービスAに割り当てます。

コンテナ3も同様の状況に見えます。ただし、今回はサーバーの使用量はさらに少なくなっています。

コンテナ4については、サーバーインスタンスの25%を使用していますが、今回は1時間のうち15分（25%）しか使用していません。したがって、使用量に時間を掛けるとその割合は、$0.25 \times 0.25 = 6.25\%$に減少します。

メトリクスの割合が、基盤となるサーバーと完全な対称になっていない場合があり、割合を計算する際に問題となることがあります。この問題を解決するには、主に2つのアプローチがあります。

最も影響力のある指標

コンテナがメモリよりも多くのvCPUを使用する場合は、より影響力のあるvCPUの比率を使用して割合を計算します。

加重メトリクス

最初にメトリクス（vCPU、メモリなど）に重み付けを行い、それからそれらの重み付けされた値を使用して割合を計算します。

まずはvCPUとメモリから始めることをお勧めしますが、コンテナの割合を決定する際の重要なメトリクスはそれだけではありません。ローカルディスクの使用量、GPU、ネットワーク帯域幅など、他のメトリクスを考慮する必要がある場合もあります。クラスターにどのようなワークロードがスケジュールされるかによって、その特定のクラスターにとって最も関連性の高いメトリクスや、全体的なメトリクスの重み付けが変わってきます。また、Kubernetesでは、要求されたリソースと消費されたリソースの間に違いがあることにも注意が必要です。Podが要求するリソースよりも実際に使用されるほうが少なくなることが多いのですが、その逆になることもあります。使用量の割合を測定する際は、要求されたリソースとワークロードによって消費されたリソースのうち、より大きい方を使用することをお勧めします。

前述の方法でクラスターのコストを割り当てた場合でも、割り当てられていない容量のコストが残ってしまう可能性があります。これは実行中のコンテナによってクラスターが常に100%使用、または100%要求されることは考えにくく、割り当てられていない、使用されていない余剰の容量が残ってしまうためです。

図23-2は、1時間あたりのコストが40ドルの単一サーバーインスタンスを示しています。このノードでは、2つのコンテナが実行中です。チームAとチームBには、それぞれ15ドルと11ドルのコストが割り当てられていますが、要求された容量の一部はコンテナ内で使用されていないため、無駄と見なされる可能性があります。このサーバーインスタンスには、誰かの予算に割り当てる必要のある14ドル分の予備ノード容量（割り当て可能容量）がまだ残っています。

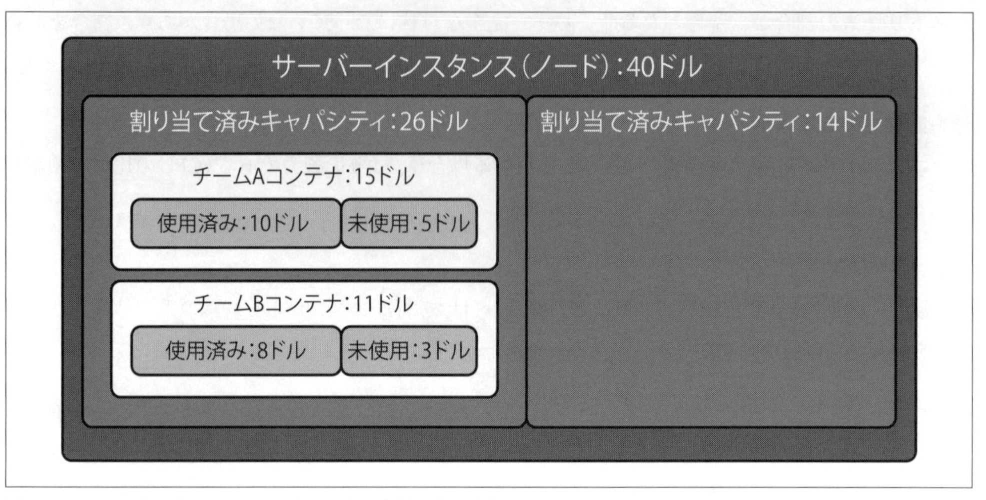

図23-2 サーバーインスタンス/ノードの未割り当て容量

割り当て可能な余剰ノード容量を割り当てるための標準的な方法はまだありません。考えられる選択肢の1つは、サーバーインスタンスを管理するチーム自体がそのコストを負担することです。もう1つの選択肢は、ノード全体の使用率に占めるそれぞれの割合に基づいて、割り当て可能なノード容量のコストを、ノード内のすべてのコンテナ間で公平に分配することです。

予約済みキャパシティはソフトリミット、つまり制限に達した際に警告を表示するのみの制限であるため、ノード内にまだ割り当て可能な容量が残っている場合、Podは設定された制限を超えることができます。そのため、Podが消費する容量は、予約済みキャパシティの100%を超える可能性があります。これは、Podのノード全体のコストに占める割合が使用期間中に増加し、予約されていないノード容量が未使用のまま残ることが少なくなることを意味します。

この場合、クラスターを管理するチームと、サーバーインスタンス上でワークロードを実行するチーム、どちらが余剰容量のコストを負担すべきか? という問題が残ります。

コンテナコストの分配に成功している組織を見てきた経験から、割り当てられていないコストが存在する場合に、それらを割り当てるための2つの主要な戦略があることを、私たちは特定しています。

アイドル状態のコストを中央チームに割り当てる(推奨オプション)

クラスターのコストを100%割り当てられるようにするには割り当て戦略が必要となるため、一部の組織ではこれらの余剰容量コストを、クラスターを運用するチームに割り当てています。これらのチームはクラスターコストに関する予算と予測を持っているため、余剰容量コストを彼らに割り当てることで、コンテナのスケジューリングの最適化、ワークロードに許容される範囲でクラスターのサイズの縮小化、クラスターの無駄の最小化を促すことにより、余剰容量コストを削減することができます。

> クラスターの運用や管理をするチームは、クラスター／ノードレベルの割り当て可能なコストを可視化できます。ほとんどの場合、デプロイされたサービス／Podによる実際の使用量は、すべてのユーザー向けのプラットフォームサービスを運用するプラットフォームチームや、それぞれのアプリケーションの開発者チームなど、実際のユーザーが設定したリソース要求に依存しています。プラットフォームチームは、クラスターサイズの適正化、他のインスタンスタイプへの切り替え、クラスターオートスケーラーの設定を行うことでクラスターを最適化し、クラスターリソースの利用効率を高めることで、割り当て可能なコストを全体的に削減することができる最適な立場にいます。
>
> ——David Sterz, Mindcurv, Container Cost Allocation Working Group lead

クラスターを使用するチームにアイドル状態のコストを分配する（代替オプション）

2つ目の戦略は、余剰容量コストを、クラスター上でコンテナを実行しているチームに分配することです。コンテナのコスト配賦に使用するのと同じ割合データを使用して、何をどこに分配するかを決定します。この方法により、余剰容量コストに対する包括的な予算を設ける必要がなくなります。

余剰容量コストを割り当てる方法を決定する前に、クラスターを運用するチームとクラスターを使用するチームの両方に参加してもらい、まずは進め方について合意を得ることをお勧めします。

23.4.2.2　Google Cloudにおけるコンテナの割合

カスタムマシンタイプを使用する場合、Google CloudはvCPUとメモリに対して別々に課金が発生します。コンテナのコスト配賦にこれらの指標を使用する場合、コンテナによって消費された基盤サーバーの割合を特定する必要はありません。クラスター上で実行される各コンテナに割り当てられたvCPUとメモリのみを記録しておけば、通常のGoogle Cloud料金表を使用して、各コンテナに料金を割り当てることができます。クラスター全体のコストは、総合的なvCPUとメモリの料金として表されます。これらの値から記録されたコンテナコストを差し引くと、未使用のクラスターコストが残ります。

ただし、事前定義されたマシンタイプを使用している場合は、前述のように各コンテナのカスタム割合データを記録する必要があります。

23.4.3 タグ、ラベル、Namespace

サーバーインスタンスと同様に、識別子のないコンテナは、外部から見てそれが何であるかを特定するのは難しいです。実際に、数百、数千の小さなコンテナができあがる可能性があります。タグ付け／ラベル付け戦略を立てることで、使用量を分類することができます。コンテナは、ネイティブなクラウドと同じパターンのFinOpsで扱うことを思い出してください。このパターンはすでに慣れてきていると思います。つまりは、標準的なクラウドのタグ付け戦略は、コンテナにもうまく適用できるということです。

コンテナの世界では、コンテナにタグ／ラベルを付けることができます。これらのタグは、コスト配賦をするための識別情報として機能します。Namespaceを使用すると、単一クラスター内のリソースをグループ化することができます。チームや特定のサービスごとにNamespaceを作成することで、大まかなコスト配賦グループを作成することができます。

コンテナやPod自体にも、起動時にラベルを付けることができます。そのため、必要に応じてよりきめ細かなコスト配賦の仕組みを実現することができます。ただし、これらのラベルを表示してコストを分割する機能は、クラウドの課金データとは別のツールを使用する必要があります。

23.5 コンテナのOptimize（最適化）フェーズ

Informフェーズと同様に、コンテナの世界におけるOptimizeフェーズも、クラウドプラットフォーム向けに構築されたオリジナルのFinOps手法をそのまま適用することができます。

一見すると、コンテナ化によって適切なサイジングの問題が解決すると思えるかもしれません。なぜなら同じサーバーインスタンス上で複数のコンテナを実行することは、より費用対効果が高いように見えるからです。しかし、これまでの説明からもわかるとおり、クラスターから節約が得られているかどうかを測定することは複雑な作業となります。

FinOpsの実践者が「コンテナに移行したので、サイズの適正化をする必要はなくなった」、あるいは「アイドル状態のリソースは、もはや問題ではなくなった」と述べているのを耳にしたことがあります。これらの発言には、真実の要素もいくつか含まれてはいるものの、すべての真実を語っているわけではありません。それでは、コンテナの世界でFinOpsを成功させるために、FinOpsの手法をどのように進化させる必要があるか見ていきましょう。

23.5.1 クラスターの配置

すべてのコンテナを1つのクラスター内で実行させる場合、さまざまな環境に合わせたクラスターの最適化はできない可能性があります。開発用コンテナをスポットインスタンスで実行したり、開発者に近いリージョンで実行したりする場合、開発専用のクラスターで実行するほうが簡単です。さらに、この開発用クラスターを本番環境とは別の開発用アカウントで運用するとより効果的です。

代替策として、複数のクラスターを運用することも考えられますが、あまりにも多くのクラスターを運用するのは管理を難しくしてしまい、コスト効率も悪くしてしまう可能性があります。各クラスターには、クラウドリソースと人的リソースの両方の観点で、管理オーバーヘッドが発生します。さらに、複数のクラスターにワークロードを分散している場合、クラスターの使用率を最大化することが難しくなります。複数のクラスターにコンテナが分散すればするほど、実行中のサーバーがコンテナでいっぱいになる可能性が低くなり、結果として使用率が低下してしまうことになります。

ここでの適切なバランスを見つけることは、前述したクラウドリソースのアカウントの適切なバランスを見つけることと同じくらい重要です。小規模な分野特化型クラスターと大規模な汎用型クラスターの中間の最適なポイントを見つける最善の方法は、クラスターを管理するチームや使用するチームと協力することです。

23.5.2 コンテナ使用量の最適化

ここからは、FinOpsライフサイクルのOptimizeフェーズで議論された使用量の最適化を適用していきます。

コンテナの最適化には、責任共有モデルが適用されます。クラスターを運用する中央チームには、水平方向／垂直方向の適切なサイジングやワークロードの適切な配置を含む、クラスター全体のサイジングに責任があります。一方、クラスター内でコンテナを実行するチームには、要求または保証された容量を適切に設定して使用する責任があります。

23.5.2.1 クラスターの集中型ライトサイジング

この項で説明する最適化の責任は、通常、クラスターとサーバーインスタンスを管理する中央チームにあります。

クラスターのコスト効率が悪い場合、貧弱なスケジューリングやクラスターリソースの低い使用率が最も可能性の高い原因です。すべてのコンテナが停止したあともクラスターインスタンスが稼働し続けている場合や、大きなクラスターインスタンス上でたったの1つ、もしくは少数のコンテナしか実行していない場合は、インスタンスの使用率が著しく低いことになります。これではクラスターごとに高いコストが生じてしまうため、適切なサイジングを行う必要があります。

コンテナの世界において、クラスター全体を適切なサイズに調整するためには、中央クラスター管理チームが適用するべきいくつかの戦略があります。

水平方向ライトサイジング

これは、いかに効率的にコンテナをサーバーインスタンスへ詰め込むかを意味しています。より密に詰め込むほど、特定の時点における必要なサーバーインスタンスの数は少なくなります。これを適切に行うと、必要なインスタンス数に応じてクラスターをスケーリングすることができ、不要なサーバーインスタンスの実行を回避することによってコストを節約することができます。コンテナオーケストレーターは、サーバーインスタンスの使用率を向上させるためにコンテナの再配置を行い、負荷が下がった場合はオートスケーリングを利用してサーバーインスタンスを解放できないか常に機会を探すべきです。時間の経過とともに、未使用のクラスター容量の量を追跡することで、スケジューリングエンジンの変化を測定できます。その後、スケジューラーを更新／調整して、より少ないサーバーインスタンスにコンテナを詰め込むように管理できれば、効率の向上を測定することができます。

垂直方向ライトサイジング

これは、サーバーインスタンスのサイズを変更することを意味しています。コンテナオーケストレーターに期待するべきことは、できるだけ少ないサーバーにコンテナを詰め込むことですが、他にも考慮すべき要素はあります。高可用性を確保するためには、一部のコンテナを異なる基盤のサーバーインスタンスで実行させるべきです。これによってサーバーインスタンスの使用率が低下した場合は、サーバーインスタンスのサイズを変更してvCPUとメモリの使用量を減らすことでコストを削減することができます。

ワークロード適合

コンテナのワークロードがvCPUとメモリの比率に適合していない場合（例えば、vCPUよりもメモリを多く使用している場合）、サーバーのvCPUに空きがあっても、コンテナが使用できるメモリがなくなってしまいます。サーバーのvCPUとメモリのバランスが、コンテナのワークロードに適合していないことがデータから判明した場合、時間あたりの料金がより低い、より適したサーバーインスタンスタイプ（例えば、vCPUあたりのメモリが多いもの）を実行することでコストを削減できます。クラスター内に複数のサーバー構成を混在させて、コンテナのワークロードに最適なサーバーにワークロードを割り当てることもできます。

23.5.2.2 コンテナ／Podの分散型ライトサイジング

Pod内でコンテナを実行するチームは、クラスターからの容量要求を適切にサイジングする責任があります。

コンテナが効率的に詰め込まれている場合でも、スケジューリングされた個々のコンテナがクラスター上で非アクティブになるリスクがあります。ご存知のとおり、コンテナはクラスターのリソースの一部を消費するため、コンテナを必要以上に大きいサイズにするとコスト効率は悪くなります。

サーバー稼働率のメトリクスを追跡してアイドル状態のサーバーインスタンスを探す手法とは異

なり、コンテナの世界では、未使用のコンテナインスタンスを特定するためにコンテナ稼働率のメトリクスを追跡する必要があります。繰り返しますが、アイドル状態のサーバーインスタンスへの対処に用いられていた手法と同様の概念が、コンテナにも適用できます。

Kubernetesのようなクラスターオーケストレーションソリューションは、スケジューリングされたコンテナに対して、QoS（Quality of Service）クラスと呼ばれる異なるリソースクラスの割り当てを要求することができます。各QoSクラスは、容量の割り当て方法とそれに関連するコスト配賦に影響を与えるさまざまなモデルがあります。

Guaranteed（保証されたリソース割り当て）

重要なサービスコンテナに対しては、保証されたリソース割り当てを利用して、一定量のvCPUとメモリが常にPodで利用できるようにすることができます。保証されたリソース割り当ては、予約済みのキャパシティと考えることができます。コンテナのサイズや形状は変更されません。このクラスでは、設定値が高く実際の使用量が少ない場合に、アイドルコストが最も発生しやすい傾向があります。

Burstable（バースト可能なリソース割り当て）

スパイクの多いワークロードでは、基盤となるサーバーインスタンスに空き容量がある場合に、Podが最初に要求したよりも多くのリソースを使用できるようにすることで、必要な場合に限ってより多くのリソースにアクセスできる恩恵を得ることができます。バースト可能なリソース割り当ては、一部のクラウドサービス事業者が提供するバースト可能なサーバーインスタンス（AWSのT3やGoogle CloudのF4のようなバーストパフォーマンスインスタンス）に似ています。これらは基本的なパフォーマンスレベルを提供しながら、必要に応じてPodをバーストすることができます。この方式は初期設定が簡単で、リソースへの要求が低く制限もないため、コスト効率に優れています。ただし、予想できない急激なリソース消費が発生する可能性があり、他のワークロードに悪影響を与えたり、利用可能なリソースの不足によるサービス性能の低下を引き起こす可能性もあります。

BestEffort（ベストエフォート型のリソース割り当て）

さらに、開発／テスト用のコンテナでは、ベストエフォート型のリソース割り当てを使用することができます。これは、余剰な容量がある間はPodを実行し、容量がない場合は停止させる機能です。このクラスは、Google CloudのプリエンプティブルVMやAWSのスポットインスタンスと似ています。純粋なコスト効率の観点から見ると、このクラスはアイドルコストがゼロになるため最も優れていますが、リソースが常に利用できる保証が一切ないため、本番環境では、注意して特定のワークロードにのみ使用する必要があります。

コンテナオーケストレーターが、異なるリソース割り当て保証を持つPodの組み合わせを各サーバーインスタンスに割り当てることで、サーバーインスタンスの使用率を高めることができます。常に一定量のリソースが必要なPodには基本量のリソースを割り当て、必要に応じてバーストする必要のあるPodには残りのサーバーリソースを利用できるようにしつつ、利用可能になった空き容量をいくつかのベストエフォート型のPodへ割り当てるといったことができます。

23.5.3 サーバーインスタンス料金の最適化

クラスターは、次で説明するサーバーレスクラスターを利用していない限り、通常のクラウドサーバーインスタンスで構成されています。

クラスターがベストエフォート型や再起動可能なPodを大量に実行している場合は、クラスターの一部を**スポットインスタンス**で運用するという選択肢もあります。スポットインスタンスを使用することで、クラウドサービス事業者が提供する大幅なコスト削減の恩恵を受けることができます。しかし、クラスター内でこれらを運用する場合は、サーバーインスタンスとその上で実行しているPodが、クラウドサービス事業者から事前に通知もなく停止させられるという追加のリスクについて考慮する必要があります。

これらのサーバーインスタンスは、他のインスタンスと同様に予約を要求することができます。Kubernetesなどのクラスターオーケストレーションソフトウェアを実行しているからといって、通常の予約／コミットメントプログラムからクラスターを除外する必要はありません。コンテナ化によって、クラウドサーバーインスタンスの安定性が高まることはよくあります。コンテナは、クラウドサーバー全体を変更することなく起動と停止を繰り返すことができます。これは、予約計画の簡素化と全体的な予約使用率の向上につながります。常に稼働しているインスタンスを予約することで、17章で説明したように、50%以上の節約を実現できる可能性があります。

23.6 コンテナのOperate（実行）フェーズ

本書のこの部分では、より広いFinOpsのOperateフェーズを進める際にクラウドリソースレベルで実行する操作のうち、どれだけの操作をコンテナの世界に適用できるかを検討する必要があります。営業時間に合わせて開発用コンテナのオンとオフのスケジューリング、アイドル状態のコンテナの発見と削除、強制によるコンテナのラベル／タグの維持は、FinOpsのOperateフェーズにおける一般的な手法とコンテナの世界の間との1対1の対応関係を示す、ほんの一例です。

23.7 サーバーレスコンテナ

AWSのFargateのようなクラウドサービス事業者が提供するサーバーレスコンテナは、コンテナに関するFinOps戦略に興味深い変化をもたらします。セルフマネージド型のクラスターの場合、クラスターを増やすことによるコストへの影響を考慮する必要があります。クラスターごとに管理コンピューティングノードのコストとメンテナンスが必要となるため、エンジニアリングチームは中央アカウント内のクラスターの数をより少なくするといった選択を行うことがあります。

クラスター管理レイヤーがクラウドサービス事業者によって管理されるようになると、コンピューティングノードが利用者から抽象化されるため、ワークロードを集中管理する必要性が低くなります。サーバーレスの世界では、スケジューラーの効率を追跡し、コンテナがクラスターインスタンスにどれだけ効率的に詰め込まれているかを測定する必要はありません。この責任はクラウドサービス事業者に委ねられます。ただし、現在のサーバーレスコンテナのサービスでは、特定のサイズのvCPUとメモリの組み合わせのみに限られているため、過剰なリソースを割り当てられたコンテナの監視は引き続き必要となります。

各コンテナタスクはクラウドサービス事業者から直接課金されるため、コスト配賦は自動的に行われます。これは、サーバー上で実行されているコンテナを確認できるようになったためです。そのため、コストの按分や共有リソースを分割するといった課題がなくなります。コンテナがアカウント内のサーバーインスタンスで実行されている場合、コンテナの削除によってクラスター上に空き領域はできるものの、コストはそのコンピューティングノードがクラスターから完全に削除されるまでは削減されません。サーバーレスコンテナでは、コンテナが削除されると課金も停止されます。

これは良いニュースのように聞こえるかもしれませんが、FinOpsでは常にそうであるように、考慮すべき項目はいくつかあります。例えば、クラウドサービス事業者がクラスターを管理するということは、チューニング可能な設定項目が少なくなることを意味します。そのため、ワークロードに合わせてクラスターを最適化できなくなる可能性があります。

23.8 本章の結論

コンテナに関する問題は、クラウドに移行する際に最初に直面する問題と似ているため、既存のFinOps手法を活用してこれらの問題を解決することが可能です。

要約：

- コンテナ化をしてもFinOpsを回避することはできない。FinOpsの原則はコンテナ化されたアプリケーションにも当てはまり、コスト管理の必要性も変わらない。
- クラウドサービスが管理するコンテナプラットフォームを利用していない限り、実行中のコンテナがどのようにサーバーを使用するか、追加のデータ収集をする必要がある。
- コンテナが消費するサーバーインスタンスの割合を追跡し、その情報をクラウドの請求情報と組み合わせることで、正確なコスト配賦が可能になる。
- コンテナ化が必ずしも効率的とは限らない。サーバーの使用状況を監視し、適切なサイジングやスケジューラーの最適化を行う必要がある。

- サーバーレスオーケストレーションは、コスト配賦に関するFinOpsの作業負荷を削減するが、コスト増加の可能性が高くなる。

次章では、エンジニアリングチームとのパートナーシップを構築するプロセスについて詳しく説明します。

24章 エンジニアとの協力によるFinOpsの実現

FinOpsはチームスポーツであり、エンジニア抜きではほとんど何も成し遂げることはできません。本章では、命令ではなく、コスト効率に優れるようにエンジニアリングチームを動機付けすることで、FinOpsの文化を浸透させる方法について説明します。命令は、それらがリーダーシップの最優先事項である間のみ、短期的な行動を促します。しかし最終的には命令の圧力は弱まり、物事はいつも通りの仕事に戻り、コストはいつの間にか非効率な状態に戻ります。

本章では、ソフトウェアエンジニアの日々の活動において、なぜコストの最適化を考慮することが難しいのかを考察し、エンジニアが日々のワークフローにおいてコストを考慮するようになる過程で起こりがちな変化について、取り上げます。

これまで多くのエンジニアにとって、コストの考慮は彼らの仕事の一部ではありませんでした。しかし今やクラウドでは、コストを新たな制約として考慮することが求められています。変動するインフラストラクチャのコストがなぜ今、彼らの仕事の重要な一部なのか、そしてそれがどのようにビジネスに影響を与えるのか、そのコンテクストを伝えることが重要です。さもなければ、優先順位が下がってしまうかもしれません。

成熟したFinOpsの実践では、エンジニアと開発者がFinOpsの最前線に立ち、彼らが早期から関与、連携、賛同することが成功に不可欠です。

24.1 「われわれ」と「やつら」の統合

本書の初版を読み返したとき、FinOpsチームとエンジニアリングチームに関して、「**われわれとやつら**」という論調がいかに多いかに気づきました。あたかもエンジニアがFinOpsの仕事の範囲外にあり、一般的にコストを気にしていないかのような表現もありました。しかしこれは、クラウドとFinOpsの変革が成熟している企業にとっては、事実からかけ離れています。消極的なコスト最適化しか行わない、関与度の低いエンジニアは、FinOpsが未成熟であることを反映しています。そこでは、開発プロセスが非効率で、FinOpsのプロセスも事後対応的に無駄を取り除くことに限られています。一方で成熟した実践では、サービスおよびアーキテクチャ設計の初期段階でエンジニアと連携し、クラウド上でのサービスのデプロイ方法における非効率を積極的に回避します。

FinOpsを推進するペルソナはここ数年で変わりました。「State of FinOps 2022」(http://data.finops.org/) では、FinOpsの推進を担当するチームの圧倒的多数はCTOまたはCIOの直属で、エンジニアで構成され、エンジニアが率いることが増えています。コストを意識する文化が根付けば、FinOps自体の作業自体は組織全体のエンジニアが行うようになり、中央のFinOpsチームは他の機能により集中できるようになります。15章で述べたように、FinOpsの多くの重要な機能(使用量の削減や最適化など)は通常、FinOpsチームが一元的に担うのではなく、さまざまなビジネスユニットやグループのエンジニアリングチームに直接割り当てられます。サービスを展開しているエンジニアは彼らのインフラを誰よりもよく理解しており、それを最適化するのに最も適しているからです。

24.2 エンジニアは何を考えているのか?

エンジニアリングの動機は、財務チームの動機とは対照的です。財務チームは、予算と予測に対して費やされた金額という観点から、事業の実行可能性、粗利益、および将来の財政的安定性に重点を置く傾向があります。一方エンジニアは、変革を起こし、ソフトウェアの改善を通じて価値を提供し、一般的に、セキュリティ、性能、稼働時間、信頼性などのさまざまな領域で物事をより効率化することに意欲的です。

3章では、チームの意欲を高め、信頼の喪失を減らす方法について話しました。**行動の天秤**を思い出してみてください。そこでは、動機と求められる労力にはバランスがあることを紹介しました。エンジニアはコスト効率を重視する意欲がないという誤解がありますが、実際には、エンジニアのFinOpsの作業が他の重要な制約や考慮事項と単に競合しているだけです。

行動の天秤のバランスをとるために、FinOpsの実践者はエンジニア(およびエンジニアの目標とインセンティブを設定するエンジニアリングリーダーシップ)と連携して、コスト効率を、セキュリティ、性能、信頼性、あるいは持続可能性(19章で議論)と同じくらい重要な考慮事項にする必要があります。成功の尺度を1つだけに絞るという選択肢はありません。

エンジニアの関与が不足していると思われる場合、それは通常、意欲の欠如からくるものではありません。彼らが責任を持つ領域が多岐にわたるため、彼らは定期的に取捨選択を迫られているのです。FinOpsに取り組むために必要な時間が長い(あるいは不明確)な場合、リーダーシップが優先順位を付けない限り、エンジニアリングのスケジュールには合わないかもしれません。

雲の上から（Abuna Demoz）

Google CloudとAmazon Web Servicesで大規模なエンジニアリングチームを率いてきたソフトウェアエンジニアのAbuna Demozは、次のような見識を共有してくれました。

> ほとんどのエンジニアは、開発、ドキュメント作成、監視と警告、リファクタリング、スケーリングなど、ソフトウェアライフサイクルの中でできるだけ多くのタスクをこなしたいと考えていると、想定するべきです。しかし彼らは、実際に1日のうちに何ができるのか、あるいは新機能のリリース目標日までに何を達成できるのかという制約に直面します。これは特に、要求が最も高い上級エンジニアに当てはまります。彼らは常に優先順位を付け、重要な要件以外のことは通常許されない時間枠の中で、やるべきすべてのタスクの中から、厳しい選択を迫られています。
>
> ここで、組織の報酬体系が影響を及ぼします。ほとんどのエンジニアは、報酬（給与、ボーナスなど）や評価（賞賛、リーダーシップの認知度、昇進など）に応じて優先順位を付けるでしょう。報酬と評価を用いて行動を促すことは非常に効果的な反面、そこで生じる暗黙のトレードオフも理解しなければなりません。
>
> 例えばほとんどの組織では、エンジニアは、顧客が使用し、理想的にはお金を支払ってくれる新機能を立ち上げることで報酬を得ます。つまり時間が限られている場合、信頼性、保守性、スケーラビリティ、特にコストへの投資が不足しがちです。
>
> 組織がFinOpsへの移行を進める中で、コスト指標と目標をエンジニアの報酬に結び付けることは、全員が同じ問題に注意を払うようにするための素晴らしい方法です。報酬は、タグの適用範囲の拡大、無駄や未使用の削減、予測精度の向上などに対して与えることができるでしょう。これらの目標に向けたチームの活動をリーダーが評価することは、その重要性の強化に役立ちます。

FinOpsにとって、特に自動化によってエンジニアの負担を減らす方法を模索することが重要です。8章で述べたように、FinOps**のデータをエンジニアの「通り道」に置く**ことで、より迅速な意思決定が可能になり、頭の切り替えに伴う認知負荷が軽減されます。私たちは、エンジニアが、自分たちの行動が支出予測にどのような影響を及ぼしているのかを理解するために、多くの時間（または頭脳）を費やすことを望んでいません。エンジニアが他の優先事項から遠ざかるだけでなく、FinOpsの責任を果たす可能性も低くなるためです。FinOpsのレポートは、エンジニアがコストを考慮するために必要となる負荷と時間を軽減するものであり、エンジニアが検討すべき行動の明確な概要と、その行動を裏付ける正確なデータを提供する必要があります。

24.3　制約と難問の解決

人間は制約されることを好みません。しかし、革新には制約が必要です。

> 偉大なものを創造するには、2つのことが必要だ。計画と、十分とは言えない時間である。
>
> ——L. Bernstein

コストのガードレールはしばしば、「制約を減らすためにクラウドに移行したのに、なぜまた制約を増やすのか」と言われてしまうことがあります。さらにエンジニアリングチームからよく聞かれるのは、「目的地を示してくれるのはよいが、そこまでの道筋まで指示しないでほしい」という声です。FinOpsは、予算と予測という形で相互に合意したコストのガードレールを共同で設定し、インフラストラクチャを管理するチームにクラウドの支出と使用状況に関する信頼できるデータを提供します。これにより、エンジニアに必要な制約を与えてコスト面で進むべき**方向**を示しながら、そのコスト効率を達成する**方法**のイノベーションをエンジニアに委ねることができます。またFinOpsは、より大きな事業に向けてコスト効率化に取り組む**理由**を経営陣が伝える際にも役立ちます。

望ましい結果に向けた明確なビジョンを、明確な一連の制約を通じて提供することが目標です。制約がなければ、開発プロセスはあまりに自由になりすぎ、最終的に望ましい結果に結び付かないおそれがあります。逆に制約が多すぎると、革新の余地がなくなり、創造的なエンジニアリングを行う余地がなくなります。クラウドの効率化に向けた最善の解決策のいくつかは、明確なコスト制約を設けながらも、それを達成するための過度に規定的なガイダンスを設けず、エンジニアに革新の余地を与えることによってもたらされるのです。

利用可能なクラウドアーキテクチャをエンジニアが自由に選択できるようにしておきながら後になってコストの非効率性を一掃するのではなく、早期にコスト制約を設けておくことで、無駄を減らし、将来的に高くつくことになる技術的な（そしてコスト上の）負債を一掃する必要性を減らすことができます。ただし、当初はコスト効率に優れるように設計されたアーキテクチャでも、コードの効率化が進み、クラウドの新機能がリリースされ、実際の負荷が増加するにつれて、時間の経過とともに改めて最適化されることがほとんどです。

エンジニアは難問を解決することが好きなものです。これは、大手クラウド事業者の年次カンファレンスで耳にする、エンジニアリングの成功事例の数からも明らかです。これらの講演の大半は、企業がクラウドを使用してどのように規模を拡大し、革新性を高め、新機能を追加し、全く新たな事業機会を組織で立ち上げたかを取り上げています。

> コスト制約の範囲に収まるクラウドソリューションを構築するエンジニアは、革新的な存在として賞賛されるべきです。コスト制約を満たすために創造的なエンジニアリングソリューションで克服した技術的困難を共有する場を、エンジニアに提供すべきです。
>
> ——Benjamin Coles, Engineering Manager in FinOps, Apple

13章では、クラウドの予算編成にはさまざまなレベルがあること、またクラウドを初めて利用するチームの中には、予算編成をすること自体に反発する場合もあることを紹介しました。皮肉なことに、ほとんどの組織ではIT支出のための予算とそれに関連するハードウェアの制限が常にありましたが、何年も前に購入されたハードウェアのIT支出は無視されていました。今では従来のように利用可能な計算能力の量ではなく、コスト自身が新たな制約として導入されつつあります。

ポルシェを作るのか、トヨタを作るのか？

革新は、高価格高品質な場面で起こることもあれば、より低価格低品質な場面で起こることもあります。あなたのチームでは、ポルシェのようなクラウドを作るのか、それともトヨタのようなクラウドを作るのかを考えてみてください。どちらのアプローチも有効です。ポルシェのエンジニアもトヨタのエンジニアも同様のトレーニングを受けていますが、異なる制約を与えられています。両者とも異なる制約のもとで、コストと価値のトレードオフを常に行わなければなりません。革新的であるためには、ポルシェのようなクラウドを作る必要はないのです。

チーム（またはチームメンバー）の一員がポルシェモデルに従っていると思い込んでいる一方で、実際には他の人がトヨタモデルに従っているときに、摩擦が生じます。最適化されたクラウドと、多大な費用をかけて可能な限りすべての機能を使用するクラウドの間には差があります。

多くの人々は、エンジニアが最高の仕事をするためにはポルシェのようなクラウドを作る必要があると考えています。彼らは、最も可用性が高く、最も障害耐性があり、最も性能が高くなるように設計します。トヨタのようなクラウドを作るエンジニアは、厳しい制約の中で動作する非常に効率的なサービスを構築し、場合によっては利用可能なあらゆるサービスを利用できるポルシェのエンジニアよりも、実際にはより困難なエンジニアリング上の問題を解決しているかもしれません。予算が圧迫されるたびに、スポットインスタンス、サーバーレス、あるいは制約の範囲内に収まるような新たなシステム設計など、最適化するための独創的な方法を検討する機会がもたらされます。良い、速い、安いという鉄のトライアングルのバランスが異なるだけで、革新的なエンジニアリングであることに変わりはありません。

この話は、FinOps X（http://x.finops.org/）におけるGabe Hegeの講演からの抜粋です。GabeはCupertinoのスタッフソフトウェアエンジニアです。

24.4 コスト効率に優れたエンジニアリングを可能にするための原則

Gabe HegeはFinOps X 2022での講演で、制約としてのコストの概念と、トヨタ対ポルシェのたとえ話を紹介したあと、FinOps変革に取り組む際にビジネスと技術の両者が覚えておくべき一連の原則を共有しました。Gabeは、Fortune 100の企業でFinOpsイネーブルメントチームで働くエンジニアですが、CFOに最終的に報告する財務ディレクターの下にいます。

Gabeは訓話として次のような冗談を言いました。「クラウドの唯一の限界は、あなたの懐具合です。無制限と無料の間には大きな違いがあります。安くてもたくさん使えば高くつくのです」。

以下の項は、FinOpsチームがエンジニアリングパートナーとより効果的に連携するためのGabeの6つの原則をまとめたものです。

24.4.1 #1：コスト削減よりも価値の最大化をする

すべてを最適化することが常に正解とは限りません。部分的な最適化の機会があったとしても、それがビジネス全体に役立つとは限りません。エンジニアリングの観点から見ると、財務は支出に対して過度に重点を置いています。財務がビジネス価値に重点を置くように自らを再構築できれば、エンジニアはより深く関わることができ、クラウドのビジネス価値に基づいて意思決定を行うというFinOpsの原則に沿って、トレードオフの会話により積極的になれるでしょう。エンジニアはトレードオフをすることに抵抗はありません。それは彼らの仕事の中核をなす部分だからです。

Gabeは見解を次のように述べています。「価値を最大化することが重要です。それは単に支出を減らすということではなく、正しいものに支出するということです。例えば、製造業を引き合いに出せば、より多くの成果を得るために、より高価な材料を使うことを決めるかもしれません」。

エンジニアが会社にどのような付加価値をもたらすことができるかを示し、「私たちはコスト削減を推進しながらパフォーマンスの向上を達成できた」と言えるようにすることで、エンジニアの功績が認められるようにしましょう。しかし本当に難しいのは、コスト効率に優れたパフォーマンスを実現することです。

品質の方程式

20世紀半ばの著名な工学教授であるW. Edwards Demingは、品質の方程式の分母にコストをしっかりと組み込みました。

$$\text{品質} = \frac{\text{作業努力の結果}}{\text{全体コスト}}$$

品質エンジニアリング（およびコストエンジニアリング、財務エンジニアリングなどの類義語すべて）は、ビジネス価値という目的を達成するための一手段です。最終的には、単一のチームや個人だけでなく、誰もが価値に対して責任を負います。Demingの哲学は、Wikipediaでは次のように要約されています（https://en.wikipedia.org/wiki/W._Edwards_Deming#Academic_contributions）。

> 適切な管理原則を採用することにより、組織は品質を向上させると同時にコストを削減できる（顧客ロイヤルティを高めつつ、無駄、手直し、従業員の減少、訴訟を減らすことによって）。重要なのは、継続的な改善を実践し、製造業を断片の集まりではなく、システムとして考えることである。

24.4.2 #2：同じチームの一員であることを忘れない

FinOpsを成功させるためには、各チームは密接に協力する必要があります。Gabeは自身の組織において、パートナーシップをボウリングに例えて説明しました。「財務はバンパーで、エンジニアリングはボウリングのボールです。私たちは協力して、最少のターンで最多のピンを倒すことを目指しています」。

多くの場合、FinOpsの導入を開始または加速するように後押しするのは財務側です。財務担当はエンジニアリングの担当者にコストを管理するように働きかけ、無駄を削減するようレポートを通じて催促します。なぜエンジニアがそのような選択をしたのか、クラウドが実際にどのように機能するかを財務担当が十分に理解しないまま、非難するような口調でそのようなことを言うことが、あまりにも頻繁に起きているのです。

24.4.3 #3：コミュニケーションの改善を優先する

さらにGabeは次のように述べました。「財務で使われる専門用語の多くは、エンジニアにはピンときません。同様にエンジニアリングの専門用語も、財務で使われる用語には馴染みません。エンジニアの側に立つこと、そして彼らに敵対しないことがとても重要です。私はFinOpsの仕事をパートナーシップとして捉えており、財務のような非エンジニアにもエンジニアリングとのパートナーシップがどのようなものか理解してもらえるように、手助けしなければなりません。そして、FinOpsの文化が彼らの日常にどのように溶け込むかを両者が理解できるように手助けする必要があります。FinOpsは独立したものではなく、セキュリティ業務がプロセスに組み込まれていなければならないのと同様に、習慣となるまで溶け込ませなければなりません」。FinOpsとクラウドに関する共通言語の重要性については、4章で取り上げています。

彼は、エンジニアリング部門の人材の一部を財務部門に異動させることを検討するか、あるいはエンジニアリング活動の一部に財務部門の人材が参加することで、トレードオフの話し合いの際にエンジニアリング部門が考慮しなければならない制約を、より直接的に理解できるようにすることを提案しています。

雲の上から（Benjamin Coles）

Appleのエンジニアリングマネージャーである Benjamin Colesは、次のような助言をしています。

> 説明責任とは単純な言葉のように見えますよね？コードを書き、コードをプッシュし、1日が終われば退勤します。もちろん、実際はそう簡単にはいきません。要件を理解しコードを書くための努力、ベータ版、バグ、リグレッション、機能停止、一般的な性能問題など、必ず、そして今すぐに対処しなければならないことが否応なく現れます。そのうえ、あなたがどれだけのお金を費やしているのか、そしてそれを直す責任はあなたにあるということを、誰かが言ってくるのです。
>
> 他の人からの要求と並行してすべての仕事をこなすには多くの時間がかかり、それは決して簡単なことではありません。しかし、ここに秘密があります。あなたがFinOpsの活動で対話している相手は、あなたの日常を楽にするために必要な手段を持っているかもしれないのです。彼らは会社のためになる目標を達成しようとしており、注意深く観察してみれば、それがあなた自身の努力にも役立つ可能性があることに気づくことでしょう。
>
> 例えばFinOpsチームが、実行すれば大きな節約につながるものの、そのためには多大の労力が必要となる何かを言ってきたとしましょう。このような場合、まず、必要な労力レベル（LOE：Level of Effort）が節約可能額を超えないことを確認し、次に必要な労力レベルを説明したうえで、割り当て時間を上司に交渉してもらうように、FinOpsチームに依頼します。
>
> あなたは、あなたやあなたのグループにとって重要だと思われる、追加の人員、追加のプロジェクト、取り組みについて交渉することができます。多くの場合、中央のFinOpsチームは反発を受けますが、多くの場合彼らはこう尋ねます。「私があなたを助けるのを手伝ってくれませんか？」あなたはリソースを交渉し返すこともできるし、「推奨事項のリスト全体ではなく、上位5つだけを実行するのでもいいですか？あるいは、あなたのスケジュールに合わせて、この作業を2四半期後に延期することはできますか？」と言うこともできます。
>
> こういったことはすべて、上司が考えるべきことだと言う人もいるかもしれません。しかしFinOpsは新たな概念であり、FinOpsチームには、彼らの上司に説明するのを手助けしてくれる、あなたのような擁護者が必要なのです。確かに私たちは膨大な数のタスクリストに圧倒されており、そのリストにさらに項目を足すのは一番避けたいことであることはわか

ります。しかし、あなたの上司も同じで、グループとしてどのように前進するかを理解し評価するために、あなたの助けを求めていることを理解してください。その見返りは大きいかもしれません。自分の組織に貢献できるだけでなく、コスト管理で学んだスキルを他社に持ち込むことができ、自身のキャリアの目標達成にも役立ちます。

エンジニアとして、あなたが会社に節約させたコストを集計することをお勧めします。財務やビジネスチームはすでにこのようなことを行っていますが、このようなデータを記録しておけば、この分野で戦っているエンジニアはそれほど多くないため、すぐにこの分野のリーダーになるかもしれません。説明責任は双方向に働くため、自分自身に課しているのと同じレベルの基準を、他の人にも求めましょう。

財務がエンジニアに問うべき重要な質問はこうです。「必要なものはすべて揃っていますか？」一方で、エンジニアがビジネスまたは財務に尋ねるべき重要な質問はこうです。「コスト削減につながる変更は、その変更を行うために必要なエンジニアリングの労力負担に見合ったものになりますか？これを成功させるためには、他にどのような選択肢を検討できますか？」

あなたの仕事は、コストと利益のバランスをとり、決断することです。誰かが何か小さな片付けを頼んできた場合、それを5分程度の労力の善意で片付けることができるかもしれません。あるいは単に、意図的に最適ではない方法でデプロイするように指示があり、次のリリースでそれが解決されるということもあるかもしれません。どのような決断を下すにしても、説明責任を持ちましょう。約束を行動で示すように、常に全力を尽くしましょう。

24.4.4　#4：プロダクト開発の早い段階で財務的制約を導入する

もし、開発サイクルの終盤で強力な財務的制約を導入した場合、次のリリースでもそれが続くとは期待しないでください。短期的な勝利は状況を正しい方向に導くかもしれませんが、長期的な目標に到達できる可能性は低いでしょう（短期的な勝利よりも長期的な利益を優先させることについては、本書のあとがきを参照してください）。財務的な制約は、特に開発サイクルの後半で導入された場合、実装に時間がかかります。開発サイクルの初期に行われた基本的な選択と相容れず、再設計が必要になる可能性があるためです。再設計にかかるコストは、それに必要なエンジニアリングの時間や他のリリースの納期への影響と比較すると、最終的には、クラウドコストの節約に見合わないかもしれません。GabeはFinOps Xの講演で次のように述べています。「リリース作業がステージング環境や本番環境に到達した時点で初めて財務が登場するとしたら、それはもう手遅れです。コストの制約を最初から組み込む必要があります。そうしなければ、エンジニアリングに製品の作り直しをお願いすることになってしまいます」。

24.4.5 #5：コントロールではなく、イネーブルメントをする

要件は、エンジニアが主に重視するものです。彼らの仕事はまず、要件のノイズを取り除き、本当に作るべきものを見極めることです。次に、制約を調べて、どのように作るかを決定します。過度に厳格な制約があると、Gabeが呼ぶところの「**技術屋**」、つまり変革を一切起こすことなく「このバルブをこれだけ回せ」と言われるだけの人たちになってしまいます。その反面、制約が全くないと、Gabeが「**芸術家**」と呼ぶような、職人的で、大抵は高価すぎる問題解決策を作り上げるような人たちになってしまいます。「ザ・シンプソンズ」の古典的なエピソードに、主人公のホーマーが完璧な車をデザインするために自由裁量と無制限の予算を与えられる場面があります。その結果生まれるのは、高価な怪物です。適切なレベルのコストのガードレールやその他の制約を見つけなければ、革新は実際に損なわれるかもしれません。

その中間にあるのが、洗練された解決策が見つからないほど厳格なものではない、創造性を発揮するのに十分な制約です。そうした制約のもとでは、全体コスト、承認済みのクラウドサービスSKU、承認済みのリージョン一覧などの単純なガードレールによって、革新を生み出すことができます。しかしそうする場合には、エンジニアが柔軟に対応できるような他のパラメータを提供する必要があります。例えば、予算内に収まり、特定のサービスやリージョンを回避する限りにおいて、何でも好きなことができる、というように。

この原則についてGabeは最後にこう語りました。「芸術家になることは望んでいませんが、技術屋も望んでいません。あまりにも多くの制約は束縛になってしまいます。あなたが望む良い行動を人々が行えるようにしましょう。そして、すべてのエンジニアがクラウドについて何でも知っているわけではないことを忘れないでいてください。教育が重要です」。

24.4.6 #6：リーダーシップの支援は役に立つものではなく、必要不可欠なものである

リーダーシップは、FinOpsの変革、あるいはあらゆる組織変革の成功にとって、最も重要な要素です。エンジニアリングと財務のリーダーがその重要性と望ましい結果について合意しなければ、文化的転換は失敗する運命にあります。繰り返しになりますが、リーダーシップからの命令が必要なのではなく、開発のあらゆる段階で、コストとその最終的なビジネス価値が重要であるという信号をリーダーが絶えず発信し続ける必要があるのです。メッセージは「コストを10%削減せよ」といった命令ではなく、「コスト効率は常に重要であり、あなたの仕事の中核をなすものだ」と常に鳴り響くものであるべきです。

ここでGabeはセキュリティエンジニアとしての以前の仕事について言及し、次のように述べています。「セキュリティスプリントはときどき行うだけではダメで、開発ライフサイクルのあらゆる部分にセキュリティを組み込むべきです。もし新機能がコスト制約に違反した場合、セキュリティの場合と同様に、それはバグです。そのレベルの規律を適用する必要があります」。

雲の上から（Mike）

私の集中型のFinOpsチームは、Atlassianの何百ものエンジニアリングパートナーとより密接に連携するために、長年にわたってアプローチを進化させてきました。

私たちは今、次のような具体的な要望を彼らに伝えています。「具体的な目標を達成するために、いくつかのSavings Plansやリザーブドインスタンスにコミットしたいと考えています。私たちが検討しているコミットメントはこれで、コミットメントによりもたらされると期待される価値はこうで、ビジネスにもたらす効果はこのとおりです。私たちが前進するうえで、何か障壁になるものはありますか？」

何年もかけて、私たちが価値に関する対話に重点を置くようになり、FinOpsチームがより確立されるにつれて、より多くの関心と時間が私たちに向けられるようになりました。当初、私たちは単にベストプラクティスに焦点を合わせていました。私は人々にコストについてもっと考えてもらうよう非公式に説得することに、多くの時間を費やしてきました。

私たちがリーダーシップの広範なサポートを得た専任チームとして確固たる地位を築くと、初期の頃のようにFinOpsがAtlassianにとって単なる脇役ではないことが、組織全体に対して明白になりました。彼らは、私たちのチームがリーダーシップによる重要な投資先として予算を投じられていることを理解しており、このことは私たちと連携する必要性があるというメッセージを後押しするのに役立っています。

それと同時に、私たちは何を達成しようとしているのかを慎重に考えています。私たちは、彼らが何を求めているのか、何をする必要があるのか、そしてその労力がどのような影響をもたらすかを理解するように努めています。

チームが予算を確約したものの、それが達成できなくなったときに、より困難な会話が起こります。その場合、私たちは次のような質問をします。

- なぜ私たちは約束したことを達成できないのでしょうか？
- これは1回限りのことですか？
- これは新たな傾向なのでしょうか？

私たちは次のような質問をして、彼らと一緒に解決策を見つけようとします。

- 約束したことを果たすために、他に何かを変えることはできますか？
- 無駄なものが増えているようですが、整理することに時間を割くことができますか？
- リソースが無駄になる可能性を減らすために、何を変えることができますか？

私たちが警察として振る舞う必要があるときは、私たちは何か懸念すべきことがあることを証明する情報やデータを持って出動します。異常な支出、予算の超過、または予算を大幅に超過する見込みであることを示す予測です。私たちは次のような質問をします。「このデータは何かが間違っていることを示しています。それを理解するのを手伝ってもらえませんか？」と。こうすることで徐々に信頼関係が築かれ、最終的には、会議を設定しなくても、チームに簡単な質問を随時送り、協力的な返答が得られるようになります。

特定の要求に対してはいまだ抵抗を受けます。例えば、その時間的価値が十分に認識されないときに、アイドルリソースの片付けを依頼するといった場合です。それでも、信頼関係を築きリーダーシップの支持を得ているため、議論ではなく会話が生まれるのです。

24.5 エンジニアの「通り道」にあるデータ

エンジニア、特に開発者はしばしば、「**フロー**」とも呼ばれる、深い集中のサイクルの中で活動します。これらのサイクルの1つを中断することは、エンジニアのパフォーマンスに大きな影響を与えるおそれがあります。このためエンジニアの活動に割り込むのは、即座に応答や行動が必要なときに限りましょう。チャットやビデオ通話、直接の訪問など、リアルタイムのコミュニケーション方法を使用すると、エンジニアの思考の流れが乱され、集中力が途切れてしまいます。必要な行動が後回しでいいのであれば、邪魔にならないような方法でタスクを知らせる方法を考えましょう。

8章で紹介した「**エンジニアの『通り道』にデータを置く**」という概念に戻ると、エンジニアリングチームがすでに作業している場所にFinOpsデータが存在することは、エンジニアがFinOpsに取り組むために必要な労力を削減するうえで、重要な貢献要素になります。エンジニアの既存のプロセスと統合することで、エンジニアが新たな一連のレポートを開いたり、FinOpsにまつわる追加の手順を実行したりするのに必要な手間が省けます。しかし、エンジニアリングチームのレポートやプロセスに予告なしにFinOpsを持ち込むことは、エンジニアリングチームの手順の流れを妨げることになりかねないため、避けるべきです。理想的にはエンジニアは、彼らの既存の作業プロセス内でどこにFinOpsデータを組み込めば最も役に立つのかを導く手助けをするべきです。

リーダーシップがエンジニアに対して、直ちにクラウドの無駄を一掃しコストを10%削減するように命じた場合、おそらくすぐに結果が出ることでしょう。命令は、エンジニアから行動を引き出すための手っ取り早い方法です。しかしそれらは長続きしないことが多く、ムチ打ちのようなネガティブな文化を生み出しかねません。命令が古くなり、リーダーシップによって再び強化されなくなると、エンジニアリングチームの頭から離れ、他の主要な指標に関するデリバリーと最適化に再び重点が置かれるようになります。その一方で、FinOpsに対する否定的な感情は長く続くのです。

コストに関する命令は、短期的には効果的かもしれない、その場限りの効力を発揮しますが、時間が経つにつれて、また同じような無駄が忍び寄ることになります。コスト指標がビジネスにとって重要であるという幅広いメッセージは、エンジニアリングの運用方法の一部として、継続的に繰り返されるべきです。

コスト効率が中核的な価値であることが文化的なレベルで組み込まれるようになると、コスト効率はサービスのワークフローの一部になります。繰り返し鍛錬し、身体で覚えることを目指しましょう。FinOpsは全体のストーリーの一部になります。文化は消え去ることはなく、日常の一部になるだけです。

エンジニアリングチームと連携し、既存のプロセスや報告について理解を深め、FinOpsデータがどこでどのように最大の恩恵をもたらすのかについてフィードバックを得るようにしましょう。エンジニアがFinOpsの実装方法に貢献できるようになれば、彼らは必要な変更を手助けしてくれる可能性が高くなります。

24.6 エンジニアリングチームとの協力モデル

FinOpsチームは、FinOpsチームのメンバーの知識とスキルの組み合わせに応じて、さまざまな方法で自社のエンジニアと協力することになります。

24.6.1 直接的な貢献

エンジニアリングスキルを持つFinOpsチームは、エンジニアがより効率的なクラウドサービスを設計できるように直接支援したり、無駄を省くツールを事前に開発したりすることで、より積極的なアプローチを取ることがよくあります。これは、エンジニアとFinOpsチームの間の協力的な環境を構築する強力な方法であり、使用量の最適化を最小限に抑えるうえで、より効果的です。しかし超大企業の場合、クラウドに積極的に取り組むエンジニアリングチームの数がFinOpsチームの能力を圧倒する可能性があるため、この種のパートナーシップには限界があるでしょう。

24.6.2 間接的な協力

すべてのFinOpsチームにエンジニアが配置されているわけではありませんが、だからといって、周囲のエンジニアリングチームとの協力が効果的ではないということではありません。この種のパートナーシップでは多くの場合、FinOpsチームと組織内のクラウドCoE（CCoE）またはテクニカルアーキテクチャグループ（TAG）との間で強力な協力が見られます。TAGやCCoEチームを頼りにして、すべてのエンジニアリングチームがより効率的に設計できるように支援し、彼らの深いクラウド知識を活用して、FinOpsの取り組みが現在のクラウド支出を理解し、将来のコストを予測し、最適化の機会を明確に特定できるものとなるよう、支援しましょう。

24.6.3 間接的な協力と的を絞った貢献

エンジニアリングチームとのパートナーシップに対するハイブリッドアプローチとして、間接的な協力モデルを採用しながら、FinOpsチームのメンバーのエンジニアリングスキルを使用して、ビジネスの特定領域に的を絞るという方法もあります。FinOpsチームのメンバーは、支出が最も多いエンジニアリングチームと直接連携することも、組織内でクラウドの成熟度が低いエンジニアリングチームに焦点を合わせてその向上を図ることもできるでしょう。この直接的な協力を行うFinOpsチームのメンバーは、需要の変化に応じて組織内を転々とすることも、特定のエンジニアリング領域に専念することもできます。Atlassianには、この機能を実行するために他のチームに組み込まれているコストエンジニアがいます。

パートナーシップを構築するためのモデルを選ぶには、まずFinOpsチームにどのようなスキルがあるのか、エンジニアリング部門内でCCoE/TAGチームがどの程度確立されているのか、そしてすべてのエンジニアリングチームにおけるクラウド導入の成熟度を評価する必要があります。1つのモデルを選択しても、そのパートナーシップの形態に未来永劫縛られ続ける必要はありません。クラウドの適用領域が拡大するにつれて、ハイブリッドモデルに最終的に行き着く可能性はますます高くなるでしょう。

24.7 本章の結論

エンジニアリングのペルソナと、それがFinOpsで果たす中心的な役割について、理解を深めてもらえたことを願っています。あらゆる協力者が、必ずしもエンジニアリング固有のものではない課題に耳を傾け、打破する必要があります。課題をフェンス越しに投げつけたところで、それが完了まで推し進められると期待することはできません。エンジニアは、お手玉状態の、非常に多くの競合する優先事項を抱えています。そのような中でコスト意識が導入されると、それに伴い認知的負荷が増えてしまいます。エンジニアとのコミュニケーションの方法やタイミングは、FinOpsがパートナーシップなのか命令なのかという認識に大きく影響する可能性があります。

コスト効率の改善をめぐる摩擦は通常、以下のいずれかの領域から生じます。

- リーダーシップによって設定されるその他の優先事項
- 機能やサービスを提供するための厳しい納期
- 変更が性能に悪影響を及ぼすかもしれないという懸念
- エンジニアに対する不明確な期待、あるいは十分に伝わっていない努力の価値

要約：

- エンジニアとのパートナーシップ構築は、FinOpsのタスクリストを完遂することよりも重要である。

- パートナーシップの目的はコスト削減にあるのではなく、費やしたコストに見合う効率的な価値の追求にある。
- 開発プロセスの早い段階でエンジニアリングチームと財務的制約について調整し、後の無駄な労力を減らす。
- リーダーシップは命令（短期的なコスト重視期間など）を避け、その代わりに、組織のワークフローと文化の一部として、各チームがFinOpsのニーズを継続的に確認し管理することを奨励すべきである。
- FinOpsチームにエンジニアリングの設計や変更をレビューし推奨するスキルがない場合は、組織内のアーキテクチャチームと連携する。

次の章では、他のITフレームワークを管理するチームと連携する、組織における他の種類のパートナーシップについて見ていきます。

25章 他のフレームワークとの結び付き

初めからクラウドで事業が立ち上がり、技術予算の大部分がクラウドに使われているような組織でない限り、FinOpsが1つだけ孤立して存在するようなことはなく、組織内で実践されている唯一のIT管理規律がFinOpsということもおそらくはないでしょう。

テクノロジーサービスの提供方法を定義し、それらに関する支出の価値を理解し、利用もしくは提供を加速させながらもさまざまなリスクから組織を安全に保つため、ほとんどの組織はさまざまな異なるIT管理規律を使用しています。

本章では、他のITおよび技術支出に関連するフレームワークを使用する組織内の他チームとの協力方法について、最初の道筋を提示します。特に、方法論間の技術的な共通部分（ここで扱うには詳細すぎるため扱いません）よりも、それらの方法論を用いるチームや人々と協力する方法について注目します。目標は、他のフレームワークや規律とうまく協力し、重複・競合せずに補完することです。組織内での他者に及ぼす力の確立や、組織内における影響力を作ろうとして、規律や部局間の摩擦が生じることは非常に頻繁に見られることです。FinOpsは、あらゆるIT支出に関する問題への万能薬とされるものではありませんが、FinOps以外のIT管理機能やチームを含む組織内のあらゆる規律が、効果的にクラウドの使用と費用を管理するのを手助けするためのものです。

IT関連のフレームワークを網羅しようとすると、それは長いリストとなり、私たちの多くにとっては紛らわしいものとなるでしょう。資産、ライセンス、財務管理、セキュリティ、開発実践、アーキテクチャプロセスなど、広範にわたるIT管理の領域をそれらはカバーしているのです。

以下は、FinOpsの周辺に見られる一般的なフレームワークです。通常、それらは以下のようにFinOpsと相互に作用します。

IT管理に関する規律

FinOpsは、クラウド環境内で何が実行されているか、クラウドリソースがいかに構成されているか、どのロケーションやリージョンでそれらが実行されているか、といった詳細を以下のような

IT管理に関する規律と共有できます。コスト配賦、アカウント階層やタグなど、12章で触れられた項目がここでは重要となります。

- ITサービスマネジメント（ITSM）
- ITインフラストラクチャライブラリ（ITIL）
- 構成管理（CM）

IT財務に関する規律

FinOpsは、クラウドの請求書に見られる異なるタイプおよびクラスのクラウド使用量の分類に役立ちます。分類の必要性が、タグ付けのアプローチを加速させることもあります。クラウド環境全体のライセンス使用状況と資産のライフサイクルを追跡することは、重要な概念です。これらの概念は、他の財務フレームワークによって提供されるITコストに関する既存のカテゴリと、クラウドの詳細な請求データを照合することに焦点を当てています。

- IT財務管理（ITFM）
- テクノロジービジネスマネジメント（TBM）
- ソフトウェア資産管理（SAM）
- IT資産管理（ITAM）

情報セキュリティ／サイバーセキュリティ

FinOpsはしばしば、懸念のある領域についてセキュリティチームへの注意喚起に役立つことのある異常検出データを共有します。セキュリティプロセスによってレビューが必要となる場合、クラウドリソースの帰属先や意図された目的をセキュリティチームが迅速に特定するのに、タグ付けの標準が役立ちます。

GreenOps

詳しくは19章で取り上げています。

これらの方法論や規律、実践は、パブリッククラウドの使用以前からITデリバリーの特定の側面を管理に役立てるため、長年にわたって組織内で機能していたものでしょう。こうしたFinOps以外の規律が、セルフサービス、オンデマンド、そして大規模で可変的なクラウドの特質も、クラウドの排出する膨大な量の請求データをも扱い得ないと気づくとき、誰にとっても驚きの瞬間を迎えます。FinOpsはこれらの方法論や規律、実践を置き換えることを意図しておらず、むしろ同様の一般的な結果を得ることを助けるのです。つまり、あらゆるテクノロジーへの支出1ドルが生み出す最大限の価値を他の規律が求めようとするのと同じく、しかしFinOpsはクラウドへ深いドメインフォーカスを当てているのです。

ITの価値提供を加速、調整するため、多くのアジャイルまたはDevOpsフレームワークの実装のいずれかを、組織が採用または使用していることもあります。ITソリューションの開発や実装方法を促進するため、多くのアーキテクチャフレームワークのいずれかを活用するエンタープライズアーキテクチャ（EA）チームが組織内に存在する場合もあります。すでにクラウドCoE（CCoE）やクラウドプラットフォームチームを構築していて、クラウドサービス事業者が提供するクラウド導入フレームワークやWell-Architectedフレームワークなどを使用していることもあるでしょう。そして、あらゆるプロダクトやエンジニアリングのチームがサイバーセキュリティ要件とリスクに集中し続けられるようフォーカスしている、情報セキュリティチームも組織内にきっとあることでしょう。

セキュリティは、FinOpsチームと驚くほど類似が見られます。セキュリティチームは、組織全体のセキュリティプラクティスを確実にすることのみに責任を負うわけではなく、むしろライン部門にガイダンスや、集約されたベストプラクティスを提供して、推進役としての責任を担っています。

こうしたFinOps以外のグループがすべての企業にあるわけではありません。確立された組織では、組織文化を変革し、ITが組織全体にもたらす価値を明確にすることを助ける多くのグループ（19章で議論されているGreenOpsを除く）の中でも、FinOpsチームは最も新しいグループであることでしょう。

25.1　総所有コスト（TCO）

FinOpsは特にクラウドに焦点を当てているため、部分的にクラウドもオンプレミスもいずれも利用しているアプリケーションや製品の総所有コスト（TCO）を取得するには、組織内の他のチームとの協力が必要です。クラウドの請求書を介して購入しているもの以外のもので、結果的にFinOpsレポートには通常現れないようなあらゆる費用（家賃、人件費、委託契約、およびライセンス）は、すべてTCOの一部です。テクノロジー購買による価値を決定し、26章で議論するデータ駆動型意思決定の理想状態を実現するためには、TCOの理解が不可欠です。

取り扱うデータ量の膨大さ、そのデータが届けられる速さ、過剰支出のおそれが生じる無制限の可用性といったクラウド特有の性質は、FinOpsが必要となる背景であり、FinOpsだからこそそれらを扱うことができるのです。財務部門がITの**月次**もしくは固定費用を管理している場合、FinOpsチームは、アプリケーションごと、ビジネスユニットごと、プロダクトごとの支出といった支出の全体像を組織に提供できるフォーマットにクラウド費用を混ぜることができます。FinOpsチームはさらに深く行き、支出の配賦にとどまらず、何に対する支出でその理由はなぜかを説明するとともに、多くのIT管理規律が従来してきたよりも細かい粒度で見ることで可能になる最適化施策へと着手します。IT支出を全体としてより効果的にするためには、これを続けなくてはなりません。

25.2 他の方法論やフレームワークとの併用

すでに確立されている他の方法論またはフレームワークとの衝突を避けるために、FinOpsを展開する際には多くのステップを踏む必要があります。

時を経て、ほとんどの会社にとってクラウドがIT支出の大半を占めるようになると、これらの既存のフレームワークのいくつかは統合され、1つのフレームワークとして運用されるようになるかもしれません。最初からこれを認識し、組織に長期的に最も利益をもたらすことができるよう、これらのフレームワークを組み合わせることのできる機会にアンテナを張っておきましょう。それぞれのフレームワークが達成しようとしている成果に注目することが大事です。

25.2.1 他に誰がいるかを探す

FinOpsチームが作業を開始したあと、しばらくして別のITフレームワークを運用している他のチームがあるのを発見することはよくあることです。これにより、それぞれのチームが達成しようとしていることに衝突や重複があるという認識がチーム間で生じることがあります。FinOps実装プロセスの早期において、誰がどのフレームワークと機能を実行しているかを特定することが理想的です。そして、各チームが何をしていて、ビジネスにどのような価値を提供しているのかを理解することから始めましょう。彼らを訪ねて話し、彼らが何を成し遂げようとしているのか、エグゼクティブスポンサーは誰なのかを調べ、何よりもまず、仕事をするための関係を築きましょう。

雲の上から（Ashley Hromatko）

PearsonでFinOpsリーダーを務めていたAshley Hromatkoは、彼女のチームが既存のソフトウェア資産管理（SAM）プラクティスといかに関わり、協力的なプラクティスを構築したかを以下のように語りました。

> デジタルトランスフォーメーションの道程のさなか、何百ものワークロードをクラウドへ移行している際、サードパーティーのソフトウェアやサービスの調達をAWS Marketplaceへ移行させ、簡素化を始めました。わが社には集中的な調達部門とSAM部門がありましたが、クラウドでのより速い調達によってイノベーションを可能にしたい意図が事業部門にはありました。この俊敏性は、承認や交渉なくして事業部門が資金を利用できてしまったり、全社での取引への見識なくライセンスを購買するなどのリスクや、ベンダー契約における審査の適格性に関する懸念を引き起こしました。
>
> 私たちのチームは、「各チームは協力する必要がある」というFinOpsの原則を体現して、

既存の調達とSAMプロセスを学んだうえで、エンジニアリング部門や事業部門を代表して、効率、コミットメントの利点、詳細な追跡によるメリットについて主張を始めました。

これらのチームは一緒にいくつかのルールを確立し、新しいクラウドサードパーティーのガバナンスを共同で作りました。そこには、AWS Marketplaceへのアクセスを承認された上位メンバーに制限することのほか、購買前にSAM部門・財務部門の関与が必要となる閾値を明示したオンボーディングガイドラインの作成、適格ベンダーリストの文書化、詳細を収集する購買前のワークフローの設定、購買への定期監査、償却費用の配賦の新たな算出方法が含まれていました。私たちは、次の年にどのようなタイプのサードパーティーソフトウェアをどこで調達し、その予算の閾値をどうするかについての予測とビジネスの意思決定を毎年協力して行い続けました。

25.2.2 仲間づくりと目標の共有

誰が最も良い仕事をするかを競うわけではない、という共通理解を作りましょう。「**われわれとやつら**」で捉えるような態度（24章を参照）は、FinOpsチームと他のチーム（エンジニアリングや財務部門など）が、互いのチームを反対の目標を持っていると見なしているような場合と同様に、両者の協力しようという意志を削ぐばかりです。一方の成功はもう一方の犠牲によってもたらされるという認識もしばしばありますが、組織のミッションが達成されることが共通目標であるべきなのです。

チーム間で目標が重複することはままあることです。目標を明確に定義することで、チーム間の重複や、（さらに深刻な）対立を回避した共通のロードマップが可能になります。

目標が重複する可能性のある分野には、次のようなものがあります。

- タイムリーな決定を下すために必要なデータをどのチームが提供しているか。そのデータはいかにビジネス価値を最大化するためのトレードオフを測定可能にするか
- どのチームがIT支出や使用量の管理のそれぞれに責任を有しているか
- どのようにIT支出は制御・管理されるべきか。また、誰がそれを定義するのか
- 各方法論に基づくデータ、レポート、ダッシュボードはどのように生成され、配布されるか

FinOpsはすべてを行うわけではなく、またそうした意図を持っているわけでもありません。これは他のフレームワークも同様です。各フレームワークの強みと弱みを特定することで、より大きな組織目標に向かって互いに取り組んだり、あるフレームワークの弱点を別のフレームワークが補える箇所が明らかになります。責任分担表を準備すると、各チームがどのように連携しているかを組織全体で理解しやすくなります。

以下は、FinOpsと他のフレームワークでしばしば相違が見られる点です。

範囲

他の多くのフレームワークがIT関連支出全体(スタッフ人件費、コンサルティング契約、ライセンス管理、データセンター運用など)を対象範囲とする一方、FinOpsは特に変動費用のあるパブリッククラウドおよびSaaS事業者を特に対象範囲としています。

入力データの規模

他の多くのフレームワークは、数多くのソースからもたらされる、小規模ながらも複雑さや一貫性の点でばらつきのある入力データを扱っているのに対して、FinOpsは、限られたソースからもたらされる非常に大規模かつ複雑なデータセットを入力データとしています。

速度

他のフレームワークは、比較的長いビジネスサイクル(月・四半期単位)で運用される従来型のコスト要素について最適に機能します。FinOpsは、クラウド使用量の変動に対して可能な限り速やかに対処できるアクションサイクル(時間・日単位)で実行されるように設計されています。

複数のフレームワークの強固な組み合わせによって、テクノロジーの価値提供に関する**T字型アプローチ**が可能になります。つまり、広範ではあるものの粒度は細かくない対象を扱うフレームワーク(ITFMなど)によって幅広い可視性を、限られた対象に対して深く扱うフレームワーク(FinOpsなど)によって細やかな特定領域への能力を、それぞれ発揮できるのです。

25.2.3 影響力・用語・プロセスの共有

FinOpsの導入によって影響を与える必要があるペルソナに対して、従来のフレームワークを運用するチームがすでに影響を与えていることもあるでしょう。あるいは、SAMチームとの協働について語ったAshley Hromatkoのコラム(本章コラム「雲の上から」)に見られたように、組織におけるFinOps導入への関心の高まりは、既存のフレームワークを運用するチームが影響力を増幅する機会を提供する場合もあります。組織を横断した関係をすでに持っているチームは、組織内でのFinOpsの導入や、FinOpsをプラクティスとして根付かせるプロセスの短縮に寄与できます。複数のフレームワークを横断して組織が発信するメッセージを共通させることは、つまり共有された声を生み出すことを意味します。

FinOpsが行っていることは、いずれも、

- 組織の中核事業**ではない**。これらのフレームワークの実装に割かれる時間や労力は、組織の売上につながるプロダクトの構築に割かれる時間や労力ではない。
- 組織全体を通じて、多くの人々の作業と**協力を必要**とする。

- 組織の成功にとって**決定的に重要**である。これらのフレームワークなくしては、組織は成功に影を落とす課題を抱えることになる。

関連のある各フレームワークの重要性をうたい、それらのフレームワークとFinOpsの両者が組織の成功に不可欠だという理由を裏付けるための全社的な影響力を構築することを目指しましょう。

これらのフレームワークのいずれを実装するにも、データセットやレポート、分野固有の用語の教育が必要です。新たなポリシーや標準を組織に実装する前には、再利用可能な、または目的を変更可能な従来のポリシーや標準を特定しなくてはなりません。例えば「タグ付け」の計画について取り上げてみましょう。他のフレームワークを運用する既存チーム（ITFM、TBM、ITAM、DevOps、CCoEなど）によって費用配賦ルールは定義済みかもしれません。組織における従来のプロセスと知識に依拠することは、新たなことを行うのをスムーズにし、成熟したプラクティスを構築するプロセスを加速させます。おそらくもっと重要なのは、社内にすでに根付いている用語や定義の借用は、類似用語の新しい（そしておそらく相反する）用語法を作ろうとするよりはるかに簡単だということです。

25.2.4 基盤の共有

「各ペルソナの『通り道』にデータを置く」という8章で説明した考え方を思い起こしてみましょう。従来からあるフレームワークは、エンジニアや財務部門、リーダー層がすでに使用している既存のレポートやダッシュボードをおそらく提供しています。新しいレポートやダッシュボードを作成する代わりに、そうした既存のレポートを作成しているチームと連携して、そこにFinOpsのメッセージを追加するのがよいでしょう。仮に経営層向けの報告プロセスにITFMレポートがある場合は、FinOpsプラクティスによる詳細なクラウドデータをそのITFMレポートに追加することを目指しましょう。「車輪の再発明」をしようとしてはいけません。既存のレポートとダッシュボードを活用することは、FinOpsレポートを構築するための労力を減らすばかりでなく、組織内の関連するペルソナに追加の労力を求めることも回避します。

25.2.5 知識の共有

FinOpsは、組織内の他の多くの規律の作業を結び付ける統合的な規律です。そのため、FinOpsと重要な類似点を持つ他の重要な規律がいくつかあります。しばしば、これらの規律の実践者は「私の規律（ただしクラウドについての）」とFinOpsを表現します。しかし、クラウドには重要な相違点があり、それゆえにほとんどの組織でFinOpsが特にクラウドにフォーカスする必要があるのです。

目標の共有について議論した従来のフレームワークの強み・弱みを理解せずに、それぞれのフレームワークが何か、組織に何をもたらすのかを軽視するのは簡単なことです。

しかし、FinOpsにとって、既存のフレームワークが何も提供していないと見なすことは間違いです。それらがすでに実行している多くの活動は、FinOpsがうまく活用できるような価値を提供することでしょう。教育プログラム、支援活動、組織内での熱心な普及活動の共有がお互いのフレームワークに対する共通理解を築きます。そうすることで、すべてのチームが他のチームの用いているフレームワークの真価を共有することができるのです。

25.3 本章の結論

FinOpsの目的は、部門間に壁ではなく橋を築くことです。いかなるIT管理の方法論も、事業がIT支出から引き出す価値を最大化するのを助けるという共通の目標を持ちながらも、異なる角度からその目標に挑んでいます。また、特に特定の種類のIT支出を標的として扱う方法論もあります。

要約：

- FinOps以外のフレームワークを運用している組織内のチームを特定すること。
- 他のフレームワークを管理している組織内のチームと連携し、補完し合う関係を目指すこと。両者には、互いに学べることがあり、また互いに助け合える箇所もある。
- 重複を避けながらも、互いに目標達成できるように協働すること。
- 重複する責任領域にある要素それぞれについて、どのチームが責任を負うか決めること。
- クラウドへの支出とビジネス価値の決定に関して、組織内で発信するメッセージを一貫させること。

さて、ここまでで、FinOpsチームがともに働くエンジニアや財務部門、その他の多くのグループと関係を築き、真に協力する方法を理解したことでしょう。次は、そうした協力関係が実を結ぶときです。

FinOpsの究極と呼ぶべき状態へ至ることとなります。最後から2番目にあたる章となる次章では、データ駆動型の意思決定を可能にするという究極の目標を達成するため、本書のこれまでの議論を要約します。

26章

FinOpsの悟りの境地：データ駆動型の意思決定

FinOpsにおける悟りの境地とは、エンジニアリング部門が（強制ではなく）日常的に効率的な意思決定を行い、コストについての説明責任が各チームに分散できている状態です。この状態では、企業の上層部がコストを他の主要なソフトウェア指標と同じように重視し、活動を支援する必要があります。

最終的なゴールは、ビジネス価値に基づいてクラウド支出をデータ駆動型で継続的に意思決定できるようになることです。誰が意思決定をするのでしょうか？

- **アーキテクト**が、インフラストラクチャを設計するとき
- **エンジニア**が、コードを書きサービスをデプロイするとき
- **財務および調達部門**が、クラウド事業者と契約をするとき
- **上層部**が、技術戦略を推進するとき

つまり、FinOpsの文化変革が起こったときのみ実現できる継続的な共同作業だということです。

あなたは、これまであらゆることを行い組織をここまで導いてきました。費用を配賦し、最適化の目標を設定し、組織が目標を達成できるような仕組みを導入してきました。FinOpsのライフサイクルを継続的に回し、配賦戦略を洗練し、評価指標の閾値を設定し、クラウド利用状況の可視性を都度洗練してきました。

しかし、まだギャップが存在します。請求額が上がるたびに、その支出が適切かどうか、つまりビジネス成果を達成するうえでその支出レベルが妥当かどうかという議論が再び起こります。ビジネスの成長に伴い支出が増加したのでしょうか？ それとも、クラウドへの移行を加速したことによる影響なのでしょうか？ あるいは、クラウドを非効率的に利用していた習慣が再び発生してしまった影響なのでしょうか？ 明確な結論を導き出すのは難しく、特に経営層が確信を持って結論

を出すことは至難の業です。

本章では、クラウドコストのグループ化に適用されるユニットメトリクスという指標をもとに、支出をビジネス価値へと結び付けることから始めていきます。このような指標は、さらなるビジネス価値を獲得するために一定の支出を許容することの価値を明確にし、コストパフォーマンスに関する目標設定に役立ちます。そして、おそらく最も重要なことは、エンジニアリング部門の意思決定がビジネス価値を生み出しているということを、経営陣に証明できるようにすることです。

26.1 ユニットエコノミクスと指標

本書の初版では、ユニットエコノミクスがFinOpsの悟りの境地だと結論付けました。しかし、数年前までは、IT費用全体のうちクラウドの占める割合が少ない大企業や、単一のクラウドに特化し限られた製品群しか持たない小規模な企業でFinOpsが行われていました。そういった環境では、単一のユニットエコノミクスで企業の意思決定を推進することは容易でした。

2022年時点では、ほぼすべての企業がクラウドを利用しており、多くの企業が収益に影響を与えるほど大規模にクラウドを活用しています。その結果、組織のあらゆる側面に影響を与えるような意思決定を行ううえで、FinOpsは重要な役割を果たすようになりました。このような進化を見ていると、ユニットエコノミクスという指標は、エンジニアリング部門やビジネス部門が継続的な価値に基づいた意思決定を行うための（重要ではありますが）1つのインプットにすぎないことがわかります。

エンジニアが、クラウド支出について日々の意思決定を行うために、適切な指標を設定する必要があります。ユーザー体験を明らかにする適切な指標がなければ、ユーザー体験の効率を最適化できないのと同じように、支出から得られるアウトプットを明らかにする指標がなければ、コスト効率を最適化することはできません。そこで、ユニットメトリクスと、より広い概念のユニットエコノミクスが重要になってきます。

ユニットエコノミクス指標の簡単な定義は、特定のビジネスモデルに関連する直接的な収益またはコストを、特定の単位あたりで表したものです。その単位とは、顧客向けアプリケーションの場合はユーザーまたは顧客のサブスクリプション、Eコマースプラットフォームの場合はトランザクション（取引）、航空会社の場合はシートマイルかもしれません。

FinOps Foundationのユニットエコノミクスワーキンググループでは、ユニットエコノミクスを詳細に次のように定義しています。

> クラウドユニットエコノミクスとは、FinOpsのゴールだけでなく、組織が市場においてビジネスとしてどの程度の成果を上げているかを客観的に測定し、利益を最大化する仕組みである。クラウドユニットエコノミクスにより、クラウドによるソフトウェアの開発と提供に特化した限界費用（単位コスト指標）と、限界収益（単位収益指標）の測定を促し、崇高な目標を達成する。

組織全体で**単一の指標**だけに従うということはありません。組織全体の各階層において、多様な情報と粒度の異なるデータをもとに、ユニットエコノミクスを設定する必要があります。例えば、ハイレベルなユニットエコノミクスとして「顧客あたりのクラウドコスト」という指標、アプリケーションレベルとして「取引あたりのコスト」という指標、さらに、個々のサービスレベルとして「マイクロサービスの実行あたりの計算コスト」という指標を設定することができます。

26.2　ユニットエコノミクスは必ずしも収益と関連させる必要はない

本書の初版後に、普遍的なユニットエコノミクス指標、つまり組織が従うべき単一の北極星指標（ノーススターメトリクス）があるべきだと主張する意見がありました。これは、初版当時にあった意図でもなく、現在そのような状況になっているわけでもありません。ノーススターメトリクスとなる単一の指標ではなく、むしろ星座のように複数の星々が連なり地図を形成するように、複数の指標を組み合わせることで、クラウド導入の荒波を安全に航海し、成果という岸辺へと導くことができるのです。

クラウド支出に関連するトップラインの収益指標を得られなくても、落胆する必要はありません。多くの組織でそのような指標を得られない理由は、ビジネスの種類や成熟度によるものです。ユニットエコノミクス指標は、マトリョーシカ人形のように、複数の階層を内包した構造として設計すべきです。ポートフォリオマネージャーであれば、ビジネス全体やアプリケーションごとの運用活動に基づいた指標があるかもしれません。アプリケーションを推進する立場なら、収益に直接結び付かないコストに関する指標があるかもしれません。それぞれの指標は異なり、どれもクラウド価値の全体像を示すものではないかもしれません。しかし、それらを統合することで方向性を示し、クラウド価値の最大化に向けた進捗状況をあなた（そして経営層）が把握できるようになります。

ユニットエコノミクス指標で重要な役割とは、コストを単なる数値ではなく、何らかの価値やビジネス目標との関連性としてコストを語れるようにすることです。1ドルの支出を1ドルの収益に一致させるような万能薬的な指標である必要はありません。全体的な指標から詳細な指標まで、業務上のあらゆるレベルで幅広く現れます。指標は、組織のクラウド利用がどれほどうまく機能しているかについて、客観的な尺度に基づいて価値を最大化するための意思決定を可能にします。

26.3 ユニットエコノミクス指標の計算

クラウドのユニットエコノミクスの計算では、分子と分母にあたるものがあります。ユニットエコノミクスの値は、何か（一般的には活動や出力の指標）を別の何か（一般的にはクラウド費用の一部）で割って算出します。

分子は、クラウドによる支出を測定したもので、アーキテクチャやエンジニアリング部門による意思決定を数値化したものです。分母は、その支出に重要な意味を与えるような、エンジニアリングの価値、財務の価値、またはビジネス価値のいずれかを測定したものです。その計算結果が、クラウドのユニットエコノミクスの価値を測定することにあたります。計算結果を使ってビジネスの一部を管理したり、どのような変更を検討すべきかといった洞察を得ることができます。

組織内のどこかで、すでに何らかの形でユニットエコノミクスを利用しています。それは、チームや事業部門以外の組織で活用されているかもしれません。Boxのクラウドビジネスマネージャーである Anthony "TJ" Johnsonが最初に行うことの1つとして推奨しているのは、すでにユニットエコノミクス指標を管理している協力者を探すことです。例えば、財務部門が技術投資の活用度に関する測定データをビジネス部門のオーナーに提供している可能性などが考えられます。特にクラウドファーストやクラウドネイティブな組織のように、将来の計画の中でクラウドを重視している場合は、クラウド情報インフラを測定対象に含める可能性があります。チームで使っているユニットエコノミクスのダッシュボードを見つけ、そのダッシュボードを誰が作っているかを調べ、クラウド支出データを組み込むことについて話してみましょう。

ビジネスを測定する正しい単位を見つけることは至難の業であり、時間の経過とともに変更または更新が必要になることが多くあります。複雑な構造で、多くの製品を提供するような組織では、多くの異なるユニットエコノミクス指標があり、それぞれが特定の製品、アプリケーション、またはサービスに関連していることでしょう。

Box, Inc.のクラウドビジネスマネージャーであるAnthony "TJ" Johnsonは、FinOpsPodのエピソード11（https://oreil.ly/3ge76）でユニットエコノミクスに関連する成熟度について説明しています。ユニットコストの統合や予算編成を成熟しながらも、最終的に顧客の要求を満たす真のコスト評価に集中するという彼のアプローチをぜひ聞いてみてください。

26.4 支出は良いが、浪費は良くない

FinOpsライフサイクルのInformフェーズを振り返ってみましょう。このフェーズでは、クラウドコストを明らかにし、支出に対する認識と説明責任を構築することに重点を置いています。このクラウド支出の可視化を通じて、将来のコストの傾向と予測を立てることができます。クラウドコストが計画した予算を上回った場合に取るべき行動は明白で、予算を超過した分を調査し、原因を

特定したうえで、関係者に説明することが重要です。22章のメトリクス駆動型コスト最適化の中で、他の指標がコスト最適化に意味を与えるという説明をしたのと同じように、ユニットメトリクスはクラウド支出の変化に対するビジネス上の重要な意味を与えます。

SaaS製品では、クラウド上で動いているその製品から生み出されるビジネス収益を指標として使い始めていることがよくあります。クラウドの総コストを発生した収益で割ることで、クラウド支出の増加が組織の利益を増大させているかどうか、つまり、**良い支出**（支出が適切に利用として還元されている）かどうかを判断することができます。

総収益に対するクラウド支出を計算することによって、クラウド支出の成長をビジネス全体の成長に結び付けることができます。これらが一致している場合、クラウド支出が無駄になっていないことを説明できます。一方で、クラウド支出がビジネス成長を上回るペースで成長している場合、懸念が生じる可能性があります。

ユニットエコノミクスに使用する指標はボラティリティ（変動）が少なく、ビジネスのある部分における決定が、他の部分で使用している指標に影響を与えないものであることが理想です。例を見てみましょう。

図26-1で示しているように、この企業ではクラウド支出に対する組織全体の収益を追跡しています。これらの線がだいたい一貫している限り、ユニットエコノミクスは正常だと理解できます。

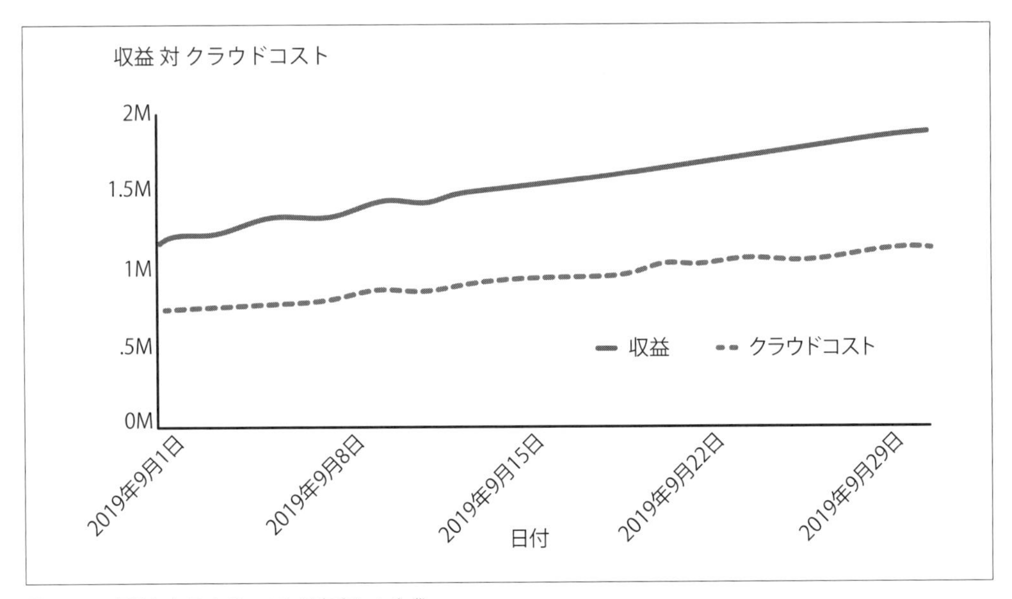

図26-1 収益とクラウドコストが安定した企業

図26-2の場合、この企業ではクラウドサービスに無料利用枠を設けており、顧客が無料でサービスを利用できるようになっています。無料の顧客は、最終的には有料サービスにサインアップし

て、結果的に全体の収益が向上することを期待しています。しかし、このような新しい無料枠を導入すると、収益に直接影響を与えることなくクラウド支出が増加し、ユニットエコノミクスに影響を与えます。エンジニアリング部門がこの指標を用いて、インフラストラクチャのコストとビジネス価値を連動させて評価をしている場合、ネガティブな影響を及ぼします。もちろん、エンジニアリング部門にこのユニットエコノミクスの推移を予測するよう伝え、そのまま続行することもできます。つまり、今から半年間、マーケティング部門が無料利用枠の普及を促進するために広告活動をして、ユニットエコノミクスが影響を受けるまで続行するということです。

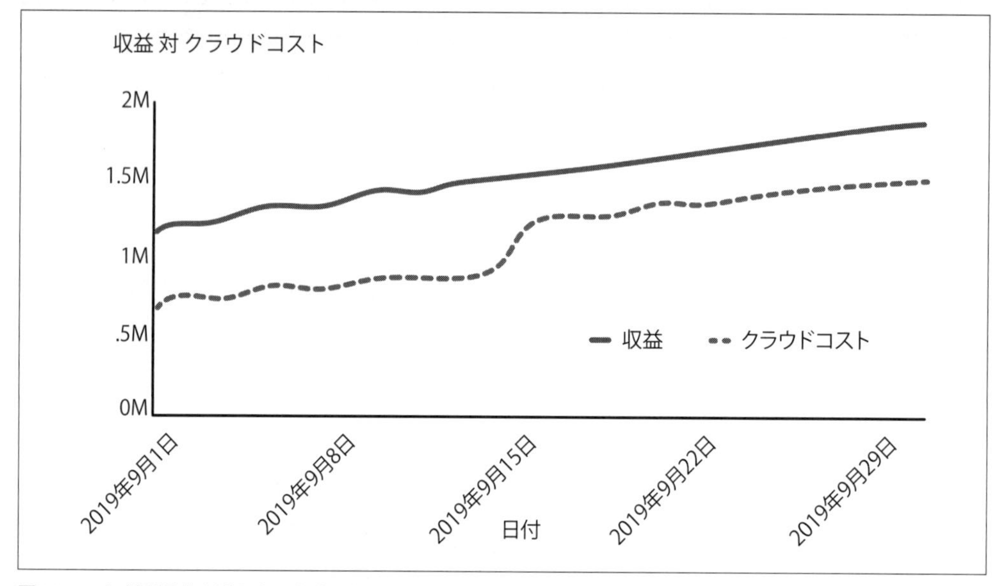

図26-2 無料利用枠を導入中の企業の収益とクラウドコスト

図26-3の場合、この企業はクラウド支出を**月間アクティブユーザー**（**MAU**）と連動して測定することにしました。アクティブユーザーが増加すれば、クラウド支出も増加する可能性が高くなります。無料利用枠の導入により、アクティブユーザーの増加に伴いクラウド支出も増加することから、全体として筋の通った指標を維持できます。この場合、将来のマーケティングキャンペーンでより多くの顧客を獲得できれば、グラフに記載しているような効果が得られ、エンジニアリング部門にとっては一貫性が保てることになります。これにより、アクティブユーザーの増加による影響でクラウド支出も増加したということを説明できます。この指標で、ビジネス価値（アクティブユーザー）をクラウド支出に対して測定していることになります。

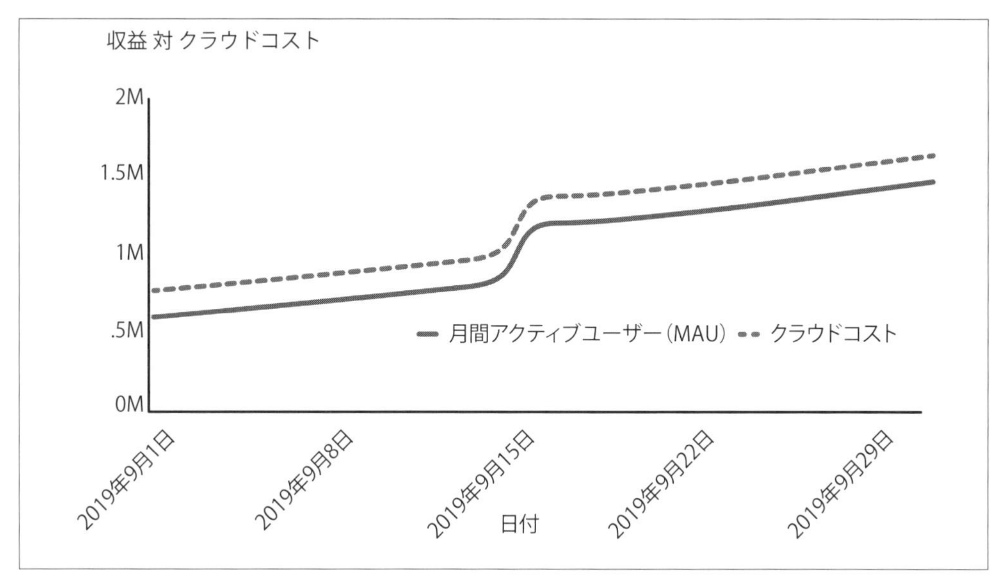

図26-3　無料利用枠導入時の月間アクティブユーザーと企業のクラウドコスト

企業収益という単位から、MAU、処理されたウェブページ数、API呼び出しなどの単位に変更することで、より良い意味を得られます。組織の収益に直接結び付かない単位を使用している場合、顧客に請求する価格が変動しても、ユニットメトリクスは変動しません。これらの指標を使用するとき、クラウド事業者側によって生み出されるビジネススループットの量（特にクラウド支出とスループットとの関係）を測定することが、クラウドコストの効率性に関するビジネス判断を行ううえで重要です。

これらのユニットエコノミクスは、さまざまな目的で役立ちます。図26-2は、組織が無料利用枠から有料利用枠への移行を効果的に行うため、何らかの活動をしなければならないことを示しています。これはエンジニアリング部門が責任を負うものではありません。一方で、図26-3は、エンジニアリング部門がコストをどのようにコントロールしているかに関する情報を示しています。どの指標もビジネスにとって重要ですが、クラウド支出に影響を与える複数の関係者が、それぞれ異なる意思決定を行う必要があることを明確に示しています。

26.5　アクティビティベースのコスト計算

「ユニットエコノミクスは良さそうだが、私のやっているビジネスではクラウド支出を収益に結び付けられるほど単純ではない」と思っているかもしれません。ビジネスモデルや構造上、収益をクラウドに結び付けることが困難または不可能な場合、どのような単位指標を用いればよいでしょうか？ そこで、**アクティビティベースのコスト計算**と呼ばれる単位指標があります。これは、クラウド支出が生み出す非金銭的なアウトプットの単位を調べることを目的としています。

特定のアプリケーションやサービスが、それぞれどのようなタスクを実行しているかを見てみましょう。アプリケーションはAPI呼び出しに対応していますか？ 特定のデータを返していますか？ あるいは、ある場所から別の場所へ何らかのデータを移動していますか？ このようなタスクは、クラウドを利用した組織やアプリケーションのロングテールによるデータ駆動型の意思決定をするうえで、多くの場合、収益よりも効果的な指標となり得ます。

上級のFinOps実践者は、インフラストラクチャの基本的な機能に関連する特定のタスクを実行するためにかかるコストに注目します。彼らは、タスクを達成するために必要な計算時間を理解したうえで、予算を立てます。例えば、作成したファイルあたりのコスト、レンダリングあたりのコストなどです。

図26-4では、サービスによってレンダリングされるファイル数と、それを行うために必要なクラウドコストを追跡しています。レンダリングジョブが増加すると、クラウドコストも増加します。

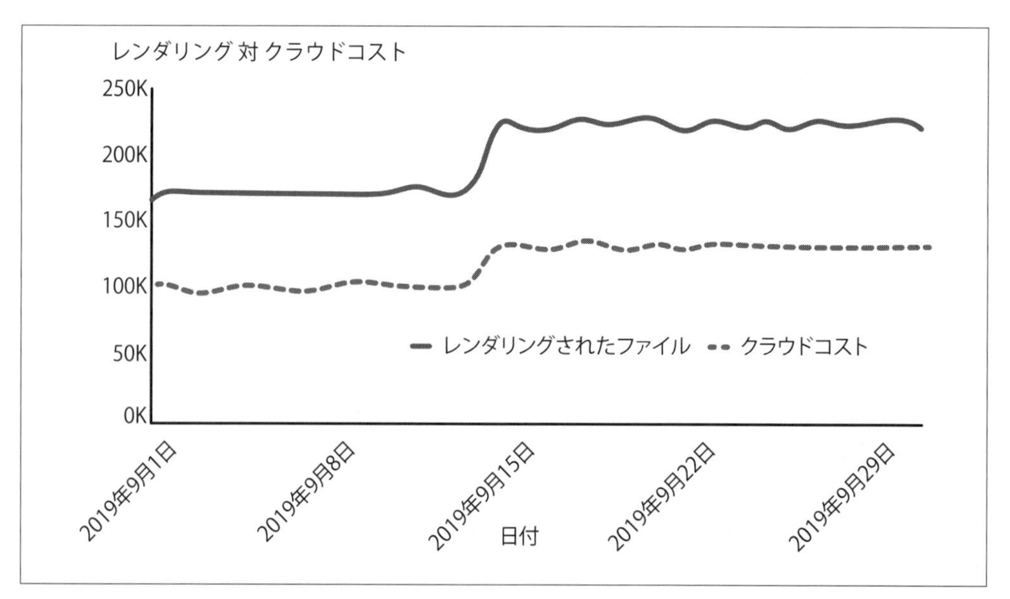

図26-4 レンダリング数の増加に伴うレンダリングされたファイルのコスト

図26-5では、ファイルをレンダリングするコストを追跡しています。クラウドコストは月の中旬頃に増加していますが、レンダリングされたジョブ数は増加していません。これは何かが変わったことを示しています。月の初めに比べて、ファイルをレンダリングするためにより多くの費用を支払っているということです。より多くのリソースを使うようになったか、クラウドリソースの予約が適用されなくなったことが原因として考えられます。

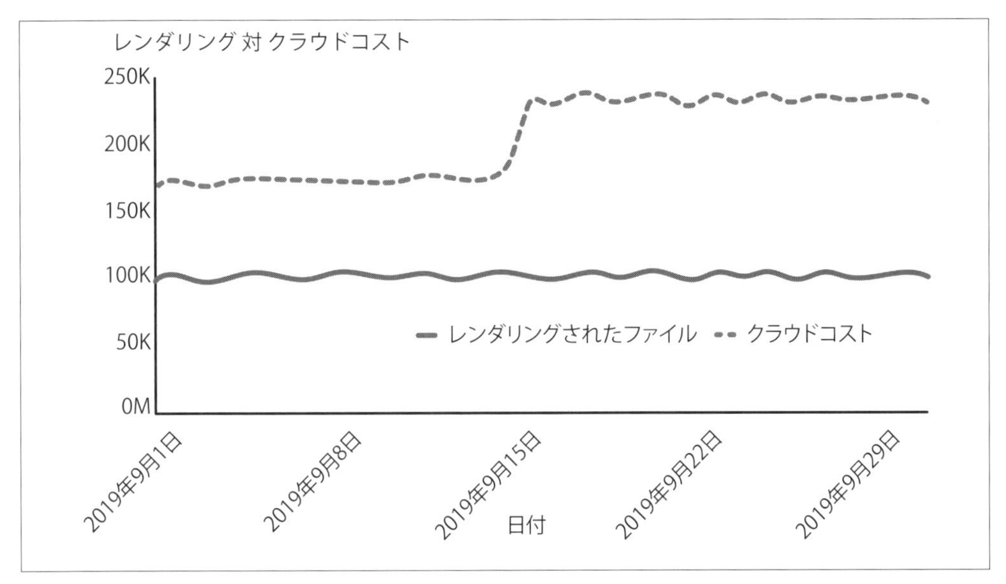

図26-5 レンダリング数の増加に伴うレンダリングされたファイルのコスト

5章で議論したように、クラウドの請求は、**利用量**に**利率**を掛けたものになります。したがって、予算を超過した際の要因として、リソースの利用量による影響か、コミットメントベースの割引の変更による影響のいずれかによるものだと判断できます。アクティビティベースのコスト計算を行っているときは、これらのコストドライバーを積極的に管理します。

26.6 鉄のトライアングルへの回帰

組織が意思決定できるようにする最良の方法の1つは、14章で説明した鉄のトライアングルを利用することです（つまり、良さ、速さ、安さのバランスをとることです）。

ユニットメトリクスは、インフラの変更がコストにどのような影響を与えるかを測定するために必要なデータを組織に提供します。技術と財務部門との対話では、技術的な変更内容そのものではなく、それらの変更による影響について、焦点が当てられます。26章で説明したように、ビジネスチームと合意したユニットメトリクスの財務制約の範囲内で作業に集中できるようになるということです。これにより、予想されるユニットメトリクスへの影響に対して、変更の利点を比較検討することで、ビジネス上の意思決定ができるようになります。例えば、アクティブユーザーあたりのコストを2%増加することで、アプリケーションの性能を10%向上させることができる、といったようなことです。

FinOps実践者の中には、ユニットメトリクスの複雑さを理由に、その導入を延期したり判断を見送ったりする場合もあります。最終的なFinOpsの悟りの境地とは、どのような方法で価値を測りコストと価値を比較するかにかかわらず、組織がクラウド支出の価値について意思決定を行うことです。つまり、クラウド環境から得られる価値にプラスの影響を与えるために、いつクラウドへの投資を増やし、いつコスト削減することが適切かを決めることです。

FinOpsライフサイクルのOptimizeフェーズにユニットメトリクスを適用すると、目標設定は、コミットメントベースの割引率を90%にするといった運用指標のみを使用するものから、サービス加入者1人あたりのコストを25%削減するといった収益に影響を与えるものへと成熟していきます。前者はビジネスに役立つかもしれませんが、本当に重要なことから目をそらすことにもなりかねません。

26.7 ユニットエコノミクスの計算式に欠けているものとは？

これまで、クラウド費用を計算式の分子として扱ってきました。しかし、総保有コスト（TCO：Total Cost of Ownership）には他にも多くの費用を組み込む必要があるでしょう。結局のところ、インフラ費用は人件費に比べれば見劣りします[*1]。ユニットメトリクスが最も役に立つのは、人件費などの関連コストのデータがすべて揃っている場合です。

これまでに紹介したFinOpsの成功事例は、純粋にクラウド費用に焦点を当てています。クラウド費用だけをユニットで割っても、ユニットあたりの費用を表すには限界があります。実際には、ビジネス収益を生み出すための総費用には他にも多くの費用があります。

15章では、サービスをサーバーレスアーキテクチャにリファクタリングすることについて説明しました。リアーキテクトするサービスを決定する際には、リファクタリングにかかる人件費と、インフラ料金や潜在的な節約可能額を比較検討する必要があります。また、サービスをサーバーレスアーキテクチャで稼働すれば、サービスの費用は、課金されるクラウドリソースの費用についてではなく、人件費などの運用コストのほうが重要になります。

もちろん、FinOps自体を拡張して、データセンターで稼働している機器のコストや、ソフトウェアライセンスの追加コストなど、クラウド以外の費用を管理することもできます。しかし、25章で議論したように、FinOpsは既存の財務モデルと連携するほうが理にかなっているというのが、私たちの見解です。他のフレームワークと連携することで、クラウド費用のみを含むものではなく、総費用を含むユニットメトリクスを使用して、より良い意思決定ができます。

FinOps Foundationワーキンググループで発表した「Introduction to Cloud Unit Economics（クラウドユニットエコノミクス入門）」（https://www.finops.org/wg/introduction-cloud-unit-economics/）の論文で述べているように、FinOps成熟度モデルを参考に、クラウド以外の費用をユニットエコノミクスの分母に含める典型的なステップは次のとおりです。

---

*1 Matt Asay, "Labor Costs Can Make Up 50% of Public Cloud Migration, Is It Worth It?" TechRepublic, May 9, 2016, https://oreil.ly/76m57

ステップ1：クラウド費用のみを扱う

アプリケーションの複雑さにもよりますが、複数のフェーズで行うこともあります。その場合、最初に一部のクラウド費用を「直接費」として扱い、他の費用を「共有費」として扱います。

ステップ2：クラウド、SaaS、ライセンス費用を扱う

これには、Datadog、ServiceNow、PagerDutyなどのSaaSツールや、クラウドインフラストラクチャ上で実行されているWindowsやSQL ServerなどのBYOL（Bring Your Own License：所有しているライセンスの持ち込み）が含まれます。SaaSツールやライセンスを導入し始めると、SAM（Software Assets Management）やITAM（IT Assets Managment）チームなど、その製品を担当するチームと協力して、彼らが気にかけているKPIや、彼らが費やした時間をどのように数値化しているかを理解する必要があります。

ステップ3：クラウド、SaaS、人件費、ハイブリッド費用を扱う

このステップでは、特定の製品やサービスをサポートするための人件費やオンプレミス費用などを含めます。このフェーズでは、通常、複雑なシステムのさまざまな部分のために複数の指標を収集し始め、時間の経過とともに粒度が細かくなっていきます。

人件費やクラウド以外の技術への投資など、クラウド以外のコストをFinOpsのユニットエコノミクスに含めるようになれば、単にクラウドコストを管理するだけでなく、より大きなビジネスを管理していることになります。

FinOpsの文化によって、組織全体がすべてのコストデータを協力しながら調査し、組織が提供している価値または与えている価値とコストとを比較し、適切な意思決定ができるようになります。まさにその状態が、ユニットエコノミクスのデータ駆動型なクラウド価値の意思決定における悟りの境地と言えるでしょう。それはFinOpsだけでできることではありません。クラウドは、将来のあらゆる組織のデジタル価値の原動力となる可能性が高まっており、そのためにFinOpsは必要不可欠です。

26.8　FinOpsをやりきった状態とは？

FinOpsにはゴールラインが存在しない、ということを強調させてください。これ以上学ぶことがなく、これ以上することなどがない、というような状態はないということです。FinOpsの実践は進化し続け、クラウドサービス事業者は提供するサービスや関連する請求データに対するアップデートを発表し続けています。つまり、クラウドが進化し変化し続ける限り、FinOpsも同様に進化し変化し続けるということです。

現在FinOpsを導入している企業、特にクラウドを導入して間もない企業は、請求書の内容に驚く事態や、それに関連するイノベーションの減速を回避することで、クラウド投資から最大の価値を引き出すことができます。そのような組織では、単一の役割を持った小規模な**チームでFinOpsを実践している**のではなく、組織全体（エンジニアリングから財務、調達、ビジネス部門）の関連するすべてのペルソナが、自分たちの役割を理解し、**組織全体でFinOpsを実践しています。**

FinOpsの文化がうまく機能している場合とは、以下のような状態です。

- 中央のFinOpsチームは、FinOpsの集中的な活動ができるよう適切に予算を投じられ、個々の組織による重複した取り組みを減らし、FinOpsの成熟度の向上とともに組織を導く。
- すべてのチームが、自動化、共通のプラットフォーム、共通の用語を用いて、定期的に効果的なコミュニケーションをしている。
- クラウドサービスの定期的な更新、新しいサービスの提供、そして得られた価値に応じたシステムの定期的な作成と削除が、すべての分野で順調に行われている。

エンジニアとプロダクトオーナーの視点：

- エンジニアは、最初からコストを念頭に置いて、アーキテクチャを開発している。
- エンジニアは、コストを第一級の指標としており、開発の意思決定だけでなく、開発作業の優先順位を決めるための重要なKPIとして継続的に掲げている。
- FinOpsの認定や成熟度の指標が、職務要件、トレーニングプログラム、インセンティブ計画の一部となっている。
- 拡張性があるもの、柔軟性のあるもの、クラウドサービスに依存するものは、すべてクラウドへ移行している。
- プロダクトチームは、製品の価格設定やその他の意思決定で定期的にコストを考慮している。
- エンジニアリングには、統合パイプラインとDevOpsアプローチを備えた、完全にクラウドに焦点を当てた開発プラットフォームがある。自動化によってのみリソースをデプロイし、完全にタグ付けされた環境を備え、一貫したアカウントとタグの戦略がビジネス成果に沿った予算と結び付いている。

財務の視点：

- 財務部門はアジャイルな予測と予算編成プロセスに移行し、すべてのエンジニアリング部門が自らの予測と予算に責任を持っている。
- 今までデータセンターで使用していた資産の諸経費は、償却・廃棄している。
- 財務部門は、既存の会計構造をアプリケーションに重ね合わせるように、タグの要件や業務割り当ての要件を提供し、アジャイルな予測と予算編成に必要なデータへのアクセスも提供する。

リーダーシップの視点：

- 経営層は、クラウドベースの運用モデルを完全に受け入れている。
- FinOpsは、経営層がクラウドの効果的な利用を組織に期待する管理方法の1つにすぎず、最終的にはFinOpsチームに依存せずに、FinOpsが組織全体へ普及できている状態が理想的である。
- 上層部は、技術投資のリターンを明確に可視化し、予測支出の定期的な変動を把握し、将来の投資に関する戦略的なガイダンスを提供するための対応策を講じることができる。

組織内でFinOpsが成熟するにつれて、FinOpsを実践している組織とそうでない組織との明確な線引きができなくなってきます。組織全体のすべての人々が、クラウド利用から得られる価値に対してそれぞれのやり方で貢献している状態になります。

FinOpsにおける理想的な状態とは、FinOpsが自発的に行われている状態です。誰もがクラウドから最大の価値を得るという目標に完全に整合性を保ち、それぞれ必要な取り組みを確実に実施している状態です。しかし、そのような取り組みをすべて調整する人がいなければ、組織内で目標を達成することは難しいということは、周知の事実です。最初に、FinOps実践者を採用し、組織内で一元的にFinOpsの要素を管理するための教育とプロセスを構築していきます。組織全体でFinOpsのプロセスと教育が成熟するにつれて、クラウドを無駄遣いしないようにエンジニアが**事前に**考慮するようになります。また、財務部門はエンジニアリング部門と積極的にコミュニケーションを図り、クラウド支出の双方の期待値が一致していきます。その結果、組織内でFinOpsを確実に運用し続けるためにFinOps実践者に求められる時間と労力が減少していきます。

FinOps実践者を、FinOpsの熱を放射するヒーターに例えてみましょう。FinOps実践者が組織全体にポジティブなインパクトを与えることで、FinOpsをうまくやり遂げようというモチベーションを周囲に与え、周囲の熱量も上がります。そして、周囲の人々がFinOpsに貢献することで、さらに熱量は他のメンバーへ伝播します。最終的に、組織全体が熱を帯び、組織全体の熱量を高い状態に維持することが、FinOps実践者の役割でもあります。

ここで、1つの疑問が湧いてきます。FinOpsのエネルギー源であるFinOps実践者を組織から取り除いた場合、組織内でFinOpsを実践し続けることはできるのでしょうか。

26.9 本章の結論

これまで構築してきたFinOpsのプロセスによって、クラウドコストをビジネス価値に照らし合わせて測定できるようになる流れを理解できたと思います。つまり、ビジネス価値を加味した最適化目標を設定することで、本当の意味でビジネス指標とクラウドコストを把握できるということです。

要約：

- FinOpsの悟りの境地とは、組織がビジネス価値に基づき、クラウドコストについてデータ駆動型の意思決定を継続的に行える状態に達するということである。
- 誰が意思決定を行うのか？ インフラストラクチャを設計する際のアーキテクト、コードを書いてサービスをデプロイするエンジニア、クラウド事業者と契約を結ぶ財務および調達部門、技術戦略を推進する上層部である。
- これは、FinOpsの文化変革が起こったときにのみ実現できる継続的な共同作業である。
- ユニットエコノミクス指標は、クラウドコストのビジネス価値を測定し、クラウドに関連する継続的な意思決定の指針となる。
- 複雑な構造を持つ組織や複数の製品を提供する組織では、多くの場合、特定の製品ライン、アプリケーション、またはサービスに関連する複数のユニットメトリクスが存在する。
- 意思決定は、もはやクラウドコストに集中するのではなく、クラウドへの投資が組織にもたらす利益に基づいて行われる。

最終章では、FinOpsを支える活動源、つまり、**あなた**について話して締めくくります。

27章
「秘密の材料」、それはあなた自身

おおざっぱに映画『カンフー・パンダ』を引用するならば、FinOpsの「秘密の材料」など、実はないと言えるでしょう。FinOpsを成功させるための「秘密の材料」、それはあなた自身であり、また、組織内でクラウド支出に影響を与えるすべての人なのです。

（ネタバレ注意）映画『カンフー・パンダ』で、偉大な戦士になることを目指すメインキャラクターのポー（不器用なところが愛らしいパンダ）は、読む者に無限の力を与えると伝えられる不思議な巻物を手に入れます。しかし、いざ開いてみると、中には何も書かれておらず、ただ表面が反射するのみでした。がっかりしたポーは、夢をあきらめ、実家のラーメン屋でのつまらない毎日に戻ります。家伝の有名なスープの「秘密の材料」を問うポーに、父が打ち明けた事実は驚くべきものでした。「わが家のスープに『秘密の材料』などないよ。『秘密の材料』なんて、作り手のことさ」。これは、FinOpsについても完璧なメタファーとなります。最強の「FinOps戦士」になる方法を教えることはできませんが、学習・協働・改善を通じて、あなたのFinOps実践（そしてキャリア）は花開くことでしょう。

本書をここまで読んできた読者の皆さんは、おそらくすでにFinOpsに関わっているか、FinOps分野でのキャリアを検討しているかのどちらかでしょう。2022年現在、エンタープライズ企業の60%が何らかの形でFinOpsに取り組んでいますが、十分な人員を備えたチームを有する企業はまだほとんどありません。しかし、残りの40%のエンタープライズ企業も、これから迅速にスタッフを増やすことでしょう。クラウドを大規模に使っている以上は、FinOpsを行う必要があるからです。

しかし、ここが難しいポイントなのです。FinOpsに必要なのは人ですが、需要を満たすのに十分な数のFinOps実践者は存在しません。もちろん、あなた1人でも反復的なタスクの自動化はできますし、それは行うべきでしょう。しかし、FinOps実践の成長、訓練、伝道、構築には、ベストプラクティス、標準、パターンを発信するFinOpsチームが必要です。FinOpsの実践が進展するにつれて、思慮深い経営幹部によるトップダウンでの文化変革、思慮深いエンジニアリングリーダーによる費用のチーム内のワークフローへの統合、エンジニアリング部門とのより良い協力のため、思慮深い財務リーダーによるアジャイルなプロセスの採用、そして、クラウドから価値を引き出すゲームに勝つためにはチームでの努力が必要であると全員が認識することが必要となるのです。

27.1 実際のアクションへ

FinOps業界が直面している最大の課題（あるいは、「クラウド業界の最大の課題」と拡大して論じる人もいることでしょう）は、熟練したFinOps実践者の不足です。しかし、そうした熟練者が一朝一夕に生まれることはありません。他のいかなる分野と同様、FinOpsも精通するには何年もかかります。本書を読んだだけでそうした境地に達することはできませんが、それでも素晴らしい一歩です。

> 20年前が、木を植えるのに最も良かった時期だ。でも、2番目に良い時期は今だ。
>
> ——中国のことわざから

2つのチャレンジに取り組んでみましょう。1つ目は、学習にコミットすることです。しかし同時に、コミュニティへの貢献を始めることが2つ目です。1つ目はあなたやあなたの組織に役立つ一方、2つ目はコミュニティの参加者に等しく役立ちますが、「上げ潮はすべての船を持ち上げる[*1]」と言うように、結果的にはあなた自身に役立つのです。

FinOps業界が実践者に求めることは、より一層の標準化、厳格化、ベストプラクティス共有、オープンソースコードへの貢献、トレーニングへの貢献と他者への受講奨励、組織内チームのスキルアップに対するたゆまぬ集中、そしてキャリアパスをアップデートできるような機会を探すことです。

FinOps Foundationは、実践に関連するさまざまなペルソナに向けたトレーニングを提供していますが、それだけでは十分ではありません。究極的には、クラウドの価値についての基礎学習を、大学のプログラムや、プログラミングスクール、もっと言えば高校のコンピューターサイエンスの授業に組み込んでいくように動く必要があります。FinOps専攻の学士号が登場することはないかもしれませんが、関連する学位の課程にFinOpsの専門科目が数年以内に追加されるべきだと信じています。

これまで約440ページにわたって紹介した概念は、コンピューターサイエンス関連の分野に留まらず、会計、経営管理、ファイナンス、経営、プロジェクト管理、その他、FinOpsの実践に重要なステークホルダーへとつながるあらゆる学位に関わる典型的な教育プログラムへと戻っていく必要があるのです。こうした専攻課程のいずれかを卒業し、クラウドに依存するエンタープライズ企業（つまり、世界中のほぼすべてのエンタープライズ企業）に就職する学生は、直接的または間接的に

---

*1 訳注：「上げ潮はすべての船を持ち上げる（a rising tide floats all boats）」は、ジョン・F・ケネディ米大統領がスピーチに好んで用いたフレーズで、もともとは「景気が上向けば、すべての人がその恩恵にあずかれる」というニュアンスで用いられました。

FinOpsの実践に関与することになるでしょう。

会計やファイナンス、コンピューターサイエンスには、経験豊富な実践者であれば、異なる会社でも似たような役割に迅速に統合できるような行動規範があります。何年にもわたってFinOps Foundationで議論され、本書にまとめられたものの多くは、そうした行動規範や原則で、皆さんのさらなる成功に役立つよう、それらを前進させなくてはならないのです。

役立つには、さまざまな方法があります。

- FinOps Foundationのウェブサイト（http://finops.org/）上で、オープンソースの実践について書かれた、進化し続けるテキストを読むこと。
- あなたが埋めることができるギャップがあるところを見つけ出すこと。この「上げ潮」で、あなたのキャリアの視界も開けます。
- FinOpsのトレーニングを受けたうえで、追加する必要のある内容や、どんなトレーニングが新たにあるべきかフィードバックすること。
- ベストプラクティスの定義について他のコミュニティメンバーと協力するため、ワーキンググループに参加すること。
- FinOpsイベントに参加して聞き手となること。あるいは、スピーカーとして名乗り出ること。バーチャルなサミット、地域でのミートアップ、大規模な対面イベントなどが、常に開催されています[*2]。
- FinOpsに関連するコンセプトを、隣接する業界イベントや出版物でも使っていき、言葉を広げること。

これ以上のアイデアについては、FinOps Foundationのウェブサイト内「Community」（https://www.finops.org/community/）を参照して、成熟度の段階に応じて、コミュニティに貢献する最新の方法を確認してください。最初は聞き手としてスタートすることになるかもしれませんが、時を経て、ワーキンググループに参加したり、あるいはそれをリードすることを目指すなどして、FinOps業界の未来の形成に直接携わるようになることもあるでしょう。

パブリッククラウドの使用とその変動費モデルが今後も増大していくことは確実です。下手な使い方によって多額のペナルティを支払うようなことなく、組織がクラウドの利点を享受することを可能にするため、FinOpsも発展しなくてはなりません。あなたは、デジタルトランスフォーメーションが世界中の人々に約束したことを実現していく、活気に満ちて成長を続けるコミュニティの

*2　訳注：大規模な対面イベントとしては、2022年から毎年開催されている「FinOps X」があります。また、バーチャルなサミットとしては、各国・地域ごとに開催されている「Community Call」が定期的に開催されています。日本では2024年11月にFinOps Foundation Japan Chapterが発足しており、定期的にミートアップを開催しています。世界中で開催されているFinOps Foundation公式イベントは、以下のリンク先から確認できます。
https://www.finops.org/community/events/

一員です。あなたが次に何をするのか、見るのを私たちは心待ちにしています。

FinOpsコミュニティで皆さんにお会いすることを楽しみにしています。そこで祝福、苦闘、学習しながら、ともにFinOpsを作り上げていきましょう。

あとがき
―優先すべきこと（J.R.より）

本書初版の初稿提出期限の10日後、私の8歳になる双子の息子の1人がこの世を去りました。彼が最後の週末を過ごした3回のうち2回、私は自宅のオフィスで1人で編集作業をしていました。その間、妻と息子たちはオレゴンコーストなどへ出かけていました。

2019年7月26日の金曜日、私とMikeは提出の締切を守ることができ、誇らしく感じていました。その日を記念して、私は自宅のホワイトボードに「FinOps Book Submitted July 26」と書き、初稿を提出したことをLinkedInに投稿しました。本書を執筆するために家族から離れて夜遅くまで数え切れないほどの週末を費やしたMikeもまた、その節目について投稿していました。

次の日、土曜日の朝、私は息子たちと遊んでいるべきでした。しかし、（フルタイム以上の仕事に加えて）何か月もの執筆活動のあと、私は自宅のオフィスに戻り、メールのチェックをしていました。私がタイピングをしている間、双子の息子たち、WileyとOliverが遊び半分に入ってきました。私が彼らに十分な注意を払っていなくて、Wileyは先ほどのホワイトボードの文字を次のように書き換えていました。

それから1週間後くらいに、Wileyは眠っている間に息を引き取りました。痛みと悲しみとともに、彼との時間がそれほど重要でないことに費やされていたことへの計り知れないほどの後悔がありました。私は、彼の人生と死、そしてそれが私に与えた影響について長い投稿を書きました。その投稿が広まったのは、自分の時間に感謝し優先順位付けするというメッセージが、多くの人の心を打ったからだと信じています。ぜひご覧になってください（https://bit.ly/2njjJAm）。

本書はFinOpsの実践に役立つものではありますが、期限切れが迫ったコミットメントやライトサイジングの対応のために、金曜日の夜、家に帰り家族と過ごす時間を妨げるようなことを望んでいるわけではありません。たとえ、そのコミットメントの対応が会社に10万ドルの節約をもたらすものだったとしても、失われる時間には値しないのです。月曜日に対応すればよいのです。上司と反りが合わなければ、FinOps Foundationの仲間に連絡をとり、別の仕事を探しましょう。FinOps Foundationは、専門家や善良な人々のコミュニティです。

あなたのチームが、一夜にして長期的なインパクトを達成することは、まずないでしょう。ワークライフバランスを大切にしてください。たとえチームが週末を費やし、すべてのライトサイジングを行ったとしても、それは一度限りの取り組みです。FinOpsを可能にする会社全体の文化、プロセス、および実践を構築しなければ、こうした一度限りのプロジェクトによるコスト削減は長続きしません。仕事に費やした週末は、やがて時間の砂に洗い流されてしまうでしょう。

最後になりますが、FinOpsは進化します。クラウドサービス事業者が革新を続けるだけではなく、より多くのFinOps実践者が自分たちのストーリーを共有することによって変化します。本書は、FinOpsを定義して終わりではなく、実際、始まりにすぎません。次のFinOpsに貢献したい場合は、FinOps Foundationに参加して、そのストーリーの一端を担ってください。

訳者あとがき

本書は、J.R. Storment氏とMike Fuller氏による『Cloud FinOps, 2nd Edition—Collaborative, Real-Time Cloud Value Decision Making』の完訳です。クラウドの価値を特にコストの観点から最大化するための方法論「FinOps」を、著者らの経験を交えつつ具体的かつ体系的に解説しています。

原著初版が出版された2019年は、著者らが設立したFinOps Foundationの活動とともにFinOpsという言葉が世の中に広まり始めた時期でした。以来、原著はFinOps界隈で"The Book"（単なる「本」という意味だけでなく、必読書、あるいは「聖書」のように特別な意味合いも込めて）と呼ばれ、2023年の第2版出版後も、FinOpsを学ぶ上での原典であり続けています。

本書の魅力は、FinOpsの方法論を明快に解説している点だけにとどまりません。クラウドサービスは常に進化していますが、本書は表面的なコスト削減テクニックをただ羅列するのではなく、歴史的経緯を紐解きながら、時代を超えて普遍的で本質的な考え方を掘り下げ、クラウドの価値最大化のための方法論として体系化しています。さらに、著者をはじめとする先駆者たちの経験に基づき、実践でつまずきやすいポイントや成功の勘所など、実践的なアドバイスも豊富に提供しています。

FinOps FoundationはFinOpsを"cultural practice"（組織文化的な実践）と定義しています。FinOpsは、組織全体を巻き込む変革活動と言えるでしょう。その過程には、仲間と協力し前進する喜びや成果達成の満足感がある一方で、摩擦や無理解によるもどかしさを感じたり、挫折しそうになったりすることもあるかもしれません。そんなとき、本書を改めて手に取れば、新たな発見があり、前に進む力をもらえるはずです。まるで頼りになる友人のように、本書は読者を支えてくれるでしょう。だからこそ、親しみを込めて"The Book"と呼ばれるのかもしれません。

私たち訳者6名も、それぞれの分野で活動する中で原著と出会い、その内容に感銘を受け、FinOpsの実践に取り組んできました。日本で初めて開催されたFinOps Foundation公式ミートアップイベントでの偶然の出会いから、FinOpsについて熱く語り合い、日本でのFinOps普及には翻訳版が必要だという思いを共有し、このプロジェクトを立ち上げました。

翻訳にあたっては、FinOpsの考え方や著者の思いを日本語で正しく伝えるためにどのような言葉を選ぶのか議論を重ね、また日本の状況にも触れるため訳者によるコラムを追加するなどしました。

FinOpsは日本においてまだ黎明期ですが、私たちはその注目度の高まりを日々実感しています。本書が、読者一人ひとりの良きパートナーとなり、日本のFinOpsの普及と発展に貢献することを願っています。

本書を手に取っていただき、ありがとうございます。

FinOpsの世界へようこそ、よい旅を！

謝辞

本書の刊行にあたり、多くの方々のご支援を賜りました。心より感謝申し上げます。

Linux Foundation Japanの中村雄一氏には、翻訳プロジェクトの立ち上げとFinOps Foundationとの連携において多大なるご尽力をいただきました。中村氏との出会いがなければ、この翻訳プロジェクトは実現しなかったでしょう。

オライリー・ジャパンの関口伸子氏には、企画段階から出版まで、私たちの意見を尊重しつつ、きめ細やかなサポートをいただきました。専門の翻訳者ではない私たち6名が本書を完成させることができたのは、関口氏の的確なアドバイスと献身的なご尽力のおかげです。

最後に、約1年間、夜間や休日の時間を充てながら翻訳作業をする私たちを理解し支えてくれた、家族やパートナーに深く感謝いたします。

2025年3月

訳者一同

索　引

A〜E

F

G～N

O～X

あ行

か行

さ行

た行

な行

は行

ま行

や行

ら・わ行

●著者紹介

J.R. Storment（J.R. ストーメント）

FinOps Foundationのエグゼクティブディレクター。FinOps Foundationは、Linux Foundationプログラムの一部で、世界中で約10,000人（本書原書第2版 刊行時点）のメンバーを誇り、世界最大のクラウド利用者の大半が参加している。彼は、2011年から2019年までクラウドコスト管理の先駆者であるCloudabilityの共同創業者だった。CloudabilityはApptioに買収され同社の主力製品となった。買収後、彼はCloudabilityのビジネスユニットのプロダクト／エンジニアリングのVP兼クラウド担当GMとして1年間を過ごしたあと、FinOps分野で働く人々の発展を推進することに情熱を注ぐためにCloudabilityを退職し、非営利団体のLinux Foundationで正社員として働いている。2023年現在、Apple、Spotify、BP、Nike、Uber、GEなど、世界最大のクラウド利用企業と密接に連携し、テクノロジー、文化、プロセスを通じてクラウド利用を最適化し分析する戦略の策定を13年間支援している。J.R.は、複数のAWS re:Inventや、米国、APAC、UK、EUの数十のカンファレンスでFinOpsについて登壇している。オレゴン州で生まれ、ハワイで育ったJ.R.は、サンフランシスコ、バルセロナ、ロンドンに住み、現在は妻のJessica、息子のOliverとともにオレゴン州のポートランドに戻っている。彼は双子の男の子の父親であることを自認しているが、Oliverの兄弟のWileyは、2019年に本書の初版執筆中に逝去している。

Mike Fuller（マイク・フラー）

10年以上にわたりAtlassianでクラウドとFinOpsに取り組んでいるプリンシパルエンジニア（本書原書第2版 刊行時点）。『Cloud FinOps』の初版を執筆して以来、Mikeは、役割をクラウドのセンターオブエクセレンスから移し、データエンジニア、アナリスト、FinOpsの実践者からなるFinOps専任チームをAtlassian社内に設立した。彼のチームは、Atlassianがクラウドの費用から最大の価値を引き出せるように支援している。Mikeは、Atlassianのプリンシパルエンジニアとしてインサイトチームのアーキテクトの役割も担っており、（セキュリティ、コンプライアンス、FinOps、信頼性の）ドメインエキスパートが、Atlassianの世界各地のエンジニアとやり取りを最適化するための戦略にも取り組んでいる。ウーロンゴン大学のコンピュータサイエンスで学士号を取得しており、9つのAWS認定資格を取得。複数のAWS re:InventとAWS Summitのイベントで、AWSセキュリティやCloud FinOpsなどの話題で登壇している。また彼はFinOps Foundationの技術諮問委員会のメンバーを務め、現在はその運営委員会のメンバー。長年にわたり、Mikeはそれぞれの組織でFinOpsのリーダーとして活動する数多くの仲間と世界中でつながっている。このようなつながりは、FinOpsの成功とはどういうことかについてMikeの考えを形成するうえで役立っている。彼は、オーストラリアの南海岸に妻のLesley、2人の子供ClaireとHarrisonと住んでおり、オーストラリアで有名な美しいビーチと田園風景の間で家族との時間を分け合っている。

●訳者紹介

松沢 敏志（まつざわ さとし）

株式会社日立製作所 シニアクラウドアーキテクト。クラウド分野のスペシャリストとしてソリューション開発支援やエンジニアリング／SRE／FinOpsチームへの技術的な観点でのアドバイスや指導などに従事。FinOps認定資格も含めクラウド系資格を数多く保有し、Japan AWS Top Engineersなどの受賞歴を持つ。FinOps Foundationなどのコミュニティ活動を通じたクラウド技術／SRE／FinOpsの普及促進にも貢献しており、FinOps Foundation Japan Chapter設立にも携わる。白いTシャツにキーボード二刀流がトレードマーク。
（翻訳担当：15章、16章、17章、18章、23章）
LinkedIn: https://www.linkedin.com/in/satoshi-matsuzawa/
X: https://x.com/chacco38

風間 勇志（かざま ゆうじ）
株式会社メルカリ シニアエンジニアリングマネージャ。プラットフォームエンジニアリンググループで複数のチームを率いてFinOpsやSREなど社内向けの開発支援に従事。2023年に日本初となるFinOps Foundation公認のミートアップを主催。FinOps Foundation Japan Chapterの設立メンバー。FinOps Certified Practitioner、IPAプロジェクトマネージャ。
（翻訳担当：6章、7章、12章、26章、あとがきなど）
LinkedIn：https://www.linkedin.com/in/yuji-kazama/

新井 俊悟（あらい しゅんご）
アルファス株式会社 取締役。サイバーエージェント、Baidu Japan、グリーでデジタルマーケティング戦略の立案・実行、海外事業開発などに従事した後、スタートアップ企業に参画。前職のスタートアップでは、提供するSaaSプロダクトのインフラのオンプレミスからAWSへの移行に、経営企画の立場で関与。FinOpsプラットフォーム（SaaS）を提供する現職では、COOとして顧客の、またCFOとして自社のFinOpsの計画・導入・実践に取り組む。FinOps Foundation Japan Chapterの設立メンバー。
（翻訳担当：4章、8章、20章、25章、27章）
LinkedIn: https://www.linkedin.com/in/shungoarai/
X: https://x.com/shungoarai

福田 遥（ふくだ よう）
アルファス株式会社 シニアアカウントエグゼクティブ。FinOpsプラットフォーム（SaaS）を提供する現職では、顧客のFinOps推進を支援するとともに、クラウドパートナー企業との協業を通じて、FinOpsの導入、運用、実践に取り組む。幅広くクラウドコミュニティにも参加しており、Google Cloud公式ユーザー会「Jagu' e' r」では、CCoE分科会の運営メンバーとして活動中。また、2024年に設立されたFinOps Foundation Japan Chapterの立ち上げにも携わる。
（翻訳担当：9章、10章、11章、13章）
Linkedin: https://www.linkedin.com/in/yo-fukuda/
X: https://x.com/yo1023_Alphaus

門畑 顕博（かどはた あきひろ）
UPWARD株式会社CTO。通信ネットワークにおける数理最適化の研究開発に従事後、ITアーキテクチャ、クラウドのスペシャリストとしてコンサル支援、事業開発を実施。AWS Japanに在職時、クラウドコスト最適化のためのCloud Financial Management（CFM）プログラムを立ち上げ、『AWSコスト最適化ガイドブック』（KADOKAWA、2023年）を執筆。
（翻訳担当：1章、2章、14章、21章、22章）
LinkedIn: https://www.linkedin.com/in/akihirokadohata
X: https://x.com/akikadohata

小原 誠（こばら まこと）
株式会社東芝においてストレージ要素技術の研究開発に従事後、アクセンチュア株式会社において中央省庁や政令指定都市、大手民間企業を対象としたITインフラ／クラウド戦略策定から実行支援に従事。現在はネットアップ合同会社において、サイバーレジリエンスやFinOpsの領域を中心に、エグゼクティブへのブリーフィングやワークショップ、メディア活動、提案導入支援などに従事。FinOps Foundation Japan Chapter設立にも携わる。また国立大学法人山口大学客員准教授として、全学DX推進のアドバイザーとしても活動。
（翻訳担当：3章、5章、19章、24章、章扉など）
LinkedIn: https://www.linkedin.com/in/makotokobara/

●カバー説明

表紙に描かれている動物は、ルリガシラタイヨウチョウ（Cyanomitra alinae）です。この小さな鳥は、サハラ以南のアフリカ大湖地域に生息しています。タイヨウチョウ科に属し、下向きに曲がったくちばしと、短い翼を持ち、素早く直線的に飛ぶことができます。性的二形で、オスの羽毛はメスよりもずっと鮮やかで、鮮やかな赤い目に虹色の青緑色の羽毛が映えています。タイヨウチョウは、ルワンダのニュングェ国立公園の熱帯雨林から、ウガンダ南西部のブウィンディ原生国立公園の密林まで、どこにでも生息しています。

ルリガシラタイヨウチョウは、餌を求めて、1日の大半を森林の境や空き地で過ごしています。アメリカのハチドリやオーストラリアのミツスイと同じように、花の蜜だけでなく、昆虫や小さなクモを食べます。新大陸のタイヨウチョウとは無関係ながらも、赤やオレンジ色の筒状の花から蜜を好んで食べ、蜜を取れるように先がブラシ上になった舌を持つ点は、共通しています。

ルリガシラタイヨウチョウは、アフリカの生態系において重要な役割を果たしています。アフリカ大陸の象徴的な植物（アロエ、プロテア、極楽鳥花など）の多くが、ルリガシラタイヨウチョウの受粉に依存しており、アフリカの植物種の分化の原動力になったと広く考えられているからです。

O'Reillyの表紙に描かれている多くの動物は、世界にとって重要な存在ですが、絶滅の危機に瀕しています。表紙のイラストは、J.G. Woodによる『Illustrated Natural History』の白黒の彫刻をもとに、Karen Montgomerが描きました。

クラウドFinOps 第2版
—— 協調的でリアルタイムなクラウド価値の意思決定

2025年3月17日　初版第1刷発行

著　　者	J.R. Storment（J.R. ストーメント）、Mike Fuller（マイク・フラー）
訳　　者	松沢 敏志（まつざわ さとし）、風間 勇志（かざま ゆうじ）、新井 俊悟（あらい しゅんご）、福田 遥（ふくだ よう）、門畑 顕博（かどはた あきひろ）、小原 誠（こばら まこと）
発 行 人	ティム・オライリー
制　　作	朝日メディアインターナショナル株式会社
印刷・製本	株式会社平河工業社
発 行 所	株式会社オライリー・ジャパン 〒160-0002　東京都新宿区四谷坂町12番22号 Tel　(03)3356-5227 Fax　(03)3356-5263 電子メール　japan@oreilly.co.jp
発 売 元	株式会社オーム社 〒101-8460　東京都千代田区神田錦町3-1 Tel　(03)3233-0641（代表） Fax　(03)3233-3440

Printed in Japan（ISBN978-4-8144-0108-6）
乱丁本、落丁本はお取り替え致します。